信息技术基础（Windows 10+WPS）

陈海洲　王俊芳　刘洪海／主　编
曾维兵　李　旭　肖仁锋／副主编

清華大学出版社
北　京

内 容 简 介

本书以项目任务贯通式的方式详细介绍了计算机与计算思维、信息技术、信息素养教育、信息安全以及多媒体技术的基本概念、基础知识，以任务驱动的方式深入浅出地介绍了 Windows 10 操作系统、WPS 办公软件、网页浏览器、电子邮件、搜索引擎、信息数据库信息检索以及影音文件格式转换等的基本操作，对云计算、物联网、大数据技术、虚拟现实技术、人工智能等前沿新技术进行了知识拓展，可以有效帮助学生提高信息技术和办公自动化水平，为学生深入学习其他课程奠定基础。全书共分为 10 个项目，具体内容包括认识计算机与信息技术、信息素养与信息安全、计算机及微机系统的组成、使用 Windows 10 系统、使用 WPS 文字、使用 WPS 表格、使用 WPS 演示、计算机网络与 Internet、多媒体技术基础知识，以及认识计算机新技术、新应用。

本书适合计算机相关专业的学生学习，也可以作为相关人员的参考资料。

图书在版编目（CIP）数据

信息技术基础：Windows 10＋WPS/陈海洲，王俊芳，刘洪海主编. —北京：清华大学出版社，2022.6
ISBN 978-7-302-60811-0

Ⅰ. ①信… Ⅱ. ①陈… ②王… ③刘… Ⅲ. ①Windows 操作系统 ②办公自动化－应用软件 Ⅳ. ①TP316.7 ②TP317.1

中国版本图书馆 CIP 数据核字(2022)第 077289 号

责任编辑：张龙卿
封面设计：徐日强
责任校对：袁　芳
责任印制：宋　林

出版发行：清华大学出版社
网　址：http://www.tup.com.cn，http://www.wqbook.com
地　址：北京清华大学学研大厦 A 座　　邮　编：100084
社 总 机：010-83470000　　邮　购：010-62786544
投稿与读者服务：010-62776969，c-service@tup.tsinghua.edu.cn
质量反馈：010-62772015，zhiliang@tup.tsinghua.edu.cn
课件下载：http://www.tup.com.cn，010-83470410
印 装 者：三河市铭诚印务有限公司
经　销：全国新华书店
开　本：185mm×260mm　　**印　张**：19.5　　**字　数**：467 千字
版　次：2022 年 7 月第 1 版　　**印　次**：2022 年 7 月第 1 次印刷
定　价：59.00 元

产品编号：096463-01

编写委员会

前言

本书参考最新的《高等职业教育专科信息技术课程标准(2021年版)》和《全国计算机一级、二级计算机基础及WPS Office应用考试大纲(2021年版)》中的课程模块和拓展模块进行编写。

本书深入浅出地介绍了计算机与计算思维、信息技术、信息素养教育、信息安全以及多媒体技术的基本概念、基础知识,每个项目用任务驱动的方式介绍了Windows 10操作系统、WPS办公软件、网页浏览器、电子邮件、搜索引擎、信息数据库信息检索以及影音文件格式转换等的基本操作,对云计算、物联网、大数据技术、虚拟现实技术、人工智能等前沿新技术进行了知识拓展,可以有效帮助学生提高信息技术和办公自动化水平,为学生深入学习其他课程奠定基础。全书共分为10个项目,具体内容包括认识计算机与信息技术、信息素养与信息安全、计算机及微机系统的组成、使用Windows 10系统、使用WPS文字、使用WPS表格、使用WPS演示、计算机网络与Internet、多媒体技术基础知识,以及认识计算机新技术、新应用。

本书采用"Windows 10+WPS Office教育考试专用版"作为操作平台,通过典型案例,采用任务驱动的形式组织操作项目内容,可以帮助学生对信息技术有一个简洁而全面的了解,使学生掌握常用的工具软件和信息化办公技术,具备支撑专业学习的能力,能在日常生活、学习和工作中综合运用信息技术解决问题。本书可作为本科及高职院校相关课程的教材,也可作为计算机各类社会培训、WPS Office应用全国计算机一级、二级考试自学参考教材。

本书由湖北新产业技师学院陈海洲、四川工商职业技术学院王俊芳、济南职业学院刘洪海担任主编,四川工商职业技术学院曾维兵、李旭及济南职业学院肖仁锋担任副主编,蔡琼、贾丽洁、高雪、高芹参与了编写,由新视觉MOOC联盟创始人贾如春、四川工商职业技术学院梁正席、深圳信息职业技术学院胡光武审定。

本书编写时参考了许多著作以及全国计算机等级考试(NCRE)科目WPS Office高级应用与设计中的相关内容,在免费软件的下载安装等方面参考使用了部分网站资源,对相关作者和单位表示感谢!

由于编者水平有限,书中难免存在不足和错漏之处,恳请广大读者给予批评和指正,以便改进。

编者

2022年2月

前言

目　录

项目 1　认识计算机与信息技术

本项目核心内容

1. 认识计算机，了解计算思维。
2. 了解世界上公认的第一台电子计算机 ENIAC（电子数字积分计算机）。
3. 熟悉计算机的四个发展阶段与五个发展趋势，了解我国计算机的发展。
4. 了解冯・诺依曼机及其基本工作原理，冯・诺依曼设计思想的三个要点。
5. 了解图灵机与图灵奖。
6. 了解计算机分类的几种方式。
7. 熟悉计算机的六个主要特点。
8. 熟悉计算机的五个主要性能指标。
9. 熟悉计算机的六大应用领域。
10. 了解信息技术（IT）、人类历史上的五次信息技术革命、信息社会的三个主要标志。

项目 1 学习任务思维导图

任务 1.1　认识计算机与计算思维

任务目标：

1. 认识计算机。
2. 了解计算思维的概念。
3. 认识 ENIAC。

子任务 1.1.1　认识计算机

1. 计算机

计算机（computer）是一种由程序控制的数据处理设备。一个完整的计算机系统由硬件系统和软件系统两大部分组成。计算机硬件是指计算机系统中物理机械装置的总称，计算机软件是计算机程序及其有关文档的集合。没有安装软件的计算机称为“裸机”，无法完成任何工作。被称为“现代计算机之父”的冯・诺依曼在 1945 年与人联名发表的《EDVAC 报告书的第一份草案》中，使用了“自动计算系统”这个术语。计算机系统简称计算机，一般指的是“电子计算机”，俗称电脑。计算机的物理实体如图 1-1 所示。

2. 计算思维

计算是一种思考过程或执行过程。人类使用的计算工具包括算筹、算盘、比例规、计算

图 1-1 计算机的物理实体

尺、机械计算机、差分机、分析机、计算器、电子计算机等。

从计算过程的角度出发,计算是指依据一定法则对有关符号串进行变换的过程。

计算思维的概念广泛使用的是 2006 年周以真教授提出的:计算思维是运用计算机科学的基础概念进行问题求解、系统设计以及人类行为的理解等涵盖计算机科学之广度的一系列思维活动。计算思维的本质内容是抽象和自动化。

子任务 1.1.2 认识世界上公认的第一台电子计算机 ENIAC

世界上公认的第一台电子计算机 ENIAC 诞生于 1946 年,美国陆军因战争需要计算炮弹的弹道轨迹,而委托美国宾夕法尼亚大学约翰·莫奇利(John William Mauchly)和普雷斯伯·埃克特(John Presper Eckert)领导小组制造了这台电子数字积分计算机,取名为 ENIAC(electronic numerical integrator and calculator,电子数字积分计算机),译名“埃尼阿克”。

如图 1-2 所示,ENIAC 采用电子管作为计算机的基本部件,使用了 18800 只电子管,1500 个继电器,7000 只电阻,每小时耗电 100～150kW,占地 170m^2 左右,总重量达 30 吨,平均每秒运算 5000 次浮点加法。特点:体积庞大、耗电量高、运算速度慢。

图 1-2 ENIAC 每计算一道题,需人工安排外插程序相连的布线接板

ENIAC 本身存在两大缺点:一是数制采用十进制,没有存储器;二是没有太明晰的 CPU 概念,采用布线接板进行控制。不是存储程序和程序控制自动工作的电子计算机。

针对 ENIAC 的缺点,冯·诺依曼曾在 1945 年提出了“存储程序通用电子计算机方案”——EDVAC，进行了两大改进：一是采用二进制；二是存储程序。

早在 ENIAC 诞生之前，人们就对计算机的设计进行了大量探索实践：

1642 年，帕斯卡发明加减法机械计算机。

1674 年，莱布尼茨改进帕斯卡发明加减法机械计算机，发明了四则运算机械计算机。

1822 年，巴贝奇发明差分机，1834 年巴贝奇设计分析机，设计有存储、运算、控制装置。

1939 年 10 月，阿塔纳索夫和贝瑞研制成功 ABC 电子计算机试验样机。

1941 年，康拉德·楚泽研制了 Z3 可编程电磁式计算机。

1944 年，霍华德·艾肯与 IBM 公司合作完成机电式自动顺序控制计算机 MARK-Ⅰ。

1946 年 ENIAC 诞生后，计算机进入了第 1 代计算机发展阶段。根据美籍匈牙利数学家冯·诺依曼（Von Neumann）的改进方案《EDVAC 报告书的第一份草案》研制成功的第一代计算机，主要有 EDSAC、IAS、EDVAC 和 UNIVAC-1 等。

最早实现“存储程序”的计算机是 EDSAC（译名“埃迪沙克”，1949 年）。

最早采用二进制实现“存储程序”的是冯·诺依曼研制的“完全自动通用数字计算机”（简称 IAS，1951 年 1 月）。IAS 被称为冯·诺依曼机。随后 EDVAC（译名“埃迪瓦克”，1951 年 2 月）也研制成功。都实现了两大改进：计算机数制采用二进制和存储程序。因此，IAS、EDVAC 被称为是现代计算机的原型机。

最早作为商用计算机系统的是 1951 年 3 月莫奇利和埃克特制成的 UNIVAC-I，在同年 6 月作为商品交付给美国人口普查部门使用。

任务 1.2　了解计算机的发展阶段与发展趋势

任务目标：

1. 了解我国计算机的发展情况。
2. 熟悉计算机发展的四个阶段。
3. 了解计算机的五个发展趋势。

子任务 1.2.1　了解我国计算机的发展情况

新中国成立后，开始研制计算机，近年超级计算机的研发已进入世界先进水平。

1956 年，我国开始制订计算机的发展规划。

1958 年，组装调试成功第一台电子管计算机（103 机），清华大学成立计算机系。

1977 年，中国第一台微型计算机 DJS-050 机研制成功。

1983 年，第一台运算速度达 1 亿次的银河Ⅰ型巨型计算机。

20 世纪 90 年代，我国微型计算机有联想等品牌。我国独立自主研发了“银河”“曙光”（1995 年，大规模并行机）、“深滕”“神威”等巨型计算机。

2009 年，拥有自主研发的超级计算机“天河一号”每秒峰值运算速度达每秒 1206 万亿次，运行速度最快，为当时世界第一。

2013 年 5 月，我国研制成功的“天河二号”每秒峰值性能达每秒 5 亿亿次，再次荣登第一。

2016 年 6 月 20 日,我国研制成功的“神威·太湖之光”峰值性能为 12.5 亿亿次/秒,运行速度世界第一,如图 1-3 所示。

图 1-3　我国“神威·太湖之光”巨型计算机

2020 年 12 月,我国研制成功量子计算原型机“九章”。

子任务 1.2.2　认识计算机发展的四个阶段

以构成计算机硬件的逻辑元件为标志,计算机的发展大致经历了从电子管、晶体管、中小规模集成电路到大规模超大规模集成电路计算机四个阶段,通常称为“四代计算机”。计算机各阶段发展概况见表 1-1。

表 1-1　计算机发展的四个阶段概况

年代	名称	逻辑元件	主存储器	语言	应用领域	代表计算机等
第一代计算机 1946—1957 年	电子管计算机	电子管	水银延迟线、磁鼓、磁芯	机器语言、汇编语言	科学计算	计算机有 ENIAC、UNIVAC-I 等;运算速度每秒几千到几万次;内存用水银延迟线、磁鼓、磁芯;内存容量几千字节;外存有纸带、打孔卡、磁鼓、磁带等。 特点:体积大,发热高,速度慢,成本高,可靠性差,存储小
第二代计算机 1958—1964 年	晶体管计算机	晶体管	磁芯	机器语言、汇编语言、高级语言	科学计算、数据处理	计算机有 IBM-7000、CDC6000 等;运算速度每秒几万到几十万次;内存容量可达几百千字节;外存增加了磁盘如硬盘(1956 年出现硬盘);发明了鼠标(1964 年)。 特点:与第一代相比,它体积小、成本低、功能强、可靠性高

续表

年代	名称	逻辑元件	主存储器	语言	应用领域	代表计算机等
第三代计算机 1965—1970 年	中小规模集成电路计算机	中小规模集成电路	半导体	以上语言、操作系统	实时控制等领域	计算机有 IBM-360、IBM-370、PDP-11；运算速度每秒几十万到几百万次内存用半导体；内存容量可达几兆字节；外存主要用磁盘；现代意义上的操作系统出现。特点：比第二代更好，耗电低
第四代计算机 1971 年至今	大规模超大规模集成电路计算机	大/超大规模集成电路	半导体	以上语言，数据库、多媒体软件等	网络时代，广泛应用	计算机有 IBM-4300、IBM-3033、基于 80x86 系列处理器的微机等；1975 年 1 月《大众电子学》宣告个人计算机 Altair 诞生；微机属于第四代；运算速度每秒上千万到若干亿次；内存用半导体，千兆字节级容量；外存有软盘(1971 年)、光盘(1978 年)、U 盘(1999 年)等。特点：软硬件多样化、性能更好。程序设计可视化

子任务 1.2.3　了解计算机的五个发展趋势

1. 巨型化

巨型化是指发展运算速度高、存储容量大和功能超强的巨型计算机。用在天文、气象、卫星、航天等尖端科技方面，是一个国家科研水平和综合国力的一种体现。

2. 微型化

Intel 公司创始人之一摩尔曾经简单评估半导体技术进展：当价格不变时，集成电路上可容纳的元器件的数目大约每隔 18～24 个月便会增加一倍，性能也将提升一倍。微处理器的发展这一趋势被誉为“摩尔定律”，也称为“IT 业第一定律”。这大大地推动了计算机的微型化应用，往诸如笔记本电脑、掌上电脑、嵌入可穿戴式设备里面的计算机等微型化方向发展。

计算机发展趋势的“两极”分化：一极是向微型化方向；另一极向巨型化方向。

3. 网络化

近年来计算机技术和传感器技术结合，在互联网的基础上向物联网发展，尤其随着“互联网＋”模式和 5G 的应用，计算机的发展越来越网络化。

4. 智能化

智能化是指使计算机可模拟人的感觉并具有类似人的思维能力，智能化是现在计算机发展的潮流，语音识别、专家系统、机器人产业的应用日渐增多。《中国人工智能发展报告

2020》显示，全球人工智能专利申请量有50多万件，呈逐年上升趋势。报告认为以后人工智能将在知识图谱、智能机器人等方向重点发展。

5. 多媒体化

多媒体计算机被应用到娱乐、营销、计算机辅助教育、新媒体等各方面。移动互联网的普及，自媒体网站的兴起让计算机多媒体技术蓬勃发展。

另外，随着新的元器件及其技术的发展，新型的超导计算机、光子计算机、量子计算机、生物计算机、纳米计算机技术研究逐渐突破，有望走进人们的生活。

任务1.3　了解冯·诺依曼机、图灵机与图灵奖

任务目标：

1. 了解冯·诺依曼设计思想和冯·诺依曼机。
2. 熟悉存储程序工作原理。
3. 了解图灵机与图灵奖。

子任务1.3.1　了解冯·诺依曼思想和冯·诺依曼机

在1945年6月提交的EDVAC报告书中，冯·诺依曼设计思想主要有三点：采用二进制，存储程序，计算机硬件由运算器、控制器、存储器、输入设备和输出设备组成。

在EDVAC报告中提出的计算机设计思想称为冯·诺依曼思想，核心思想是“存储程序”工作原理。“存储程序”原理奠定了存储程序式计算机的理论基础。

将预先编制好的程序连同数据一起存入内存，计算机操作可以不需要人工干预，实现了工作自动化。

在EDVAC报告中提出计算机硬件由运算器、控制器、存储器、输入设备和输出设备五大部分构成，这被称为冯·诺依曼结构，如图1-4所示。

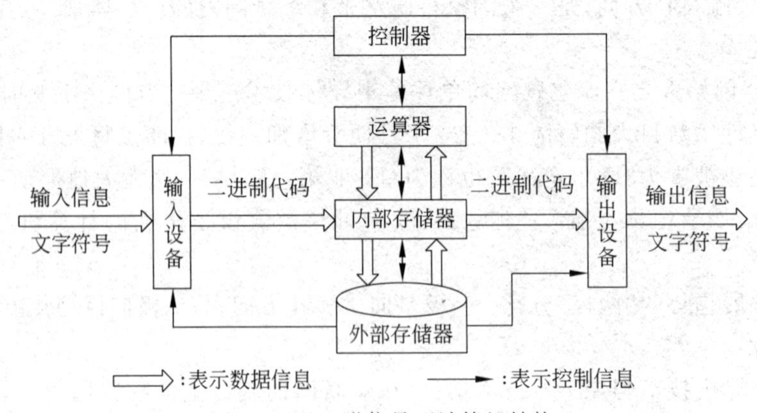

图1-4　冯·诺依曼型计算机结构

按这种体系结构设计的计算机称为冯·诺依曼机，确立了现代计算机的基本结构。冯·诺依曼因此被称为“现代计算机之父”。

各部件的主要功能如下。

(1) 运算器：负责算术运算和逻辑运算。

(2) 控制器：负责指挥和控制计算机各部分自动并协调一致进行工作。

(3) 存储器：用于存储各类程序和数据信息。

(4) 输入设备：用于从外界将数据和指令等输入计算机内存。

(5) 输出设备：用于从内存将计算机处理后的信息输出。

子任务 1.3.2 了解存储程序工作原理

计算机硬件系统结构的五大基本部件一般通过总线加以连接。运算器和控制器是计算机的核心，合称中央处理单元(CPU)。计算机存储程序工作原理是指计算机内的程序和数据都采用二进制数值表示，计算机采用存储程序控制：把程序和数据预先按顺序一起存放到计算机的存储器中，计算机运行时中央处理器可以依次从内存储器中取出程序中的每一条指令，并加以分析和执行，计算机自动完成预定的任务。

计算机这个工作原理可概括为存储程序和程序控制，要点在于“存储程序”，称为存储程序工作原理。

子任务 1.3.3 了解图灵机与图灵奖

1936 年，英国数学家阿兰·图灵(Alan Turing)发表了论文：《论可计算数及其在判定问题上的应用》(*On Computable Numbers, with an Application to the Entscheidungsproblem*)，提出被称为“图灵机”的计算模型，人们把这个模型机称为图灵机(Turing machine，TM)。

图灵机由一个处理器、一个读写磁头、一条存储带组成。

图灵证明：只有图灵机能解决的计算问题，实际计算机才能解决；而图灵机不能解决的计算问题，实际计算机也无法解决。

图灵机的概念是现代可计算理论的基础。图灵机只是一种理论模型。

1950 年，图灵发表了具有开创性的论文《计算机器与智能》(*Computing Machinery and Intelligence*)，提出了一个问题：“机器能思考吗?”为了回答这个问题，他提出了定义机器智能的图灵测试(Turing test)。图灵测试是指：如果一台机器能够与人类展开对话而不能被辨别出其机器身份，那么称这台机器具有智能。

图灵在计算机科学方面的主要贡献有两方面：一是建立图灵机理论模型；二是提出定义机器智能的图灵测试。

为了纪念图灵为计算机科学做出的贡献，美国计算机协会(ACM)于 1966 年设立了计算机学术界的最高成就奖“图灵奖”，专门奖励那些对计算机事业做出重要贡献的个人，该奖有“计算机界的诺贝尔奖”之称。

在计算机的发展历史上，冯·诺依曼和阿兰·图灵都做出了巨大贡献。冯·诺依曼被称为“现代计算机之父”，如图 1-5 所示。阿兰·图灵被誉为计算机科学的奠基人，被称为“人工智能之父”，如图 1-6 所示。

图 1-5 “现代计算机之父”冯·诺依曼

图 1-6 “人工智能之父”阿兰·图灵

任务 1.4 了解计算机的分类、特点、主要性能指标和主要应用领域

任务目标：

1. 了解计算机的分类。
2. 了解计算机的特点。
3. 了解计算机的主要性能指标。
4. 了解计算机的主要应用领域。

子任务 1.4.1 了解计算机的分类

随着计算机技术的不断发展和应用,特别是微处理器(CPU)的发展,计算机的类型也越来越多样化。在时间轴上,“分代”代表了计算机的纵向发展,而“分类”代表了计算机的横向发展。计算机种类很多,从不同角度对计算机有不同的分类方法,计算机通常按其结构原理、用途、规模和功能、字长四种方式分类。

1. 按工作原理(或者按结构原理、处理对象、数据类型)可分为数字计算机、模拟计算机、模数混合计算机

数字计算机是以电脉冲的个数或电位的阶变形式来实现计算机内部的数值计算和逻辑判断,输出量仍是数值。模拟计算机是对电压、电流等连续的物理量进行处理的计算机。输出量仍是连续的物理量。它的精确度较低,应用范围有限。模数混合计算机要兼有数字和模拟两种计算的优点,既能接收、处理和输出数字量,又能接收、处理和输出模拟量,并具有数字量和模拟量之间转换的能力。

2. 按计算机用途(功能)可分为通用计算机和专用计算机

通用计算机目前广泛应用的计算机,其结构复杂,但用途广泛,可用于解决各种类型的问题,诸如科学计算数据处理、自动控制、辅助设计等。

专用计算机为某种特定目的所设计制造的计算机,其适用范围窄,但结构简单,价格便宜,工作效率高。如用于弹道控制、地震监测等方面的计算机。

3. 按计算机规模(性能指标)可分为巨型机、大型机、小型机、微型机、工作站、嵌入式计算机

下面简单介绍几种计算机。

巨型机又称超级计算机(super computer),是指运算速度超过每秒1亿次的高性能计算机,它是目前功能最强、速度最快、软硬件配套齐备、价格最贵的计算机,主要用于解决诸如气象、太空、能源、医药等尖端科学研究和战略武器研制中的复杂计算。运算速度快是巨型机最突出的特点。运算速度每秒百万亿次以上。世界上只有少数几个国家能生产这种机器,它的研制开发是一个国家综合国力和国防实力的体现。

微型机简称微机,又叫个人计算机(PC),具有体积小、功耗小、通用好、价格低、软件丰富、使用方便等特点。主要在办公室和家庭中使用,高档微机可以作为服务器使用。按结构和性能可划分为单片机、单板机、个人计算机等。个人计算机一般分为台式机、笔记本电脑(便携式计算机)和掌上电脑三种。

嵌入式计算机(embedded computer)是指嵌入对象体系中,实现智能化控制的专用计算机系统。

4. 按计算机字长可分为8位机、16位机、32位机、64位机

字长是衡量计算机性能的一个重要指标。字长越长,计算机的处理速度越快。

子任务1.4.2 了解计算机的特点

(1) 运算速度快。我国研制的"神威·太湖之光"运算速度每秒可达12.5亿亿次。

(2) 计算精度高。计算机字长越长,位数越多,则精度越高。现在大多计算机都是64位(二进制)有效数字,采取科学的计算方法,加上高位数的计算功能,保证了计算结果的准确性。

(3) 记忆能力强(存储容量大)。计算机的存储器(内外存)具有类似于人脑记忆的功能,能够存储大量可以长期保存的信息。

(4) 逻辑判断能力强。计算机不仅能进行精确计算,还具有逻辑运算功能,能对信息进行比较和判断。计算机能把参加运算的数据、程序以及中间结果和最后结果保存起来,并能根据判断的结果自动执行下一条指令以供用户随时调用。逻辑判断是计算机的一个基本能力。在程序执行过程中,计算机能够进行各种基本的逻辑判断,并根据判断结果来决定下一步执行哪条指令。这种能力,保证了计算机信息处理的高度自动化。

(5) 自动化程度高。由于计算机具有存储记忆能力和逻辑判断能力,所以人们可以将预先编好的程序组读入计算机内存,在程序控制下可以连续、自动地工作,不需要人的干预。

(6) 通用性强。现在使用计算机,不需要了解其内部构造和原理,就能满足各类用户应用于不同的领域的需求,因为计算机的可编程性强。计算机上的各种程序,有计算机厂商预先编制的,有用户自己编制的。程序越丰富,使其可以求解不同的算术和逻辑问题,计算机的通用性就越强。

子任务1.4.3 了解计算机的主要性能指标

(1) 字长。字长是计算机CPU能够同时处理的二进制数的位数。单位是位(bit)。字长决定数据总线的位数(数据总线的位数=字长位数。64位机的字长为64位,则其数据总线的位数也是64位),决定了计算机的处理能力。字长越长,计算机的精度越高。运算速度越快。常用的计算机的字长为8位、16位、32位和64位,目前市场上主流计算机的字长为64位。

(2) 主频。一般采用主频来描述运算速度,通常主频越高,运算速度就越快。单位是赫兹(Hz),常用MHz或GHz作为单位。例如,在微型计算机配置中标注Pentium/133,其含义是CPU型号是Pentium(奔腾),主频是133MHz;Core i7 3700/3.5G其含义是CPU型号是Core i7 3700,主频是3.5GHz。目前市场上Intel酷睿(Core)系列CPU主频在4GHz左右。

(3) 运算速度。通常所说的计算机运算速度(平均运算速度),是指每秒钟所能执行的指令条数,一般单位采用"百万条指令/秒"来描述,即MIPS(million instructions per second,每秒执行106条指令),也可用BIPS(每秒执行109条指令)来描述。

(4) 内存容量(主存容量)。计算机内存也称为主存,是CPU可以直接访问的存储器。内存容量越大,存储能力越强,计算机的系统功能也就越强。常用MB或GB作为单位,目前市场上主流内存条的内存容量通常是2GB、4GB和8GB。

(5) 存取周期(存储周期)。按地址从存储器中取出数据,称为对存储器进行"读"操作;把数据写入存储器,称为对存储器进行"写"操作。存储器进行一次"读"或"写"操作所需的时间称为存储器的访问时间(或读写时间)。一般几纳秒。

存取周期即两次存取操作(如连续的两次"读"操作)之间所需的最短时间。存取周期也可以说是存储器进行一次完整的读/写操作所需的最短时间间隔。存取周期也称为存储周期或存取速度。存取周期越短,则存取速度越快。

子任务1.4.4　了解计算机的主要应用领域

(1) 科学计算。科学计算又称为数值计算,如人造卫星的轨迹计算等,是计算机最早的应用领域也是最基本的应用。

(2) 信息管理(也称数据管理、信息处理、数据处理)。这是计算机应用最广泛的应用领域。用计算机对大量数据进行收集、分析加工、发布等一系列管理工作,支持科学管理和决策。常见的有办公自动化系统、售票管理系统、财务会计系统、网页信息查询系统等。

(3) 过程控制(实时控制)。指利用计算机及时采集检测数据,按最优值迅速地对控制对象进行自动调节或自动控制。例如,工厂车间的流水线自动化生产作业控制。随着工业4.0的兴起,过程控制在智能制造工业方面得到广泛的应用。

(4) 计算机辅助系统(计算机辅助技术、计算机辅助工程)。包括以下方面。

CAD(计算机辅助设计):用计算机来帮助设计人员完成具体设计任务的辅助设计系统。

CAM(计算机辅助制造):指利用计算机来进行生产的规划、管理和控制产品制造的辅助制造系统。

CAT(计算机辅助测试):将CAD技术和CAM技术集成,实现设计生产自动化的无人车间。

CAI(计算机辅助教学):指利用计算机来帮助实现教学功能实现的交互式辅助教学系统。比如计算机虚拟现实。随着多媒体应用(多媒体技术)的发展,用计算机辅助教育CBE

这样的新教育教学思想也得以实现，多媒体课件和虚拟仿真实训在教育信息化中应用广泛。

CIMS(计算机辅助集成制造)：指利用计算机辅助进行产品测试，可以提高测试的准确性、可靠性和测试效率。

(5) 人工智能。人工智能简称AI，是让计算机模拟人的某些智能行为。该领域的研究包括机器人、语言识别、图像识别、自然语言处理和专家系统等。

(6) 网络与通信(电子商务、电子政务、远程教育等)。计算机技术与通信技术相结合出现了计算机网络通信。现在移动互联网的普及和物联网的兴起，使计算机在诸如网上会议、网上医疗、电子商务、电子政务、远程教育、新媒体方面得到广泛应用。

任务1.5 认识信息与信息技术

任务目标：

1. 认识信息与数据。
2. 了解信息技术与五次信息技术革命。
3. 了解信息社会及其主要标志。

子任务1.5.1 认识信息与数据的有关概念

1. 信息

信息一词来源于拉丁文Information，它的原意为通知或消息。在我国南唐诗人李中的《暮春怀故人》中有"梦断美人沉信息，目穿长路依楼台"这一词语，是消息的意思。信息是我们在适应外部世界、感知外部世界的过程中与外部世界交换的内容，是用语言、文字、符号、场景、图像、声音等方式表达内容的统称。信息的定义较早出现于通信领域。影响较大的有以下几种。

(1) 信息是能用来减少或消除不确定性的东西。信息论之父克劳德·艾尔伍德·香农(Claude Elwood Shannon，他提出计算机用二进制取代十进制的革命性理论)早在1948年就给信息下了一个定义："信息是可以减少或消除不确定性的内容。"

他认为，信息具有使不确定性减少的能力，信息量就是不确定性减少的程度。提出了香农信息度量公式信息熵。一个消息越不可预测确定，它所含的信息量就越大。

(2) 信息是控制系统进行调节活动时，与外界相互作用、相互交换的内容。1948年，控制论的创始人维纳在名著《控制论》中指出信息就是信息，不是物质，也不是能量。1950年他提出："信息这个名称的内容，就是我们对外界进行调节并使我们的调节为外界所了解时，与外界换来的东西。"

(3) 信息是事物运动的状态和状态变化的方式。信息是在自然界、人类社会和人类思维活动中普遍存在的一切物质和事物的属性。

信息是事物的属性的表征。自然信息和社会信息一起构成了当前人类社会的信息体系，人们每时每刻都在自觉或不自觉地接受和传播信息。人类对世界的认知和改造过程就是获取信息、加工信息和发送信息的过程。

现实世界是一个充满信息的世界。信息的内容是各种各样的，有的是能看得见、摸得着的有形的客观事物,如物体的形状、颜色等信息;有的则是看不见、摸不着的抽象的事物和概念,如商品的价格、物体的温度、各种理论等信息。

2. 数据

数据是指存储在某种媒体上可以加以鉴别的符号资料。数据是信息的载体(物理符号表示),是对客观事物记录下来的事实,是描述或表达信息的物理形式。数据是一组可以识别的记号或符号、信号。

在计算机领域,凡是能被计算机所接受和处理的符号都可称之为数据,包括字符、数字、图形、图像、声音和活动图像等。

1) 数据的形态

数据有两种形态。一种是人类可读的数据,例如,图书、资料等;另一种是机器可读的数据,例如,商品包装上的条形码、磁盘或光盘上保存的数码等。

2) 数据的分类

(1) 数值数据:具有特定值的一类数据,有大小的概念。例如,人的体重或岁数等。

(2) 非数值型数据:没有大小的概念。例如,图片或音频等。

具有数值大小和正负特征的数据称为数值数据。无数值大小和正负特征的数据称为非数值数据。非数值数据有时候也称为字符或符号数据。

数值型数据可以是十进制数、二进制数、八进制数和十六进制数等。数值型数据可以转换为二进制,数值型数据能参与算术运算。

非数值型数据,则采用二进制编码的形式来表示和处理,非数值数据包括西文字母、标点符号、汉字、图形、声音和视频等。非数值型数据不能参与算术运算。

无论什么类型的数据,在计算机内都使用二进制表示和处理。

3. 信息与数据的关系

信息≠数据。信息和数据是密切相关联的,生活中经常把信息和数据这两个词互换使用,但本质上是两个不同的概念。信息是有独立意义的,而当数据独立存在时就没有意义。

信息是事物的属性,数据是反映客观事物特征的属性值。同样的信息可以用文字或图像来表述,数据是记录信息的一种形式。信息的符号化就是数据,所以数据是信息的具体表现形式。数据是信息的载体。

信息是数据的内涵意义,信息是数据的内容和解释。信息可以数据化,信息是数据的语义解释,信息是对数据进行加工后得到的结果。

4. 信息的单位

(1) 位。现代计算机采用的是二进制,信息单位一般都基于二进制的。最小的信息单位是位(bit,读为比特),记为 bit 或 b,表示 1 个二进制数,1b 就是二进制的一个数位。

计算机中最直接最基本的操作就是对二进制位进行操作。

(2) 字节。计算机基本的存储单位是字节(Byte,读为拜特),记为 Byte 或 B,表示 1 字节。通常 1 字节占用存储器的 1 个存储单元,即 1 个存储单元存放 8 个二进制数。位是存储数据的最小单位。1 字节=8 位(1Byte=8bit),即 8 个二进制位称为 1 字节。

除了基本单位字节,存储单位还有千字节(KB)、兆字节(MB)、吉字节(GB)、太字节(TB)、拍字节(PB)等。它们之间的换算关系如下:

$$1B=8b$$

$1KB=2^{10}B=1024B$　K的意思为“千”，KB来自kilobyte；

$1MB=2^{20}B=1024KB$　M的意思为“兆”，MB来自megabyte；

$1GB=2^{30}B=1024MB$　G的意思为“吉”，GB来自gigabyte；

$1TB=2^{40}B=1024GB$　T的意思为“太”，TB来自terabyte；

$1PB=2^{50}B=1024TB$　P的意思为“拍”，PB来自petabyte。

存储单位有时候也直接用英文字母发音。“这是多大的内存条?”回答是“8个G”或者“8吉”，意思是内存容量为8GB；“这块硬盘有多大?”对方回答是“1个T”或者“1太”，意思是硬盘容量为1TB。

(3) 字。计算机信息交换、加工、存储的基本单元是“字”，记为Word。在计算机中，一般用若干个二进制位表示一个数或一条指令，并把它们作为一个整体来处理、存储和传送。这种作为一个整体来处理的二进制位串称为计算机字。这一串二进制位由一个字节或若干字节构成。表示数据的字称为数据字，表示指令的字称为指令字。

(4) 字长。字长是CPU一次能直接处理的二进制位数。是CPU内每个字所包含的二进制数据的长度。目前市场上主流CPU多为64位处理器，所谓“64位机”，是指计算机上安装的是字长为64位的CPU。一般情况下，字长越长，运算速度越快，计算精度也越高，处理能力就越强。

子任务1.5.2 了解信息技术及其发展

1. 信息技术的概念

信息技术(information technology，IT)是指人们获取、存储、传递、处理、开发和利用信息资源的相关技术。

信息处理的基本过程包括信息的收集、信息的加工、信息的存储、信息的传递、信息的利用。把杂乱无章的数据加工成有意义、有价值的信息的过程，称为“数据处理”。

信息技术的研究始于20世纪40年代，电子计算机的诞生，为信息的采集、存储、分类等提供了有效的途径，以计算机技术为核心的信息技术革命是社会信息化的动力源泉。随着信息技术的发展，信息技术所包含的内容也在不断地变化。

2. 信息技术的三个发展时期

(1) 以文字记录为主要信息存储手段，以书信传递为主要信息传递方法，人工为主要特征的古代信息技术。

(2) 以录音、电信为主要特征的近代信息技术。

(3) 以计算机、网络为主要特征的现代信息技术。

3. 人类经历的五次信息技术革命

第一次是语言的使用。

第二次是文字的使用。

第三次是印刷术的发明。

第四次是电报、电话、广播和电视的发明(1837年美国莫尔斯发明有线电报和莫尔斯电码，拉开近代信息技术发展的序幕)。

第五次信息技术革命是计算机技术和现代通信技术的结合与广泛使用(1946年

ENAIC 拉开现代信息技术发展的序幕)。以网络为主要特征的现代信息技术有三次发展变革：计算机、互联网、物联网。

4. 信息技术的功能

这是指信息技术有利于自然界和人类社会发展的功用与效能。从宏观上看，信息技术最直接、最基本的功能或作用主要体现在辅助人的功能、开发功能、协同功能、增效功能和先导功能；信息技术的天职就是扩展人的信息器官功能，提高或增强人的信息获取、存储、处理、传输、控制能力。信息技术的根本目标是提高或扩展人类的信息能力。

信息技术对其他高新技术的发展起着先导作用，而其他高新技术的发展又反过来促进信息技术更快地发展。其他技术作用于能源和物质，而信息技术则改变人们对空间、时间和知识的理解。信息技术的普遍应用将会充分挖掘人类的智力资源，对各种生产要素效能的发挥将起到催化和倍增作用。

信息技术对社会产生的负面影响也是多方面的，信息社会带来的问题：目前主要有信息污染、信息犯罪、信息侵权、计算机病毒和信息侵略。比如，信息污染主要表现为信息虚假、信息垃圾、信息干扰、信息无序、信息缺损、信息过时、信息冗余、信息误导、信息泛滥、信息不健康等。信息侵略通常是指信息强势的国家通过信息垄断大肆宣扬自己的价值观，用自己的文化和生活方式影响其他国家。

子任务 1.5.3　了解信息社会

1. 信息化

信息化是当代技术革命所引发的一种新的社会经济现象，如电子商务、移动互联网、物联网、办公自动化、远程医疗、远程教育、视频会议等。

1993 年 9 月 15 日美国政府正式推出跨世纪的“国家信息基础设施”工程计划，英文全称为 National Information Infrastructure，简称 NII。“国家信息基础设施”通俗说就是信息高速公路，信息高速公路是指高速度、大容量、多媒体的信息传输干线，也称“信息超高速公路”“数据高速公路”。

信息化是发展智能化工具为代表的新生产力变革社会的历史过程。信息化包括信息资源、信息网络、信息技术、信息产业、信息化人才、信息化环境和信息安全七大要素。

信息化的主要目标是最大限度地开发利用信息资源。信息化的本质是将现实世界中的事物转化成数据并存储到网络空间中，即信息化是一个生产数据的过程，网络空间(cyber space)是指计算机网络、广播电视网络、通信网络、物联网、卫星网等所有人造网络和设备构成的空间，这个空间真实存在。网络空间中的所有数据构成数据界，例如，“互联网＋”的应用。

“互联网＋”指以互联网为主的一整套信息技术在经济、社会生活各部门的扩散和应用过程，其本质是传统产业和生产过程的在线化、数据化。“互联网＋”作用下的传统产业，信息(数据)将作为独立的生产要素存在，并成为驱动产业发展的核心要素。实现了“互联网＋”的产业，用户将成为行业创新的源头和终端。产业链将在共享信息的前提下被各参与方重构、优化，产生新的商业模式。

信息化的最终结果是人类社会生活的全面信息化，主要表现为信息成为社会活动的战略资源和重要财富，信息技术成为推动社会进步的主导技术，信息人员成为领导社会变革的中坚力量。

2. 信息社会的概念和特征

(1) 信息社会。信息社会(information society)也称之为信息化社会，它是指以信息技术为基础、以信息产业为支柱、以信息价值的生产为中心、以信息产品为标志的社会形态。

以计算机、微电子和通信技术为主的信息技术革命是社会信息化的动力源泉。因特网成为新的工作和生活方式，对全世界范围内的信息交流都产生了革命性的影响。

(2) 信息社会的主要标志。信息经济在国民经济中占据主导地位是信息化社会的主要标志之一。信息经济构成社会信息化的物质基础。它以信息产业在国民经济中的比重，信息技术在传统产业中的应用程度和国家信息基础设施建设水平为主要标志。

信息经济、知识经济时代成为信息化社会的主要标志之一。信息经济、知识经济时代主要是以现代科学技术为核心的，建立在知识和信息的生产、存储、使用和消费之上的经济形态。信息社会以信息活动为社会发展的基本活动。

在信息社会中，信息成为与物质和能源同等重要的第三资源，信息网络已成为人们生活的基础设施。

习　　题

一、单选题

1. 诞生于1946年的世界上公认的第一台电子计算机是(　　)。

A. EDSAC　　B. EDVAC　　C. ENIAC　　D. MARK-Ⅰ

2. 计算思维的本质是对求解问题的抽象和实现问题处理的(　　)。如果说数学思维是“抽象和关系”，那么计算思维则是“状态和过程”。

A. 高精度　　B. 高速度　　C. 自动化　　D. 网络化

3. 冯·诺依曼为现代计算机的结构奠定了基础，他的主要设计思想是(　　)。

A. 存储程序　　B. 存储数据

C. 虚拟存储　　D. 采用电子元件

4. 按照电子计算机的发展阶段来看，第一代至第四代计算机依次是(　　)。

A. 机械计算机，电子管计算机，晶体管计算机，集成电路计算机

B. 晶体计算机，集成电路计算机，大规模集成电路计算机，光器件计算机

C. 电子管计算机，晶体管计算机，小、中规模集成电路计算机，大规模和超大规模集成电路计算机

D. 手摇机械计算机，电动机械计算机，电子管计算机，晶体管计算机

5. 第三代计算机采用的电子元件是(　　)。

A. 电子管　　B. 中、小规模集成电路

C. 晶体管　　D. 超大规模集成电路

6. 目前我国计算机界把计算机分为巨型机、大型机、中型机、小型机、单片机(嵌入式计算机)和(　　)六类。

A. 微型机　　B. 量子机　　C. 纳米机　　D. 光刻机

7. 计算机的通用性使其可以求解不同的算术和逻辑问题,这主要是取决于计算机的(　　)。

A. 高速运算　　B. 人工智能　　C. 可编程性　　D. 存储功能

8. 信息技术主要包括感知技术、通信技术、(　　)和控制技术。

A. 生物技术　　B. 能源技术　　C. 材料技术　　D. 计算机技术

9. 下列计算机辅助系统的英文缩写和中文名字对照,正确的一个是(　　)。

A. CAM——计算机辅助控制　　B. CAD——计算机辅助设计

C. CAI——计算机辅助测试　　D. CAT——计算机辅助教学

10. 有“计算机界诺贝尔奖”之称的是(　　)。

A. 图灵奖　　B. 科学与技术奖

C. 斯蒂比兹计算机先驱奖　　D. 罗杰·尼达姆奖

11. 计算机的技术性能指标主要是指(　　)。

A. 计算机所配备语言、操作系统、外部设备

B. 硬盘的容量和内存的容量

C. 显示器的分辨率、打印机的性能等配置

D. 字长、主频、运算速度、内存容量

12. 用语言、文字、符号、场景、图像、声音等方式表达的内容统称为(　　)。

A. 书籍　　B. 文献　　C. 信息　　D. 流媒体

13. 下面有关比特的叙述中,错误的是(　　)。

A. 比特是组成信息的最小单位

B. 表示比特需要使用具有两个稳定状态的物理器件

C. 比特“1”大于比特“0”,1 比特=8 字节

D. 比特既可以表示数值或文字,也可以表示图像或声音

14. 下列有关计算机特点的描述,正确的是(　　)。

A. 速度快,精度低　　B. 具有记忆和逻辑判断能力

C. 能自动运行,支持无线充电　　D. 适合科学计算,不适合数据处理

二、简答题

简述计算机应用领域和未来发展趋势。

习题参考答案

项目 2　信息素养与信息安全

本项目核心内容

1. 计算机文化与信息素养的基本概念。
2. 信息检索实践任务：读秀学术搜索信息检索。
3. 信息检索实践任务：CNKI 数据库检索。
4. 数制、进制转换、ASCII 码、汉字编码。
5. 计算机安全的基本概念。
6. 计算机病毒的概念、特点、预防与消除。
7. 计算机网络安全基础知识。
8. 黑客、防火墙的概念。
9. 信息技术应用的法律与道德。

项目 2 学习任务思维导图

任务 2.1　了解计算机文化与信息素养

任务目标：

1. 了解计算机文化。
2. 了解信息素养的概念。
3. 了解信息素养的内涵。
4. 了解信息素养教育的目标与层次。

1. 了解计算机文化

1981 年，在瑞士洛桑召开的第三届世界计算机教育大会上，科学家提出了要树立计算机教育的观念，呼吁人们要高度重视计算机文化教育。

文化是人类社会的特有现象。文化即人类行为的社会化，是人类创造功能和创造成果的最高和最普遍的社会形式。文化的核心是观念和价值。

文化具有的基本属性：广泛性、传递性、教育性、深刻性。

文化发展的四个里程碑：语言的产生、文字的使用、印刷术的发明、计算机文化。

计算机文化是以计算机为核心，集计算思维、网络文化、信息文化、多媒体文化为一体，并对社会生活和人类行为产生广泛、深远影响的新型文化。

在计算机文化的形成过程中，计算机高级语言的使用、微型计算机的普及、信息公路的提出，这三件大事起到了重大的促进作用。

计算机文化是人类社会的生存方式因使用计算机而发生根本性变化，从而产生的一种崭新文化形态，这种文化形态可以体现如下：一是计算机理论及其技术对自然科学、社会科学的广泛渗透表现的丰富文化内涵；二是计算机的软硬件设备，作为人类所创造的物质设备丰富了人类文化的物质设备品种；三是计算机应用介入人类社会的方方面面，从而创造和形成的科学思想、科学方法、科学精神、价值标准等成为一种崭新的文化观念。

2. 了解信息素养

1) 信息素养的概念

信息素养(information literacy)与社会责任是指在信息技术领域，通过对信息行业相关知识的了解，内化形成的职业素养和行为自律能力。信息素养与社会责任对个人在各自行业内的发展起着重要作用。

信息素养更确切的名称应该是信息文化，也称为信息素质。信息素养是基于信息意识、信息知识、信息伦理，具有通过确定、检索、获取、评价、管理、应用信息解决所遇到的问题，并以此重构自身知识体系的综合能力和基本素质。

信息素养是一种对信息社会的适应能力。21世纪的能力素质，包括基本学习技能(指读、写、算)、信息素养、创新思维能力、人际交往与合作精神、实践能力。信息素养是其中一个方面。

2) 信息素养的内涵

信息素养主要包括信息意识、信息知识、信息能力、信息道德四个方面的内容。其中信息意识是前提，信息知识是基础，信息能力是保证，信息道德是准则。

信息意识是信息素养的前提；信息知识是信息素养的基础；信息能力是信息素养的保证(核心要素、首要内容)；信息道德(信息伦理)是信息素养的准则，准确合理地使用信息资源。

信息素养是一种综合能力，信息技术是它的一种工具。信息技术是信息素养的支撑，通晓信息技术，加强对技术的理解、认识和使用，是信息能力的重要组成部分。信息技术是一把双刃剑，它一方面给掌握信息技术的人带来极大便利或效益，另一方面也可能给人们带来信息泄密等问题。

3) 信息素养教育的目标

信息素养教育的目标是培养终身学习能力。获得终身学习能力是信息素养教育的核心目标。

4) 信息素养教育的层次

信息素养教育的第一个层次是拓宽视野，使人们知道这个世界上原来还有这么多信息资源；信息素养教育的第二个层次是训练信息获取能力；信息素养教育的第三个层次是培养信息利用能力。

任务 2.2　信息检索——读秀学术搜索与 CNKI 信息检索

任务目标：

1. 访问读秀学术搜索平台。

2. 学会读秀知识点检索。

3. 了解检索结果的阅读、识别与下载。
4. 学会读秀电子图书检索。
5. 访问 CNKI 数据库。
6. 学会 CNKI 简单检索。
7. 了解 HTML 阅读和下载。
8. 了解 CNKI 数据库高级检索。

子任务 2.2.1 读秀学术搜索平台信息检索

信息检索是人们进行信息查询和获取的主要方式,是查找信息的方法和手段。掌握网络信息的高效检索方法,是现代信息社会对高素质技术技能人才的基本要求。在本子任务中通过对读秀学术搜索平台的检索演示,展示知识搜索和电子图书的检索与利用的常见方法。

读秀学术搜索平台(简称读秀)是一种多功能的检索工具,对于读者输入的搜索字段,可分别从"读秀知识库""超星电子图书数据库",以及高校图书馆的纸本藏书目录数据库中进行检索,并将检索结果集成显示在页面上。

1. 访问读秀学术搜索平台

(1) 打开浏览器,在地址栏中输入地址: http://www.duxiu.com。

(2) 如果联网 IP 地址是在已经购买读秀服务的许可 IP 范围内,可以不需要登录直接使用其资源;如果不是在 IP 许可范围内,但是有机构授权账号密码的,则如图 2-1 所示,在读秀的主界面选择机构馆并输入账号密码进入检索页面;如果有个人账号,输入账号密码可进入检索页面。

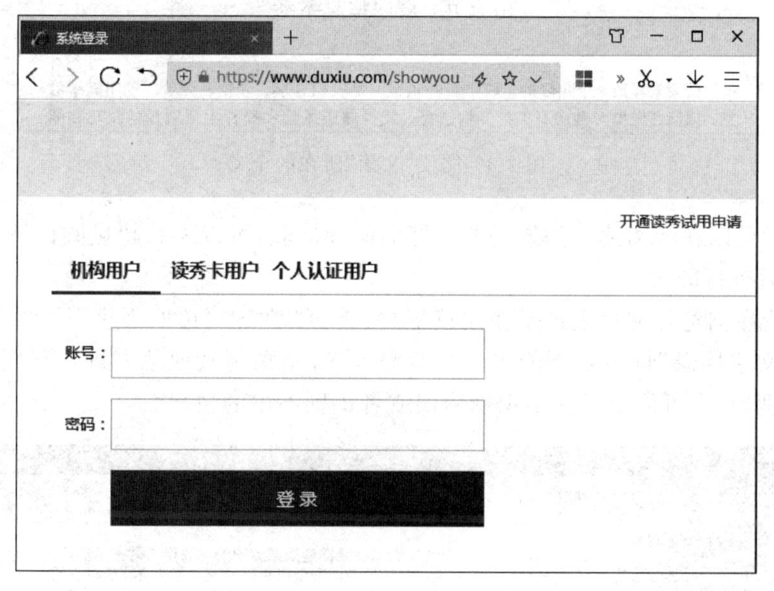

图 2-1 读秀登录界面

2. 读秀"知识"检索

读秀信息检索框上默认的检索导航是"知识",即进行知识点检索,可以从全文中检索输入的检索词。例如,用户在检索框中输入检索词“信息素养”,单击“中文搜索”按钮后,系统将默认进行知识点检索,从“读秀知识库”中检索出含有该知识点的书刊章节内容并显示来源。结果如图 2-2 所示。

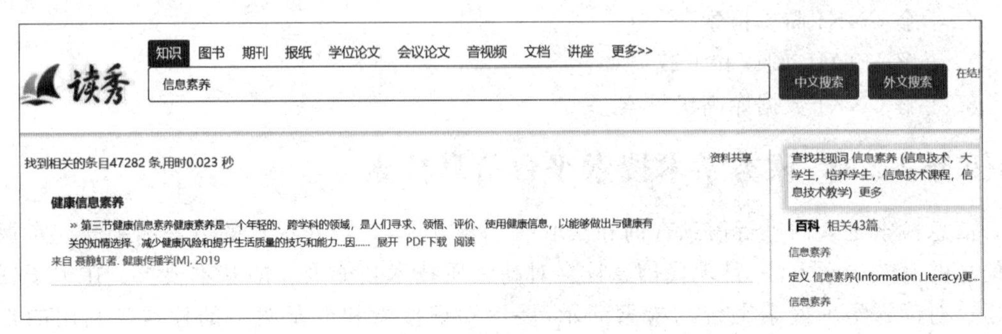

图 2-2 读秀“知识”检索

3. 检索结果的阅读、识别与下载

进行知识点检索后,会显示检索结果。找到的与检索词相关的信息条目会列出并显示文摘,在文摘后面有“展开”“PDF 下载”和“阅读”按钮,单击“阅读”按钮,可以打开书刊正文进行阅读,如图 2-3 所示。

图 2-3 阅读“文摘”所在的全文

(1) 一般可以在线阅读。如果需要较好的阅读体验,可以下载超星阅读器,在阅读器里面下载图书后进行阅读。

(2) 无论在浏览器网页上还是在阅读器中,都可以单击“选取文字”按钮后进行文字识别操作,在“文字摘录”框中复制能识别的所需内容,粘贴到其他地方进行利用,如图 2-4 所示。注意识别后,有可能出现文字识别错误或者识别不出的情况。

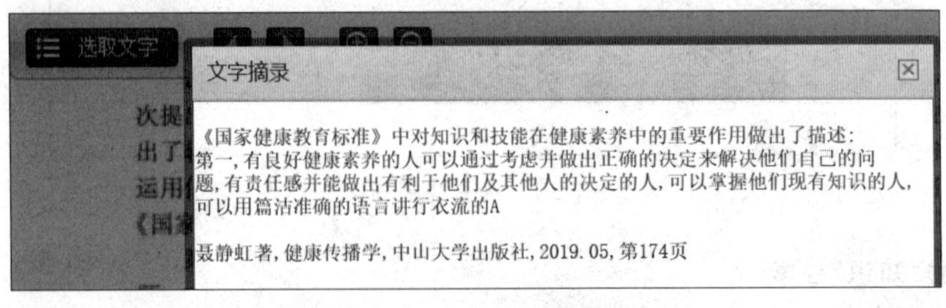

图 2-4 “文字摘录”框

(3) 单击阅读页面右上角的"查看来源"按钮，可以查看内容来自什么著作，如图 2-4 所示。

(4) 如图 2-5 所示，单击阅读页面右上角的按钮，可以打印或者保存内容。

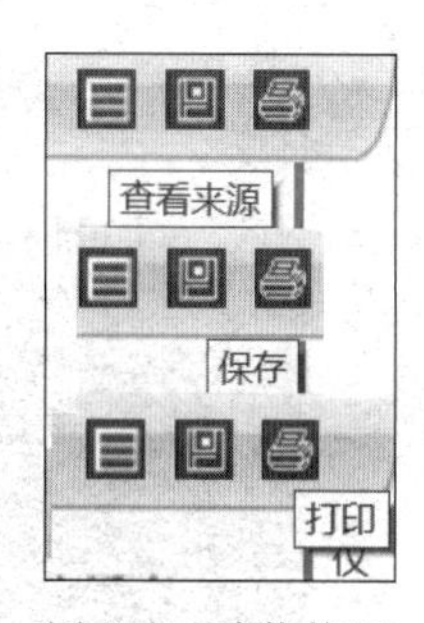

图 2-5 功能按钮

4. 读秀电子图书检索

(1) 单击导航栏中的"图书"按钮，系统将首先显示从"读秀知识库"中检索出的图书书目信息和原版图书封面缩略图，如图 2-6 所示。如搜索结果中显示的图标是省略格式，则说明该书只有书目信息，暂时不能提供电子版全文。

(2) 打开题名链接，可以查看图书详细信息介绍页面，从页面左侧看到该图书的详细收藏信息和获取方式：收藏有该纸本图书的图书馆以"某某馆藏"方式显示，单击此链接图标，自动进入该图书馆的书目检索系统，可以查看该书在图书馆中的收藏信息。

(3) 在检索结果的左边有电子图书"类型"提示信息，如图 2-6 所示，例如，"类型"为"本馆电子全文"的电子图书，则是该馆已购的包库全文，说明可从该馆的"超星电子图书"资源中在线阅览和下载该书全文电子版。单击"本馆电子全文"链接可将有全文的 1730 种电子图书显示在结果页面，其他不显示。

(4) 可以在如图 2-6 所示的页面中单击"汇雅电子书"按钮，阅读已购的包库全文。

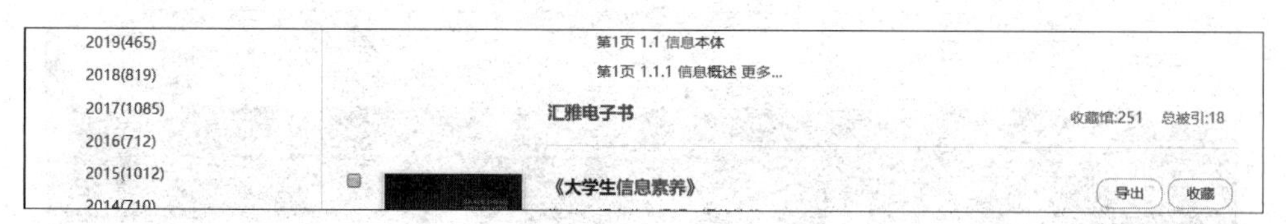

图 2-6 书目信息和书封面缩略图

(5) 可传递部分图书，如在线试读(5263)的图书一般只能阅读十几页，试读完后如果希望阅读整本书，则可以按照读秀的提示信息进行操作，请求文献传递发送到指定到邮箱。

子任务 2.2.2 CNKI 数据库信息检索

中国知识基础设施工程(China national knowledge infrastructure，CNKI)，以全面应用大数据与人工智能技术打造知识创新服务业为新起点，将基于公共知识整合提供的知识服务，深化到与各行业机构知识创新的过程与结果相结合，通过更为精准、系统、完备的显性管理，以及嵌入工作与学习具体过程的隐性知识管理，提供面向问题的知识服务和激发群体智慧的协同研究平台。

新版总库平台 KNS 8.0，正式命名如下：CNKI 中外文文献统一发现平台(学名)，也称全球学术快报 2.0。能让读者在"世界知识大数据(GKBD)"中快速、精准、个性化地找到相关的优质文献。

1. 访问 CNKI 数据库

(1) 打开浏览器，在地址栏中输入地址 https://www.cnki.net/，如图 2-7 所示，打开 CNKI 中国知网主界面。

(2) 如果是在校外且没有 VPN 服务，则需要输入自己的账号密码。校内 IP 范围内打

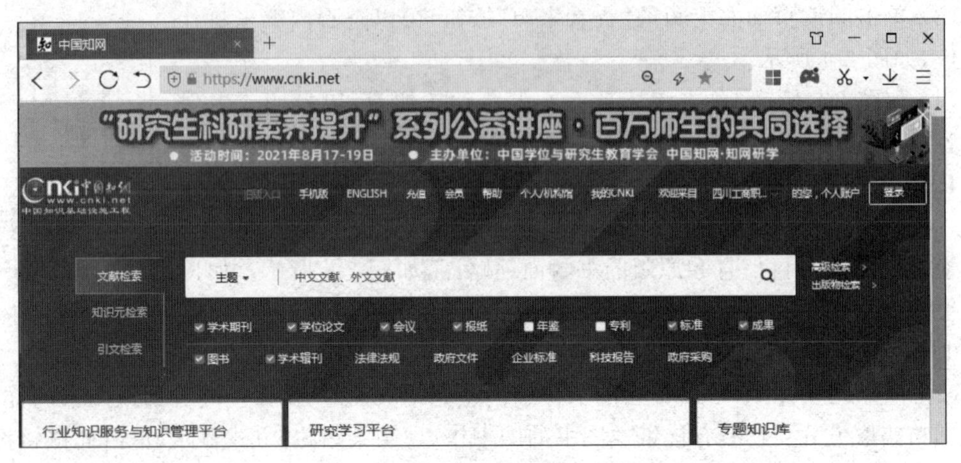

图 2-7　CNKI 中国知网主界面

开首页,可以直接在检索框里面输入检索词检索信息。

2. 简单检索

直接在检索框里面输入检索词:"大学生信息素养现状"。单击右侧检索按钮(放大镜图标)进行检索。如图 2-8 所示,默认以"大学生信息素养现状"为主题进行信息检索。

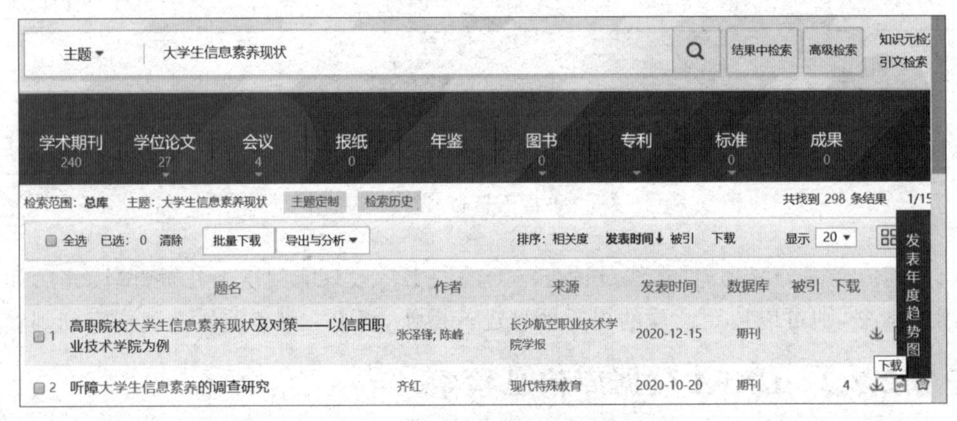

图 2-8　输入的检索词和检索结果页面

3. CNKI 全文在线阅读和下载

(1) 在图 2-8 所示页面单击所需要的某一检索结果,例如,单击期刊论文"高职院校大学生信息素养……"则弹出该文献部分内容,如图 2-9 和图 2-10 所示,可以单击"HTML 阅读"链接按钮,选择在线"HTML 阅读",或者选择下载后再阅读这篇文献的全文。

(2) 选择下载阅读时,单击"CAJ 下载"或者"PDF 下载"链接按钮,会弹出"下载"对话框,选择下载文件到某个位置即可。在阅读时则需要有该文件格式的阅读器方可阅读其全文,相关阅读器在 CNKI 网站上有下载链接。

4. CNKI 数据库高级检索

(1) 单击 CNKI 首页右边的"高级检索"按钮,进入"高级检索"界面,如图 2-11 所示。

高级检索:指利用不同字段进行逻辑匹配的检索方式,允许多个检索条件进行组合。优点是查询结果冗余少、命中率高。对命中率要求较高的查询,一般使用高级检索。通过多

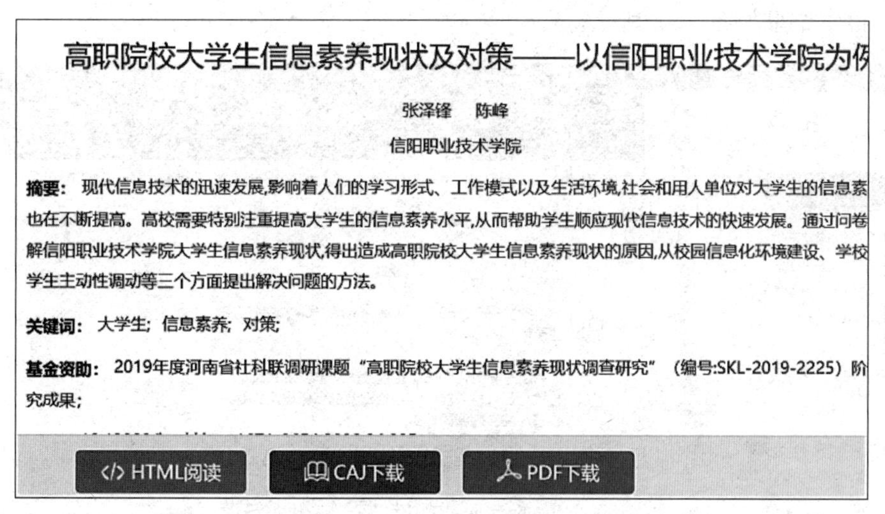

图 2-9　“HTML 阅读”与“CAJ 下载”“PDF 下载”链接

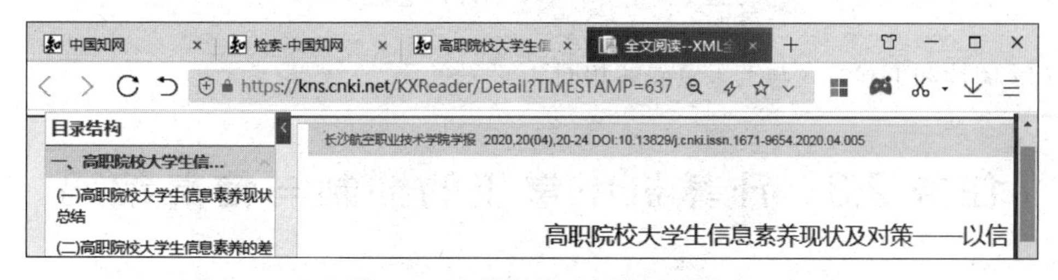

图 2-10　在线“HTML 阅读”页面

个检索条件之间的逻辑匹配来进行组合精确或模糊检索。

(2) 输入检索条件。例如，检索 2018 年 1 月到 2021 年 1 月 1 日现在发表的有关“新时代中国特色社会主义”的文献信息，要求篇名必须含有“新时代”，主题含有“中国特色社会主义”，检索字段选择和输入信息如图 2-11 所示。

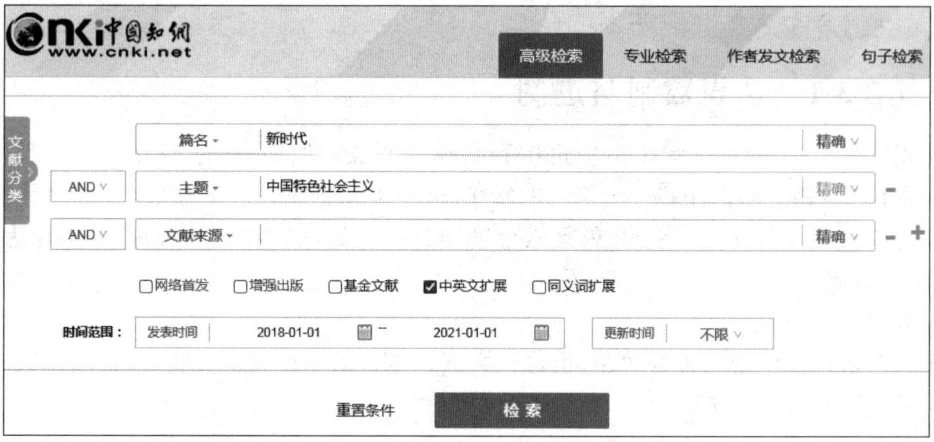

图 2-11　CNKI 高级检索

(3) 检索结果如图 2-12 所示。

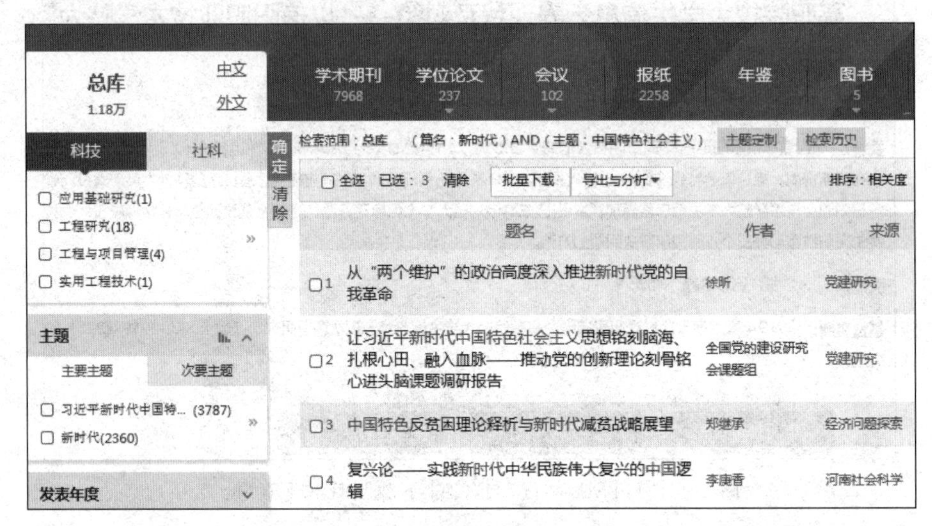

图 2-12 满足多个检索条件的文献检索结果

(4) 阅读和下载方式与上一页叙述相同。

任务 2.3 计算机中常用的数制与信息编码

任务目标：

1. 认识数制与进制。
2. 掌握不同进制之间的转换。
3. 了解二进制的基本运算。
4. 了解数值数据的表示。
5. 认识 ASCII 码。
6. 认识汉字编码。

子任务 2.3.1 认识数制与进制

常用的是十进制数，日常生活中也用到其他进制数。例如，一打鸡蛋 12 个，两打鸡蛋 24 个，是十二进制。时间中的 1 年为 12 个月，也是十二进制。7 天为 1 周，也就是七进制数。60 秒为 1 分，60 分为 1 小时，就是六十进制数。例如，成语"半斤八两"中 1 斤为 16 两重，是十六进制。

1. 数制

记数时数的表示规则称为数制，也称计数制。通常采用位置记数法，即将表示数字的数码符号从左至右排列起来。

数码：一组用来表示某种数制的符号。

数制：指用一组固定的符号和一套统一的规则来表示数值的方法。按进位的原则进行计数，称为进位计数制。

计算机内部,所有的信息都是以二进制形式存储和表示的。在计算机中常用的有十进制、二进制、八进制、十六进制等,比如网卡的物理地址编码采用十六进制。为了书写方便,在资料中常采用十六进制数或八进制数表示。这样一个很长的二进制数就可以书写成简短的八进制数或十六进制数了。

1) 二进制(binary)

二进制有两个基数,数码为“0、1”共 2 个。

进位规则为“逢二进一,借一当二”。二进制一般记为$(101)_2$ 或 101B。

2) 八进制(octal)

八进制有八个基数,数码为“0、1、2、3、4、5、6、7”共 8 个。

进位规则为“逢八进一,借一当八”。八进制一般记为$(101)_8$ 或 101O 或 101Q。

3) 十进制(decimal)

十进制有十个基数,数码为“0、1、2、3、4、5、6、7、8、9”共 10 个。

进位规则为“逢十进一”。十进制一般记为$(123.45)_{10}$或 123.45D,也可以不标记,写成 123.45。

4) 十六进制(hexadecimal)

十六进制有十六个基数,数码为“0、1、2、3、4、5、6、7、8、9、A、B、C、D、E、F”共 16 个,其中数码“A、B、C、D、E、F”分别代表十进制数中的“10、11、12、13、14、15”。

进位规则为“逢十六进一,借一当十六”。十六进制一般记为 $(2F)_{16}$或 2FH。

2. 基数和运算规则

进制有两个基本的概念:基数和运算规则。

(1) 基数。基数指一种进制中组成的基本数字,也就是不能再进行拆分的数字;也指在某种进位计数制中,每个数位上所能使用的数码个数。比如,十进制的基数为 10。一般基数的个数和进制数名称相同。

不同进制的基数和进位规则如表 2-1 所示。

表 2-1 不同进制的基数和进位规则

项　　目	二进制	八进制	十进制	十六进制
数码符号	0,1	0～7	0～9	0～9,A～F
基数	2	8	10	16
进位规则	逢二进一	逢八进一	逢十进一	逢十六进一
表示形式	B	O/Q	D	H

(2) 位权。位权指数码在不同位置上的权值,是以基数为底的幂。幂指乘方运算的结果,权值为十进制。

以一个数中的小数点为界限,小数点左边第 1 位数码的位权为 0,小数点左边第 2 位数码的位权为 1,以此类推。以一个数中的小数点为界限,小数点右边第 1 位数码的位权为-1,小数点左边第 2 位数码的位权为-2,以此类推。

如图 2-13 所示,一般可以用在数码上方进行标记的方法来确定幂指数。

某个进制数的整数部分,从右往左数,标记依次为 0,1,2,3,…。

某个进制数的小数部分,从左往右数,标记依次为−1,−2,−3,…。

$$\overset{3}{1}\overset{2}{0}\overset{1}{2}\overset{0}{4}\quad \overset{2}{1}\overset{1}{2}\overset{0}{3}.\overset{-1}{4}\overset{-2}{5}\quad \overset{4}{1}\overset{3}{1}\overset{2}{0}\overset{1}{1}\overset{0}{1}.\overset{-1}{1}\overset{-2}{1}$$

图 2-13 对一个数的整数和小数部分进行位权标记的方法

例如,十进制数 123.45 中,数码 3、4、5 的标记是什么?

通过直接标记可以看出,3 的标记是 0,4 的标记是 −1(负一)。位权是以基数为底的幂,因此 3 的位权是 10 的 0 次方,权值为 $10^0=1$;4 的位权是 $10^{-1}=0.1$;“5”的位权是 10^{-2},即百分之一,权值为 0.01。

二进制 0.1 中,数码 1 的位权标记是 −1,这是二进制则 1 的位权是 2 的 −1 次方,即 $2^{-1}=0.5$。

二进制 0.01 中,数码 1 的位权标记是 −2,位权是 2^{-2},即四分之一,权值为 0.25。

例如,在八进制数 123.45 中,数码 1 的位置代表的则是 8 的 2 次方,8^2 就是位权(以基数 8 为底、2 为指数的幂)。权值为 $8^2=64$。

在进制中,表示数值大小的数码与它在数中的位置有关。

(3) 运算规则。运算规则就是进位或错位规则。N 进制的加减法运算规则如下:满 N 进一,借一当 N。

子任务 2.3.2 进制转换

同样一个数,可以用不同进制来表示,不同进制数之间可以进行转换。不同进制之间的数值大小比较时,把其他进制转换成十进制是常用方法。如果一个数既有整数又有小数时,通常对整数部分和小数部分分别进行转换。

1. 十进制数、二进制数、八进制数和十六进制数的对应关系

十进制数、二进制数、八进制数和十六进制数的对应关系如表 2-2 所示。

表 2-2 四种进位计数制之间的对应换算关系

十进制	二进制	八进制	十六进制	十进制	二进制	八进制	十六进制
0	0	0	0	9	1001	11	9
1	1	1	1	10	1010	12	A
2	10	2	2	11	1011	13	B
3	11	3	3	12	1100	14	C
4	100	4	4	13	1101	15	D
5	101	5	5	14	1110	16	E
6	110	6	6	15	1111	17	F
7	111	7	7	16	10000	20	10
8	1000	10	8				

从表中可以看出所有进制的0和1都是相等的。其中八进制的最大数码7对应换算的二进制数是111，说明用3位二进制即可表示一位八进制。八进制数7等于二进制数111。其中十六进制的最大数码F对应的二进制数是1111，说明用4位二进制即可表示一位十六进制。十六进制数F等于二进制数1111。

2. 二进制数与八进制数之间的转换

二进制数转换为八进制数非常方便，由于 $2^3=8$，1位八进制数恰好等于3位二进制数。它们之间的关系可参照表2-2。

转换要领：3位二进制换成1位八进制，二进制不足3位用0补足3位。

具体方法：以二进制数的小数点为界，将整数部分自右向左和小数部分自左向右分别按每3位二进制为一组先分组。分组时不足3位的，在二进制数的整数部分前面和小数部分后面用0补足3位。再转换为对应的一位八进制数。小数部分不足3位时必须补0，凑够3位二进制。

分组完成后，然后把每3位二进制数换成1位等值的八进制数码，最后按照同样的次序将得到八进制数码排列，得到转换结果。

例如，二进制数 $(1010111.01110)_2$ 转换为八进制数。

方法1：分1组就写1个对应八进制不够三位的补个0变成三位。

$(1\,\underline{010}\ \ \underline{111}\ .\underline{011}\ \ \underline{100})_2=(127.34)_8$

方法2：分完组再标记对应八进制。

001 010 111 . 011 100

↓ ↓ ↓ ↓ ↓

1 2 7 . 3 4

所以，$(1010111.01110)_2=(127.34)_8$，也可写作 1010111.01110B＝127.34Q 或者 127.34O。

3. 二进制数与十六进制数之间的转换

二进制数转换为十六进制数非常方便，由于 $2^4=16$，1位十六进制数恰好等于4位二进制数。它们之间的关系可参照表2-2。

转换要领：4位二进制换成1位十六进制，二进制不足4位用0补足4位。

具体方法：以二进制数的小数点为界，将整数部分自右向左和小数部分自左向右分别按每4位二进制为一组先分组，然后将各组的4位二进制数转换为对应的一位十六进制数。

分组时不足4位的，在二进制数的整数部分前面和小数部分后面用0补足4位，再转换为对应的一位十六进制数。对于整数部分，从低位到高位，每4位二进制数对应一位十六进制数，最后不足4位时可以补0，也可以不补0；对于小数部分，从高位向低位，每4位二进制数对应一位十六进制，最后不足4位时必须补0，凑够4位二进制。

例如，二进制数 $(100101101110.0111)_2$ 转换为十六进制数。

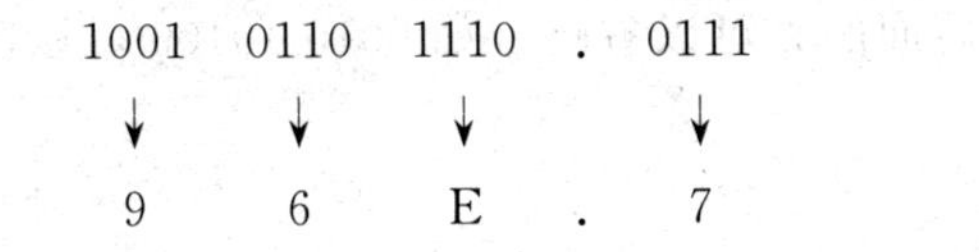

所以，$(100101101110.0111)_2=(96E.7)_{16}$。

也可写作 100101101110.0111B＝96E.7H。

4. 八进制数和十六进制数转换成二进制数

八进制数和十六进制数转换成二进制数非常方便,由于 $2^3=8$,1 位八进制数恰好等于 3 位二进制数;同样 $2^4=16$,1 位十六进制数恰好等于 4 位二进制数。它们之间的关系可参照表 2-2。

转换要领:八进制 1 位换成二进制数的 3 位;十六进制 1 位换成二进制数的 4 位。

八进制数转换为二进制数的方法:1 位八进制数换成 3 位二进制数,按顺序排列。

例如,八进制数$(7331.5)_8$ 转换为二进制数。

7	3	3	1	.	5
↓	↓	↓	↓		↓
111	011	011	001	.	101

所以,$(7331.5)_8=(111011011001.101)_2$。

十六制数转换为二进制数的方法是 1 位十六进制数换成 4 位二进制数,按顺序排列。

例如,十六进制数$(2A8.9)_{16}$转换为二进制数:

2	A	8	.	9
↓	↓	↓		↓
0010	1010	1000	.	1001

所以,$(2A8.9)_{16}=(001010101000.1001)_2=(1010101000.1001)_2$。

5. 八进制数与十六进制数之间的转换

一般用二进制作为桥梁,即先把八进制转换为二进制,其二进制再转换为十六进制。

例如,八进制数$(337.234)_8$ 转换为十六进制数

八进制:	3	3	7	.	2	3	4
二进制:	011	011	111	.	010	011	100
		11011111		.	010011100		
		1101	1111	.	0100	1110	0000
十六进制:		D	F	.	4	E	0

所以,$(327.234)_8=(DF.4E0\ )_{16}=(DF.4E\ )_{16}$。

例如,$(7FC3)_{16}$转换为不同进制如下。

十六进制:	7	F	C		3
二进制:	0111	1111	1100		0011
	111	111	111	000	011
八进制:	7	7	7	0	3

所以,$(7FC3)_{16}=(111111111000011)_2=(77703)_8$ 时,中间的 0 是有效数字,不能省略。

整数部分最前面的 0 可以省略,小数部分最后面的 0 可以省略。如 0010.10100 可以写成 10.101。

6. 十进制数转换为其他进制数的方法

将一个十进制数转换为二进制、八进制等 N 进制数时,其整数部分和小数部分分别用"除 N 取余法,倒排"和"乘 N 取整法,顺排"转换,然后将整数部分与小数部分结果加小数

点三部分合在一起。

转换规则如下。

整数部分：用除 N 取余法转换。将十进制的整数部分除以 N，得到一个商数和余数；再将这个商数除以 N，又得到一个商数和余数；反复执行这个过程，直到商为0为止。将每次所得的余数从后往前读（先得的余数为低位，后得的余数为高位）即为等值的二进制数。

小数部分：用乘 N 取整法转换。将小数部分乘以 N，记下乘积的整数部分，再用余下的纯小数部分乘以 N，记下乘积的整数部分；不断重复此过程，直至乘积小数部分为0或已满足要求的精度为止。将所得各乘积的整数部分顺序排列（先得的整数为高位，后得的整数为低位）即可。

将 $(125.125)_{10}$ 转换为二进制数。整数部分除以2取余，小数部分乘2取整。

(1) 用除2取余法将整数部分 $(125)_{10}$ 转换为二进制整数：将十进制整数转换为二进制数，通常用短除法。反复除以基数直到商为0。

(2) 用乘2取整法将小数部分 $(0.125)_{10}$ 转换为二进制小数。

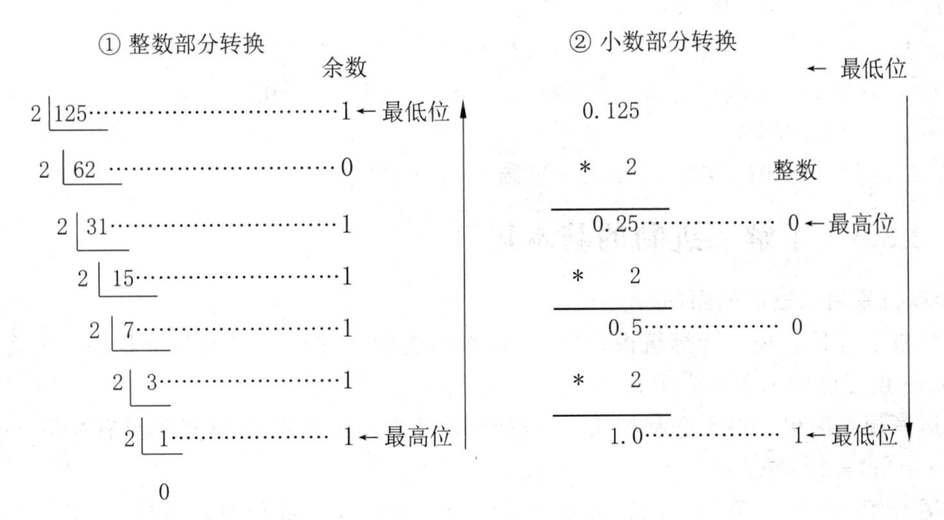

所以，$(125.125)_{10}=(1111101.001)_2$。

说明：125÷2商62，2×62=124，125-124=1余1；62÷2商31，2×31=62，62−62=0余0；其余以此类推。

另外，0.125×2=0.25，整数部分为0；0.25×2=0.5，整数部分为0；0.5×2=1.0，整数部分为1。

注意：在上例中，将十进制小数转换成为二进制小数的过程中，乘积小数部分变成0，表明转换结束。实际上将十进制小数转换成二进制、八进制、十六进制小数的过程中小数部分有可能始终不为0，因此只能限定取若干位为止。将十进制数转换为八进制、十六进制数的规则和方法与之相同，只是R（基数）的取值不同。

例如，将十进数125转换为八进制整数和十六进制整数。演算过程如下。

方法：除8取余，倒排。　　方法：除16取余，倒排。

$125=(175)_8$　　$125=(7D)_{16}$

```
            余数                                  余数
8 |125………… 5 ← 最低位  ↑          16 |125………… 13 ← 最低位  ↑
   ‾‾‾‾                 |              ‾‾‾‾                   |
8 |15 ………… 7           |          16 |7 ………… 7 ← 最高位    |
   ‾‾‾                  |              ‾‾
8 |1………… 1 ← 最高位     |               0
   ‾
   0
```

7. 其他进制数转换为十进制数的方法

转换要领：按权值展开，求和。

具体方法：N 进制转换成十进制数，对该数的每一位上的数码乘以对应位的权值，然后相加求总和，即可转换成十进制数。

例如，将二进制$(110101.101)_2$ 转换成十进制。

二进制$(110101.101)_2$ 按相应的权值表达式展开，位权标记方法见前面图 2-13 所示，然后求和。

位权：5 4 3 2 1 0 −1 −2 −3

数码：1 1 0 1 0 1 . 1 0 1

$$\begin{aligned}(110101.101)_2 &= 1\times2^5+1\times2^4+0\times2^3+1\times2^2+0\times2^1+1\times2^0+1\times2^{-1}+0\times2^{-2}+1\times2^{-3}\\ &=32+16+0+4+0+1+0.5+0+0.125\\ &=(53.625)_{10}\end{aligned}$$

结果，二进制$(110101.101)_2$ 转换成十进制为$(53.625)_{10}$。

子任务 2.3.3 了解二进制的基本运算

1. 计算机采用二进制的原因

(1) 物理上容易实现。计算机由逻辑电路组成，逻辑电路通常只有两个状态：开关的接通与断开，正好可用 1 和 0 表示。

(2) 运算规则简单。与十进制相比，二进制的运算规则更为简单，如求和只有 3 条：0+0=0；0+1=1；1+1=10。

(3) 适合逻辑运算。采用二进制可使用数学上的布尔代数进行逻辑运算，使逻辑代数成为计算机电路设计的数学基础，这是十进制难以实现的。

(4) 抗干扰能力强。计算机采用二进制电路，每位数据只有高低电平两个状态，很容易辨别状态，当受到一定程度的干扰时，仍能可靠地分辨出它是高还是低。对应二进制数 1 和 0 则不容易出错，可靠性高。

2. 二进制算术运算

基本的算术运算有 4 种，即加、减、乘、除，运算规则非常简单。最基本的运算是加法，乘法可由加法实现，除法可由减法实现。而减法也是由加法实现的，方法是使用补码。举例如下。

(1) 二进制的加法运算：

0+0=0　1+0=1　0+1=0　1+1=10(逢 2 进 1 写 0)

(2) 二进制的乘法运算：

0*0=0　1*0=0　0*1=0　1*1=1

(3) 二进制的减法运算:

$$0-0=0 \quad 1-0=1 \quad 1-1=0 \quad 0-1=1(10-1=1,借1当2)$$

(4) 二进制的除法运算:

$$0\div0=0 \quad 0\div1=0(1\div0 无意义) \quad 1\div1=1$$

3. 二进制逻辑运算

基本的逻辑运算有 3 种,即与、或、非。

其他复杂的逻辑关系均可由这 3 种基本逻辑运算组合而成。

逻辑数据只有"真"与"假"(有/无、是/否、对/错等)两种数据,而二进制数也只有 1 和 0 两个数值,因此可以用 1 与 0 来表示真与假,这些逻辑变量之间的运算称为逻辑运算,是按位进行的,每位之间相互独立,不存在算术运算中的进位和借位,运算结果仍是逻辑数据。

(1) 与运算(逻辑乘法)。二进制与运算规则:

$$0\wedge0=0 \quad 1\wedge0=0 \quad 0\wedge1=0 \quad 1\wedge1=1$$

例如,$1100\wedge1011=1000$,逻辑判断结果:只有前后对应为真(1)时,结果才为真。

(2) 或运算(逻辑加法)。二进制或运算规则:

$$0\vee0=0 \quad 1\vee0=1 \quad 0\vee1=1 \quad 1\vee1=1$$

例如,$1100\vee1011=1111$,逻辑判断结果:只要前后对应有个为真(1)时,结果都为真。异或运算的符号一般用$\oplus$,和或运算的运算规则区别在于 $1\oplus1=0$,其他相同。

(3) 逻辑非运算(逻辑否定)。一件事情是否成立取决于相反的因素,这种因果关系称为"非"逻辑,又称逻辑否定运算。

二进制"非"运算规则为"=0""=1"。逻辑判断结果:都取相反值。

两个逻辑变量长度不等时,在短的前面补 0,参与逻辑运算。

子任务 2.3.4 了解数值数据的表示

数值数据指日常生活中所说的数,它有正负、大小之分,还有整数和实数之分。

在计算机中数的表示有两大类:整数和实数。整数和实数分别用定点数和浮点数来表示。整数又可分为无符号整数(不带符号的整数)和有符号整数(带符号的整数)。实数是既有整数又有小数的数。

机器数、原码、反码、补码、定点数、浮点数等相关知识。

请扫描二维码查看"子任务拓展 2.3.4"内容进行学习。

子任务拓展 2.3.4

子任务 2.3.5 认识 ASCII 码

字符编码:计算机中的信息都是用二进制编码表示的,用以表示字符的二进制编码称为字符编码。字母、数字、符号等各种字符都必须按照特定的规则用二进制编码才能在计算机中表示。

计算机中常用的西文字符编码是ASCII码(美国信息交换标准代码),ASCII码是一种全世界普遍采用的字符编码。是用7位二进制数表示1个字符,一共可以表示128个字符,如表2-3所示。字符的ASCII码就是西文的机内码。

数字0～9的编码是0110000～0111001,它们的高3位均是011,后4位正好与其对应的二进制代码相符。数字0的编码为011000,在ASCII码表中序号为第48,因此十进制码值为48,数字1的十进制码值为49,依次顺序递增。英文大写字母A～Z的ASCII码从1000001(在ASCII码表中序号为65,十进制码值为65,十六进制码值41H)开始顺序递增,小写字母a～z的ASCII码从1100001(码值为97)开始顺序递增。通过ASCII码值可比较字符大小,如表2-3所示。

表2-3 ASCII码表

L	H							
	000	001	010	011	100	101	110	111
0000	NUL	DLE	SP	0	@	P	`	p
0001	SOH	DC1	!	1	A	Q	a	q
0010	STX	DC2	"	2	B	R	b	r
0011	ETX	DC3	#	3	C	S	c	s
0100	EOT	DC4	$	4	D	T	d	t
0101	ENG	NAK	%	5	E	U	e	u
0110	ACK	SYN	&	6	F	V	f	v
0111	BEL	ETB	’	7	G	W	g	w
1000	BS	CAN	(	8	H	X	h	x
1001	HT	EM	)	9	I	Y	i	y
1010	LF	SUB	*	:	J	Z	j	z
1011	VT	Esc	+	;	K	[	k	{
1100	FF	FS	,	<	L	\	l	|
1101	CR	GS	-	=	M	]	m	}
1110	SO	RS	.	>	N	↑	n	～
1111	SI	US	/	?	O	←	o	DEL

注:$H=b_6b_5b_3$,$L=b_3b_2b_1b_0$。H表示高3位,L表示低4位。

ASCII码字符集中共有95个可打印字符,ASCII码值从32到126。其中,ASCII码值32是空格字符。另外,ASCII码值从00～31以及ASCII码值127是控制码,不能打印。

扩展ASCII码:ASCII码的8位二进制最高位(最左边一位)为数字1时称为扩展ASCII码,扩展部分的范围为128～255,代表128个扩展字符。

8位ASCII码总共代表256个字符。其扩展部分(128～255)在不同的计算机上可能会有不同的字符定义。例如,中国把ASCII码扩展部分作为汉字字符编码。

子任务 2.3.6　认识汉字编码

我国的计算机技术发展较晚，为了能直接使用西文标准键盘输入汉字，必须为汉字设计相应的编码。汉字编码有国标码（交换码）、机内码（内码）、输入码（外码）、输出码（字形码或字模）等。

区位码、国标码、机内码的编码及其换算，字形码点阵字库等相关知识。

请扫描二维码查看“子任务拓展 2.3.6”内容进行学习。

子任务拓展 2.3.6

任务 2.4　了解计算机安全及其相关技术

任务目标：

1. 了解计算机安全。
2. 了解信息安全。
3. 了解计算机网络安全。
4. 认识计算机病毒的特征、分类、传染渠道。
5. 了解计算机中毒症状、防范计算机病毒的方法。
6. 认识认识防火墙、木马、黑客及常用网络安全策略。
7. 了解信息技术应用的法律与道德。
8. 学会安装 360 杀毒软件和病毒查杀操作。
9. 学会利用 360 安全卫士检测和修复计算机漏洞。

子任务 2.4.1　了解计算机安全

根据《中华人民共和国计算机信息系统安全保护条例》第一章第三条的定义，计算机安全大致分为三类：一是实体安全；二是网络与信息安全；三是运行安全。

计算机安全的定义：数据处理系统建立和采取的技术和管理的安全保护，保护计算机硬件、软件和数据不因偶然的或恶意的原因而遭到破坏、更改、暴露。

计算机安全这个定义包含两个方面的安全：物理安全和逻辑安全。防止黑客入侵主要依赖于计算机的逻辑安全。

计算机安全概念侧重于静态信息保护；网络安全的概念侧重于动态信息保护。计算机安全采用的保护方式可分为信息安全技术和计算机网络安全技术。

下面重点介绍一下网络与信息安全。

1. 网络安全

《中华人民共和国网络安全法》如图 2-14 所示。自 2017 年 6 月 1 日起开始施行后,从此在网络安全方面有了法律保障。《中华人民共和国网络安全法》对网络安全的定义:指通过采取必要措施,防范对网络的攻击、侵入、干扰、破坏和非法使用以及意外事故,使网络处于稳定可靠运行的状态,以及保障网络数据的完整性、保密性、可用性的能力。

网络安全技术主要包括防火墙、数据加密、数字签名、数字水印和身份认证等。网络安全从其本质上来讲就是网络上的信息安全。

2. 信息安全

信息安全是指信息网络的硬件、软件及其系统中的数据受到保护,不受偶然的或者恶意的原因而遭到破坏、更改、泄露,系统连续可靠正常地运行,信息服务不中断。信息安全技术包括操作系统的安全防护、数据库的维护、访问控制和密码技术等。

在信息安全方面,个人信息的保护也受到重视,《中华人民共和国个人信息保护法》2021 年 11 月 1 日起开始施行,如图 2-15 所示。

图 2-14 《中华人民共和国网络安全法》

图 2-15 《中华人民共和国个人信息保护法》

子任务 2.4.2 了解信息安全

1. 信息安全的主要内容和信息安全技术

计算机信息系统安全中,信息本身的安全属性主要包括五个特性。

(1) 保密性(防止非授权泄露)。

(2) 完整性(防止非授权修改)。

(3) 可用性(防止非授权存取)。

(4) 可控性(对信息的传播及内容具有控制能力)。

(5) 不可否认性(又称抗抵赖性)。

计算机信息系统安全的基本目标是实现信息的保密性、完整性、可用性、可控性和不可否认性。确保信息的行为人要为自己的信息行为负责,提供保证社会依法管理所需要的公证、仲裁信息等。即通过数字证书机制进行的数字签名和时间戳等机制,保证信息的不可否认性。人们不能否认自己发送信息的行为和信息的内容。传统的方法是靠手写签名和加盖印章。

信息安全的第一层次为计算机系统安全,第二层次为计算机数据安全。数据进行加密,是保证数据安全最有效的方法。

2. 数据安全技术主要是数据加密和数据签名

保证数据安全需要使用加密技术对传输的数据信息进行加密处理。数据加密是保证数据安全最有效的方法。从理论上讲,加密技术可以分为加密密钥和加密算法两部分。

信息加密与解密有着悠久的历史,已经逐渐发展成为一门学问密码学。密码技术(也称加密技术)是保护网络信息安全最基础、最核心的技术措施之一。

加密时使用的变换规则称为密码算法。信息安全的核心是密码技术。

目前,常用的加密技术主要有两种,一种是常规密钥加密技术;另一种是公开密钥加密技术。

在计算机网络中,通常使用数字签名技术来模拟文件或资料中的亲笔签名。进行数字签名最常用的技术是公开密钥加密技术。

数字签名技术可以保证信息的完整性、真实性和不可否认性。

子任务2.4.3 认识计算机病毒

1. 计算机病毒的定义

计算机病毒是指编制者在计算机程序中插入的破坏计算机功能或者破坏数据,影响计算机使用并且能够自我复制的一组计算机指令或程序代码。

计算机病毒是一种人为制造的、通常看不见文件名的、寄生在计算机存储介质中的、对计算机正常工作具有破坏作用,且极易传播的程序。

2. 计算机病毒组成

计算机病毒通过非授权入侵而隐藏在计算机系统的数据资源中。主要由三个模块组成:病毒安装模块(提供潜伏机制),病毒传染模块(提供再生机制),病毒激发模块(提供激发机制,也是破坏模块)。

3. 计算机病毒的特征

传染性、破坏性、针对性、隐蔽性、寄生性、潜伏性、可执行、欺骗性和触发性(可激发)、衍生性(繁殖性)等。

4. 计算机病毒的分类

1) 根据传染与寄生方式划分

(1) 引导型病毒。引导型病毒在电脑启动、引导系统文件之前会抢先一步进驻内存(磁盘引导区传染),以达到完全控制DOS中断的目的。现在少见,因为这种基于DOS的病毒不能在新型的操作系统上传播。

(2) 文件型病毒。文件型病毒通常会感染可执行文件(exe、sys、com),感染数目最多、传播最广的类型。该病毒有时也会感染DLL文件。当用户运行这些文件时病毒就会被激活,激活后用户选择的源程序仍然会继续运行。

典型代表是1998爆发于我国台湾的CIH(陈英豪制造),这是直接破坏硬件的病毒。删除硬盘系统文件,BIOS芯片失效,计算机无法启动。

1989年10月13日,星期五,黑色星期五病毒(耶路撒冷)发作。每逢13日同时又是星期五的这一天,病毒会发作,将删除磁盘上和系统中所有被执行的文件。

(3) 宏病毒。宏病毒只感染Word、Excel、Access、PowerPoint等办公自动化软件写的文档以及 Outlook Express 邮件等,不感染可执行文件。

1999 年,宏病毒“美丽杀手”(Melissa)为首个混合型的宏病毒。它通过感染 MS Word 文档,借助电子邮件传染的宏病毒。

(4) 混合型病毒。混合型病毒的破坏性更大,传染的机会也更多,杀灭也更困难。这种病毒扩大了病毒程序的传染途径,它既感染磁盘的引导记录,又感染可执行文件。

2006 年湖北李俊编写,“熊猫烧香”蠕虫病毒。居 2007 年网络病毒之首。该病毒能够终止大量的防病毒软件和防火墙软件进程。它采用“熊猫烧香”头像作为图标,感染 EXE 可执行文件,均变为“熊猫烧香”图标。会出现蓝屏、频繁重启以及系统硬盘中数据文件被破坏等现象。

蠕虫病毒是通过系统存在的漏洞和设置的不安全性(如设置共享)来进行入侵的复合型病毒,蠕虫通过网络传播。一般不利用文件寄生、自我繁殖,可主动传播。

多数新病毒是集后门、木马、蠕虫等特征于一体的混合型病毒,目的在以隐藏和对抗杀毒软件并最终实施盗号窃密为目的。

2012 年名为“火焰”的病毒是能对现实世界造成毁坏影响的超级病毒。一旦完成数据搜集任务,病毒还可自行毁灭,不留踪迹。

2018 年 3 月多个锁屏勒索类恶意程序变种通过手机软件“抢红包”卡钻助手等传播,该类病毒通过点对点通信系统和无线通道传染,对用户手机锁屏,还可能产生大量广告弹窗。勒索用户付费近 2000 元解锁,对用户财产和手机安全均造成严重威胁。

2) 根据危害性划分

一般分为良性、恶性、灾难性病毒。

3) 根据入侵系统的途径划分

(1) 源码型病毒:入侵高级语言源程序。

(2) 入侵型病毒:入侵目标程序。

(3) 操作系统病毒:入侵操作系统以获得系统控制权。

(4) 外壳病毒:虽不入侵程序本身,但可随程序的运行而激活。

5. 计算机病毒的来源、传染渠道、病毒症状与防范措施

1) 来源

(1) 无聊程序或恶作剧实验品,这类病毒一般以良性病毒为主。

(2) 蓄意攻击,因纷争或者战争而采取破坏或报复性行为。

(3) 研究实验失控,研究用的样本程序由于某种原因失控后成为危害四方的计算机病毒。

2) 计算机病毒的传染渠道

(1) 可移动盘(如 U 盘)或光盘或软盘传染。

(2) 机器(硬盘)传染。

(3) 网络传染。

(4) 点对点通信系统和无线通道传染。

能够进行数据交换的介质都可能成为计算机病毒的传播途径,通常是通过移动磁盘和网络传播,网络是主要传染渠道。其主要攻击目标是可执行文件。点对点通信系统和无线通道是拦截某类信息(短信或无线传输的正常文件)并修改内容来传播和扩散病毒。

计算机病毒的传染过程大致经过三个步骤：入驻内存→等待条件→实施传染。

传染过程有被动传染和主动传染，主动的传染过程分两大类：立即传染、伺机传染。

计算机病毒的产生和发展过程分如下：程序设计→传播→潜伏→触发→运行→实行攻击。

3）计算机中毒症状

原则上讲，凡是受病毒感染或破坏后的程序都有一定的症状，但有显性和隐性之分。

（1）系统启动异常（系统启动、程序装入和程序执行时间比平时长，运行异常）。

（2）屏幕显示异常（显示器上经常出现一些莫名其妙的信息或异常显示，颜色不正常或蓝屏）。

（3）机器运行异常（速度明显减慢，机器经常出现死机现象或不能正常启动）。

（4）文件被意外删除或文件内容被篡改（程序或数据神秘丢失了，文件名不能辨认）。

（5）可执行文件的大小异常或发现不知来源的隐藏文件。

（6）磁盘异常（磁盘被破坏，系统不认磁盘或硬盘不能引导系统磁盘，导致开机不能进入桌面，空间突然变小或不识别磁盘设备，无故进行磁盘读写或格式化）。

（7）音响异常，莫名播放声音，流氓软件导致光驱不断开关。

（8）有规则地发生异常信息（不断弹出网页或提示框，软件自动运行，木马导致密码失效，自动发送大量电子邮件等）。

（9）用户访问设备时发生异常情况，如打印机不能联机或打印符号异常。

（10）网页，文本文档等字符显示异常，出现乱码等。

4）防范计算机病毒的主要措施

（1）安装杀毒软件和防火墙，并注意升级。杀毒软件有诺顿、360杀毒软件、KV3000、卡巴斯基、瑞星、金山毒霸等。

（2）严禁使用来历不明的程序，对外来数据和程序一定要进行病毒方面的检查。

（3）避免将各种游戏软件装入计算机系统，关闭一些不必要的服务，不做非法复制。

（4）不随意打开来历不明的电子邮件或聊天工具里的链接信息。

（5）对于系统软件应加上写保护，在别处使用U盘，开启U盘的写保护（开关调到闭锁图标处）。

（6）定期对系统中的程序进行病毒检查。

（7）对重要数据或程序注意备份，在遭到破坏时进行恢复，减少损失。

子任务2.4.4 认识防火墙、木马、黑客及常用网络安全策略

现有的各种网络安全技术中，防火墙技术可以在一定程度上解决一些网络安全问题。

1. 防火墙的定义

防火墙（firewall）是一种将内部网络和外部网络（如Internet）隔离的设备或者软件。被放在内外网之间，按照一定的安全策略对传输的数据包和连接方式进行检查，来决定网络之间的通信是否被允许。防火墙是一种安全有效的防范技术，是访问控制机制、安全策略和防入侵措施。

作用：计算机网络中的防火墙是为了防止非法用户访问、病毒感染、黑客入侵而在局域网和Internet之间插入的一个中介系统或竖起的一道安全屏障（采取的安全防护措施）。防

火墙技术是如今最为广泛使用的网络安全技术之一。属于被动防卫,实际上是一种隔离技术。在逻辑上,防火墙是一个分离器、一个限制器,也是一个分析器,有效地监控了它所隔离的网络之间的任何活动,保证了所保护网络的安全。

它可以是硬件,也可以是软件,还可以是硬件和软件的结合。目前常用的防火墙软件有天网防火墙、瑞星防火墙、ARP防火墙、江民防火墙、金山卫士、360安全卫士等。

2. 木马

"特洛伊木马"一词来源于古希腊神话,丹·爱德华兹(Dan Edwards)将这一名称引入计算机领域,简称木马。

木马是指一类伪装成合法程序或隐藏在合法程序中破坏系统或窃取数据的恶意代码。这些代码或者执行恶意行为,或者为非授权访问系统的特权功能提供后门。特洛伊木马具有伪装性,看起来挺好的,却会在用户不经意间,对用户的计算机系统产生破坏或窃取数据,特别是用户的各种账户及口令等重要且需要保密的信息,甚至控制用户的计算机系统。

3. 常见木马的预防与清除方法

不随便下载软件,显示文件后缀名,不随便运行别人给的软件或邮件,安装防火墙,定期扫描异常端口,联网有异常时要检查原因。

4. 黑客

黑客是指未经授权访问或企图进入计算机系统的人。

黑客的产生和变迁与计算机技术的发展密切相关,黑客入侵的手段也越来越高。现在的计算机黑客,一类黑客是协助人们研究系统安全性,发现软件漏洞和逻辑缺陷,他们是计算机网络的"捍卫者";另一类黑客是专门窥探他人隐私,任意篡改数据,进行网上诈骗活动的,他们是计算机网络的"入侵者(或称攻击者)",是通过网络非法进入他人系统,截获或篡改计算机数据,危害信息安全的人。

其中口令攻击是网上攻击最常用的方法,是网络攻击中最简单、最基本的一种形式。黑客攻击目标时,常常把破译普通用户的口令作为攻击的开始。WWW钓鱼网站结合电信欺骗、邮件攻击,漏洞攻击也很常见。

预防木马攻击及进行密码保护的最常见而且容易使用的安全措施是启用用户登录口令。虽然有更多有效的保护数据的安全措施,但是用密码保护系统和数据的安全是最经常采用也是最初采用的方法之一。

其他还有关闭不必要的服务和网络共享,使用防火墙,禁用账户,定期扫描等。

一般除了管理员administrator和用户user两个账户,可以将来宾账户guest、匿名账户anonymous等不需要的账户进行禁用。

5. 常用网络安全策略

为保证网络的安全,可以采取以下策略:物理安全策略,访问控制策略,安全的信息传输,网络服务器安全策略,操作系统及网络软件安全策略和网络安全管理。

(1) 身份认证。账户名和口令认证方式是最常用的一种认证方式。认证使用的技术主要有消息认证、身份认证和数字签名。

(2) 访问控制。访问控制是信息安全保障机制的重要内容,是实现数据保密性和完整性机制的主要手段。

访问控制的目的是决定谁能够访问系统,能访问系统的何种资源及访问这些资源时所具备的权限。这里的权限是指读取数据，更改数据，运行程序，发起链接等，从而使计算机系统在合法范围内使用。访问控制机制决定用户的程序能做什么，以及做到什么程度。访问控制的手段(策略)包括用户识别代码(访问权限)、口令、登录控制、资源授权、授权核查、角色认证、日志和审计等。

访问控制的重要过程包括：通过“鉴别”来检验主体的合法身份；通过“授权”来限制用户对资源的访问级别。

基于角色的访问控制是对自主控制和强制控制机制的改进，基于用户在系统中所起的作用来规定其访问权限。这个作用(即角色)可被定义为与一个特定活动相关联的一组动作和责任。

网络安全是一个系统工程，不是单一的产品或技术可以完全解决的。

整个网络安全产品可划分为系统安全产品和数据安全产品。其中系统安全产品可分为防病毒类产品(杀毒软件)、防火墙类产品和其他防攻击类产品等。

子任务 2.4.5　了解信息技术应用的法律与道德

1. 了解我国的网络信息安全政策与法规

从 20 世纪 80 年代初开始，我国逐步建立了有关信息技术、计算机网络和信息知识产权保护等方面的法律法规。

(1)《中华人民共和国计算机信息网络国际联网管理暂行规定实施办法》。

(2)《中华人民共和国计算机信息系统安全保护条例》。

(3)《全国人大常委会关于加强网络信息保护的决定》。

(4)《计算机信息网络国际联网安全保护管理办法》。

(5)《计算机软件保护条例》。

(6)《计算机病毒防治管理办法》。

(7)《中华人民共和国网络安全法》。

(8)《网络安全等级保护制度 2.0 系列标准》。

(9)《儿童个人信息网络保护规定》。

(10)《中华人民共和国个人信息保护法》。

2. 加强信息道德建设

信息道德是指在信息的采集、加工、存储、传播和利用等信息活动各个环节中，用来规范其间产生的各种社会关系的道德意识、道德规范和道德行为的总和。它通过社会舆论、传统习俗等，使人们形成一定的信念、价值观和习惯，从而使人们自觉地通过自己的判断规范自己的信息行为。

信息道德作为信息管理的一种手段，与信息政策、信息法律有密切的关系，它们各自从不同的角度实现对信息及信息行为的规范和管理。信息道德以其巨大的约束力在潜移默化中规范人们的信息行为，信息政策和信息法律的制定和实施必须考虑现实社会的道德基础，所以说是信息政策和信息法律建立和发挥作用的基础；信息技术应用的道德建设主要包括：

(1) 增强计算机信息技术道德意识。

(2) 倡导行业自律和公众监督。

(3) 加强计算机信息技术法制教育和道德教育。

任务 2.5 360 杀毒软件及安全卫士的安装与查杀操作

360 杀毒软件及安全卫士的安装与查杀等相关操作。

请扫描二维码查看“任务拓展 2.5”内容进行学习。

任务拓展 2.5

习 题

一、单选题

1. 关于计算机文化的正确描述是(　　)。

   A. 由计算机应用创造出来的精神文明和物质文明

   B. 用计算机创造出来的书

   C. 一种高级语言

   D. 计算机语言文字

2. 下列(　　)是信息素养的四个内涵之一。

   A. 信息意识　B. 信息社会　C. 科学技术　D. 信息安全

3. 在信息检索中,检索电子图书通常使用(　　)。

   A. 中国知网(CNKI)　B. 万方数据

   C. 读秀学术搜索　D. 微博热搜

4. 在信息检索中,检索期刊论文最好使用(　　)。

   A. 中国知网(CNKI)　B. 高级检索

   C. “书香中国”数字图书馆　D. 微博热搜

5. 数据在计算机内部传送、处理和存储时,采用的数制是(　　)。

   A. 十进制　B. 二进制　C. 八进制　D. 十六进制

6. 二进制转十六进制的方法是以小数点为分界点,向左(或向右)每(　　)位二进制数换成 1 位十六进制数。

   A. 1　B. 2　C. 3　D. 4

7. 在以下四个不同进制的数中,数值最大的数是(　　)。

   A. 二进制数 01000010　B. 八进制数 201

   C. 十进制数 59　D. 十六进制数 F3

8. ASCII 码其实就是(　　)。

A. 美国标准信息交换码　　B. 国际标准信息交换码

C. 欧洲标准信息交换码　　D. 以上都不是

9. 在计算机中属于汉字字符编码的是(　　)。

A. 拼音码　　B. 国标码　　C. ASCII 码　　D. BCD 码

10. 一个汉字的国标码和它的机内码之间的差是(　　)。

A. 1010H　　B. 2020H　　C. 4040H　　D. 8080H

11. (　　)是位于两个网络之间的屏障,它按照系统制定好的规则来控制数据包的进出。

A. 计算机　　B. 防火墙　　C. 网卡　　D. “猫”

12. 以下消除病毒的手段中,效率不高的是(　　)。

A. 逐个检查文件,手动清除　　B. 利用杀毒软件

C. 在线杀毒　　D. 安装防病毒卡进行防毒

13. Windows 10 操作系统在逻辑设计上的缺陷或错误称为(　　)。

A. 磁盘碎片　　B. 系统漏洞　　C. 程序后门　　D. 特洛伊木马

14. 在计算机网络中,专门利用计算机窃取信息或恶作剧的人被称为(　　)。

A. 黑客　　B. 小丑　　C. 码农　　D. BOSS

15. 手机病毒主要通过(　　)传播。

A. 屏幕　　B. 有线　　C. 无线　　D. 电池

二、简答题

什么是计算机病毒?计算机病毒通常有哪些特征?

习题参考答案

项目3 计算机系统的组成

本项目核心内容

1. 计算机系统的基本组成及其功能和关系。
2. 计算机软件系统的组成和功能,操作系统、程序设计语言的基本概念。
3. 微机的硬件结构。
4. 微机的主要性能指标及配置。
5. 主机(CPU、内存、主板)、总线、三级存储结构。
6. 缓存、BIOS、CMOS、内存。
7. 硬盘、光盘、U盘、SD存储卡。
8. 常用输入/输出设备:显示器、打印机、鼠标、键盘等。
9. 熟悉键盘的组成及主要按键的功能。

项目3学习任务思维导图

任务3.1 认识计算机系统组成及其指令系统

任务目标:

1. 了解计算机硬件系统。
2. 了解计算机软件系统。
3. 了解计算机指令。
4. 了解计算机工作的基本原理。

子任务3.1.1 计算机系统的基本组成

一个完整的计算机系统包括计算机硬件系统及计算机软件系统两部分,简称为硬件(hardware)和软件(software),如图3-1所示。

1. 计算机硬件系统

计算机硬件是指计算机系统中各种物理装置的总称,它是构成计算机的实体。

从结构上来看,计算机硬件由主机和外部设备两大部分构成。

2. 计算机软件系统

计算机软件系统是指计算机本身运行所需要的系统软件和完成用户任务所需要的应用软件的集合。计算机软件系统由系统软件和应用软件两大类组成。

系统软件是指为了方便用户操作、管理和维护计算机系统而设计的各种软件。

应用软件是为了满足用户不同应用需求,为解决实际问题而设计的各种软件,也是为了

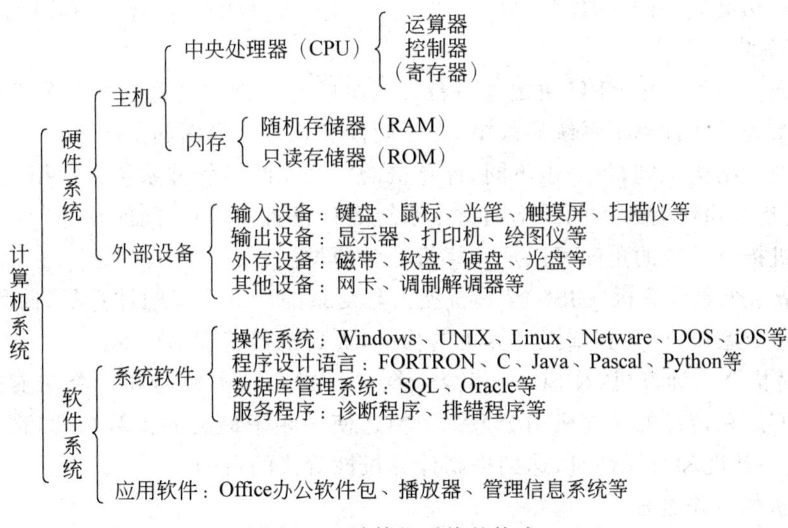

图 3-1　计算机系统的构成

某种特定的用途而编写的软件。

3. 计算机硬件与软件的关系

硬件是计算机的物质依托基础，没有硬件就没有计算机。软件是计算机的灵魂。没有安装软件的计算机称为“裸机”，无法完成任何工作。两者是相互依存、缺一不可又相互关联的关系，在硬件为软件提供运行平台的基础上，硬件和软件无严格分界线，两者之间功能可以相互转化、互为补充。计算机防火墙既可以是硬件，也可以是软件；播放 MP3 文件的播放软件也可以做成 MP3 播放机。硬件系统的发展给软件系统提供了良好的开发环境和发展机遇，而软件系统的发展又给硬件系统提出了新的、更高的要求，两者协同发展。

计算机是在硬件系统与软件系统相互合作下才能工作。

子任务 3.1.2　计算机指令系统

1. 计算机指令

计算机工作时，指令是计算机运行的最小功能单位。

指令是计算机用来规定完成某个基本操作的命令，规定由计算机要执行的一步操作。一条指令对应一种基本操作。计算机指令是能被计算机识别并执行的一组二进制代码，指令存放在 CPU 的指令寄存器中。是指挥 CPU 进行操作的命令。

1）指令格式

每一条指令由操作码和地址码两部分构成，组成一条指令的二进制代码就像由一串二进制数 0、1 组成的线。第一部分是指令的操作码，第二部分是指令的地址码。指令格式如图 3-2 所示。

操作码字段	地址码字段（操作数）

图 3-2　指令格式

操作码用于指明本条指令的操作功能。计算机通过识别该操作码来完成不同的操作。

地址码用于指定操作数（被操作指令或数据）和存放运算结果的地址，地址码也称为操作数。操作数可以是一个直接的数或者是一个数据所在的地址，地址码以空格与操作码分开。根据指令功能的不同,操作数可以有1～3个或者没有操作数,操作数之间以逗号分开。

2）指令系统

指令的数量与类型由CPU决定。一台计算机所能识别的全部指令的集合叫作这台计算机的指令系统。在计算机系统层次中,处于硬件和软件交界面的是指令系统。

计算机硬件结构不同,指令也不同,计算机的指令系统与硬件系统密切相关。不同类型的计算机,其指令系统有所不同。不同指令系统的计算机,它们之间的软件一般也不兼容。

从计算机指令系统的角度可以把计算机分为两类。

(1) 复杂指令集计算机(CISC):具备庞大且复杂的指令系统的计算机,简称CISC。其采用复杂的指令系统,以达到增强计算机的功能,提高机器速度的目的。

(2) 精简指令集计算机(RISC):指令系统进行指令种类精简和指令功能简化的计算机,简称RISC。在传统的计算机指令系统中精选使用频率最高的少数指令,精简指令降低设计成本、提高速度和可靠性,以达到提高计算机性价比的目的。

2. 计算机的工作过程

简单来说,计算机的工作过程是执行程序的过程,即程序指令在CPU的控制下逐条执行的过程,也就是CPU不停地重复"取指令、分析指令、执行指令"的过程。

计算机中,每一条指令的执行过程又分为四个基本操作步骤。

(1) 取出指令:开始时,计算机进入取出指令阶段。在CPU控制下,从内存储器取出指令,送到指令寄存器。

(2) 分析指令:把取出的指令通过指令译码器译出这条指令对应的操作。

(3) 执行指令:向各个部件发出控制操作,完成指令要求。

(4) 取出下一条指令或结束指令:一条指令执行完毕,程序计数器加1或将转移地址码送到程序计数器,然后回到步骤(1),继续执行直到该任务结束。

计算机周而复始地执行这四项基本操作,一直进行到程序执行完毕。

一般把计算机完成一条指令所花费的时间称为一个指令周期,指令周期越短,指令执行越快。通常所说的CPU主频就反映了指令执行周期的长短。

任务3.2　了解计算机硬件的五大组成部分及其功能

任务目标:

1. 了解控制器及其功能。
2. 了解运算器及其功能。
3. 了解存储器及其功能。
4. 了解常见的输入设备和输出设备。

1. 控制器及其功能

控制器(controller)是在计算机中负责指挥和控制计算机各部分自动并协调一致进行工作的部件。它主要由指令寄存器、译码器、程序计数器、操作控制器等组成。控制器是计算机的指挥中心和神经中枢。

2. 运算器及其功能

运算器又称算术逻辑单元(arithmetic logic unit,ALU),是进行算术、逻辑运算的部件。

运算器的核心部件是加法器(累加器)和寄存器。由于各种运算最终都归结为加法和移位运算,故此加法器是运算器的核心。运算器的功能是进行算术运算和逻辑运算。

早期的运算器是独立的,运算器是计算机的核心部件。后来随着集成化程度的提高,运算器与控制器(CU)被集成在一块小小的芯片内,成为中央处理器(CPU)的一部分。

3. 存储器及其功能

存储器(memory)是用来存储信息的部件,它是计算机系统中的记忆设备。存储器分内部存储器和外部存储器,简称内存(或主存)和外存(或辅存)。

4. 输入设备及其功能

输入设备和输出设备统称I/O设备(input/output),又称为外部设备。它是计算机与外界交换信息的部件。输入设备(input)是变换输入形式的部件。

输入设备有键盘、鼠标、摄像头、扫描仪、光笔、手写输入板、麦克风、触摸屏、模数转换器、数字化仪、只读光盘等。

5. 输出设备及其功能

输出设备(output)是变换计算机输出信息形式的部件。输出设备有显示器、打印机、绘图仪、晒图机、投影仪、音响系统、一次写入光盘等。

磁盘(硬盘、U盘、软盘类)既是输入设备,又是输出设备。外存储器是计算机中重要的外部设备,有存储信息的功能,常作为辅助存储器使用。

外部设备不直接同高速工作的主机相连接,而是通过适配器部件与主机联系。适配器(显卡、网卡等)的作用相当于一个转换器。它可以保证外围设备按计算机系统所要求的形式发送或接收信息,使主机和外围设备并行协调地工作。

计算机硬件各部件之间用总线(bus)连接。

任务3.3 计算机软件系统

任务目标:

1. 了解系统软件。
2. 熟悉操作系统及其五大功能、几种常见的操作系统。
3. 了解程序设计语言。
4. 熟悉应用软件。

软件是用户与硬件之间的接口界面,软件由程序、数据和文档构成。软件是计算机系统设计的重要依据。用户主要通过软件与计算机进行交流。

计算机软件系统分为两大类:系统软件和应用软件。系统软件是为了操作和维护计算机系统而编制的软件。应用软件是为了解决专门问题而编制的软件。

不同的软件一般都有对应的软件许可,软件的使用者必须在同意所使用软件许可的情况下才能够合法地使用软件。

子任务 3.3.1　系统软件

系统软件是指管理、控制、监视、维护计算机系统正常运行的各类程序集合,主要功能是调度、监控和维护计算机系统以及负责管理计算机系统中的硬件,使它们可以协调地工作。它是用户与计算机间联系的桥梁。

系统软件通常包括操作系统、程序设计语言、数据库管理系统和各种服务程序等。

操作系统主要有 DOS、Windows、UNIX、Linux、iOS、Android 等。

程序设计语言主要有机器语言、汇编语言、高级语言三类。

数据库管理系统主要有 MySQL、DB2、SQL Server、Oracle、Sybase 等。

系统软件服务(支撑)程序包括诊断程序、排错程序、练习程序、操作系统补丁程序、网络服务程序、硬件驱动程序等。

子任务 3.3.2　操作系统

系统软件最有代表性的系统软件是操作系统。

1. 操作系统的概念和作用

1) 操作系统的概念

操作系统(operating system,OS)是管理和控制计算机硬件和软件资源并提供人机交互界面的系统软件。它合理组织计算机的工作流程,以便有效地利用计算机资源为用户提供功能强大、使用方便和可扩展的工作环境,为用户使用计算机提供接口的程序合集。

2) 操作系统的作用

(1) 为计算机中运行的程序管理和分配各种软硬件资源。

(2) 为用户提供友善的人机界面。用户接口包括程序接口、命令接口和图形接口。

(3) 为应用程序开发和运行提供一个高效率的平台。

操作系统是用户与硬件交互的第一层系统软件,一切其他软件都要运行于操作系统之上。操作系统由许多具有各种控制和管理功能的子程序组成。操作系统通过驱动程序可直接控制各种类型的硬件。

2. 操作系统的五大功能

在计算机系统中,对计算机各类资源进行统一管理和调度的软件是操作系统,它负责管理并调度对系统各类资源的使用,是计算机系统的资源管理者。具体来说,具有以下五大管理功能:处理器管理、存储管理、文件管理、设备管理和作业管理等。

3. 几种常见的操作系统

常见的操作系统主要有 DOS、Windows、Netware、UNIX、Linux、OS/2、Mac OS、Android(安卓)、iOS 等。

DOS 和 Windows 操作系统是微软公司开发的。Windows 操作系统是世界上使用最多的操作系统,版本较多,例如,Windows XP、Windows 7、Windows 10、Windows CE、Windows Azure、Windows NT、Windows Server 2016 等。其中,Windows XP、Windows 7、Windows 10 等主要安装在个人计算机上,Windows CE 在嵌入式设备上使用,Windows Azure 在云计算计算机上使用,Windows NT 和 Windows Server 系列主要安装在网络服务器上作为网络操作系统。

Netware是早期的网络操作系统，UNIX和Linux也可以作为网络操作系统。

OS/2是IBM公司开发的操作系统，Mac OS是公司开发的操作系统。

Android操作系统和苹果iOS移动操作系统主要用在手机等移动设备上。

子任务3.3.3　程序设计语言

程序设计语言主要有机器语言、汇编语言、高级语言三类。汇编语言和高级语言的语言处理程序有汇编程序、解释程序、编译程序等。

1. 机器语言

1）机器语言的概念

机器语言是指用计算机能识别的0、1指令代码表达的程序设计语言，它是由一系列机器指令所构成的，执行速度快。机器语言是用二进制代码来编写计算机程序，因此又称二进制语言。不同类型的计算机，其机器语言（指令系统）有所不同。

2）机器语言的特点

机器语言的可移植性差，书写困难，记忆困难，一般很难掌握。机器语言是计算机唯一能直接识别和执行的计算机语言。

2. 汇编语言

1）汇编语言的概念

汇编语言是指用一些能反映指令功能的助记符来表达机器指令的符号式语言。由于机器语言的缺陷，人们开始用助记符编写程序，用一些符号代替机器指令所产生的语言。

汇编语言与机器语言基本上是一一对应的，可移植性差，但比后者更便于记忆；汇编语言和机器语言都是面向机器的程序设计语言，一般将它们称为“低级语言”。

2）汇编

把汇编语言编写的源程序翻译成机器代码的过程称为汇编，完成此项工作的语言处理程序称为汇编程序。

汇编语言编写的源程序不能被计算机直接识别，需要用语言处理程序将源程序汇编和连接成能被计算机直接识别的二进制代码（机器语言程序），计算机才能执行，如图3-3所示。

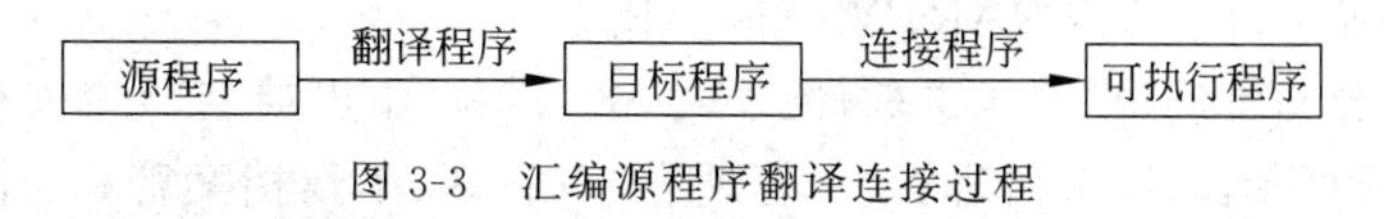

图3-3　汇编源程序翻译连接过程

语言处理程序是将源程序翻译成机器能识别的目标程序的系统程序，也称翻译程序（工具），通常有汇编、编译和解释三种类型。

（1）源程序：用汇编语言或高级语言编制的程序。

（2）目标程序：将高级语言编写的源程序经过翻译加工后得到的机器语言程序。目标程序也被称为目标代码、目的程序或结果程序。

通常计算机不能直接执行目标程序。还需要连接成可执行程序。

（3）可执行程序：将整个源程序都生成目标程序，并和有关的程序库通过连接程序组成的能够被计算机直接执行的程序。

3. 高级语言

为了克服机器语言和汇编语言的缺陷,人们开始研究一种既接近自然语言又简单易懂的语言,产生了高级语言。

1) 高级语言的概念

高级语言是用类似于人们熟悉的自然语言和数学语言形式来描述解决实际问题的计算机语言,也是独立于机器的一种程序设计语言,可移植性好,编程效率较高。

2) 常见的高级语言

高级语言中,常用的解释语言有 Basic、PHP 等,常用的编译型语言有 C、FORTRAN、Pascal 等。

高级语言中,Basic、FORTRAN、Pascal、C、Cobol 等语言是面向过程的;Java、C ++、Lisp 等语言是面向对象的;VC ++ 、VC # 、VJ ++ 、VFP、VB、Delphi 等是可视化程序设计语言。

3) 高级语言的“翻译”

用高级语言编写的源程序不能被计算机直接识别,需要“翻译”。高级语言的翻译程序有两种工作方式:解释方式和编译方式,相应的翻译工具也分别称为解释程序和编译程序。

子任务 3.3.4 应用软件

应用软件是指除了系统软件以外的所有软件,它是用户利用计算机及其提供的系统软件为解决各种实际问题而编制的计算机程序;应用软件是用户为了解决各自的应用领域里的特定问题(具体任务)而编写的各种应用程序和有关文档资料的统称。

常见的应用软件包括信息管理软件、办公自动化系统、文字处理软件、播放软件、交流软件、辅助设计软件及辅助教学软件、各种软件包等。

办公软件主要包括字处理、电子表格处理、演示文稿制作、个人数据库等,常用的有 MS Office、WPS Office 等。

多媒体处理软件主要包括图形制作软件 AutoCAD、CorelDRAW 等,图像处理软件有 Photoshop 等,动画制作软件有 Flash、3ds Max、Fireworks 等,视频编辑播放软件有 QuickTime、会声会影、Media Player、优酷播放器等。

压缩和解压缩软件有 WinRAR、WinZip、ARJ。

安全软件有金山毒霸、瑞星杀毒软件、KV3000、诺顿、卡巴斯基、360 安全卫士等。

此外,还有网页制作、财务管理、工资管理、人事管理、学籍档案管理、计算机辅助系统、娱乐活动等各方面的应用软件。

任务 3.4 认识微型计算机系统

任务目标:

1. 了解微型计算机的发展。
2. 熟悉微型计算机硬件系统的组成。
3. 认识主板和总线。

4. 认识中央处理器及其主要性能指标。

5. 了解内存、缓存和只读存储器的几种类型。

6. 熟悉外存及常见的外存如硬盘、光盘、可移动盘。

7. 熟悉微机的显示器、打印机、鼠标和键盘。

子任务3.4.1 微型计算机的发展

微机属于第四代电子计算机产品，即大规模集成电路(LSI)和超大规模集成电路(VLSI)计算机。由集成电路构成的中央处理器(CPU)，习惯上称为微处理器(MPU)。由于微电子技术的发展，微处理器(MPU)芯片、半导体存储器芯片在市场上推出和更新换代，诞生了微型计算机，也称为个人计算机(PC)，简称微机。

微处理器是微型计算机的核心，微处理器的性能代表了微型计算机的性能。生产微处理器的公司主要有Intel、AMD、IBM等，Intel公司是推动微型计算机发展最为著名的微处理器公司。世界上第一个微处理器就是Intel公司1971年推出的Intel 4004微处理器。

微型计算机的发展历程如下。

1971年1月，Intel公司的霍夫(Hoff)研制成功世界上第一块4位微处理器芯片Intel 4004，微处理器诞生。

1973年，Intel公司研制成功8位微处理器8080。随后其他许多公司竞相推出微处理器、微型计算机产品。

1975年1月，第1台微型计算机的发明人爱德华·罗伯茨在出版的《大众电子》杂志上介绍“牛郎星”(Altair 8800)计算机，微型计算机诞生。

1977年，美国苹果公司推出了著名的Apple Ⅱ计算机。

1978年，Intel公司推出16位微处理器8086，1982年推出16位微处理器80286。

1981年，IBM公司推出了基于Intel 8088芯片的个人计算机IBM PC 5150，安装了微软公司的DOS操作系统，微型计算机得到迅速发展。

1985年，Intel公司推出了第四代微处理器32位80386。1989年，Intel公司又推出了性能更高的32位微处理器80486。

2003年9月26日，AMD推出Athlon 64微型处理器，开启64位微型计算机时代。

2005年4月，Intel公司推出了第一款双核处理器。双核处理器是指在一个处理器上集成两个运算核心，从而提高计算能力。也就是将两个物理处理器核心整合到一个内核中。理论上来说，增加一个内核后，处理器每个时钟周期内可执行的单元数将增加一倍。单芯片上集成了多个运算核心的处理器则称为多核处理器。

子任务3.4.2 微型计算机硬件系统的组成

微型计算机硬件系统由主机和外设组成。台式微型计算机如图3-4所示，笔记本电脑如图3-5所示。微型计算机再加上各种外部设备和系统软件，就形成了微型计算机系统。

微机的基本硬件配置主要包括机箱、显示器、键盘、鼠标、音箱等设备。其中机箱中包含有微机大部分重要的硬件设备，如主板、CPU、内存、硬盘、光驱、各种板卡(显卡、声卡、网卡)、电源及各种连接线等。机箱有时候也称为主机箱。通常在机箱的正面包括有电源开关、复位按钮、USB插口、光盘驱动器等，在机箱的背面配有电源插座和各种外设接口。

图 3-4 台式微型计算机

图 3-5 便携式计算机(笔记本电脑)

微机配置单一般包括主板、CPU和散热器、内存条、硬盘、机箱、电源、键盘鼠标、显卡和显示器、光驱、音箱等。微机常见配置如表 3-1 所示。购置微机时显卡、音箱和光驱按需配。主板通常集成有显卡、声卡和网卡芯片,要求不高时可不配置独立显卡。

表 3-1 微机配置单

配置 1	品牌型号	大致价格/元	配置 2	品牌型号	大致价格/元
CPU	Intel 酷睿 i3	989	CPU	AMD 锐龙 5	999
主板	华硕 B360M	599	主板	技嘉 B450M	599
内存	金士顿 8GB	439	内存	威刚 8GB	369
硬盘	西数固态 480GB	389	硬盘	希捷固态 480GB	429
机箱	金河田	99	机箱	金河田	399
电源	长城	99	电源	长城	299
显示器	华硕 23 英寸	959	显示器	三星 23 英寸	1399
键鼠	套装	99	键鼠	套装	179
—	—	—	显卡	七彩虹	1899
—	—	—	音箱	漫步者	339
—	—	—	光驱	DVD 刻录机	169

微型计算机具有体积小、能耗低、价格低、使用方便、维护方便、可靠性高等优点,而且具有一定的软硬件兼容性,性价比好。

微机的主要性能指标有主频、字长、内存容量、运算速度、可靠性、可维护性、性价比等。好的微机一般主频高、字长长、内存容量大、存取周期短、运算速度快。除此之外,还有存取速度、可靠性、可维护性、兼容性、性价比、内核数量、输入输出数据的传输速率等指标。

可靠性是以平均无故障时间(MTBF)来表示的;可维护性是以平均修复时间(MTTR)来表示的;性价比越高越好。性能代表系统的使户价值,价格即计算机的销售价格。

子任务 3.4.3 主板和总线

1. 主板

主板是将 CPU、内存及外部设备连成一体的桥梁,是一块多层的电路板,又称为主机板、母版或系统板，如图 3-6 所示。

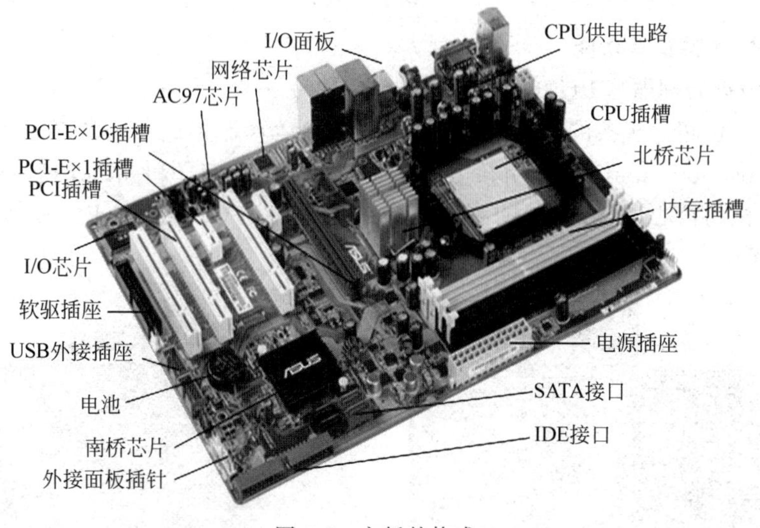

图 3-6 主板的构成

主板上提供了各种设备的接口或插槽，主要包括 CPU 插槽、PCI 插槽、PCI-E 插槽、SATA 串口插槽、内存插槽、电源接口、PS/2 键盘鼠标接口、HDMI 高清多媒体接口、RJ-45 网线接口、音频接口、VGA 和 DVI 接口等。在主板上一般集成有声卡芯片、网卡芯片、南桥芯片、北桥芯片、BIOS 芯片和 CMOS 芯片等。

由南桥芯片和北桥芯片组成的芯片组是主板的核心和灵魂，决定了主板的性能和主板所支持的其他设备的类型。

北桥芯片主要管理 CPU 与内存间的数据交流，后来也管理 AGP、PCI-E 总线与内存等高速设备间的数据交流。

南桥芯片管理 IDE、PCI 总线与硬件监控等低速设备。

主板上提供的各种设备的接口或插槽，可以插接各种接口适配器。通常安装的适配器有显示卡、声卡、网卡等。由于这些适配器都具有标准的电气接口和机械尺寸，因此用户可以根据需要进行选配和扩充。

主板安装在主机箱中。主机箱由金属箱体和塑料面板组成。上述所有系统装置的部件均安装在主机箱内部；面板上一般配有各种工作状态指示灯和控制开关；机箱后面预留有电源插口、键盘、鼠标插口以及连接显示器、打印机、USB 等的插口。

电源是安装在一个金属壳体内的独立部件，它的作用是为主板等各种部件提供工作所需的电源。

2. 总线

总线是一组连接各个部件的公共通信线路，是计算机内部传输指令、数据和各种控制信息的高速公共传输通道，更是计算机硬件的一个重要组成部分。

总线分为内部总线、外部总线和系统总线。内部总线指芯片内部连接各元件的总线。系统总线指连接 CPU、存储器和各种 I/O 模块等主要部件的总线；外部总线则是微机和外部设备之间的总线；系统总线包括数据总线(DB)、地址总线(AB)、控制总线(CB)。

子任务 3.4.4　中央处理器

1. 中央处理器及其功能

微机的中央处理器(CPU)也称微处理器(MPU)。

CPU 是一块超大规模的集成电路,把控制器和运算器集成在一块芯片上,是计算机的运算核心(arithmetic unit)和控制核心(control unit),决定了计算机的基本性能和档次。CPU 是计算机的核心设备,典型的有如图 3-7 所示的 AMD 锐龙 CPU 和如图 3-8 所示的 Intel 酷睿 CPU。

图 3-7　AMD 锐龙 5 微处理器

图 3-8　Intel 酷睿 i3 微处理器

中央处理器主要由运算器、控制器组成,通常还包括寄存器和高速缓冲存储器(Cache,简称高速缓存。CPU 内集成一级缓存)。寄存器是 CPU 内的记忆设备,用来临时存放指令和数据,其速度比高速缓存还快。

2. CPU 的主要性能指标

(1) 主频：主频即 CPU 工作时钟频率,是指计算机 CPU 在单位时间内发出的脉冲数。

(2) 字长：即数据总线宽度,是指 CPU 可以同时传输的数据位数。字长越长,处理速度就越快。

(3) 地址总线宽度：决定了 CPU 可直接访问的内存物理空间。

(4) 高速缓冲存储器：用来解决 CPU 与内存之间传输速度不匹配的问题。

(5) 运算速度：CPU 每秒能处理的指令数,单位常用 MIPS(每秒执行百万条指令)。

其他还有工作电压(低电压可减少 CPU 过热,降低功耗)、内核数量、制造工艺(如纳米技术等)等。双核处理器：在一块 CPU 基板上集成两个处理器核心,并通过并行总线将各处理器核心连接起来,能提高多任务处理速度。

子任务 3.4.5　存储器

1. 计算机的三级存储体系

目前,计算机系统中常用的三级存储体系为 Cache、主存、辅存三级,如图 3-9 所示。即由 Cache(高速缓存,一级)、主存储器(内存,二级)、辅助存储器(磁盘、光盘等外存,三级)三个层次由上至下排列组成。顶层访问速度最快而单位价格最高,且存储容量较小。自上而下速度、单位价格降低,而容量大幅增加。

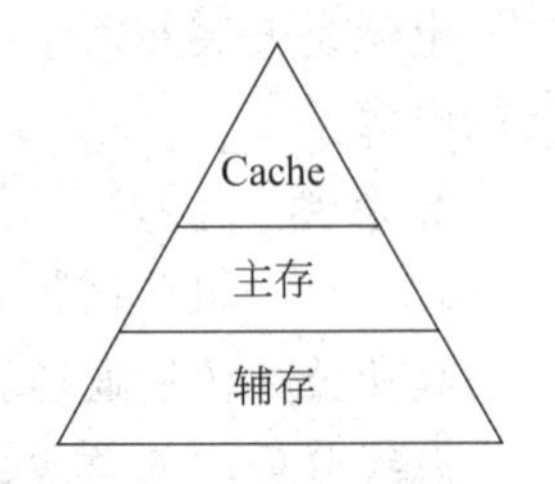

图 3-9　计算机三级存储层次体系

高速缓存是存在于内存与CPU之间的一级存储器，由静态随机存储芯片(SRAM)组成的容量比较小，但速度比主存高得多，接近于CPU的速度。

主存储器通常就是内存。CPU能直接随机存取，容量比Cache大得多。

辅助存储器即外存储器。CPU不能直接访问外存中的信息，必须先从外存调入内存才能处理。外存储器是指除计算机内存及Cache以外的存储器，此类存储器一般断电后仍然能保存数据。常见的外存储器有硬盘(机械硬盘、固态硬盘)、软盘、光盘、SD卡、U盘、移动硬盘等。

2. 内存、RAM、BIOS和CMOS

1) 内存

内存储器简称内存，如图3-10所示。用来存放当前微机运行所需要的程序和数据，是微机的记忆中心。一般是一种能存储大量二进制信息的半导体器件，也称为半导体存储器。内存条一般由动态随机存取存储器(DRAM)芯片构成。

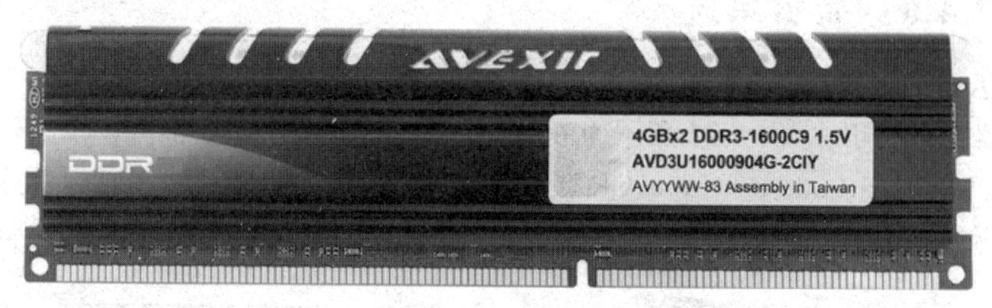

图3-10 内存条

内存的大小是衡量微机性能的主要指标之一。现在的内存条一般存储容量为2～16GB。内存条与主板接触的接触点称为金手指，金手指由众多金黄色的导电触片组成。在工作过程中，数据、工作所需电力等都靠金手指传输和供应。内存在使用时需要插接到主板的内存插槽中。为了防止插反，在金手指上都设置有防呆缺口，相应地在主板的内存插槽中也设置有隔断。

内存由随机存储器(RAM)、只读存储器(ROM)组成。RAM为内存条的可用内存，可读可写。凡是计算机要执行的程序和参加运算的数据都必须先调入内存RAM中。

2) RAM(随机访问存储器)

RAM是计算机中用来存放数据、程序及运算结果，直接与CPU进行信息交换的场所。按存储元件在运行中能否长时间保存信息，可分为静态随机存取存储器(SRAM)和动态随机存取存储器(DRAM)。

其特点是其保存的信息在通电状态下是不会丢失的，断电则消失。它主要用来存储当前正在运行的程序和数据。之所以称其为随机，是因为在读或者写数据时，可以从存储器的任意地址处进行读或者写操作。

3) BIOS

BIOS(basic input output system，基本输入输出系统)是主板上存储初始执行指令的程序，文件扩展名一般是.bin。BIOS是唯一有资格同硬件打交道的程序，它是主板上覆盖基本硬件的唯一具有软件层面的芯片。它通常是固化在主板上的一块ROM芯片，与电池断开后程序不会丢失。

4) CMOS

CMOS(complementary metal oxide semiconductor,互补金属氧化物半导体)中的信息必须加电保存,CMOS是一块RAM存储器,具有数据保存功能。CMOS一般是RAM芯片,与电池断开后数据就会丢失,一般采用锂电池供电。所以在主板上都会看到一块纽扣锂电池,其主要作用就是给CMOS供电,使得设置好的BIOS参数在计算机关机后仍然能够保存下来。电池没电了或者电池断开(注意是取下主板锂电池)会信息会丢失,使BIOS参数返回到初始状态(出厂设置)。

3. 外存储器

外存储器又称为辅助存储器,由软盘、硬盘、光盘和U盘等组成。可以在断电的状态下保持数据。外存容量大,但存取速度较慢。它用来存放暂时不用而又需长期保存的数据,需要时可调入内存使用。

子任务3.4.6 显示系统

1. 显示器的种类

显示器的种类很多,图3-11所示为液晶显示器(liquid crystal display,LCD),图3-12所示为阴极射线管(cathode ray tube,CRT)显示器,以及等离子显示器和真空荧光显示器等,其中最常用的是LCD显示器。

图3-11 液晶显示器

图3-12 CRT显示器

显示器按其工作原理可分为许多类型,较常见的有LCD(液晶)、CRT和OLED。

2. 显卡

显示适配器又称显示卡、显卡,如图3-13所示,它实际上是一个插到主板上的扩展卡。显示适配器把信息从计算机取出并显示到显示器上。显示适配决定了能看到的颜色数目和出现在屏幕上的图形效果。显卡是连接主板与显示器的部件,其输出口包含15个插孔或24插孔显示器的D形插头针相连。

图3-13 显示适配器(显卡)

3. 显示标准

显示卡规定了显示器的显示标准,即字符和图形的显示方式。常见的显示卡有以下几种。

(1) MDA:单色字符显示系统的显示适配器,字符显示质量较高,但MDA不能显示图形。

(2) CGA:彩色图形和字符显示系统的显示适配器,可以实现字符与图形两种显示方式。

(3) EGA：增强型图形显示适配器。它集中了 MDA 和 CGA 两种显示标准的优点，功能进一步增强。

(4) VGA：视频图形阵列。它与 EGA 高度兼容，且性能有了进一步的增强和改进。它能显示更多的颜色和有更高的分辨率。支持 EGA 提供的所有显示标准。VGA 的硬件包含有数/模转换器(D/A)，可输出模拟视频信号。

(5) TVGA：TVGA 支持 CGA、EGA、VGA 的各种图形标准，而且提供了更高的分辨率(1024×768)。

4. 显示系统的主要特性和影响显示器性能的参数

显示系统的主要特性有：显示分辨率、颜色质量、刷新速度等。

影响显示器性能参数主要有：分辨率、带宽、刷新频率、扫描方式、点距、辐射等。

分辨率简单地说就是屏幕上的像素数。像素(pixel)是显示器显示图像的最小单位，在 PC 上能看到的所有图形都是由成百上千的图形点或像素组成的。每个像素都有不同的颜色，这产生了图像。通常所看到的分辨率是以乘法形式表现的，例如，1024×768，其中，1024 表示屏幕上水平方向显示的点数，768 表示垂直方向的点数。分辨率的数值越大，图像也就越清晰。

目前，显示器屏幕的规格有 19 英寸宽屏、23 英寸超薄宽屏等。与传统的 CRT 纯平显示器相比，液晶显示器具有无辐射、体积小、耗电量低、美观等优点。

子任务 3.4.7 打印机

打印机是计算机最常见的输出设备，能够把计算机产生的文本或图形图像输出到纸上。目前打印机在类型主要有针式打印机、喷墨打印机、激光打印机和绘图仪等。

(1) 针式打印机：通过打印针头击打色带，把色带上的黑水打印在纸上形成字符或图形，可以打印票据等。

针式打印机又称为击打式打印机。特点是耗材便宜、打印速度慢，噪声较大、打印质量低。

(2) 喷墨打印机：通过喷墨头的喷嘴喷射墨水来描绘图像，可以打印彩色。

喷墨打印机的特点是噪声小、打印质量高、耗材成本高、墨水容易干涸。

(3) 激光打印机：激光打印机是激光技术与复印技术相结合的产物，是通过激光扫描把字符或图形印在纸上。与前两者相比，激光打印机的特点是噪声最低、速度快、打印质量高、耗材成本适中，是目前用户使用最广泛的打印机。

(4) 绘图仪是一种精密的图形输出设备。常用的绘图仪有平板型和滚筒型两种类型。

绘图仪主要用于 CAD 工程制图或其专业形图设计软件的图纸输出。

子任务 3.4.8 鼠标和键盘

1. 鼠标

鼠标是计算机最常用的输入设备之一，使用鼠标操作计算机十分方便。鼠标按结构原理可分成光学的和机械的两大类。按有没有连线，又可将其分为有线和无线两大类，如图 3-14 和图 3-15 所示。

图 3-14　有线光电鼠标

图 3-15　无线光电鼠标和发射器

鼠标主要由鼠标键和光栅信号传感器组成，并通过一条四芯电缆(无线鼠标除外)连接到主机的 PS/2 接口或 USB 接口上。目前使用较多的是三键滚轮鼠标。

鼠标左键：一般把位于鼠标左边的按键称为左键，它由右手食指操作，主要用于选择和执行对象。

鼠标右键：一般把鼠标右边的按键称为右键，它由中指操作，主要用来打开各种对象的快捷菜单或帮助信息。

左键和右键位置的调换：可以通过操作系统的控制面板进行设置。

鼠标滚轮：鼠标中间的滚轮可以前、后旋转，使窗口中显示的内容上、下滚动或增、减某个对象的数值。当移动鼠标时，则可改变光标箭头在屏幕上的位置。

2. 键盘

键盘是由许多按键组成的输入设备。用来输入字母和数字以及控制计算机完成任务。

键盘一般分成三部分，左边部分是主键盘区，主键盘区上面有功能键区；中间部分是编辑键区；右边部分是小键盘区，它的结构与计算器的键盘类似，如图 3-16 所示。

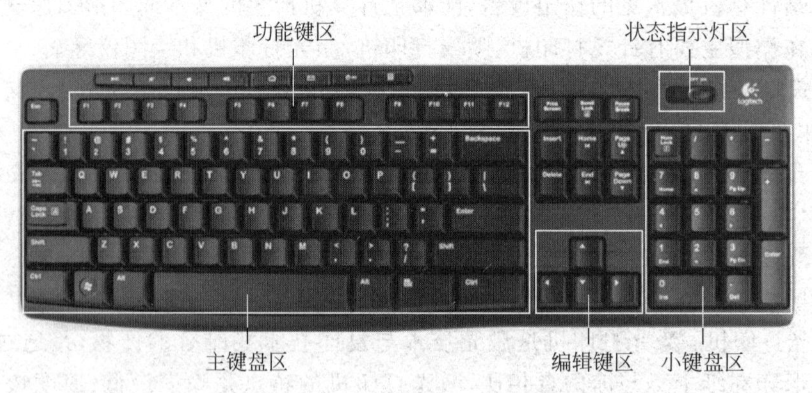

图 3-16　键盘分区

现在市场主流的标准键盘上一般有 104 键和 107 键。按键布局如下。

(1) 功能键区：主要是功能键 F1～F12，位于键盘的最上边。

(2) 主键盘区：常见的打字键区，有 A～Z 共 26 个字母键、数字键、标点符号键、空格键及 Enter 键等。

(3) 编辑键区：主要是方向键和 Home、End、Insert、Delete 等光标控制键。

(4) 小键盘区：主要是数字键和加减乘除运算键，处于键盘的右侧。

多媒体键盘等类型的键盘在传统的键盘基础上又增加了不少常用多媒体播放控制按键，以及音量调节装置，使微型计算机操作进一步简化。收发电子邮件、打开浏览器软件、启动多媒体播放器等，只需要按一个特殊按键即可，同时在外形上也做了重大改善，着重体现了键盘的个性化和人性化设计。

3. 键盘上的按键名称和按键功能

键盘无论是标准键盘还是笔记本电脑自带的键盘，大多数功能都是相同的，部分的按键名称和按键功能如表 3-2 所示。

表 3-2　键盘上的部分按键名称和按键功能

按键符号	按键名称	按键功能
Ctrl	控制键	与其他键组合使用，能够完成一些特定的控制功能
Shift	上档键(或转换键)	控制输入双字符键的上位字符，或控制英文字母的大小写切换
Alt	转换键	与其他键合用时产生一种转换状态，还可与数字小键盘按键组合输入
Caps Lock	大小写转换键	字母大小写输入的开关键
Num Lock	数字开关键	在数字小键盘区，是数字输入和编辑控制状态之间的开关键
Space	空格键	输入空格
Enter	回车键	启动执行命令或产生换行
Backspace	退格键	光标向左退回一个字符位，同时删掉原有位置上的字符
Delete	删除键	删除光标位置上的一个字符，右边的所有字符左移一格
Tab	制表键	控制光标向右跳格或向左跳格
Insert	插入/改写键	插入模式下输入的字符不会覆盖插入点后的内容，改写模式下则会替换
F1～F12	功能键	根据不同的应用软件实现不同的功能
0～9、A～Z	数字键、字母键	输入对应十进制数字符号，或输入对应大小写的英文字母
Esc	取消键	退出或放弃操作
PrtScn	屏幕拷贝键	将 Windows 整个屏幕作为图形存入剪贴板
Home、End	行首键、行尾键	Home 键控制光标回到行首位置，End 键控制光标回到行尾位置
PgUp	前翻页键	显示屏幕上显示的内容往上翻一屏(页)
PgDn	后翻页键	显示屏幕上显示的内容往下翻一屏(页)
Pause/Break	暂停键	用于暂停程序执行或暂停屏幕输出
田	Windows 徽标键，简称 Win 键	打开 Windows 的“开始”菜单，或同其他键组合成 Windows 系统的快捷键

子任务 3.4.9　微型计算机的启动

现在购买的微型计算机一般都预装有操作系统。当微型计算机主机箱和外设连接好，电源接通了之后，先开外设，再按主机箱上的 Power 键(电源开关)开机。

开机过程：计算机主板和 CPU 通电→CPU 初始化→执行 BIOS 程序(POST 自检)及 BIOS 系统检测独立显卡、内存、外设→完成初始化→启动引导程序引导操作系统进入内存→进入操作系统桌面→启动完成。

如果用户希望更换微机的操作系统,可以进行升级安装或者重新安装。

习　　题

一、单选题

1. 组成一个计算机系统的两大部分是(　　)。

A. 系统软件和应用软件　　B. 硬件系统和软件系统

C. 主机和外部设备　　D. 主机和输入/输出设备

2. 计算机系统正常运行必不可少的软件是(　　)。

A. 系统软件　　B. 应用软件　　C. 字处理软件　　D. 程序设计语言

3. 早期的计算机语言中,所有的指令、数据都用一串二进制数0和1表示,这种语言称为(　　)。

A. 机器语言　　B. 汇编语言　　C. Java语言　　D. C语言

4. 能将高级语言编写的源程序转换为目标程序的是(　　)。

A. 链接程序　　B. 解释程序　　C. 编译程序　　D. 编辑程序

5. 用高级语言编写的程序经编译后产生的程序叫(　　)。

A. 源程序　　B. 目标程序　　C. 连接程序　　D. 编译程序

6. 计算机软件是由计算机系统中的(　　)组成。

A. 数据、命令和文档　　B. 程序、数据和文档

C. 程序、命令和数据　　D. 数据、命令和程序

7. 下列计算机设备中,既是输入设备,又是输出设备的是(　　)。

A. 扫描仪、鼠标　　B. 硬盘、触摸屏

C. 内存、键盘　　D. 投影仪、显示器

8. 固定在计算机主机箱箱体上,联结计算机各种部件并起桥梁作用的是(　　)。

A. CPU　　B. 内存条　　C. 数据线　　D. 主板

9. 现在一般的微型计算机内部有两级缓存,其中一级缓存位于(　　)内。

A. CPU　　B. 内存　　C. 主板　　D. 硬盘

10. 微型计算机在工作中尚未进行存盘操作,突然电源中断,则计算机(　　)全部丢失,再次通电后也不能完全恢复。

A. ROM和RAM中的信息　　B. ROM的信息

C. 已输入的数据和程序　　D. 硬盘中的信息

11. 计算机在工作过程中突然断电,则计算机(　　)中的信息不会丢失。

A. 硬盘　　B. CACHE　　C. RAM　　D. 内存

12. (　　)接口也叫通用串行总线,它是多媒体计算机的标准外设接口。

A. USB　　B. PS/2　　C. HDMI　　D. PCI-E

13. 设置屏幕显示属性时,与屏幕分辨率及颜色质量有关的设备是(　　)。

A. 网卡和服务器　　B. 显卡和显示器

C. 声卡和扬声器　　　　D. 射频识别卡和传感器

14. 激光打印机是激光技术与(　　)技术相结合的产物。

A. 存储　　B. 显示　　C. 传输　　D. 复印

二、简答题

简述冯·诺依曼机的工作原理并列出硬件系统的五大部分名称。

习题参考答案

项目 4　使用 Windows 10 系统

本项目核心内容

1. 认识 Windows 10 操作系统，了解操作系统的启动、睡眠、关闭。
2. 学会设置个性化桌面，熟悉 Windows 10 操作系统外观和主题设置。
3. 认识 Windows 10“开始”菜单。
4. 学会显示或隐藏任务栏。
5. 了解窗口与对话框的操作。
6. 学会管理文件和文件夹，熟悉文件库和回收站。
7. 学会压缩与解压缩文件。
8. 学会控制面板及常见设置。
9. 学会管理用户账户。

项目 4 学习任务思维导图

任务 4.1　认识 Windows 10 操作系统

任务目标：

1. 认识 Windows 10 系统。
2. 掌握 Windows 10 的启动与退出等操作。
3. 了解计算机的锁定、睡眠和休眠功能。
4. 认识 Windows 10 的桌面、任务栏和“开始”菜单。

操作系统（operating system，OS）是计算机中最基本的软件，所有应用程序的使用都必须在操作系统的支持下进行。操作系统实际上是一组程序，用于管理计算机硬件、软件资源，合理地组织计算机的工作流程，协调计算机系统各部分之间、系统与用户之间、用户与用户之间的关系。

通过本次任务，大家会了解到 Windows 10 的基本使用方法，为进一步使用计算机打下基础。

子任务 4.1.1　安装 Windows 10 操作系统的要求

Windows 10 是由微软公司开发的，具有革命性变化的操作系统，核心版本号为 Windows NT 6.1，可供家庭及商业工作环境、笔记本电脑、平板电脑、多媒体中心等使用。Windows 10 在以往操作系统的基础上做了较大的调整和更新，除了支持更多的应用程序和硬件，还提供了许多贴近用户的人性化设计，使用户的操作更加方便快捷。

Windows 10 共有家庭版、专业版、企业版、教育版、移动版、移动企业版和物联网核心版七个版本。每个版本针对不同的用户群体，具有不同的功能。Windows 10 的标志如图 4-1 所示。

图 4-1 Windows 10 标志

安装 Windows 10 操作系统需要计算机具备最低配置要求，如表 4-1 所示。

表 4-1 安装 Windows 10 系统的计算机配置要求

设备名称	基本要求	备注
CPU	2GHz 及以上	Windows 10 包括 32 位和 64 位两种版本。若安装 64 位版本，则需要支持 64 位运算的 CPU
内存	1GB 及以上	安装识别的最低内存是 512MB，小于 512MB 会提示内存不足（只是安装时提示）
硬盘	20GB 以上可用空间	安装占用 20GB
显卡	有 WDDM 1.0 或更高版驱动的集成显卡 64MB 以上	128MB 为打开 Aero 最低配置
其他设备	DVD-R/RW 驱动器或者 U 盘等其他储存介质	安装用

子任务 4.1.2 Windows 10 的启动与退出等操作

1. 启动 Windows 10

如果计算机只安装了唯一的操作系统，那么启动 Windows 10 与启动计算机是同步的。通电后先开外设电源，再开计算机主机电源；退出时则先关主机，再关外设电源。

启动计算机时，显示器屏幕上将显示计算机的自检信息，如显卡型号、主板型号和内存大小等。

通过自检程序后，将显示欢迎界面，如果用户在安装系统时设置了用户名和密码，将出现 Windows 10 登录界面，如图 4-2 所示。在用户名下方的密码空格框中输入正确密码后按 Enter 键，计算机将开始载入用户配置，并进入 Windows 10 的工作界面。

图 4-2 Windows 10 登录界面

Windows 10 是图形化的计算机操作系统,用户通过对该操作系统的控制来实现对计算机软件和硬件系统各组件的控制,使它们能协调工作。完成登录进入 Windows 10 的操作。如图 4-3 所示,Windows 10 的所有程序、窗口和图标都是在桌面上显示和运行的。

图 4-3 Windows 10 桌面

2. 切换用户、注销

(1) 切换用户。如果在操作过程中需要切换到另一个用户账户,可右击“开始”按钮,在弹出的“开始”菜单中选择“账户”命令,然后在弹出的子菜单中选择要切换的用户。此时系统会保持当前用户工作状态不变,返回到登录界面中,选择其他用户账户登录即可,如图 4-4 所示。

图 4-4 “切换用户”操作窗口

(2) 注销。右击“开始”按钮,鼠标光标指向“关机或注销”按钮旁边的箭头,在弹出的扩展选项中选择“注销”命令,即可将当前用户注销,如图 4-5 所示。注销后,正在使用的所有程序都会关闭，但计算机不会关闭，此时其他用户可以登录而无须重新启动计算机。注销和切换用户不同的是：注销功能不会保存当前用户的工作状态。

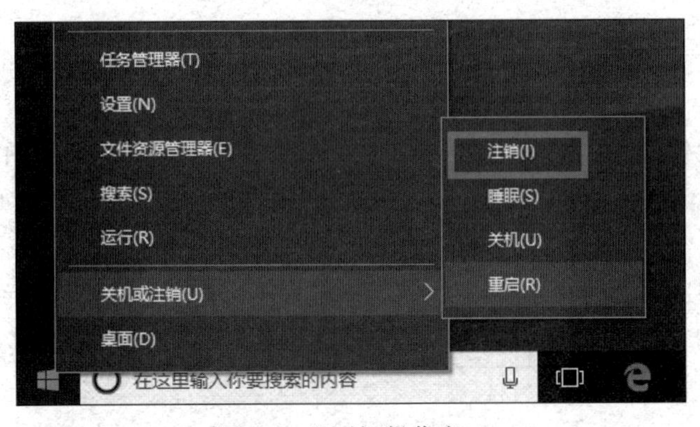

图 4-5　"注销"操作窗口

3. 计算机的锁定、睡眠、休眠

(1) 锁定。在临时离开计算机时，为保护个人的信息不被他人窃取，可将计算机设置为"锁定"状态。操作方法是单击"开始"按钮，在弹出的"开始"菜单中选择"关闭"→"锁定"命令。计算机一旦锁定，则只有当前用户或管理员才能将其解除。按 Wind(Windows 徽标键)＋L 组合键也可以快速锁屏。

(2) 睡眠。如果在使用过程中需要短时间离开计算机，可以选择睡眠功能，而不是将其关闭，一方面可以省电，另一方面又可以快速地恢复工作。在计算机进入睡眠状态时，只对内存供电，用以保存工作状态的数据，这样计算机就处于低功耗运行状态中。

(3) 休眠。休眠功能可以把内存中当前的系统状态以及打开的文档和程序完全保存到硬盘中，然后关闭计算机。在下次开机时系统就不再需要经过加载等过程，而是直接转到上次休眠时的状态，因此计算机的启动速度非常快。"休眠"是一种主要为便携式计算机(笔记本电脑)设计的电源节能状态。休眠使用的电量最少。

4. 关机

正确关闭计算机需单击"开始"按钮，然后选择"开始"菜单右下角的"关机"命令，此时计算机关闭所有打开的程序以及 Windows 本身，然后完全关闭计算机和显示器。关机不会保存数据，因此必须首先保存好文件。

子任务 4.1.3　认识 Windows 10 的桌面、任务栏和"开始"菜单

桌面是 Windows 10 最基本的操作界面。启动计算机并登录到 Windows 10 之后，看到的主屏幕区域就是桌面。我们每次使用计算机都是从桌面开始的。Windows 10 桌面的组成元素主要包括桌面背景、图标、"开始"按钮、快速启动工具栏、任务栏等。

1. 桌面背景

桌面背景是指系统的背景图案，也称为墙纸。用户可以根据需要设置桌面的背景图案。

2. 图标

Windows 10 操作系统中，所有的文件、文件夹和应用程序都是由相应的图标来表示的。操作系统将各个复杂的程序和文件用一个个生动形象的小图片来表示，可以很方便地通过

图标辨别程序的类型,并进行一些文件操作,如双击图标即可快速启动或打开该图标对应的项目。桌面图标一般可分为系统图标、快捷方式图标和文件图标。

3. 认识任务栏

任务栏是一个水平的长条,默认情况下位于桌面底端,由一系列功能组件组成,从左到右依次为“开始”按钮、程序按钮区、通知区域和“显示桌面”按钮。

(1)“开始”按钮。“开始”按钮位于任务栏最左侧,图标为⊞,用于打开“开始”菜单。“开始”菜单中包含了系统大部分的程序和功能,几乎所有的工作都可以通过“开始”菜单进行。

(2)程序按钮区。其位于任务栏中间,外观如图 4-6 所示,用于显示正在运行的程序和打开的文件。所有运行的程序窗口都将在任务栏中以按钮的形式显示,单击程序按钮即可显示相应的程序。

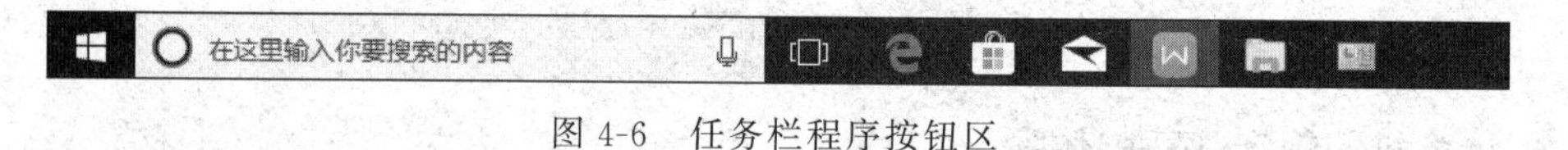

图 4-6　任务栏程序按钮区

(3)跳转列表。跳转列表(jump list)是 Windows 10 中的新增功能,可帮助用户快速访问常用的文档、图片、歌曲或网站。跳转列表不仅仅显示文件的快捷方式,有时还会提供相关命令,例如,撰写新电子邮件或播放音乐的快捷访问。

(4)通知区域。它位于任务栏右侧,包括时钟、音量图标、网络图标、语言栏等,外观如图 4-7 所示。双击通知区域中的图标,通常会打开与其相关的程序或设置,有的图标还能显示小的弹出窗口(也称通知)以通知某些信息。一段时间内未使用的图标会被自动隐藏在通知区域中,用户也可自己设置图标的显示或隐藏。

图 4-7　任务栏通知区域

(5)“显示桌面”按钮。位于任务栏的最右侧,是一个透明的矩形按钮,可快速通过透视的方式查看桌面状态。

4. 认识“开始”菜单

“开始”菜单是 Windows 10 操作系统中最常用的组件,它是启动程序的一条捷径,从“开始”菜单中可以启动程序,打开文件,获得帮助和支持,搜索文件等。单击任务栏最左端的“开始”按钮⊞或者按下键盘上的 Windows 键,则可以打开 Windows 10 的“开始”菜单,如图 4-8 所示。

在“开始”菜单的右上方显示的是当前登录用户的账户图片,通过该账户按钮可以方便地对本地账户进行管理。“开始”菜单的左侧一列区域中列出了用户经常使用的程序的快捷方式,右侧一列区域中汇集了包括诸如“计算机”“文档”“控制面板”“运行”等常见任务,同时提供了更多的如“图片”“音乐”“游戏”等许多功能选项,使用户的操作更加简单快捷。

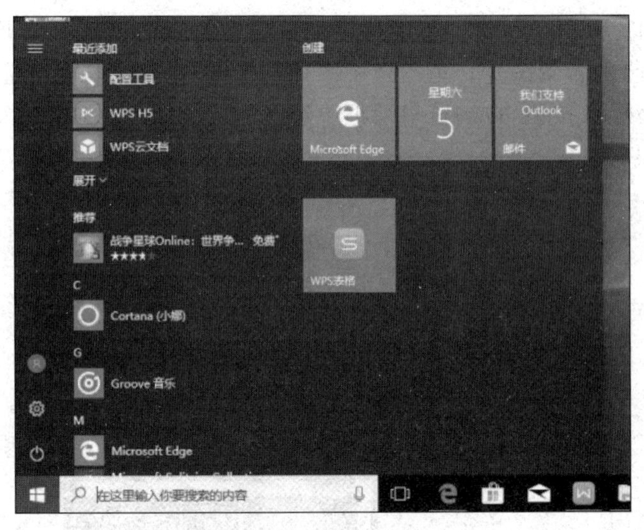

图 4-8　“开始”菜单

任务 4.2　个性化设置

任务目标：

1. 学会外观和主题设置。
2. 学会设置桌面背景。
3. 掌握桌面图标的添加、更改、删除和排列方法。
4. 学会设置任务栏。
5. 学会设置屏幕保护程序。

子任务 4.2.1　外观和主题设置

1. 个性化桌面背景

(1) 在桌面空白处右击，在弹出的快捷菜单中选择“个性化”命令，如图 4-9 所示。

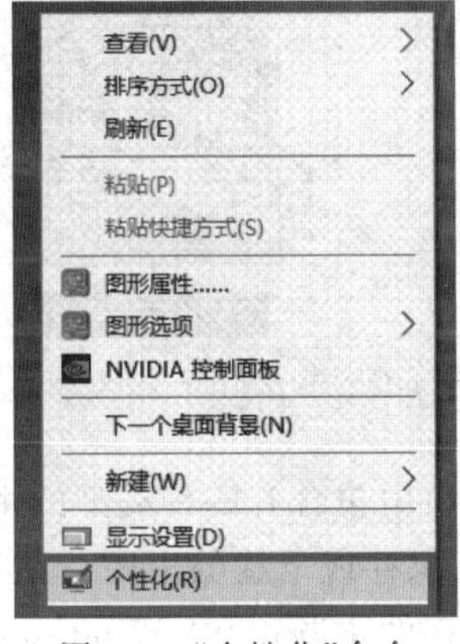

图 4-9　“个性化”命令

(2) 在弹出的"个性化"窗口中单击位于下方的"桌面背景"链接,即弹出"桌面背景"窗口,可选择系统自带的背景图片。单击选中图片左上方的复选框,也可选择计算机中保存的其他图片。单击"浏览"按钮,在浏览对话框中选择需要的图片,如图 4-10 所示。

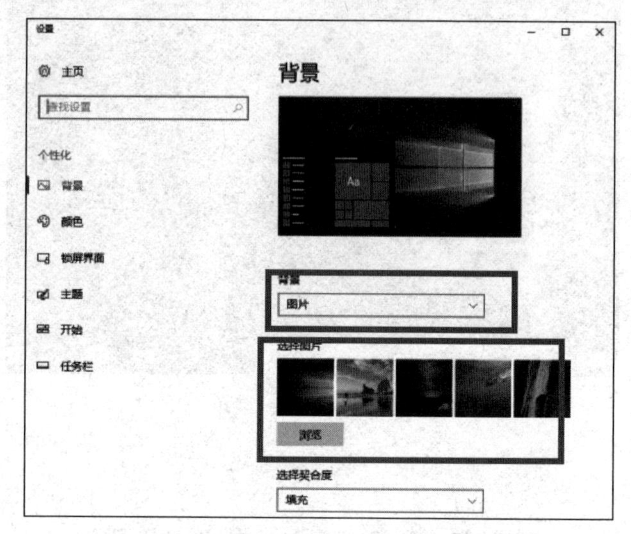

图 4-10 "设置"窗口中的"背景"选项

(3) 选择完成后,单击"保存修改"按钮,即可更换桌面背景。

2. 更改主题

主题是桌面背景、窗口颜色、声音和屏幕保护程序的组合,也是操作系统视觉效果和声音的组合方案,如图 4-11 所示。

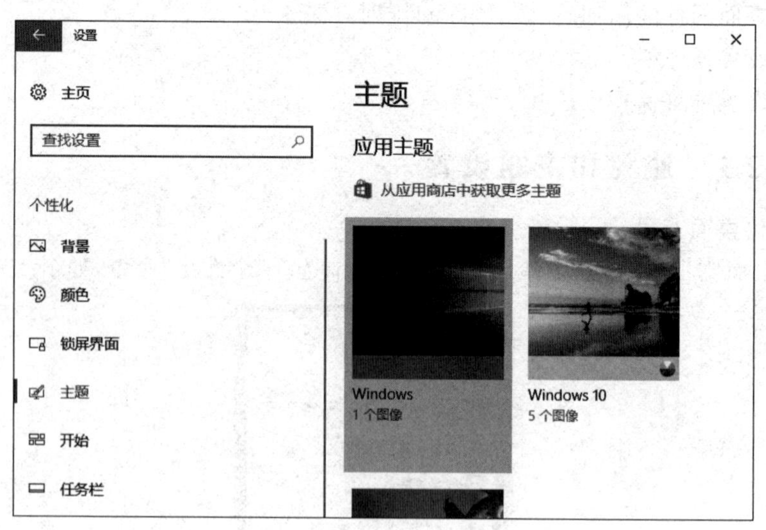

图 4-11 Windows 10 主题内容

在"控制面板"的"个性化"窗口中包含有四种类型的主题。

一是我的主题:用户自定义、保存或下载的主题。在对某个主题进行更改的时候,这些新设置会在此处显示为一个未保存的主题;二是 Windows 主题:对计算机进行个性化设置的 Windows 主题，包括 Aero 主题效果；三是已安装的主题：计算机制造商或其他非 Microsoft 提供商创建的主题；四是基本和高对比度主题：为提高计算机性能或让屏幕上的项目更容易查看而专门设计的，不包括 Aero 主题效果。

如果用 Windows 10 系统预置的主题来修改，具体操作如下：

(1) 单击“开始”按钮，打开设置菜单，选择“个性化”命令，弹出“个性化设置”窗口。

(2) 单击“主题”按钮，进行相应的设置。

(3) 保存设置。

3. 更改窗口颜色

Windows 10 为用户提供了可自定义的窗口，用户可以使用其提供的颜色对窗口着色，或者使用颜色合成器创建自己的自定义颜色。操作步骤如下：

(1) 在桌面空白处右击，在弹出快捷菜单中选择“个性化”命令。

(2) 打开“设置”窗口，单击窗口下方的“自定义颜色”链接，如图 4-12 所示。

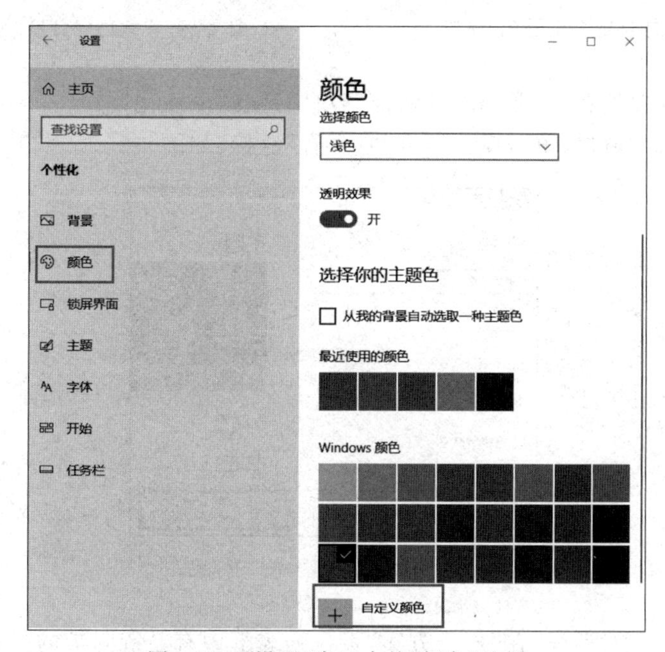

图 4-12 “设置”窗口中的“颜色”选项

(3) 弹出“选择自定义主题色”窗口，在由各种色块组成的列表框中选择一款喜欢的颜色，然后拖动“颜色浓度”滑块调节颜色深浅，在当前窗口中即可预览颜色效果，如图 4-13 所示。

(4) 如果对系统提供的颜色均不满意，可以单击窗口下方的“显示颜色混合器”按钮，在显示的颜色混合器设置项目中分别拖动“色调”“饱和度”和“亮度”滑块，调出满意的颜色，如图 4-14 所示。

(5) 设置完成后单击“保存修改”按钮。

4. 设置系统声音

当用户使用计算机执行某些操作时，往往会发出一些提示声音，如系统启动退出的声音、硬件插入的声音、清空回收站的声音等。Windows 10 附带多种针对常见事件的声音方案，用户也可根据需要进行设置，具体方法如下：

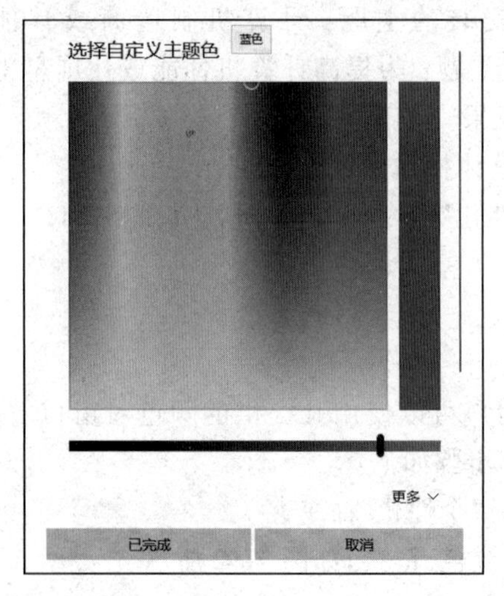

图 4-13 “选择自定义主题色”窗口

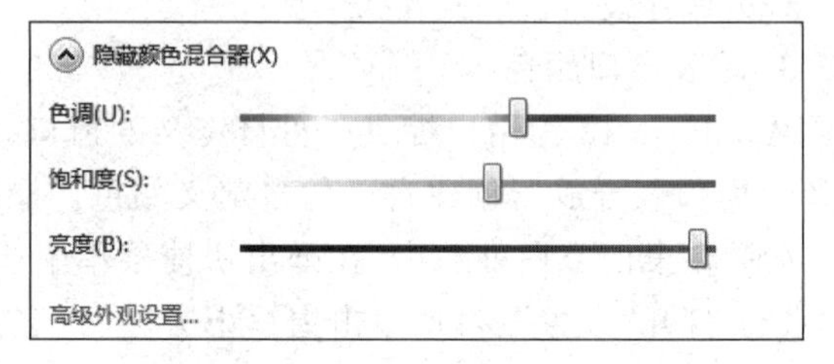

图 4-14 “颜色混合器”滑块

(1) 在桌面空白处右击,在弹出的快捷菜单中选择“个性化”命令。

(2) 打开“设置”窗口,单击窗口下方的“声音”链接,如图 4-15 所示。

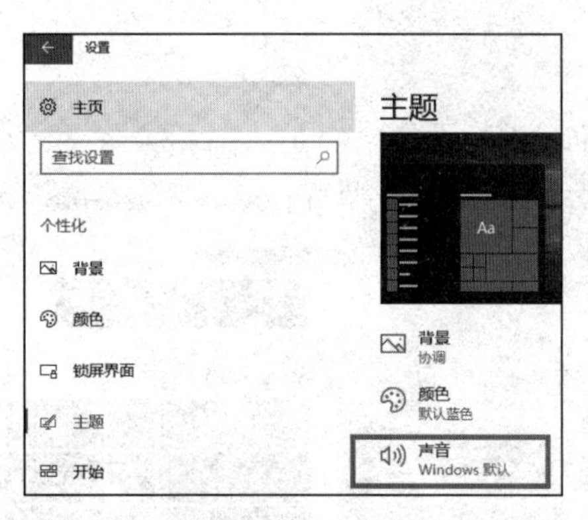

图 4-15 “设置”窗口中的“声音”链接

(3) 弹出“声音”对话框,在“声音方案”下拉列表框中有系统附带的多种方案,任选其一后,可在下方“程序事件”列表框中选择一个事件进行试听,如图 4-16 所示。

(4) 单击“确定”按钮保存设置。

如要更改音量大小,可在桌面任务栏右侧右键单击音量图标,弹出如图 4-17 所示的消息框,拖动滑块可增大或减小音量。如需对不同程序进行音量控制,可单击“合成器”链接,打开“扬声器”对话框,拖动不同程序下方的滑块即可。

5. 设置屏幕保护程序

虽然显示技术的进步和节能监视器的出现从根本上已经消除了对屏幕保护程序的需要,但我们仍在使用它,主要因为它能给用户带来一定的娱乐性和安全性等。如设置好带有密码保护的屏保之后,用户可以放心地离开计算机,而不用担心别人在计算机上看到机密信息。

用户可以设置屏幕保护程序,以便在一段时间内没有对鼠标和键盘进行任何操作时,自

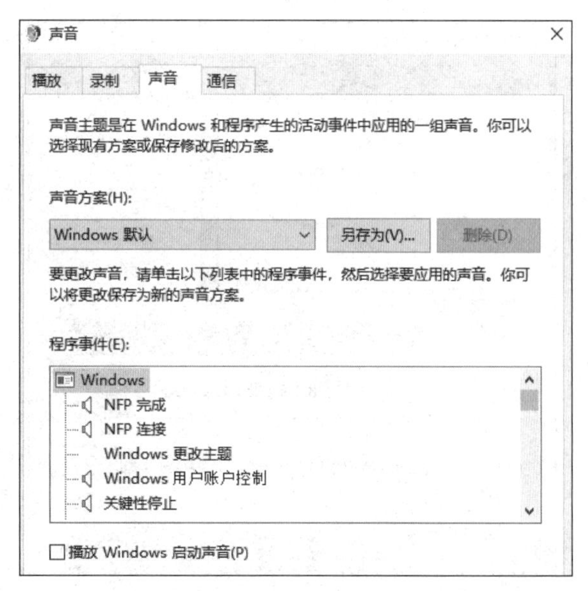

图 4-16　“声音”对话框

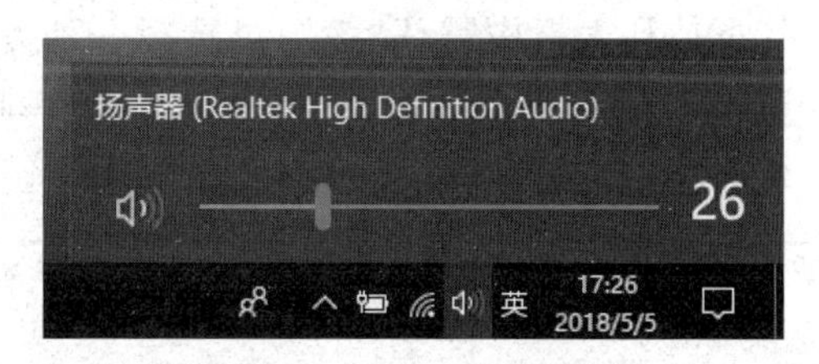

图 4-17　“扬声器”消息框

动启动屏幕保护程序，起到美化屏幕和保护计算机的作用。具体操作步骤如下：

(1) 在桌面空白处右击，在弹出的快捷菜单中选择“个性化”命令。

(2) 打开“设置”窗口，如图 4-18 所示，单击“锁屏界面”选项，将滚动条拉到最下面，找到“屏幕保护程序设置”并单击，弹出“屏幕保护程序设置”对话框，如图 4-19 所示。

图 4-18　“设置”窗口中的“屏幕保护程序设置”链接

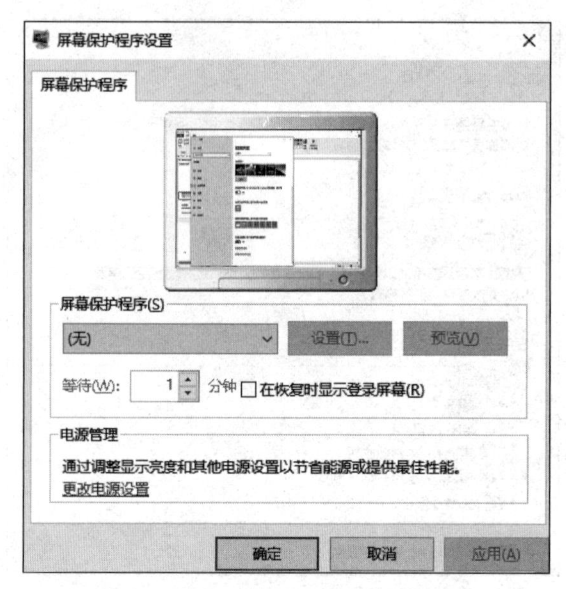

图 4-19 “屏幕保护程序设置”对话框

(3) 在“屏幕保护程序”下拉列表框中默认“无”,可选择一种方案如“气泡”等。如果选择“三维文字”“照片”等,还可单击右侧的“设置”按钮进行更详细的参数设置,如图 4-20 所示。

图 4-20 选择“照片”作为屏幕保护程序并进行其他参数设置

(4) 设置等待时间,如 1 分钟。如需要在退出屏保时输入密码,可选中“在恢复时显示登录屏幕”前的复选框。

(5) 单击“确定”按钮保存设置。

子任务 4.2.2 桌面图标的添加、更改、删除和排列

1. 添加和删除系统图标

在桌面图标中，“计算机”“回收站”“网络”“控制面板”等图标属于 Windows 系统图标。添加和删除系统图标的具体操作如下：

(1) 在桌面空白处右击，在弹出的快捷菜单中选择“个性化”命令；或单击“开始”按钮，在“开始”菜单中选择“设置”命令，打开“设置”窗口，在左侧单击“主题”选项。

(2) 在“主题”窗口的右窗格中单击“桌面图标设置”，弹出“桌面图标设置”对话框，如图 4-21 所示。

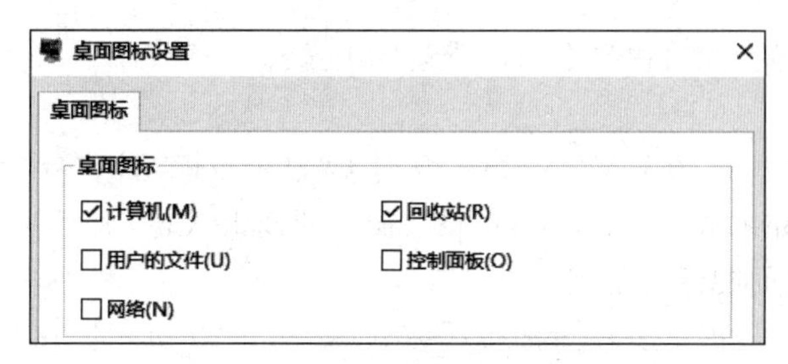

图 4-21 “桌面图标设置”对话框中的“桌面图标”栏

(3) 在“桌面图标”栏中选中要在桌面上显示的图标对应的复选框，单击“确定”按钮。

2. 更改桌面图标

如图 4-22 所示，在“桌面图标设置”对话框中选中“允许主题更改桌面图标”复选框，再单击“更改图标”按钮，可以更改默认图标。

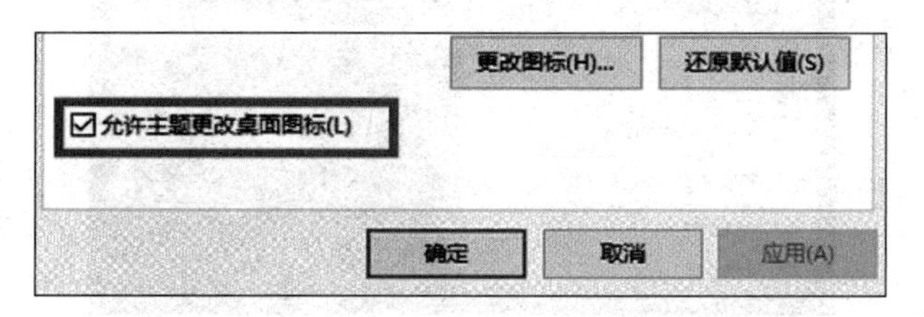

图 4-22 选中“允许主题更改桌面图标”复选框

3. 删除桌面图标

若要删除系统图标，则只需按照前面的操作，在“桌面图标”栏中取消选中图标对应的复选框，单击“确定”按钮即可。

4. 添加和删除快捷方式图标

下面以创建系统自带的“画图”程序的快捷方式为例，介绍如何为程序添加快捷方式。

(1) 单击任务栏中的“开始”按钮，在“开始”菜单中选中想要建立快捷方式的程序图标并按下鼠标左键，例如，“画图”程序。

(2) 直接将“画图”程序图标拖到桌面，再松开鼠标即可完成添加，如图 4-23 所示。

(3) 删除桌面上的快捷方式图标：在桌面上选择想要删除的快捷方式，右击并在弹出的快捷菜单中选择“删除”命令，或在选取对象后按 Del 键(或按 Shift+Del 组合键)，都可以删除选中的快捷方式图标。但应注意，删除应用程序的快捷方式并非是卸载程序。

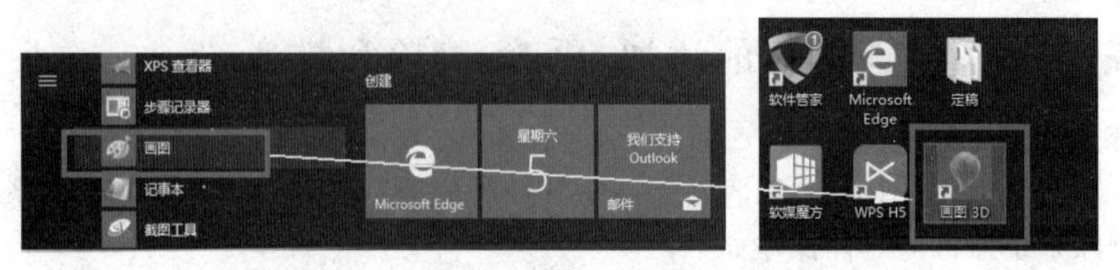

图 4-23　创建“画图”程序的快捷方式

5. 排列桌面图标

如果用户桌面上的图标较多,可按序排列,使桌面看起来更加整洁、美观且方便操作。操作如下:

(1) 在桌面空白处右击,在弹出的快捷菜单中选择“查看”命令,如图 4-24 所示,将弹出一个子菜单。

(2) 在如图 4-24 所示的子菜单中如果取消了“显示桌面图标”命令的选中状态,则桌面的图标都不会显示;如果取消“自动排列图标”命令的选中状态,则可以使用鼠标拖动图标的方式将图标摆放在桌面的任意位置。

(3) Windows 10 提供了多种图标排序方式,如图 4-25 所示。在“排序方式”命令的下一级子菜单中可以选择按名称、大小、项目类型、修改日期进行排序。

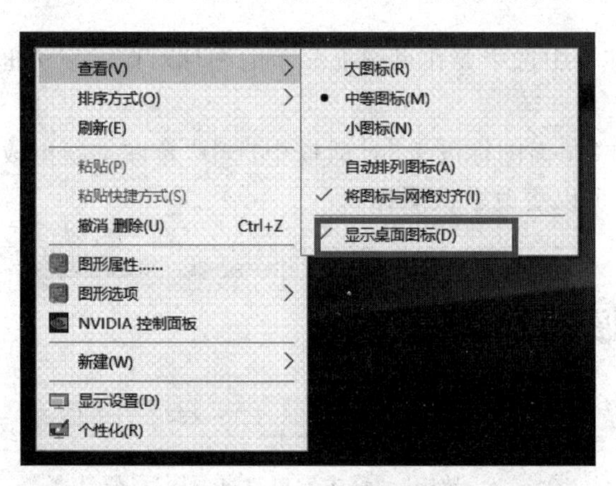

图 4-24　“查看”子菜单

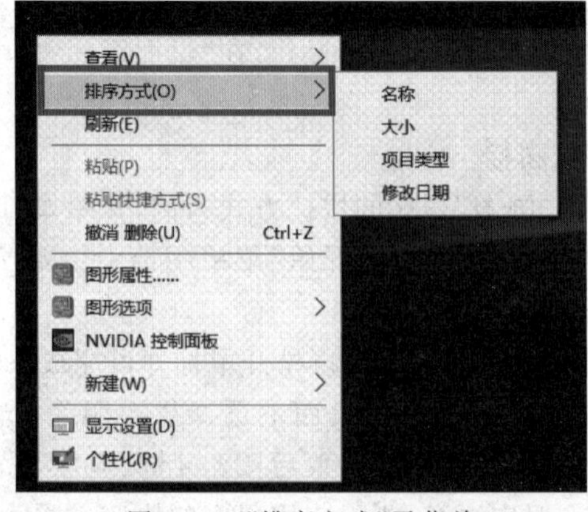

图 4-25　“排序方式”子菜单

Windows 10 还提供大、中、小图标的查看方式，通过如图 4-24 所示的“查看”子菜单可进行设置。也可在桌面上使用鼠标滚轮调整桌面图标大小，在滚动鼠标滚轮的同时按住 Ctrl 键即可放大或缩小图标。

子任务 4.2.3　在桌面上显示或隐藏任务栏

任务栏通常位于桌面底端，可以隐藏任务栏以创造更多的空间。

1. 隐藏任务栏

(1) 右击任务栏空白处，在快捷菜单中选择“任务栏设置”命令，打开“设置”对话框，单击左侧的“任务栏”选项，在右侧出现的任务栏菜单下有“在桌面模式下自动隐藏任务栏”选项及其开关按钮。

(2) 如图 4-26 所示，开关按钮默认为“关”，单击开关按钮并改成“开”，则保存设置，并会隐藏任务栏。

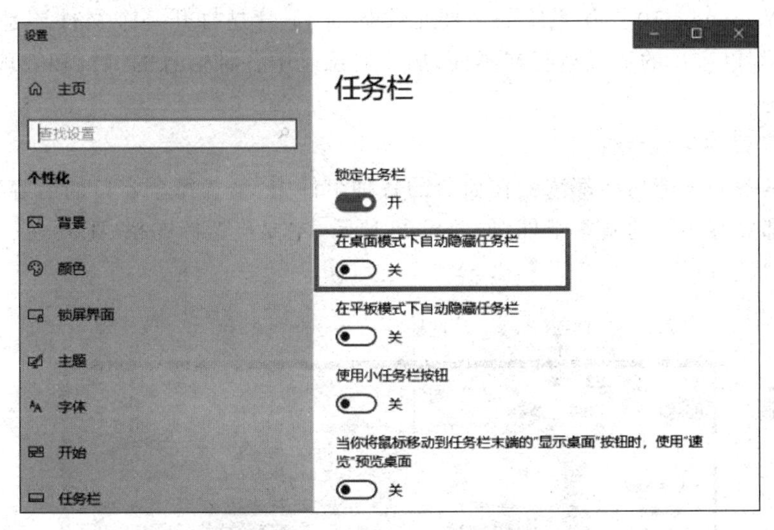

图 4-26　“任务栏和‘开始’菜单属性”界面

2. 显示被隐藏的任务栏

如果任务栏被隐藏，可将鼠标光标指向桌面底部(也可能是指向侧边或顶部)，任务栏即可显示出来。如果不想再隐藏任务栏，则将上述操作中的“在桌面模式下自动隐藏任务栏”选项的开关按钮改为“关”即可。

3. 显示被遮住的桌面

如果桌面被打开的窗口遮住，单击任务栏最右侧的“显示桌面”按钮可以显示桌面，还可以通过只将鼠标光标指向“显示桌面”按钮而不是单击来临时查看或快速查看桌面。指向“显示桌面”按钮时，所有打开的窗口都会淡出视图，以显示桌面。若要再次显示这些窗口，只需将光标从“显示桌面”按钮移开。另外也可使用 Win(Windows 徽标键)+D 组合键将所有当前打开的窗口最小化，可立即显示桌面信息。

右击任务栏空白处，在快捷菜单中选择“显示桌面”命令，如图 4-27 所示，也可以立即显示桌面。

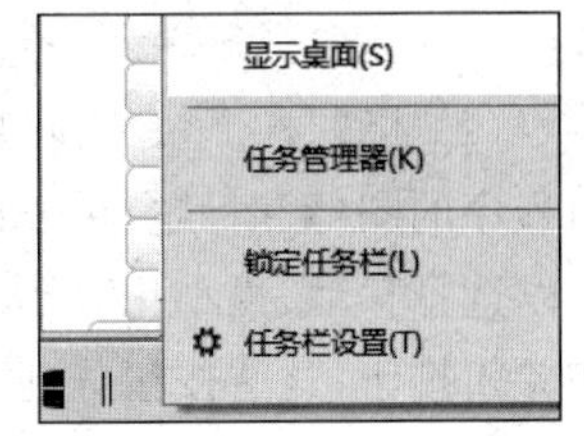

图 4-27　“显示桌面”命令

任务 4.3 窗口与对话框的操作

任务目标：

1. 认识窗口的构成组件。
2. 认识对话框。
3. 掌握窗口的基本操作。
4. 学会切换窗口。

子任务 4.3.1 窗口及其构成组件

1. 认识窗口

窗口是 Windows 10 操作系统的主要工作界面，不管是打开一个文件还是启动一个应用程序，它们都以窗口的形式运行在桌面，用户对系统中各种信息的浏览和处理基本上是在窗口中进行的。

2. 认识窗口的构成组件

程序所具备的全部功能都浓缩在窗口的各种组件中，虽然每个窗口的内容各不相同，但大多数窗口都具有相同的基本组件，如图 4-28 所示，主要包括标题栏、工具栏、功能区(菜单栏)、滚动条、状态栏等。

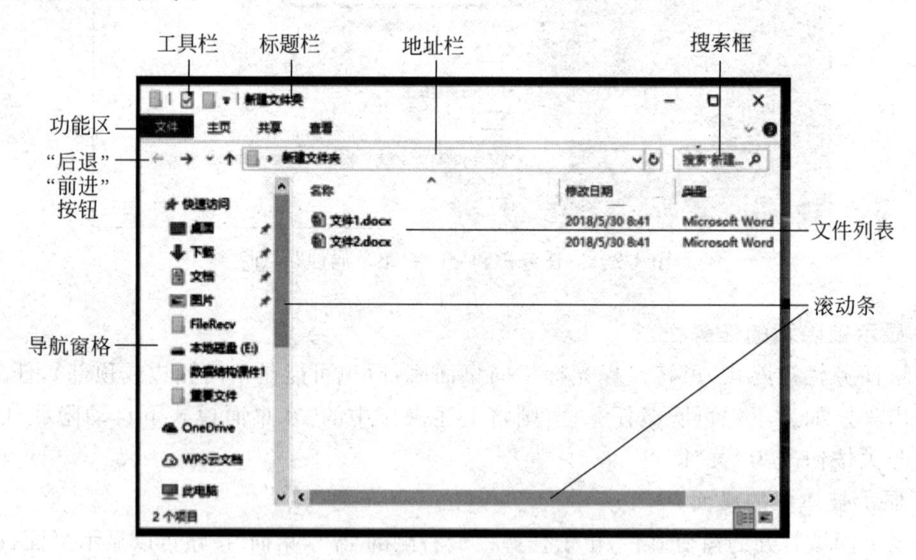

图 4-28 窗口的构成组件

(1) 标题栏。位于窗口的最顶端，主要用于显示文档和程序的名称。其中左侧显示了应用程序的图标和标题，单击该图标可以显示如图 4-29 所示的控制菜单(或称系统菜单)，从中可以选择移动、最小化、最大化、关闭等命令。其最右侧有三个按钮：最小化按钮、最大化按钮和关闭按钮，这些按钮分别可以隐藏窗口、放大窗口(使其填充整个屏幕)以及关闭窗口。

(2) "→←↑"。"前进""后退"表示切换到下一个或上一次打开的文件夹窗口，"向上"

按钮可以向上一级直到根目录文件夹(桌面)。

(3) 工具栏。有快速访问、删除、重命名文件夹以及撤销等操作工具。

(4) 功能区。有“文件”“查看”等选项卡,一般位于标题栏的下方,它上面的每一个选项都可以展开一个功能区(下拉式菜单),都有一些命令按钮。“查看”选项卡如图 4-30 所示。

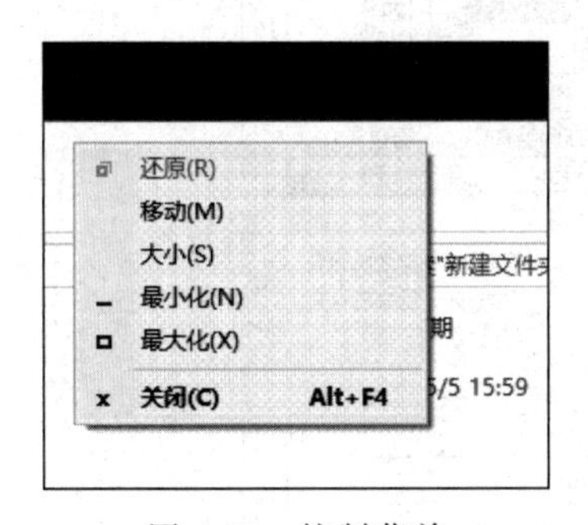

图 4-29　控制菜单

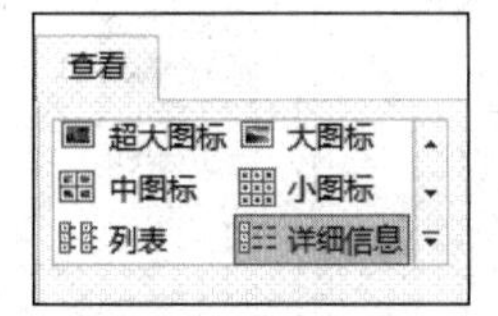

图 4-30　“查看”功能区的命令按钮

(5) 状态栏。位于窗口的最底端,用于显示窗口的当前状态及当前操作等信息。

另外,图 4-28 中其他组件的注释表明了其基本功能。

子任务 4.3.2　认识对话框

对话框是用户更改程序设置或提交信息的特殊窗口,常用于需要人机对话等进行交互操作的场合。如图 4-31 和图 4-32 所示,对话框有许多和窗口相似的组件,如标题栏、关闭按钮等。

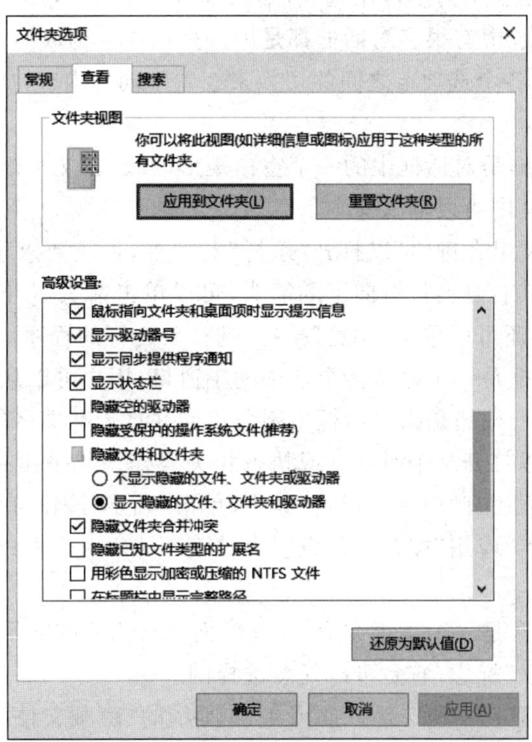

图 4-31　“文件夹选项”对话框

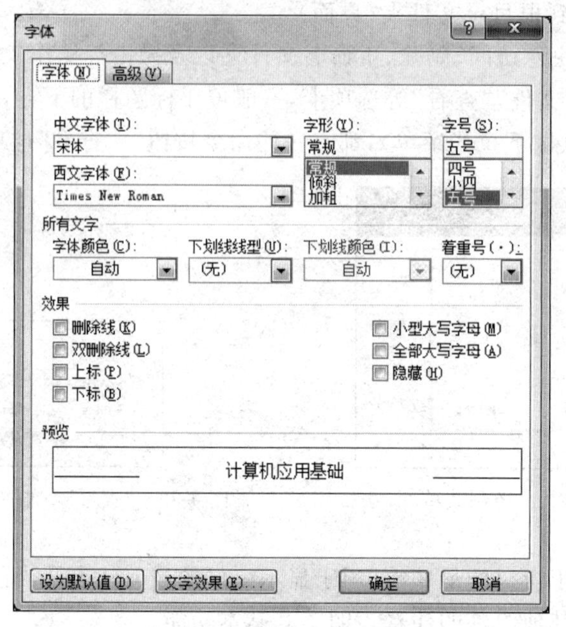

图 4-32 “字体”对话框

1. 对话框构成组件介绍

(1) 标题栏。标题栏位于对话框的最上方,有的对话框有帮助按钮。对话框中的标题栏同窗口中的标题栏相似,给出了对话框的名称和关闭按钮。对话框的选项呈黑色时表示为可用选项,呈灰色时则表示为不可用选项,如图 4-32 中的“下划线颜色”。

(2) 选项卡。在系统中有很多对话框都是由许多选项卡构成的,选项卡上写明了标签,以便于区分。可以通过各个选项卡之间的切换来查看不同的内容,如图 4-32 中的“字体”选项卡、“高级”选项卡。

(3) 文本框。文本框是对话框中的一个空白矩形区域,在文本框的空白处单击,在框内会出现光标插入点,在其中可以输入文本信息。

例如,按下 Win+R 组合键,可以打开“运行”对话框,系统要求用户输入要运行的程序或者文件名称,一般在其右侧会带有向下的箭头,可以单击箭头展开下拉列表框,以查看最近曾经输入过的内容。还可以单击“浏览”按钮,选择要运行的程序。

(4) 列表框。列表框是一个显示多个选项的小窗口,用户可以从中选择一项或几项。

(5) 命令按钮。命令按钮是指对话框中圆角矩形并且带有文字的按钮。在对话框中有许多按钮,单击它们可以打开某个对话框或执行相关操作。几乎所有对话框中都有“确定”“取消”按钮,有些对话框还有“应用”按钮。其中,单击“确定”按钮可使对话框中所做的设置生效并关闭对话框;单击“应用”按钮可使设置生效而不关闭对话框;单击“取消”按钮将取消操作并关闭对话框。

(6) 复选框。它通常是一个小正方形,在其后面也有相关的文字说明。当选中后,在正方形中间会出现一个“√”标志,它是可以任意选择的。

(7) 单选按钮。它只有一种选择。如图 4-31 所示的“隐藏文件和文件夹”,如果单击选中“显示……”,则会自动取消“不显示……”单选按钮中的选择点。

另外，有的对话框中还有调节数字的按钮，它由向上和向下的两个箭头组成，用户在使用时分别单击向上或向下箭头，即可增加或减少数字。对话框的操作包括对话框的移动、关闭、切换及使用对话框的帮助信息等。对话框不能像窗口那样可以任意改变大小，在标题栏上也没有最小化、最大化按钮。

2. 窗口和对话框的不同之处

(1) 对话框不能改变大小，没有最大化、最小化按钮，没有状态栏、没有功能区（菜单栏）；窗口则可以改变大小，可以最大化、最小化，一般有状态栏。

(2)窗口与对话框的组成和用途不同。窗口主要是用来显示内容的，可以同时打开多个窗口，并且窗口之间可以切换；而对话框主要是用来进行操作和设置的，对话框之间一般不能进行切换。

子任务 4.3.3　窗口的操作

1. 最大化与最小化窗口

窗口通常有三种显示方式：一种是占据屏幕的一部分显示，一种是全屏显示，还有一种是将窗口隐藏。改变窗口的显示方式需要涉及三种操作，即最大化、还原和最小化窗口。

1) 最大化与还原窗口

当窗口较小不便操作时，可将窗口最大化到整个屏幕。方法有以下多种。

(1) 单击窗口右上角的“最大化”按钮，即可将窗口最大化。最大化窗口之后，“最大化”按钮将变为“向下还原”按钮，单击该按钮，窗口将恢复为原来的大小。

(2) 双击窗口的标题栏可将窗口最大化，在最大化时再次双击标题栏，即可还原为原窗口大小。

(3) 单击标题栏并拖动窗口至屏幕顶端，窗口会自动变为最大化状态，向下拖动窗口，窗口将还原为原始大小。

2) 最小化窗口

该操作可以使窗口暂时不在屏幕上显示。具体方法是：直接单击窗口右上角的“最小化”按钮，或在标题栏左侧应用程序图标处单击，在弹出的菜单中选择“最小化”命令。

最小化窗口后，窗口并未关闭，对应的应用程序也未终止运行，只是暂时被隐藏起来在后台运行。只要单击任务栏上相应的程序按钮，即可恢复窗口的显示。

2. 移动窗口位置

移动窗口的位置就是改变窗口在屏幕上的位置。方法是将鼠标指针指向窗口的标题栏上，按住鼠标左键往任意方向拖动鼠标，这时窗口会跟着鼠标指针一起移动，拖到合适的位置后释放鼠标左键即可。打开的窗口在桌面上移动前后的效果如图 4-33 和图 4-34 所示。

3. 改变窗口的大小

如果用户需要改变窗口的大小，可以对窗口进行缩放操作。将鼠标指针移动到窗口的边框或边角上，当鼠标指针变成双向箭头时，如图 4-35 所示，按下鼠标左键并拖动窗口到合适大小时松手即可。

4. 关闭窗口

要关闭窗口，只需单击窗口右上方（标题栏右侧）的“关闭”按钮 × 即可。另外，还可以通过以下方法来关闭窗口。

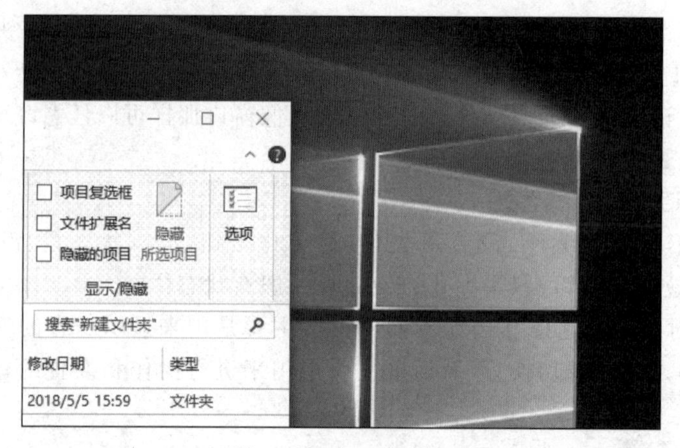

图 4-33 窗口移动前

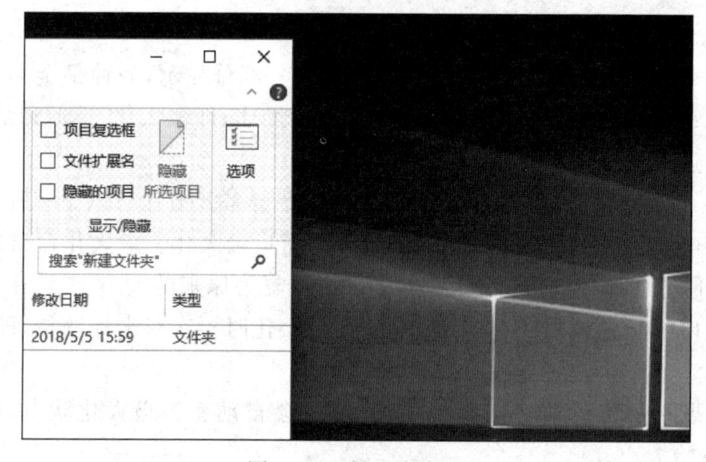

图 4-34 窗口移动后

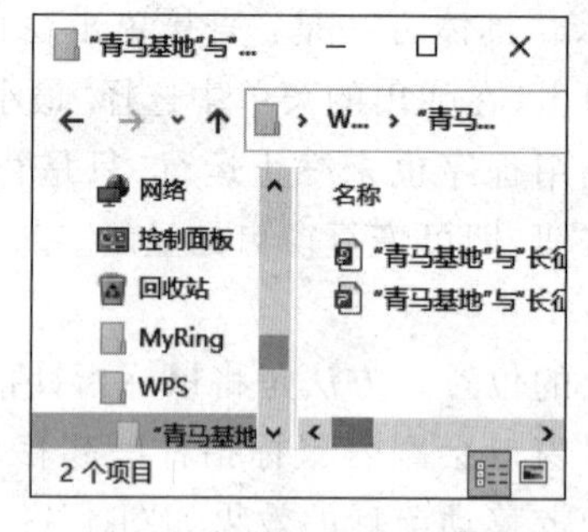

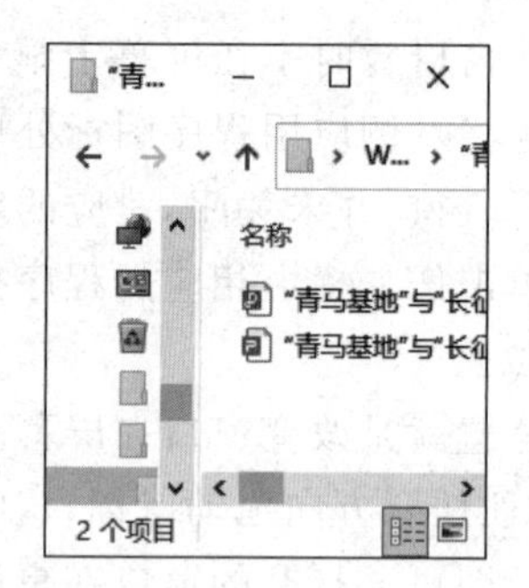

图 4-35 利用边框改变窗口大小

1）通过标题栏图标关闭窗口

如图 4-36 所示，在程序窗口的标题栏左侧图标处单击，在弹出的下拉菜单中单击“关闭”图标。

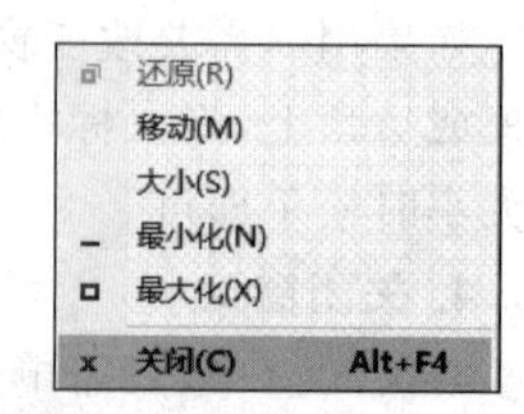

图 4-36 单击“关闭”图标

2）通过任务栏关闭窗口

(1) 将鼠标光标指向任务栏中的程序按钮，弹出程序窗口的缩略图，如图 4-37 所示，单击缩略图右上方的关闭按钮即可。

(2) 在任务栏程序按钮处右击，在弹出的快捷菜单中选择“关闭”命令，也可关闭窗口，如图 4-38 所示。

图 4-37　在缩略图中关闭

图 4-38　程序按钮右击关闭窗口

3）通过快捷键关闭窗口

利用快捷键也可关闭窗口。选择需要关闭的窗口，按 Alt＋F4 组合键，即可快速关闭当前活动窗口。

5. 预览窗口

在 Windows 10 中，将鼠标光标指向任务栏上的按钮，可以查看其打开窗口的实时预览效果（包括网页和视频等）。

将鼠标光标移动至缩略图上方可全屏预览窗口，单击其可打开窗口。

还可以直接从缩略图预览中关闭窗口以及暂停视频和歌曲，非常方便快捷，如图 4-39 所示为预览窗口效果。Live Taskbar 预览仅在 Windows 10 家庭高级版、专业版、旗舰版和企业版中适用。

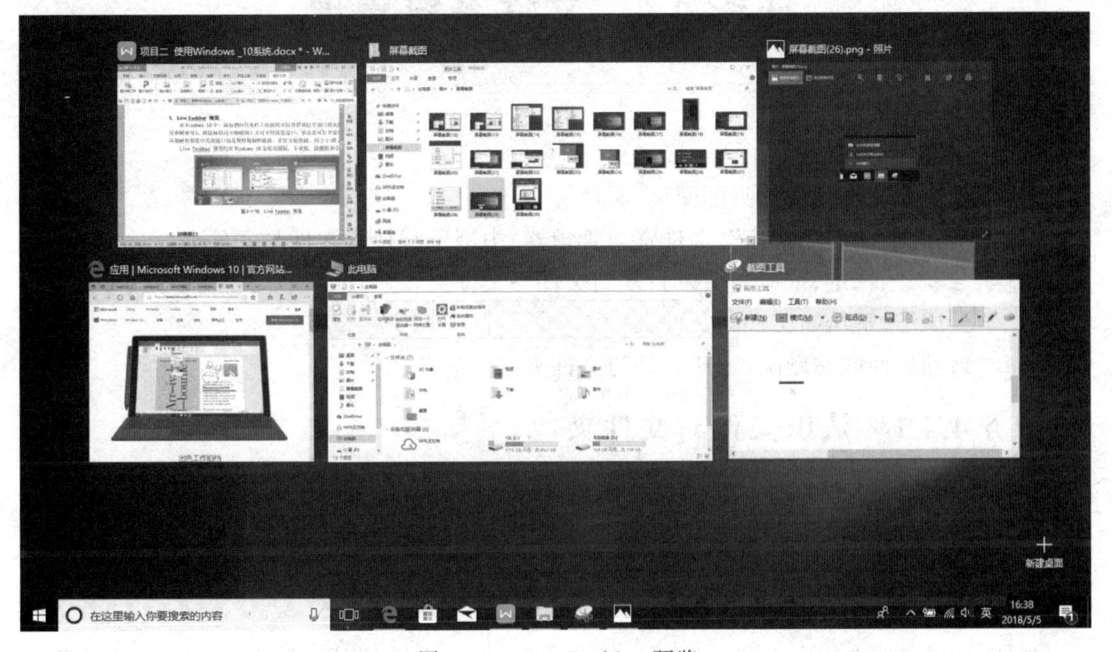

图 4-39　Live Taskbar 预览

子任务 4.3.4 窗口的预览与切换

1. 切换为当前窗口

在 Windows 10 系统中,切换窗口可让窗口变为当前窗口的方法主要有以下两种。

方法 1:在桌面上单击某个窗口的任意部位,即切换到该窗口。

方法 2:在任务栏中单击某个程序的窗口,即切换到该窗口。

如果打开了多个同一类型的窗口,在任务栏中它们会被合并到同一按钮中,将鼠标光标指向程序按钮,会显示该组所有窗口的缩略图,单击要切换的窗口的缩略图,即可切换到该窗口,如图 4-39 中所示。

2. 使用 Alt+Tab 组合键进行窗口预览与切换

使用 Alt+Tab 组合键可以在所有打开的窗口之间轮流切换,操作方法是:按下 Alt 键不放,然后按下 Tab 键,在桌面中央将出现一个对话框,它显示了目前正在运行的所有窗口,还有一个透明的突出的外框来框住其中一个窗口缩略图,此时按住 Alt 键,不停地按 Tab 键,透明外框会依次从左到右在不同的缩略图中移动(如按住 Shift+Alt+Tab 组合键,则可以从右往左切换)。框住的是什么缩略图,在释放 Alt 键时,该程序窗口就会显示在桌面的最上层。

3. 使用 Aero 三维窗口进行窗口预览与切换

Windows 10 还提供了一种 3D 模式的窗口切换方式——Areo 三维窗口切换,它以三维堆栈排列窗口,按下 Win+Tab 组合键,可进入 Windows Flip 3D 模式。

任务 4.4 文件系统管理

任务目标:

1. 认识文件与文件夹。
2. 学会更改文件与文件夹的图标、属性。
3. 学会在"此电脑"与"库"(文件资源管理器)中浏览与搜索文件与文件夹。
4. 学会新建、选定、重命名、移动、复制文件与文件夹。
5. 学会压缩、解压缩文件与文件夹。
6. 学会利用回收站删除、还原文件与文件夹。

子任务 4.4.1 认识文件与文件夹

信息资源的主要表现形式是程序和数据,在 Windows 10 系统中,所有的程序和数据都是以文件的形式存储在计算机中。要管理好计算机中的信息资源就要管理好文件与文件夹。本任务将介绍文件与文件夹的基本概念和操作方法,便于大家管理好计算机中的资源。

1. 文件的基本概念

文件是指存储在磁盘上的一组相关信息的集合,包含数据、图像、声音、文本、应用程序等,它们是独立存在的,都有各自的外观。一个文件的外观由文件图标和文件名称组成,用户通过文件名对文件进行管理。文件名由主文件名和扩展名两部分组成,中间用"."隔开,如"简历.docx""迅雷 7.lnk""boy.jpg"等,其中主文件名表示文件的内容,扩展名表示文件的类型。图 4-40 所示是一些常见的文件图标。

图 4-40　常见的文件图标

2. 文件的类型

在 Windows 10 操作系统下,文件大致可以分为两种:程序文件和非程序文件。当用户选中程序文件,双击或按 Enter 键后,计算机就会打开程序文件,打开的方式就是运行它。当用户选中非程序文件,双击或按 Enter 键后,计算机也会打开它,这个打开的方式是用特定的程序去打开,而用什么特定程序来打开取决于这个文件的类型。

文件的类型一般以扩展名来标识,表 4-2 列出了常见的扩展名对应的文件类型。

表 4-2　常见的扩展名对应的文件类型

扩　展　名	文件类型	扩　展　名	文件类型
.com	命令程序文件	.txt /.doc /.docx	文本文件
.exe	可执行文件	.jpg /.bmp /.gif	图像文件
.bat	批处理文件	.mp3 /.wav /.wma	音频文件
.sys	系统文件	.avi /.rm /.asf /.mov	影视文件
.bak	备份文件	.zip /.rar	压缩文件

3. 文件夹及其作用

文件夹是文件的集合,即把相关的文件存储在同一个文件夹中,它是计算机系统组织和管理文件的一种形式。由于对文件进行合理的分类是整理计算机文件系统的重要工作之一,方便对文件进行按名存取。因此用文件夹来组织和管理文件的作用显得十分重要。文件夹也有名称,但是没有扩展名,在文件夹中还可以建立其他文件夹(子文件夹)和文件。默认情况下文件夹的外观是一个黄色的图标,如图 4-41 所示。

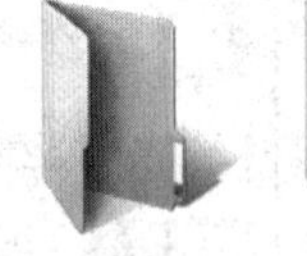

图 4-41　空文件夹和包含文件的文件夹

子任务 4.4.2　更改文件与文件夹的图标、属性

1. 设置个性化的文件夹图标

默认模式下文件夹都为黄色的图标,难免单调且不易区分,用户可根据自己的喜好更改文件夹图标的样式。操作步骤如下:

(1) 右击需要更改图标的文件夹,在弹出的快捷菜单中选择"属性"命令,如图 4-42 所示。

(2) 在弹出的“属性”对话框中，切换到“自定义”选项卡，单击“更改图标”按钮，如图 4-43 所示。

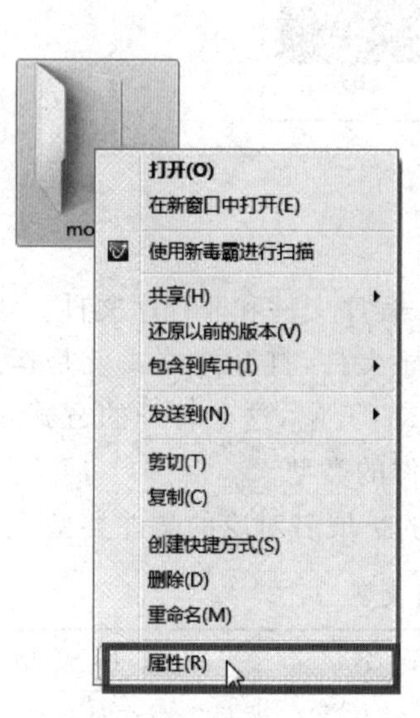

图 4-42　文件夹属性

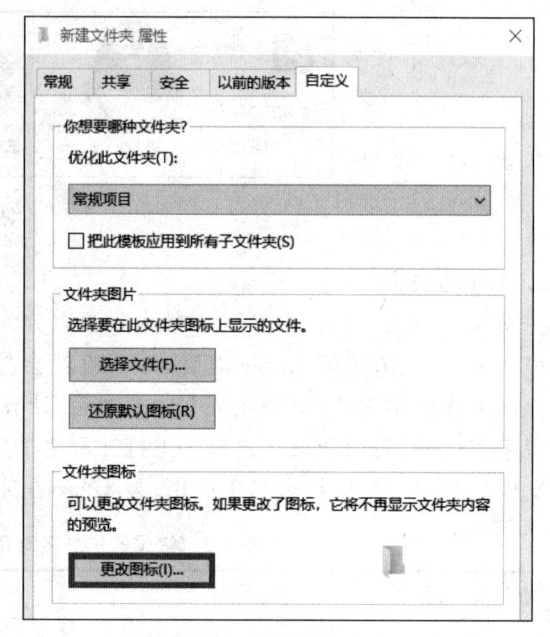

图 4-43　“自定义”选项卡

(3) 在弹出的“更改图标”对话框图标列表中选择需要设置的图标，如图 4-44 所示。

(4) 依次单击“确定”按钮以保存设置，文件夹的图标就被更换了，如图 4-45 所示。

图 4-44　文件夹更改图标后的效果

图 4-45　更改图标

文件的图标更改与此类似。但是更改文件类型后，有可能导致文件打不开，需谨慎操作。

2. 文件属性

文件属性是一组描述计算机文件或与之相关的元数据，提供了有关文件的详细信息，如作者姓名、标记、创建时间、上次修改文件的日期、大小、类别、只读属性、隐藏属性等。

3. 查看文件或文件夹属性

查看文件或文件夹属性一般有两种操作方法。

方法 1：打开文件所在文件夹，在窗口左边查看其详细信息，会显示出该文件的部分属性，如图 4-46 所示。单击选中文件后，在其底部的详细信息窗格中也会显示其“大小”属性。

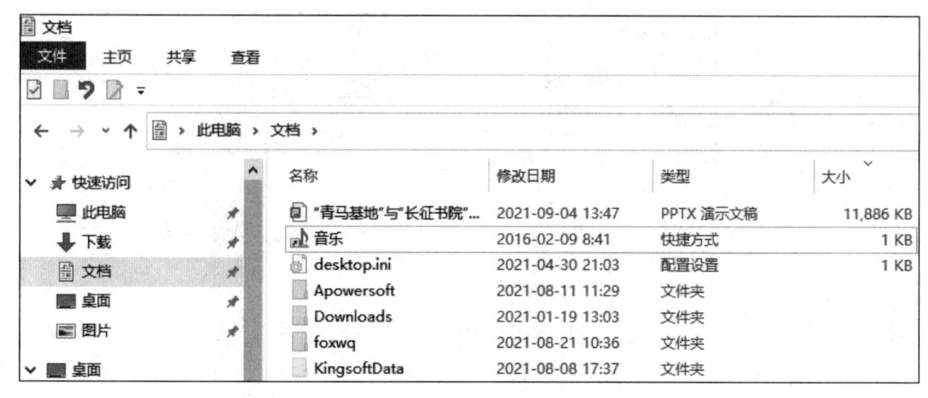

图 4-46　窗口的“详细信息”窗格

方法 2：右击文件或文件夹，如前面图 4-42 所示，在弹出的快捷菜单中选择“属性”命令，也可查看文件或文件夹属性。文件通常有存档、只读、隐藏几种属性，如图 4-47 所示。

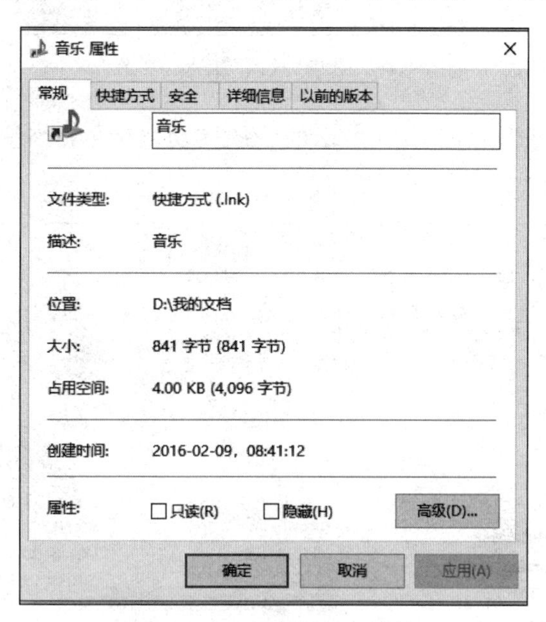

图 4-47　文件的属性对话框

4. 更改文件的只读或隐藏属性

如果不希望文件被他人查看或修改，可将文件属性设置为“只读”或“隐藏”。

更改的步骤如下：

(1) 在文件夹窗口中右击要更改的文件或文件夹，在弹出的快捷菜单中选择“属性”命令。

(2) 如图 4-47 所示,在右击"音乐"文件快捷图标后,弹出文件的属性对话框中,默认为存档属性,不是只读,也不是隐藏状态。现在选中下方的"只读"或"隐藏"复选框,如图 4-48 所示,或者两种属性都选中,然后单击"确定"按钮,即可将文件的属性更改成功。若更改为"隐藏",则文件变成浅色图标,刷新窗口后,文件即消失不可见。

图 4-48　选中"只读""隐藏"复选框

(3) 选中文件"音乐",在图 4-49 所示的"查看"功能区单击"隐藏所选项目"按钮也可隐藏。

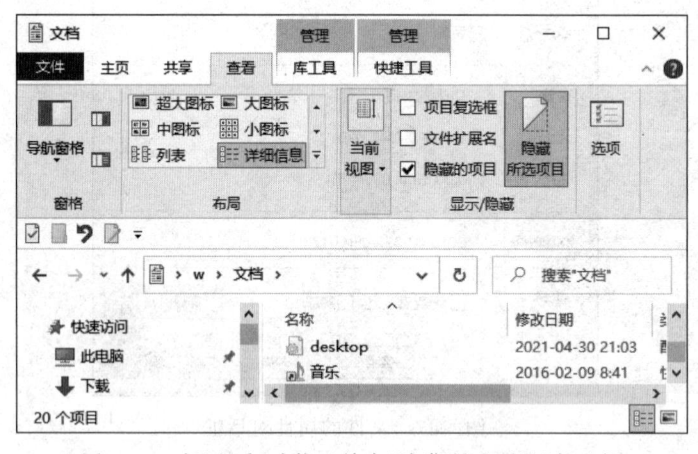

图 4-49　在"查看"功能区单击"隐藏所选项目"复选框

如果要取消文件的"只读"或"隐藏"属性,只需按上面的操作方法取消选中"只读"或"隐藏"的复选框即可。

5. 显示隐藏文件与文件夹

如果需要显示被隐藏的文件,可以按照以下的操作修改文件夹的设置。

（1）在任意文件夹窗口中单击“查看”功能区按钮。

（2）在展开的功能区中单击“隐藏的项目”复选框，如图 4-49 所示，即可显示隐藏文件与文件夹。

6. 在“文件夹选项”对话框设置显示隐藏的项目

（1）单击“查看”功能区中的“选项”按钮。

（2）打开“文件夹选项”对话框，切换到“查看”选项卡。

（3）在“高级设置”列表框中选中“显示隐藏的文件、文件夹和驱动器”选项，也可显示隐藏文件与文件夹。

执行以上操作后，被隐藏的文件与文件夹将重新以浅色图标显示在窗口中。

“文件夹选项”对话框是系统提供给用户设置文件夹的常规属性及显示属性，设置关联文件的打开方式及脱机文件等的窗口。

如图 4-31 所示，在该对话框中有“常规”“查看”和“搜索”三个选项卡，分别说明如下。

① “常规”选项卡。该选项卡用来设置文件夹的常规属性。该选项卡中的“任务”选项组可设置文件夹显示的视图方式；“浏览文件夹”选项组可设置文件夹的浏览方式，设定在打开多个文件夹时是在同一窗口中打开还是在不同的窗口中打开；“打开项目的方式”选项组用来设置文件夹的打开方式，可设定文件夹通过单击打开还是双击打开，通常选择“通过双击打开项目（单击时选定）”。

② “查看”选项卡。该选项卡用来设置文件夹的显示方式。在该选项卡的“文件夹视图”选项组中，可单击“应用到所有文件夹”和“重置所有文件夹”两个按钮，对文件夹的视图显示进行设置。

在“高级设置”列表框中显示了有关文件和文件夹的一些高级设置选项，用户可根据实际选择需要的选项，然后单击“应用”按钮即可完成设置。

③ “搜索”选项卡。该选项卡可更改搜索的默认设置。

子任务 4.4.3　浏览与搜索文件与文件夹

1. 认识 Windows 10 的“此电脑”和“库”

管理文件与文件夹是日常使用最多的操作之一，用户查看和管理文件的主要工具是“此电脑”和“库”窗口。

（1）此电脑。通过“开始”菜单打开（或者右击“开始”菜单，选择“文件资源管理器”命令）“此电脑”窗口，如图 4-50 所示，可看到窗口中显示了所有连接到计算机的存储设备。如果要浏览某个盘中的文件，只需双击该盘的分区图标即可。

（2）库。在 Windows 10 中使用库可以更加便捷地查找、使用和管理计算机文件。库可以收集不同位置的文件，并将其显示为一个集合，而无须从其存储位置移动文件。可以在任务栏中单击■按钮打开库，也可选择“开始”菜单→“所有程序”→“附件”→“Windows 资源管理器”命令将其打开。

Windows 10 提供了文档库、音乐库、图片库和视频库，如图 4-51 所示。用户可以对库进行快速分类和管理。

默认情况下，移动、复制或保存到视频库的文件都存储在“我的视频”文件夹中。

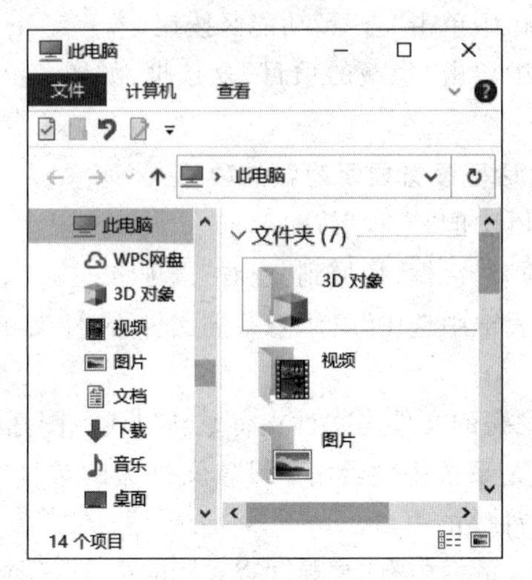

图 4-50 “此电脑”窗口

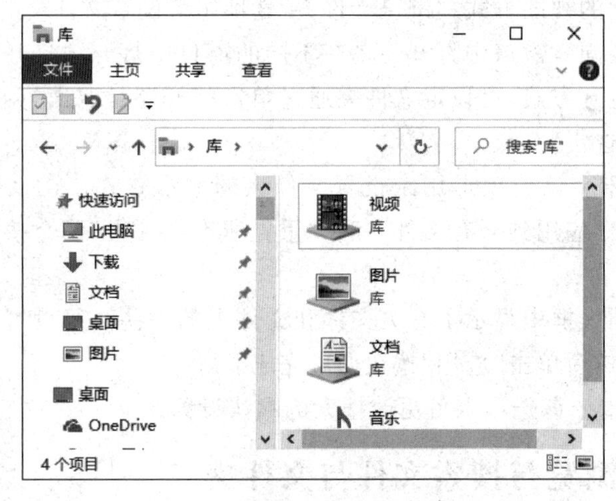

图 4-51 Windows 10 的库

2. 路径

在 Windows 10 中,文件夹是按树形结构来组织和管理的,在文件夹树形结构中,每一个磁盘分区都有唯一的一个根文件夹,在根文件夹下可以建立子文件夹,子文件夹下还可以继续建立子文件夹。从根文件夹开始到任何一个文件与文件夹都有唯一的一条通路,我们把这条通路成为路径。路径以盘符开始,盘符是用来区分不同的硬盘分区、光盘、移动设备等的字母。一般硬盘分区从字母 C 开始排列。路径上的文件与文件夹用反斜线“\”分隔,盘符后面应带有冒号,如 C:\Windows \System32\cmd.exe,表示 C 盘下 Windows 文件夹中的 System32 文件夹的 cmd.exe 文件。

3. 浏览文件与文件夹

在打开文件夹时,可以更改文件在窗口中的显示方式来进行浏览。操作方法有下面两种。

方法 1:单击窗口工具栏中的“视图”按钮,每单击一次都可以改变文件与文件夹的显示方式，显示方式在以下5个不同的视图间循环切换，即大图标、列表、详细信息、平铺和内容。

方法2：单击“视图”按钮右侧的黑色箭头，则有更多的显示方式可供选择，如图4-52所示，向上或向下移动滑块可以微调文件与文件夹图标的大小，随着滑块的移动，可以改变图标的显示方式。

4. 搜索文件与文件夹

如果计算机中的文件信息较多，查找文件可能会浏览众多的文件夹和子文件夹，为了快速查找到所需文件，可以使用搜索框进行查找。

1）使用“开始”菜单中的搜索框(有些搜索框在任务栏中)

若要使用“开始”菜单查找文件或程序，可按以下步骤操作。

(1) 单击“开始”按钮打开“开始”菜单，鼠标光标定位在“开始”菜单下方的搜索框中，如图4-53所示。

(2) 在搜索框中输入文件名或文件名的一部分。

(3) 在搜索框中输入内容后，与所输入本文相匹配的项将出现在“开始”菜单上，搜索结果基于文件名中的文本、文件中的文本、标记以及其他文件属性。

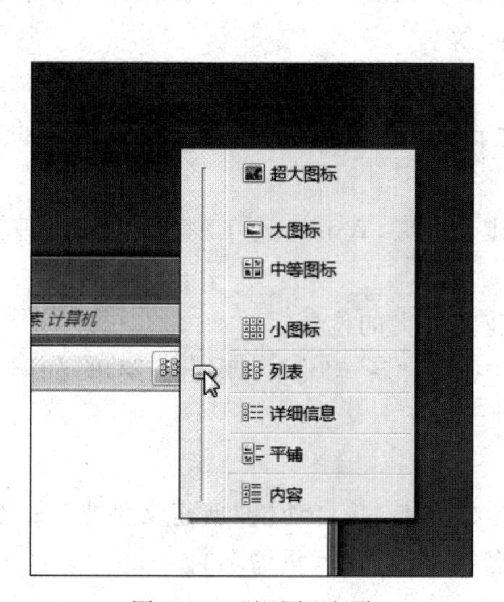

图4-52　“视图”选项

图4-53　用“开始”菜单搜索框匹配结果

2）使用文件夹窗口中的搜索框

搜索框位于窗口的顶部，搜索将查找文件名和内容中的文本，以及标识等文件属性中的文本。执行的操作是：打开某个窗口作为搜索的起点，在搜索框中输入文件名或文件名的一部分。输入时，系统将筛选文件夹中的内容，以匹配输入的每个连续字符。如果只知道文件扩展名，可用“*”或者“?”代替文件名。在对一批文件进行操作时，系统提供了通配符，即用来代表其他文字的符号，通配符为“?”和“*”。其中通配符“?”用来表示任意一个字符，通配符“*”表示任意多个字符。“*.*”表示所有文件。

例如，输入“*.txt”，看到需要的文件后，停止输入，如图4-54和图4-55所示，在窗口的搜索框中查找文件。

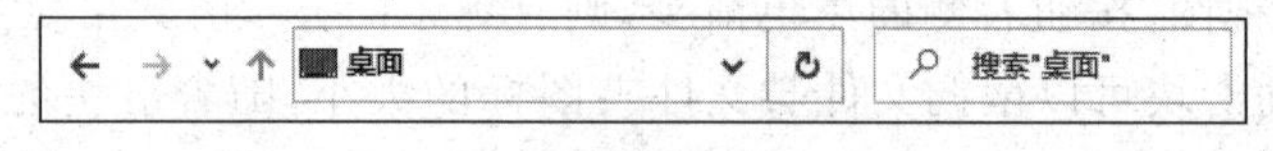

图 4-54 "计算机"窗口搜索框

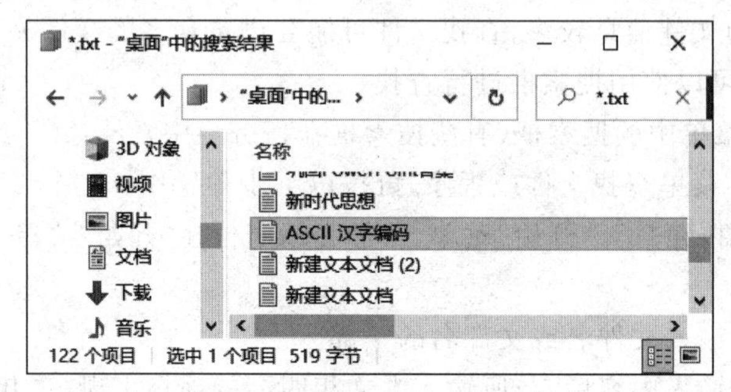

图 4-55 搜索框匹配结果

子任务 4.4.4 新建、选定、重命名、移动、复制文件与文件夹

除了可以对文件与文件夹进行浏览查看以外,文件与文件夹的基本操作还包括:创建新文件(夹),重命名文件(夹),移动和复制文件(夹)等。

1. 新建文件夹

当我们对文件进行归类整理时,通常需要创建新文件夹,以便将不同用途或类型的文件分别保存到不同的文件夹中。

用户几乎可以从 Windows 10 的任何地方创建文件夹,Windows 10 将新建的文件夹放在当前位置。创建新文件夹的具体步骤如下:

(1) 在计算机的驱动器或文件夹中找到要创建文件夹的位置。

(2) 在窗口的空白处右击,在弹出的快捷菜单中选择"新建"命令,弹出子菜单,如图 4-56 所示。

(3) 在"新建"子菜单中选择"文件夹"命令。

(4) 执行完前三步后,在窗口中出现一个新的文件夹,并自动以"新建文件夹"命名,名称框如图 4-57 所示(呈亮蓝色),用户可以对它的名字进行更改(重命名)。

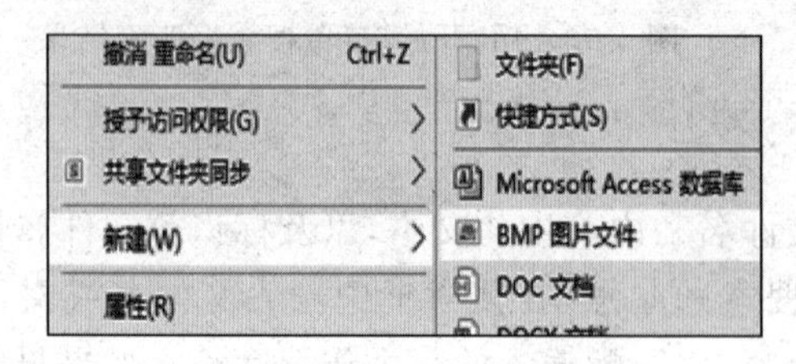

图 4-56 "新建"子菜单

图 4-57 新建的文件夹

(5) 输入文件夹的名称,在窗口中的其他位置单击或按 Enter 键,即完成了文件夹的建立。

如果当前文件夹窗口中已经有了一个新建文件夹且未改名,则再次新建的文件夹将命名为“新建文件夹(1)”,并以此类推。

2. 新建文件

文件夹窗口中新建文件的方法同上,只是在“新建”子菜单中选择下面的某个“文件”命令,例如,打开刚才新建的文件夹,右击,在弹出的快捷菜单中选择“新建”里的相应文件类型对应命令即可。例如,选择“BMP 图片文件”命令,如图 4-58 所示,即可新建一个文件。

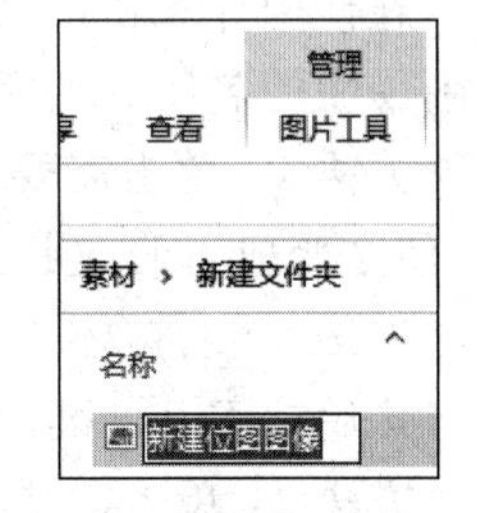

图 4-58　新建的 BMP 图片文件

3. 选定文件与文件夹

在对文件与文件夹进行移动、复制、删除等操作时,首先应选定文件与文件夹,也就是说对文件与文件夹的操作都是基于选定操作对象的基础上的。

(1) 选定一个文件或文件夹:单击要选定的文件或文件夹。

(2) 选定连续的多个文件或文件夹。

方法 1: 先选定第一个文件或文件夹,然后按住 Shift 键再选定最后一个文件或文件夹,选完后松开 Shift 键。

方法 2: 按住鼠标左键并拖动,则虚线框包围的所有文件被选定,如图 4-59 所示。

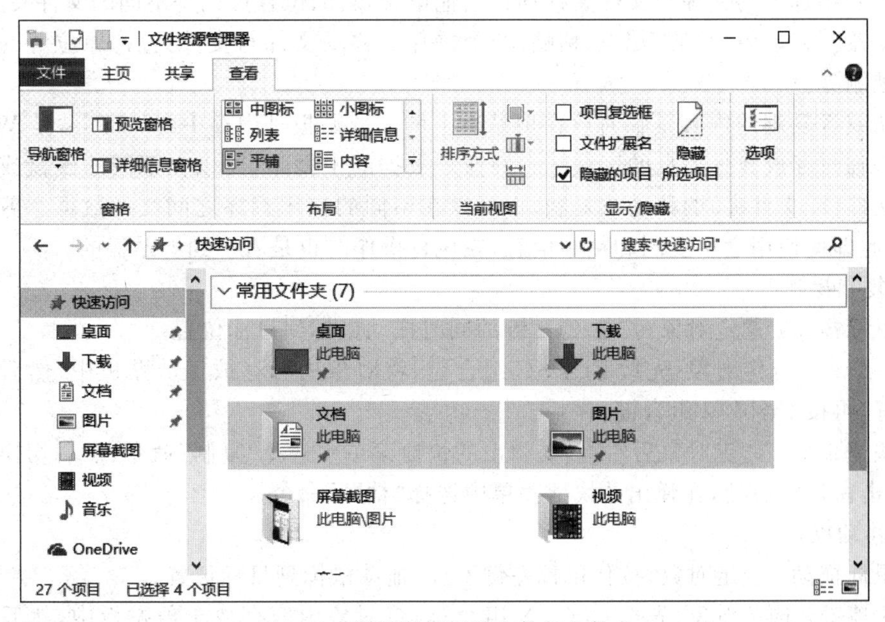

图 4-59　利用鼠标框选文件与文件夹

(3) 选定不连续的多个文件或文件夹:按住 Ctrl 键,然后逐个选定文件或文件夹,选完后松开 Ctrl 键。

(4) 选定窗口内的所有文件或文件夹:选择“编辑”菜单中的“全部选定”命令,也可以用 Ctrl+A 组合键来选定。

(5) 进行反向选择文件或文件夹:选择“编辑”菜单中的“反向选择”命令(如果要选定的文件或文件夹较多,不选择的较少时,首先选择不要选择的然后使用此命令就把没有选择选起来)。

如果撤销一项选定,则先按住 Ctrl 键,然后单击要取消的项目。要撤销多项,则先按住

Ctrl 键,然后分别单击要取消的项目;撤销所有选定。则单击未选定的任何区域(空白区域),即可取消选中的文件与文件夹。

4. 重命名文件与文件夹

在使用计算机的过程中,经常要重新命名文件与文件夹,因此可以给文件与文件夹一个清晰易懂的名字。要重命名文件与文件夹,可以按照下列方法之一进行操作。

方法 1：单击需要重命名的文件与文件夹,停顿片刻(避免双击)再次在名称的位置单击,使之变成可修改状态,输入新名称后按 Enter 键确定。

方法 2：右击需要修改的文件与文件夹,在弹出的快捷菜单中选择“重命名”命令,输入新名称后按 Enter 键确定。

方法 3：单击需要修改的文件与文件夹,再按 F2 键,其名称将变为可修改状态,输入新名称后按 Enter 键确定。

5. 移动和复制文件、文件夹

每个文件与文件夹都有它们的存放位置。复制是将选定的文件与文件夹复制到其他位置,新的位置可以是不同的文件夹、不同的磁盘驱动器。复制包含“复制”与“粘贴”两个操作。复制文件与文件夹后,原位置的文件与文件夹不发生任何变化。

移动是将选定的文件与文件夹移动到其他位置,新的位置可以是不同的文件夹、不同的磁盘驱动器。移动包含“剪切”与“粘贴”两个操作。移动文件与文件夹后,原位置的文件与文件夹被删除。

剪切或者复制的内容是临时放在剪贴板上的。剪贴板是内存中的一部分,是 Windows 系统用来临时存放数据信息的区域。它好像是数据的中间站,可以在不同的磁盘或文件夹之间做文件(或文件夹)的移动或复制,也可以在不同的应用程序之间交换数据。剪贴板不可见,因此即使使用它来复制和粘贴信息,在执行操作时也是看不到剪贴板的。

1) 复制操作

用鼠标拖动：选定对象,按住 Ctrl 键的同时拖动鼠标到目标位置。

用快捷键：选定对象,先按 Ctrl+C 组合键,将对象内容存放于剪贴板中;然后切换到目标位置,再按 Ctrl+V 组合键。

用快捷菜单：选定对象后右击,在弹出的快捷菜单中选择“复制”命令;然后切换到目标位置,右击窗口空白处,在弹出的快捷菜单中选择“粘贴”命令。

2) 移动操作

用鼠标拖动：选定对象,按住鼠标左键不放,拖动鼠标到目标位置。

用快捷键：选定对象,先按 Ctrl+X 组合键,将对象内容存放于剪贴板中,然后切换到目标位置,再按 Ctrl+V 组合键。

用快捷菜单：选定对象后右击,在弹出的快捷菜单中选择“剪切”命令。后续操作和复制时相同。

6. 发送文件或文件夹

选择要移动的文件或文件夹,将鼠标指针指向选定的文件或文件夹,右击,在快捷菜单中选择“发送”命令,确认选择发送到何处即可,例如,发送到“可移动磁盘”。

子任务 4.4.5 压缩、解压缩文件与文件夹

压缩是指将一个或多个文件转换成压缩格式的文件,以使得文件变小,从而方便存储或

在网络上传输。解压缩是指将具有压缩格式的文件还原为正常的文件。WinRAR 是目前最流行的压缩/解压缩软件，具有压缩率高，支持的压缩文件格式多等特点。

1. 压缩文件

(1) 在 Windows 10 中打开浏览器 Microsoft edge 或者其他浏览器，在地址栏中输入下面的网址：https://baoku.360.cn/sinfo/100100507_4000974.html。下载压缩软件，安装在计算机中(一般会自动安装，安装时所有参数可保持默认值，直接单击“下一步”“确定”等按钮即可)。

(2) 选中要压缩的文件与文件夹(可同时选中多个)，右击所选文件与文件夹，在弹出的快捷菜单中选择“添加到×××.zip”菜单项，如图 4-60 所示。

(3) WinRAR 会按默认设置压缩成一个压缩格式的文件，如图 4-61 所示(原文件依然存在)。

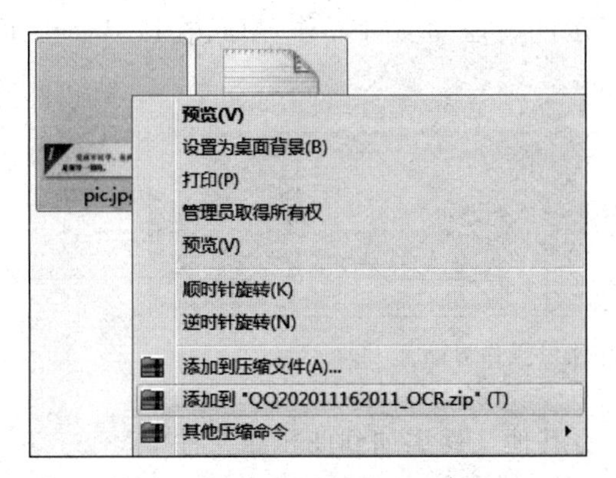

图 4-60　快捷菜单中的压缩命令

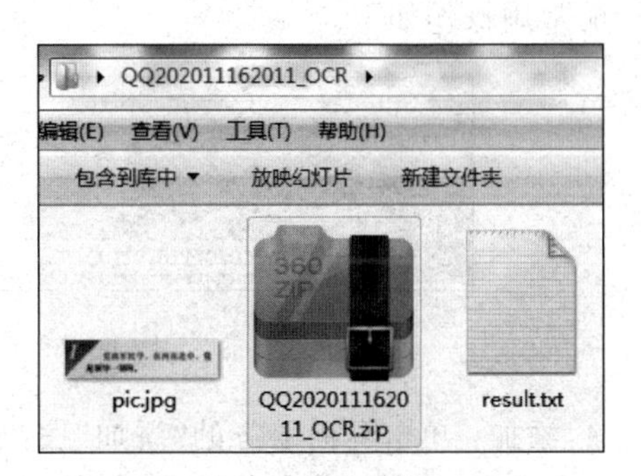

图 4-61　压缩得到的文件

(4) 若在右击文件与文件夹后弹出的快捷菜单中选择“添加到压缩文件”命令，如图 4-60 所示，将打开“您将创建一个压缩文件”对话框。如图 4-62 所示，可在该对话框修改压缩文件名和设置压缩文件的保存路径，以及在“压缩配置”栏的单选框中选择压缩配置；还可单击“添加密码”按钮为压缩文件设置密码。设置好后，单击“确定”按钮，即可按要求压缩文件。

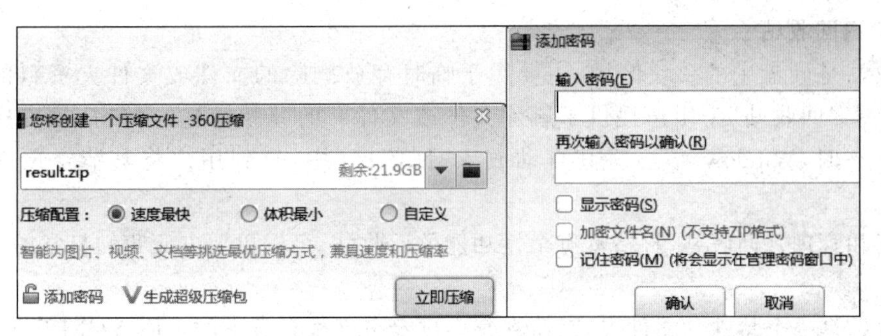

图 4-62　“您将创建一个压缩文件”对话框与“添加密码”对话框

(5) 若一次压缩多个文件而且希望每个文件都单独压缩。在右击所选的文件与文件夹后，在弹出的快捷菜单中选择“其他压缩命令”→“压缩每个到单独的压缩包中”命令，将自动把所选的每个文件与文件夹压缩成以原名命名的多个压缩文件,如图 4-63 所示。

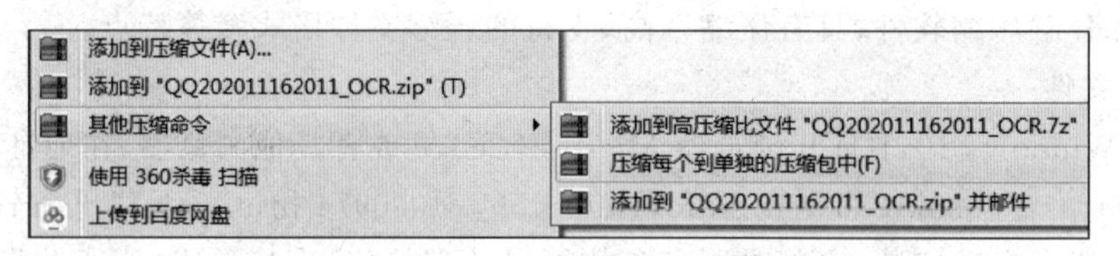

图 4-63 “压缩每个到单独的压缩包中”命令

2. 解压缩文件

(1) 要将压缩格式的文件快速还原为正常的文件,可右击该文件,在弹出的快捷菜单中选择“解压到当前文件夹”或“解压到×××”命令,会自动将该文件解压到当前文件夹或指定的文件夹中(原压缩格式的文件依然存在)。

(2) 若双击压缩文件,将打开如图 4-64 所示的解压缩文件操作界面,在该界面中可以进行的常用操作如下。

图 4-64 解压缩文件操作界面

- 添加:单击界面上方的“添加”按钮,可将其他文件添加到此压缩文件中。
- 解压到:在界面下方选择需要解压的文件,单击“解压到”按钮,可将所选文件单独解压出来。
- 一键解压:单击界面上方的“一键解压”按钮,可将压缩文件一键解压到当前文件夹中。
- 删除:选择此压缩文件中要删除的某个文件,单击“删除”按钮,可删除所选文件。

子任务 4.4.6 利用回收站删除、还原文件与文件夹

1. 认识回收站

回收站是硬盘中的一块区域,主要用于临时存放删除的文件或文件夹资料的一个系统文件夹。“回收站”为用户提供了删除文件或文件夹的补救措施,用户从硬盘中删除文件或文件夹时,Windows 7 会将其自动放入“回收站”中,直到用户将其清空或还原到原位置。

用好和管理好回收站,打造富有个性功能的回收站,可以更加方便我们日常的文档维护工作。

回收站是一个特殊的文件夹,默认在每个硬盘分区根目录下的 RECYCLER 文件夹中,而且是隐藏的。当将文件删除并移到回收站后,实质上就是把它放到了这个文件夹,仍然占用磁盘的空间。只有在回收站里删除它或清空回收站,才能使文件真正删除,为计算机获得更多的磁盘空间。图 4-65 所示是“回收站”默认图标,回收站的属性如图 4-66 所示。

图 4-65　“回收站”默认图标

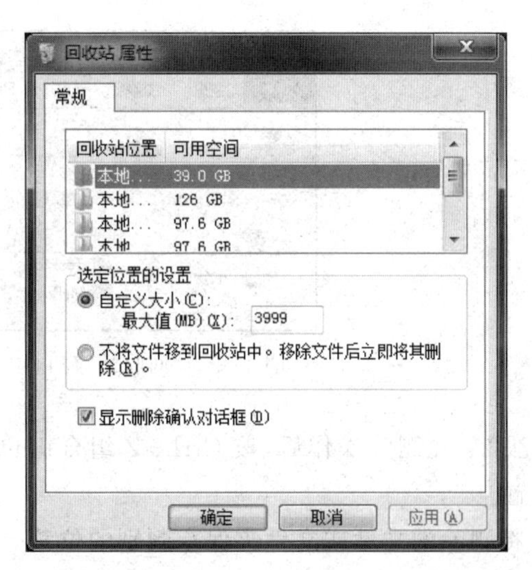

图 4-66　“回收站 属性”对话框

2. 删除文件或文件夹

方法 1：选择要删除的文件或文件夹，选择窗口中“文件”菜单中的“删除”命令，进行删除操作后会弹出提醒对话框，如图 4-67 所示，单击“删除文件夹”对话框中的“是”按钮，则将文件删除并移到回收站中。单击“否”按钮则取消删除。

提示：硬盘上删除的文件或文件夹并不是直接删除掉，而是先临时放到“回收站”以便恢复。

方法 2：右击要删除的文件或文件夹，然后在弹出的快捷菜单中选择“删除”命令，后续操作与方法 1 相同。

方法 3：选择要删除的文件或文件夹，按下 Del 键或 Delete 键，后续操作与方法 1 相同。

方法 4：选定要删除的文件或文件夹，用鼠标将其拖到“回收站”图标上，如图 4-68 所示，后续操作与方法 1 相同。

图 4-67　删除确认对话框

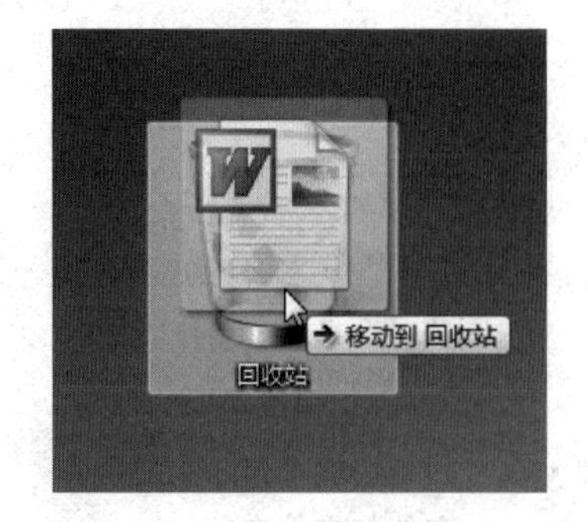

图 4-68　拖到“回收站”图标上删除

3. 还原文件或文件夹(撤销删除，恢复原位)

方法 1：如果想恢复误删除的文件，先打开“回收站”窗口，然后选择要恢复的文件或文件夹，再单击“回收站工具”功能区中的“还原所有项目”按钮，如图 4-69 所示，即可还原到原来的位置。

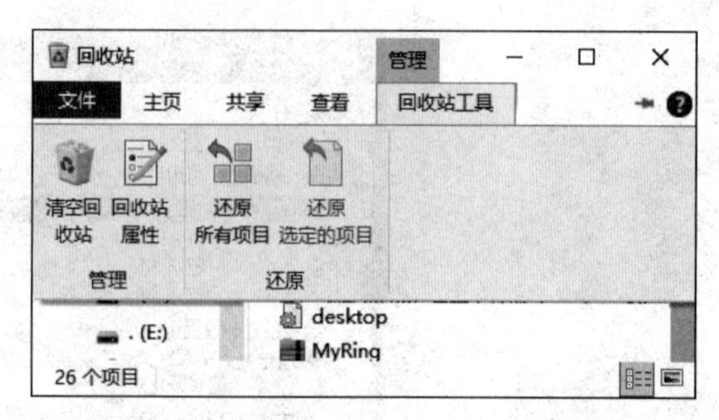

图 4-69 “回收站”窗口中的还原与清空工具

方法 2：在删除操作后，按 Ctrl+Z 组合键也可以撤销删除，文件或文件夹将恢复到原来的位置。

4. 将删除的文件或文件夹保存到别的位置

打开“回收站”，如果希望将删除的文件或文件夹保存到别的位置，可以在选择文件或文件夹后右击，在弹出的快捷菜单中选择“剪切”命令；再到想要保存的位置右击，在弹出的快捷菜单中选择“粘贴”命令即可。

5. 删除回收站中的所有文件或文件夹

方法 1：若要彻底删除(永久删除)已经删除到回收站中的所有文件与文件夹，在“回收站”窗口的“回收站工具”功能区中单击“清空回收站”按钮即可。

方法 2：在“回收站”窗口全选所有文件与文件夹，右击，如图 4-70 所示，在弹出的快捷菜单中选择“删除”命令，即可彻底删除文件及文件夹。

6. 永久删除文件与文件夹

如果把文件或文件夹直接永久删除时，则采用如下方法。

(1) 按 Shift+Delete 组合键，弹出如图 4-71 所示的消息对话框，如果要永久删除，可单击“是”按钮；如果不打算删除，则单击“否”按钮取消操作。单击“是”按钮之后将无法恢复，因此需要谨慎操作。

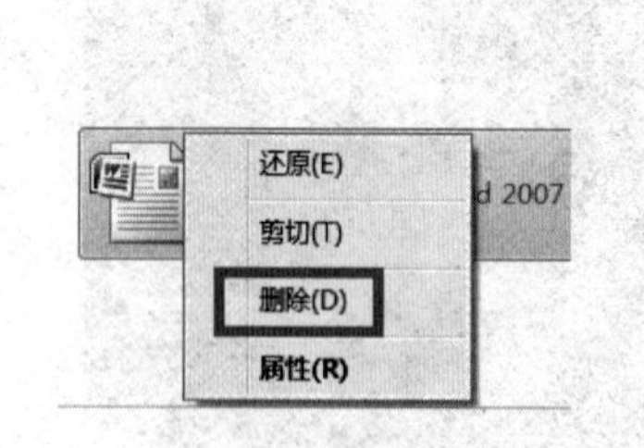

图 4-70 利用快捷菜单永久删除文件与文件夹

图 4-71 “删除文件”对话框

(2) 按住 Shift 键的同时，右击文件或文件夹，然后在弹出的快捷菜单中选择“删除”命令，后续操作与(1)相同。

(3) 可移动 U 盘或活动硬盘上的文件或文件夹被删除时，因为可移动 U 盘或活动硬盘不是计算机的硬盘，一般没有回收站，因此删除后是不能还原的。

任务 4.5　利用控制面板进行系统设置

认识控制面板，学会设置系统时间和日期，学会修改鼠标的设置，了解应用程序的安装与卸载，学会管理用户账户等相关操作。

请扫描二维码进行学习。

任务拓展 4.5

任务 4.6　了解 Windows 10 附件

认识画图程序，认识写字板，认识截图工具，认识 Windows Media Player 多功能媒体播放器等相关操作。

请扫描二维码进行学习。

任务拓展 4.6

习　　题

一、单选题

1. 在 Windows 10 中，双击硬盘驱动器图标的作用是(　　)。

   A. 查看硬盘所存的文件　　　　B. 备份硬盘文件

   C. 格式化硬盘　　　　D. 检查硬盘驱动器

2. 隐藏任务栏的操作是(　　)。

   A. 直接拖曳

   B. 在控制面板中调整

   C. 将光标移到任务栏中，右击，在弹出的快捷菜单中选择“任务栏设置”命令，在弹出的“设置”对话框中进行调整

   D. 在桌面上调整

3. 在 Windows 10 个性化设置不包括(　　)。

A. 桌面背景　　B. 窗口颜色　　C. 回收站　　D. 屏幕保护程序

4. 在 Windows 系统中执行“粘贴”命令,所进行的操作是(　　)。

A. 将先前选定的内容复制到目标位置　　B. 将先前选定的内容移动到目标位置

C. 将剪贴板中的内容移动到目标位置　　D. 将剪贴板中的内容复制到目标位置

5. 利用 Windows 10“搜索”功能查找文件时,说法正确的是(　　)。

A. 要求查找的文件必须是 WPS 文档

B. 根据文件名查找时,至少需要输入文件名的一部分或通配符

C. 被用户设置为隐藏的文件肯定搜索不出来

D. 根据日期查找时,必须输入文件的最后修改日期

6. 关于 Windows 文件类型的描述,正确的是(　　)。

A. 不同类型的文件,其系统默认的扩展名不同

B. 图标外观相同的文件,其扩展名一定相同

C. 文件类型与文件扩展名无关

D. 一个应用软件只能打开一种文件

7. 在“回收站”窗口中选定某文件后,对选定文件不能完成的操作是(　　)。

A. 改名　　B. 还原　　C. 剪切　　D. 删除

8. 在 Windows 的文件管理器中,若要同时选定同一目录下的多个连续文件,可以(　　)。

A. 单击第一个,按 Shift 键同时单击最后一个

B. 单击第一个,按 Ctrl 键同时单击最后一个

C. 单击第一个,按 Alt+Shift 组合键同时单击最后一个

D. 单击第一个,按 Ctrl+Shift 组合键同时单击最后一个

9. 下列关于 Windows 文件和文件夹的说法中,正确的是(　　)。

A. 在一个文件夹中可以有两个同名文件

B. 在一个文件夹中可以有两个同名文件夹

C. 在一个文件夹中可以有一个文件与一个文件夹同名

D. 在不同文件夹中可以有两个同名文件

10. 压缩程序生成的压缩文件的扩展名通常为(　　)。

A. DOC、DOCX　　B. ZIP、RAR　　C. HTM、HTML　　D. JPG、PNG

11. 在 Windows 中要更改当前计算机的日期和时间,可以(　　)。

A. 双击任务栏中通知区域的“时间”

B. 使用“控制面板”的“个性化”

C. 使用 Windows 附件

D. 在桌面上空白处右击,在弹出的快捷菜单中选择“显示设置”命令进行调整

二、简答题

写出在 Windows 10 系统中将“考生文件夹”(在 C 盘 NCRE_KSWJJ 文件夹中)中的 WPS.docx 文件复制到桌面上,并更名为“实训素材.doc”的操作步骤。

习题参考答案

项目 5 使用 WPS 文字

本项目核心内容

1. 掌握文档的基本操作，如打开、复制、保存等，熟悉自动保存文档、联机文档、保护文档、检查文档、将文档发布为 PDF 格式、加密发布 PDF 格式文档等操作。

2. 掌握文本编辑、文本查找和替换、段落的格式设置等操作。

3. 掌握图片、图形、艺术字等对象的插入、编辑和美化等操作。

4. 掌握在文档中插入和编辑表格、对表格进行美化、灵活应用公式对表格中数据进行处理等操作。

项目 5 学习任务思维导图

5. 熟悉分页符和分节符的插入，掌握页眉、页脚、页码的插入和编辑等操作。

6. 掌握样式与模板的创建和使用，掌握目录的制作和编辑操作。

7. 熟悉文档不同视图和导航任务窗格的使用，掌握页面设置操作。

8. 掌握打印预览和打印操作的相关设置。

任务 5.1 WPS 简 介

任务目标：

1. 认识 WPS 办公软件。
2. 了解 WPS Office 一站式办公平台的下载和安装。
3. 掌握 WPS Office 的启动与退出方式。
4. 熟悉 WPS Office 一站式办公平台的工作界面。
5. 熟悉 WPS 文字的工作界面。

子任务 5.1.1 认识 WPS 办公软件

文档处理软件很多，功能丰富，如 Windows 10 系统自带的记事本可以进行简单格式的文字处理；Editplus 和 Sublime Text 也是先进的侧重于代码编辑的文档处理软件。此外，还有很多在线文档编辑软件。

WPS Office 是由北京金山办公软件股份有限公司自主研发的一款办公软件套装，可以实现办公软件最常用的文字、表格、演示、PDF 阅读等功能，具有内存占用低、运行速度快、云功能多、强大插件平台支持、免费提供海量在线存储空间等特点。

WPS Office 支持多种文档格式，兼容 Word、Excel、PPT 三大办公组件的不同格式，支持PDF文档的编辑与格式转换,集成思维导图、流程图、表单等功能及文档模板的优点。WPS Office与Microsoft Office中的Word、Excel、PowerPoint一一对应,应用XML数据交换技术,无障碍兼容docx、xlsx、pptx、pdf等文件格式,可以直接保存和打开Microsoft Word、Excel和PowerPoint文件,也可以用Microsoft Office轻松编辑WPS系列文档。

WPS Office兼容不同的终端设备/系统,拥有相同的文档处理能力。

WPS Office云服务能高效进行云办公,在云端自动同步文档,记住工作状态,登录相同账号,切换设备也可以无碍工作。

WPS Office分为企业版和个人版。WPS Office对安装Windows操作系统计算机的运行环境要求:系统为Windows 10/Windows 7,CPU为Intel Core i5同等级或以上,内存至少为4GB,硬盘空间至少有8GB可用,显示器为1080p或以上分辨率。

WPS Office对安装Linux操作系统计算机的运行环境要求:系统为Ubuntu、优麒麟、CentOS、Deppin、Fedora、UOS、麒麟;CPU为X86、MIPS、ARM;内存至少为2GB;硬盘空间至少有2GB可用。

WPS Office对安装Mac OS操作系统计算机的运行环境要求:系统为Mac OS 10.12或更高版本,CPU为双核及以上,内存至少为2GB,硬盘空间至少有4GB可用。

2020年12月,教育部考试中心宣布WPS Office作为全国计算机等级考试(NCRE)的二级考试科目之一,2021年在全国实施。

WPS Office一站式办公平台一般会自动升级,功能相当于WPS 2019。一般用户以及有意向参加全国计算机等级考试并选择一级计算机基础及WPS Office应用,或者二级WPS Office高级应用与设计的考生,可以在中国教育考试网下载WPS Office教育考试专用版。网址为http://ncre.neea.edu.cn/html1/report/1507/861-1.htm。从2021年3月起,一、二级WPS Office科目开始使用新版的教育考试专用版软件。

图5-1　WPS快捷图标

下载并安装WPS Office办公软件,会在桌面上创建一个WPS快捷图标,如图5-1所示。

子任务5.1.2　运行WPS Office

1. WPS Office的启动和退出

双击桌面的WPS Office的快捷方式,或者单击开始菜单中WPS Office,打开软件并进入首页。

第一次双击运行WPS Office软件时,会弹出登录等提示信息,可以使用微信或者钉钉账号进行登录,如图5-2所示;也可以按访客的身份使用。

要退出WPS Office,可以单击主界面右上角的“关闭”按钮或者使用Alt+F4组合键。

2. 熟悉WPS Office一站式办公平台界面

WPS Office一站式办公平台界面如图5-3所示。在WPS Office的首页可以管理所有文档和常用文件夹,包括最近打开的文档、计算机上的文档、云文档、回收站等。可以通过标题栏的加号(+)或者应用导航栏的“新建”命令创建文档、表格或演示文稿等;也可以应用导航栏的“打开”命令、历史访问记录或地址栏功能来选择打开已有的文件。

图 5-2 微信扫码登录 WPS Office

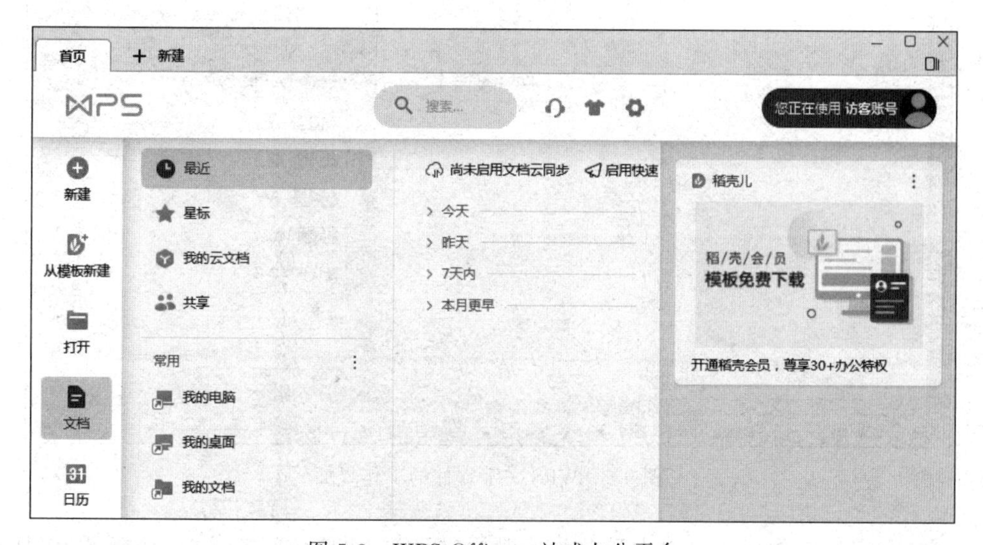

图 5-3 WPS Office 一站式办公平台

子任务 5.1.3 熟悉 WPS 文字的工作界面

通过在 WPS Office 一站式办公平台新建或者打开一个文档，也可以启动 WPS 文字软件，如图 5-4 所示。

图 5-4 启动 WPS 文字软件

WPS 文字新建的文档是一个独立的文件，其默认的扩展名为.docx，也可以保存为 WPS

文字文件(＊.WPS)。

WPS 文字软件的工作界面如图 5-5 所示。

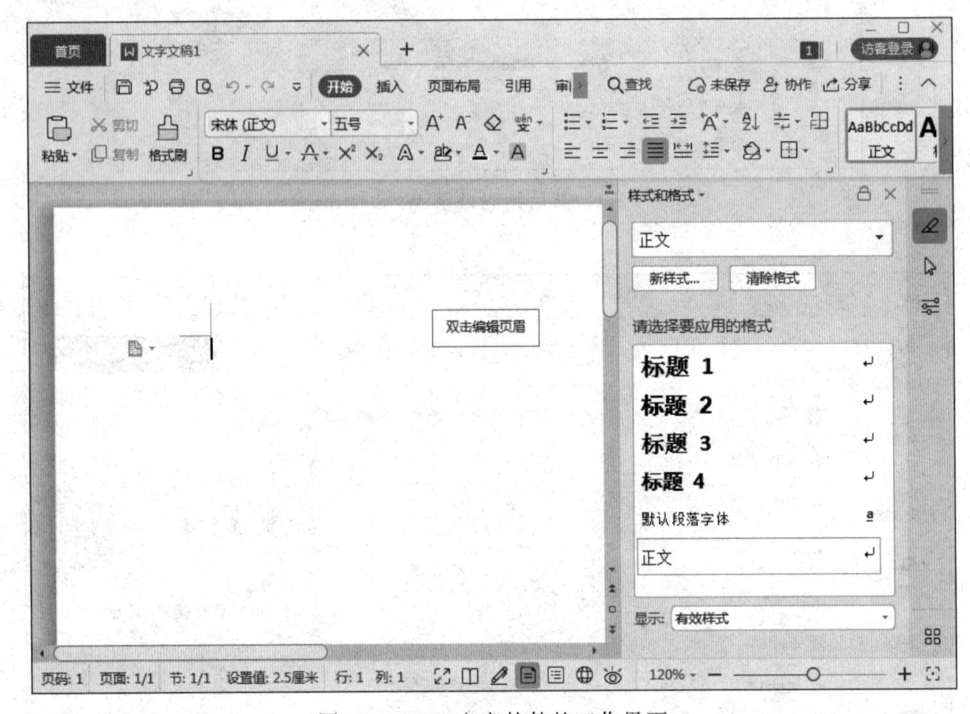

图 5-5　WPS 文字软件的工作界面

WPS 文字的工作界面可以大致分为标题栏(标签)、快速访问工具栏、功能区(包括选项卡、命令按钮)、快速工具栏与浮动工具栏、工作区(编辑区)、状态栏等组成部分。

1. 标题栏

标题栏位于工作界面顶部,如图 5-6 所示。在 WPS Office 一站式办公平台单击"＋"按钮可以新建一个标签,选择"文字"→"新建空白文档"命令,新建一个文字文稿。默认标题为"文字文稿 1"。在标题区域可以快速切换打开的文档。

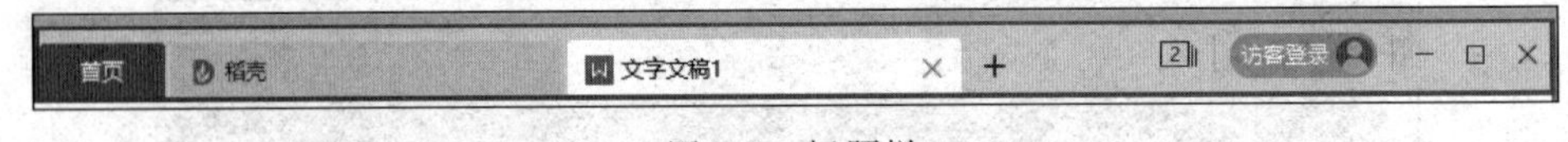

图 5-6　标题栏

标题栏的右侧是工作区和登录入口。工作区可以查看已经打开的所有文档,每一个新窗口是一个新的工作区。登录功能可以将文档保存到云端,支持多种登录方式。

标题栏的左侧是"首页"标签,在此可以管理所有文档和打开文件夹,包括最近打开的文档、计算机上的文档、云文档、回收站等。

2. 快速访问工具栏

快速访问工具栏用于放置一些在制作文字文稿时使用频率较高的命令按钮。

图 5-7　快速访问工具栏

如图 5-7 所示,该工具栏包含了"保存""输出为 PDF""打印”“撤销”和“恢复”等按钮。可以自定义快速访问工具栏。如需要在快速访问工具栏中添加其他按钮，可以单击其右侧的三角按钮，在展开的列表中选择所需选项即可。此外，通过该列表，可以设置快速访问工具栏的显示位置。

3. “文件”选项卡

“文件”选项卡位于 WPS 文字文稿窗口的左侧，单击会弹出一个下拉菜单。

4. 其他选项卡和功能区

功能区位于标题栏的下方，一个由多个选项卡组成的带形区域。将大部分命令分类组织在功能区的不同选项卡中，分为“文件”“开始”“插入”“视图”等选项卡，单击不同的选项卡标签，可切换不同功能区中的命令按钮(操作工具)。在每个选项卡中，命令被分类放置在不同的组中。单击不同的选项卡，会显示不同的命令按钮。

5. 快速工具栏与浮动工具栏

当选中文字文稿中的某个对象(如形状)时，会弹出快速工具栏；当选中文本对象时，会弹出浮动工具栏，如图 5-8 所示。这样，能够方便快捷地对选中对象进行相关设置。

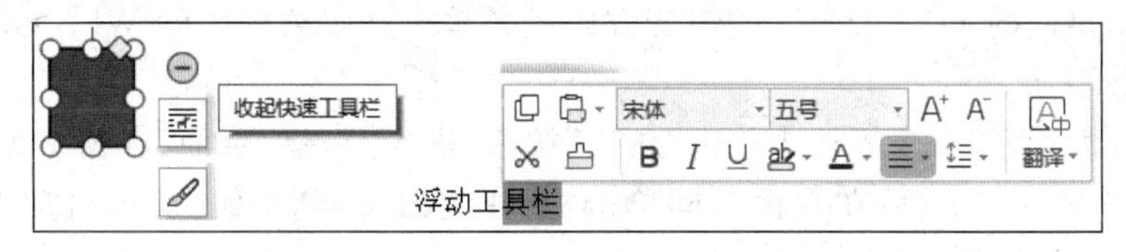

图 5-8 快速工具栏与浮动工具栏

6. 编辑区

图 5-5 所示的空白区域为编辑区，在空白区域可以编辑文字文稿的内容。在垂直滚动栏下方可以快速进行页面跳转或按对象浏览，如按页浏览、按节浏览或按书签浏览等。

7. 状态栏

如图 5-9 所示，状态栏位于工作界面窗口的最底部，用于显示当前文字文稿的一些信息，如字数和页数，单击字数可以查看详细的字数统计。“拼写检查”可在此快速切换开关。

图 5-9 状态栏中显示的字数和页数等信息

如图 5-10 所示，状态栏提供了用于切换视图模式的视图切换按钮。默认是“页面视图”，在此可以快速切换“全屏显示”“阅读版式”“写作模式”“大纲”“Web 版式”“护眼模式”。此外，状态栏还提供了“全屏显示”按钮和用于调整“页面缩放比例”的+、一按钮和缩放滑块以及最右侧的“最佳显示比例”按钮⛶等。单击状态栏右侧的⛶按钮，可按当前窗口大小自动调整文档的显示比例，在当前窗口中显示全局效果。

图 5-10 状态栏中的视图切换按钮

任务5.2　制作调研报告及打印

任务目标：

1. 学会文本的输入编辑。
2. 学会文本格式设置。
3. 学会文本查找和替换。
4. 学会段落格式设置。
5. 学会打印预览和打印设置。

子任务5.2.1　制作调研报告

1. 新建与保存文档

(1) 双击桌面的WPS Office的快捷方式或者单击开始菜单中的WPS Office命令，打开软件并进入首页。

(2) 在WPS Office主界面中单击"新建"按钮，进入"新建"页面，在窗口上方选择要新建的程序类型"文字"，然后在页面中间单击"新建空白文档"按钮，即可启动WPS文字窗口，并创建一个空白文字文稿。

(3) 单击WPS文字窗口左上角的快速访问工具栏中的"保存"按钮，或按Ctrl＋S组合键进行文档保存。第一次保存文档将弹出"另存文件"对话框，如图5-11所示，用户可以进行文档保存位置、文档名称等设置。若用默认设置，则单击"保存"按钮即可。

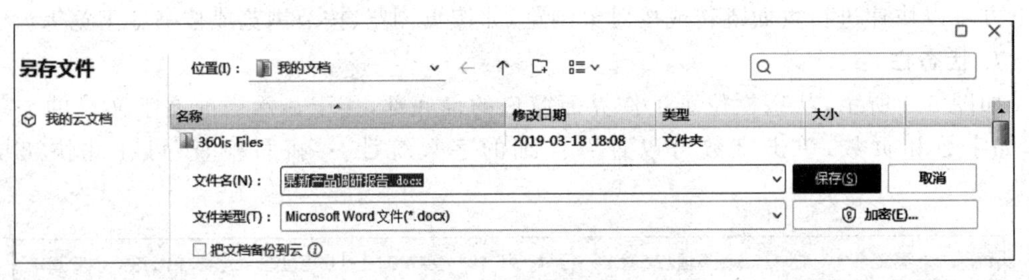

图5-11　"另存文件"对话框

(4) 保存后文档的标题栏文档名称由"文本文稿1"变成"某公司产品调研报告"，如图5-12所示。

图5-12　保存后文档的标题发生变化

2. 文档格式化

(1) 字体设置。输入调研报告标题为"某新产品调研报告"，并设置标题格式。字体采用宋体,字号为二号,文字居中。如图 5-13 所示,单击“开始”选项卡,切换到“开始”功能区,在“中文字体”下拉列表框中选择“宋体”。单击按钮,设置字体加粗,在“字号”下拉列表框中选择“二号”。

设置完成后,标题格式如图 5-13 所示。

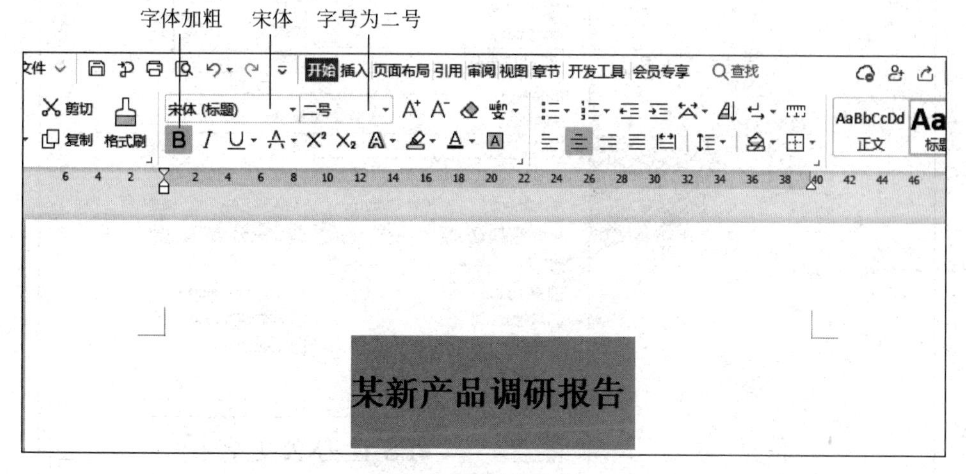

图 5-13　设置标题

通过“开始”选项卡中的“字体”设置功能区,可以设置字体类型、字号大小、加粗、斜体、带下划线、删除线、上标、下标等,如图 5-14 所示。更多字体设置可以通过单击“开始”功能区“字体”组右下角的“┘”(“字体对话框启动器”按钮),在打开的“字体”对话框中选择“字体”选项卡进行设置,如图 5-15 所示。

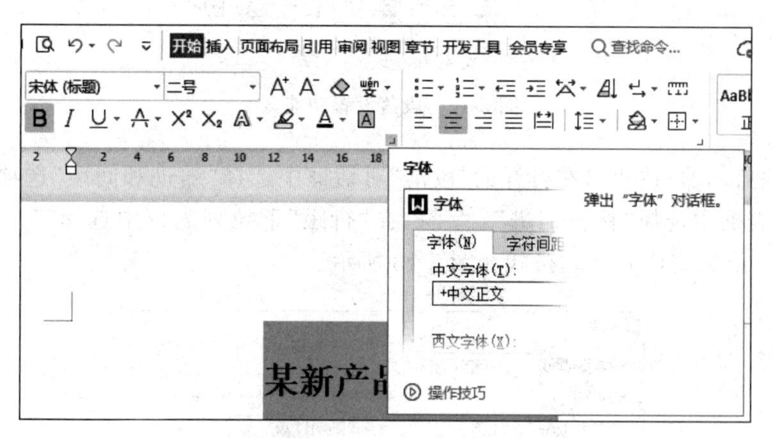

图 5-14　字体设置

当鼠标光标悬停在“┘”上时,会显示操作提示或者帮助。

输入调研报告内容,正文字体采用宋体,字号为小四,操作方法与上述相似,字体设置参考标题字体设置方式完成。

(2) 认识段落设置功能区。单击“开始”选项卡,可以看到段落设置功能区上的命令,如图 5-16 所示。

(3) 设置段落格式。段落设置要求首行缩进 2 字符,行距 1.5 倍。段落设置按照以下步骤完成：单击“开始”选项卡,切换到“开始”功能区,单击“段落”设置功能区右下角的“┘”

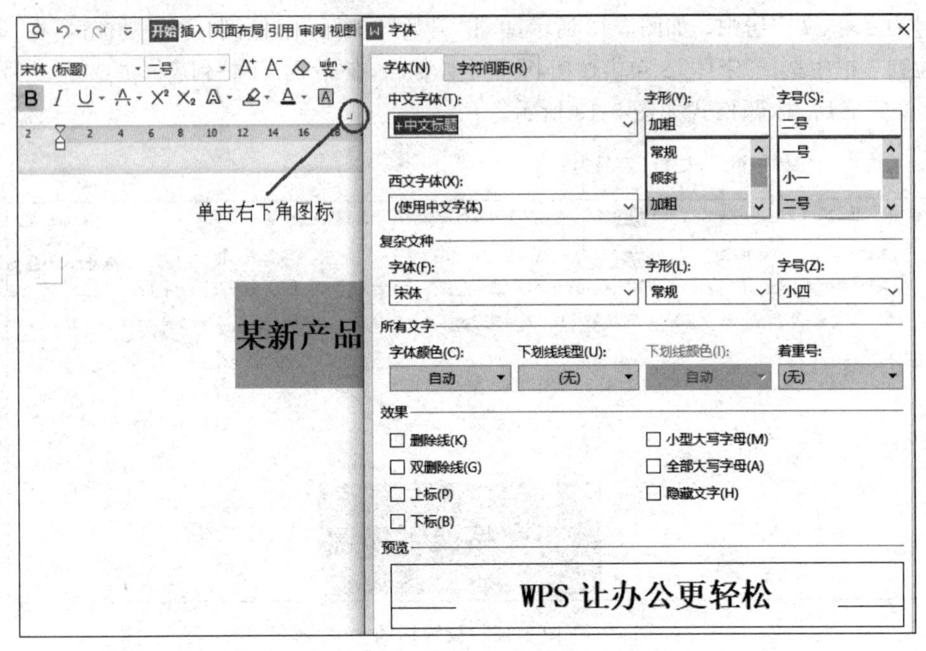

图 5-15 “字体”对话框

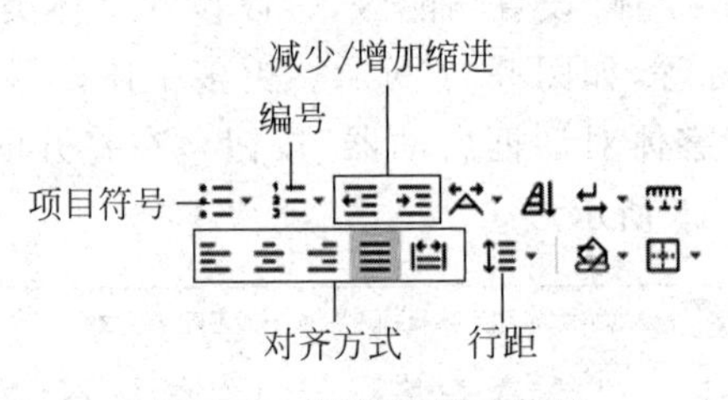

图 5-16 段落设置功能区

(“段落对话框启动器”按钮),在打开的“段落”对话框中选择“缩进和间距”选项卡,在“特殊格式”下拉列表框中选择“首行缩进”2 字符,在“行距”下拉列表框中选择“1.5 倍行距”,如图 5-17 所示。设置完成后标题格式如图 5-13 所示。

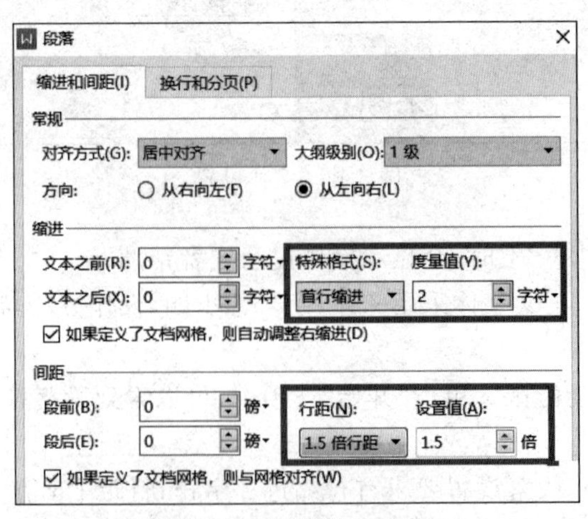

图 5-17 段落格式设置

3. 查找与替换

在文档输入过程中，如果需要查找或替换文档中某些文字，可以通过功能区中的“查找替换”按钮来完成，如图 5-18 所示。单击“查找替换”按钮，弹出“查找和替换”对话框，如图 5-19 所示。也可使用 Ctrl+H 组合键打开“查找和替换”对话框。

图 5-18　查找与替换操作

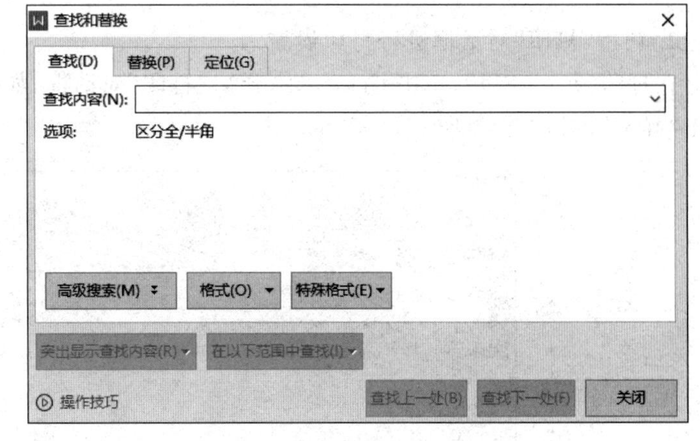

图 5-19　“查找和替换”对话框

可以进行简单文字查找、替换或定位，也可以进行特定格式的操作，通过单击“高级搜索”“格式”和“特殊格式”按钮进行设置。

子任务 5.2.2　打印预览和打印设置

1. 认识打印预览和打印图标

编辑文档时，通过文档打印预览功能可以查看打印效果。查看快速访问工具栏中是否有图标。如果没有看到图标，通过自定义快速访问工具栏进行添加，如图 5-20 所示。

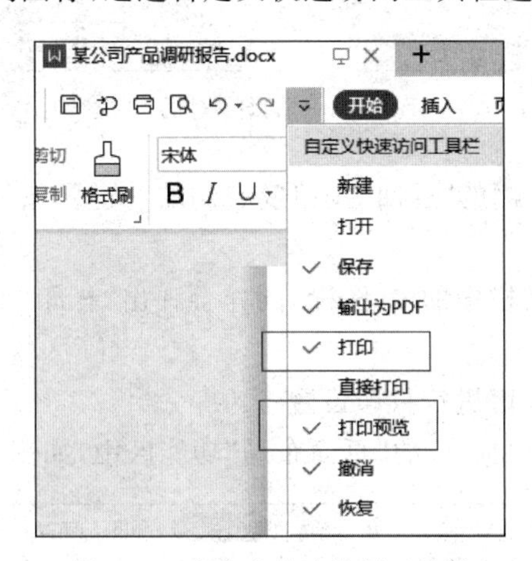

图 5-20　自定义快速访问工具栏

单击图标，显示窗体切换成打印预览模式，如图 5-21 所示。

在打印预览工具栏可以直接打印文档，也可以设置打印机型号、打印份数、打印顺序、打印方式（单面或双面打印）、页码范围。

图 5-21　打印预览工具栏

2. 利用“打印”对话框进行打印设置

在打印预览工具栏，单击 更多设置，弹出“打印”对话框，如图 5-22 所示，进行打印设置，单击“确定”按钮进行打印。

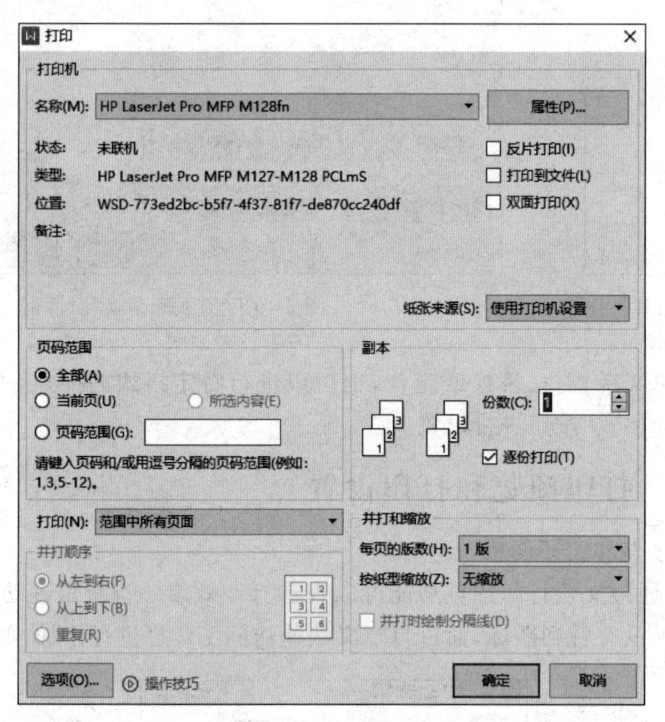

图 5-22　“打印”对话框

单击打印预览工具栏左侧的“返回”按钮或右侧的“关闭”按钮，都可以结束打印预览显示并返回编辑模式。

直接单击快速访问工具栏中的 图标，同样会弹出“打印”对话框，单击“确定”按钮可进行打印。

3. 利用“页面布局”功能区进行打印设置

打印的部分设置也出现在窗口的“页面布局”功能区中，如图 5-23 所示。

图 5-23　“页面布局”功能区

单击“页面布局”选项卡，切换到“页面布局”功能区，单击“页边距”与“纸张大小”按钮右下角的下拉按钮，可以直接从下拉列表框中选择列出的常用设置，如图 5-24 所示。更详细的设置在“页面设置”对话框中进行。

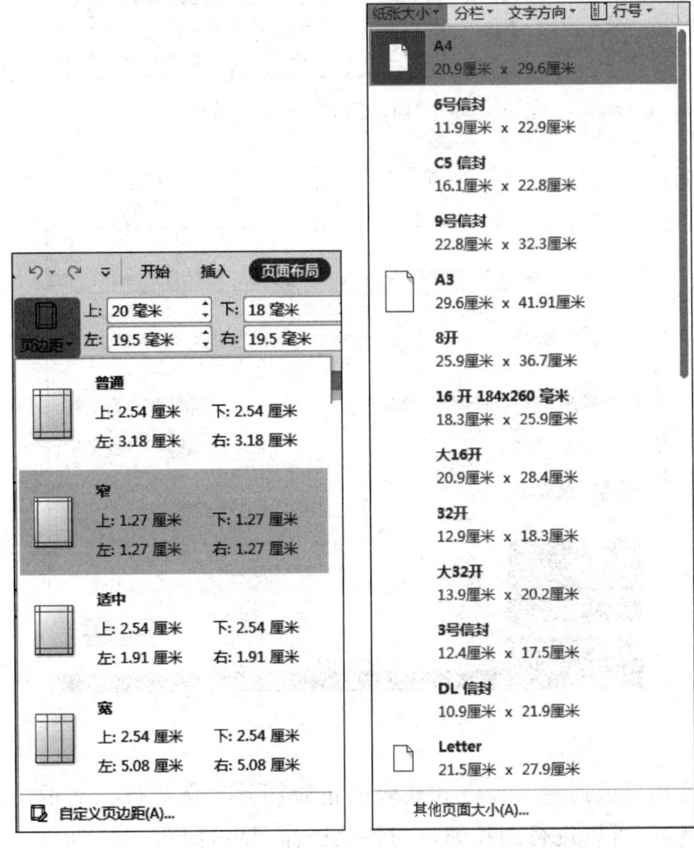

图 5-24　“页边距”与“纸张大小”下拉列表框

任务 5.3　制作公司宣传海报

任务目标：

1. 学会图片的插入和编辑。
2. 学会图文混排。
3. 学会艺术字体的插入和编辑。
4. 学会文本框的插入和编辑。

子任务 5.3.1　图片的插入和编辑

1. 插入图片

首先创建一个空白的文字文稿，单击“插入”选项卡，切换到“插入”功能区，如图 5-25 所示。通过单击上方的部分图标，弹出“插入图片”对话框，可以指定需要插入的图片；单击

图 5-25 “插入”功能区部分工具

下方的文字部分,显示如图 5-26 所示。

图 5-26 图片插入

可以选择系统预设或通过其他方式获取的正版图片。选择插入后的图片,功能区会出现“图片工具”功能区,可以进行图片编辑的各项操作,显示如图 5-27 所示。

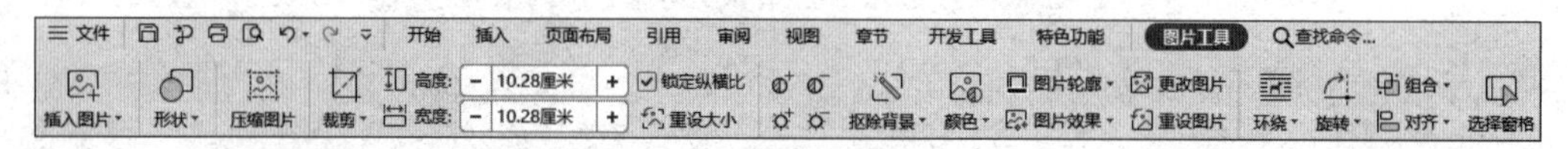

图 5-27 图片工具

注意:WPS 中免费的资源也需要登录后才能使用。

2. 插入形状

单击“图片工具”功能区中的“形状”下拉按钮,单击“线条”中的“直线”按钮,如图 5-28 所示,此时鼠标指针变成十字状。按住鼠标左键从左往右拖动,可以绘制出一条直线(绘制直线时按住 Shift 键)。

在弹出的“预设”下拉列表中,可以选择插入系统预设的形状,如线条、矩形、基本形状、流程图和标注等,如图 5-28 所示。

如果没有符合需要的图形,也可以通过新建绘图画布自行绘制图形。通过选择插入的图形,功能区新增加“绘图工具”功能区,可以通过新出现的功能选项卡进行图形的编辑,如图 5-29 所示。

单击图标库,弹出图标选择面板,可以选择插入系统提供的箭头、数字、符号等不同类型的精美图标,如图 5-30 所示,也可以通过类型筛选或关键字搜索所需图标。

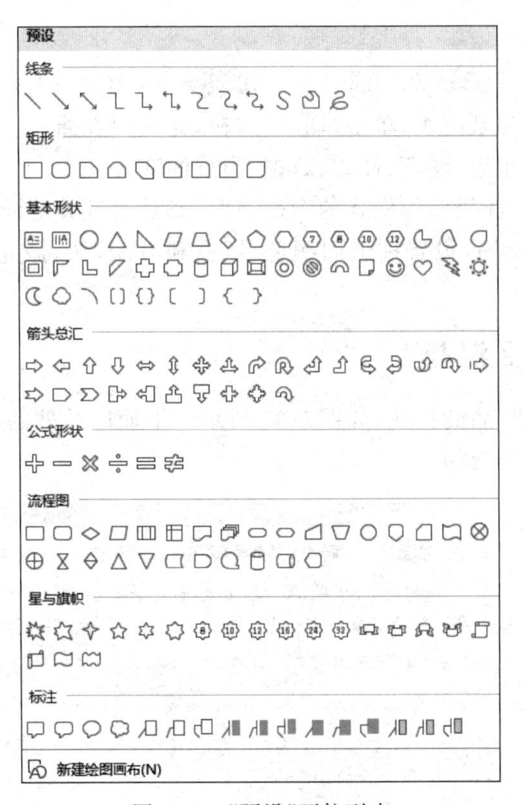

图 5-28　“预设”下拉列表

图 5-29　“绘图工具”功能区

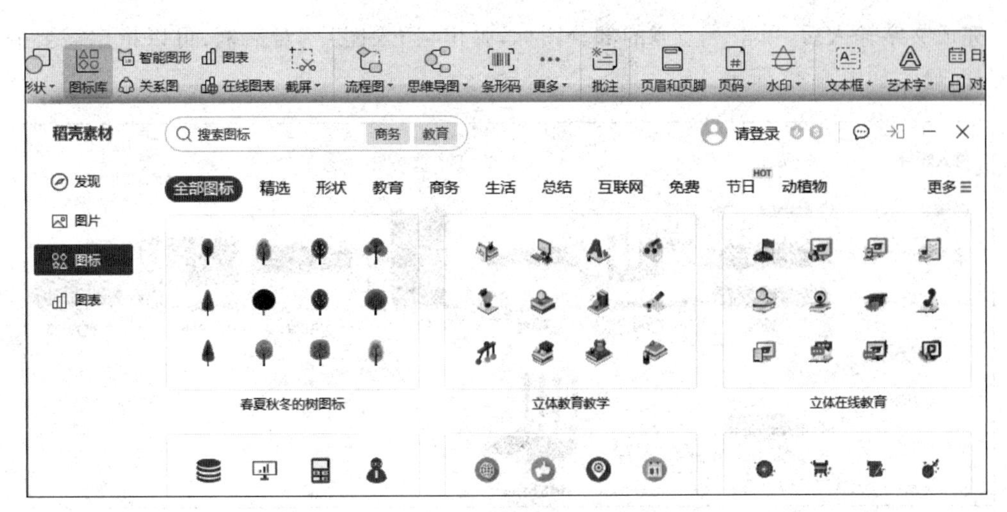

图 5-30　图标库

3. 插入图表

图表类型分为“图表”和“在线图表”。选择“图表”后,在弹出的图表面板中选择系统预设的各种类型图表,单击“插入”按钮,完成图表插入。修改图表通过功能区新出现的“图表工具”进行布局、颜色、样式、数据、类型的变更。

选择“在线图表”,可选择多种样式的图表类型,或是通过关键词查找来插入图表。如果想插入柱形图,单击柱形图,设置柱形图颜色、风格和类型,执行“立即使用”命令即可快速插入。

子任务 5.3.2 图文混排

在文字文稿中输入产品的描述,如图 5-31 所示。下面以此处的无线网络设置产品描述的文字为例介绍图文混排操作。

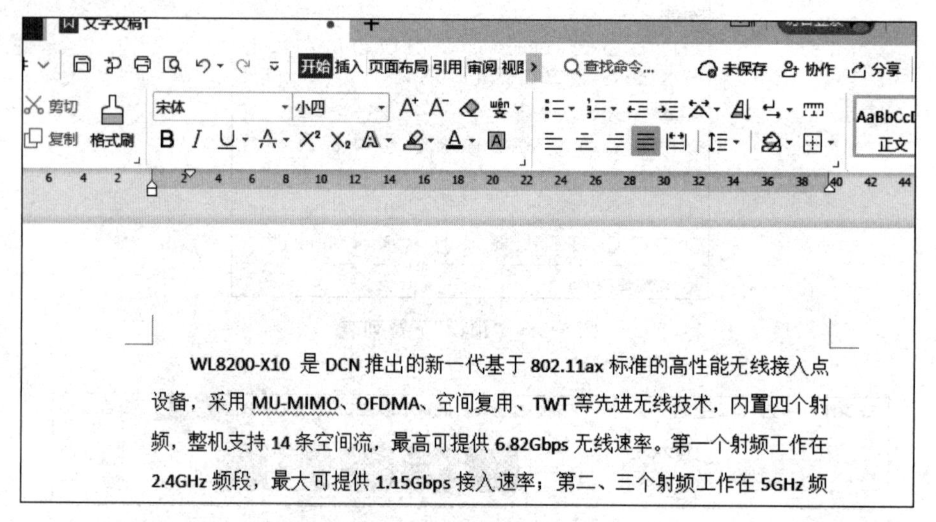

图 5-31 新建文字文稿

完成文字输入后,单击上方的部分图标,弹出“插入图片”对话框,可以指定需要插入的图片,显示如图 5-32 所示。

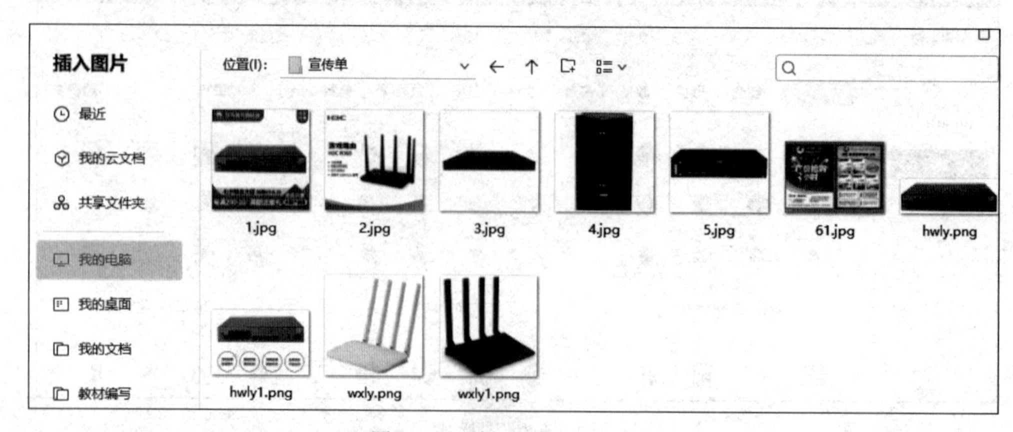

图 5-32 “插入图片”对话框

选择对应的无线设备，单击“打开”按钮完成图片插入。但是很多时候插入的图片大小、位置并不符合要求，需要利用功能区的“图片工具”进行修改。

选中插入的图片，在功能区将显示“图片工具”功能区及其功能选项卡，显示如图5-33和图5-34所示。

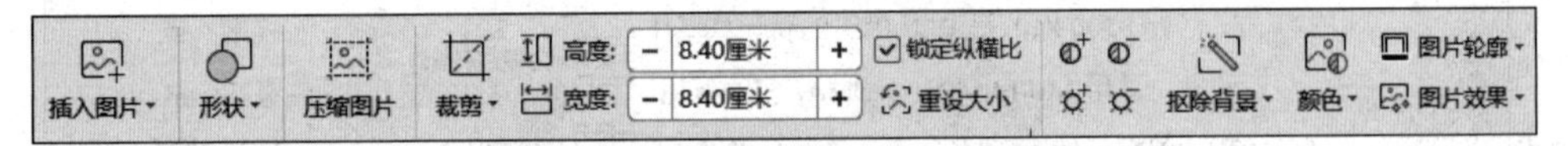

图5-33 “图片工具”部分功能区1

图5-34 “图片工具”部分功能区2

这里将图片的大小设置为5厘米，通过修改宽度为5厘米，因为“锁定纵横比”选项被选中，图片的高度也会自动变成5厘米，文稿显示如图5-35所示。

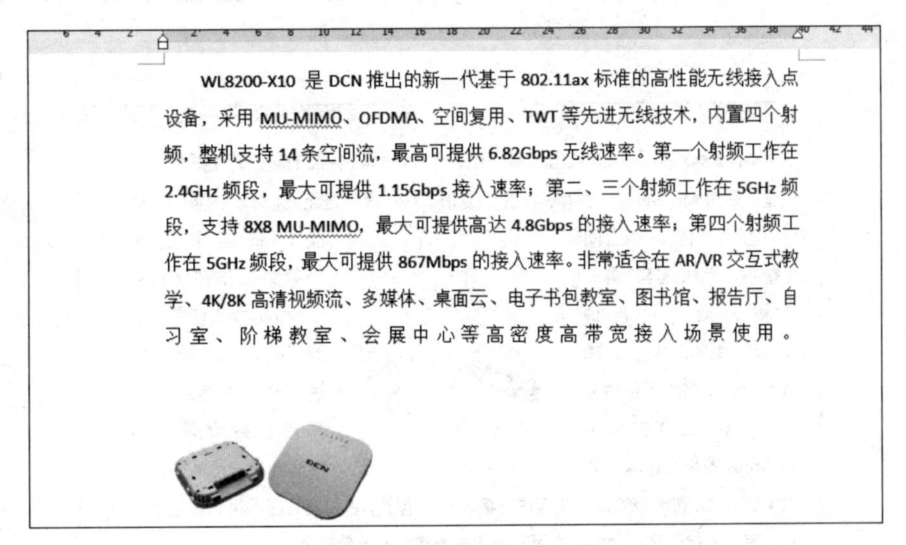

WL8200-X10 是 DCN 推出的新一代基于 802.11ax 标准的高性能无线接入点设备，采用 MU-MIMO、OFDMA、空间复用、TWT 等先进无线技术，内置四个射频，整机支持 14 条空间流，最高可提供 6.82Gbps 无线速率。第一个射频工作在 2.4GHz 频段，最大可提供 1.15Gbps 接入速率；第二、三个射频工作在 5GHz 频段，支持 8X8 MU-MIMO，最大可提供高达 4.8Gbps 的接入速率；第四个射频工作在 5GHz 频段，最大可提供 867Mbps 的接入速率。非常适合在 AR/VR 交互式教学、4K/8K 高清视频流、多媒体、桌面云、电子书包教室、图书馆、报告厅、自习室、阶梯教室、会展中心等高密度高带宽接入场景使用。

图5-35 修改图片后的文稿

这时的图片位于文字下方，如果修改图片的位置，可以通过“环绕”按钮更改所选对象的文字环绕方式，如四周型环绕、衬于文字下方等。单击“环绕”按钮，弹出“环绕”下拉列表框，显示如图5-36所示。

选择“环绕”类型为“四周型环绕”，然后拖动图片，将图片放置在文字中，显示如图5-37所示。

“环绕”类型中选择“衬于文字下方”和“浮于文字上方”，这时文字和图片在不同平面层，会产生文字覆盖图片或图片覆盖文字的效果，如图5-38所示。其余“环绕”类型的图片和文字处于同一平面层次。

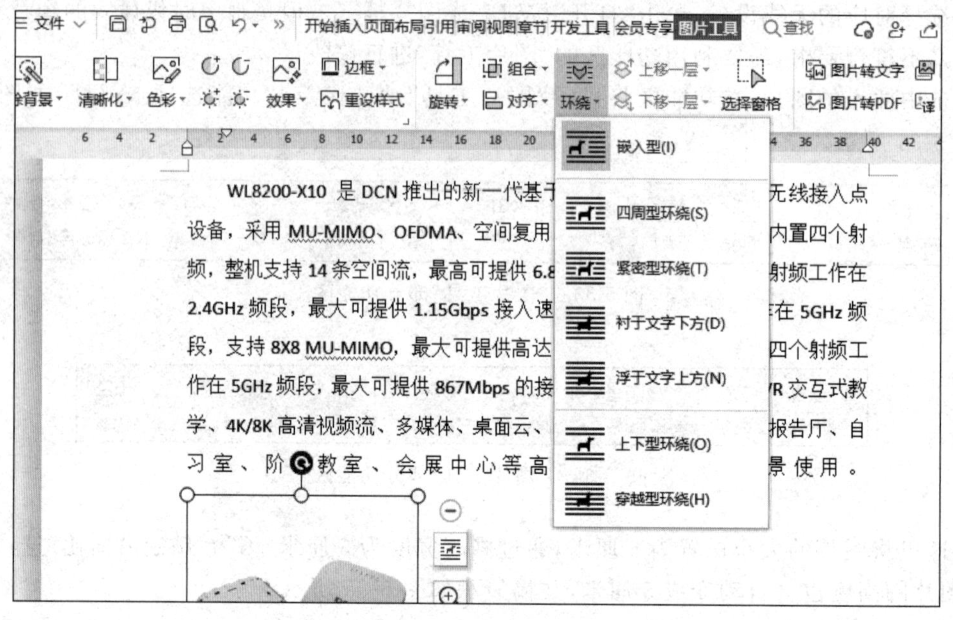

图 5-36 “环绕”下拉列表框

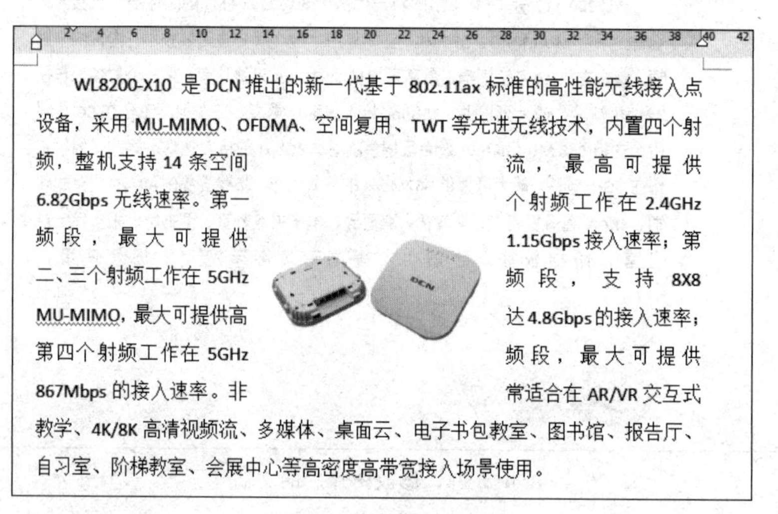

图 5-37 四周型环绕

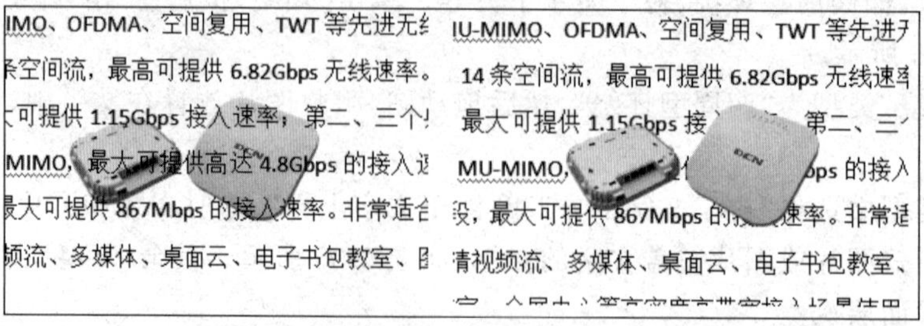

图 5-38 “环绕”类型为“衬于文字下方”和“浮于文字上方”

子任务 5.3.3　艺术字体、文本框和智能图形的插入

1. 插入和设置艺术字

在宣传海报上除了文字和特定的图片外，也需要对一些艺术字体进行美化。

艺术字体的插入，可以让文档更加精美。在“插入”功能区单击“艺术字”按钮，在弹出的面板上可以选择预设样式等，如图 5-39 所示。

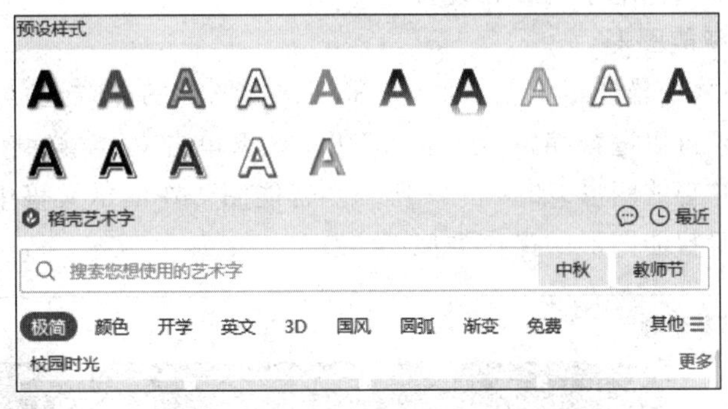

图 5-39　插入艺术字体

选择第 1 排第 3 个艺术预设样式，弹出如图 5-40 所示提示，输入文字“厂家抢购”，并通过功能区出现的“绘图工具”和“文字工具”进行编辑，字体颜色和轮廓颜色都采用“红色”，如图 5-41 所示。

图 5-40　插入预设艺术字体

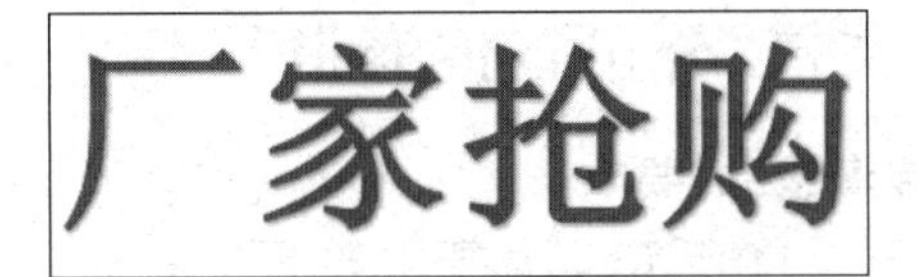

图 5-41　输入文字并设置艺术字

WPS 文字在编辑艺术字体对象时，既可以使用“绘图工具”功能区下的功能区图表进行编辑，如设置“环绕”“宽度”“高度”等，也可以使用“文本工具”功能区下的功能区进行编辑，如“字体”“段落”“文本效果”等。

2. 插入和设置文本框

在宣传海报上除了使用默认的排版方式外，还可以使用文本框进行文字输入，通过文本框进行排版。文本框系统预设有“横向”“竖向”和“多行文字”。

在“插入”功能区单击“文本框”按钮，进行文本框类型选择，在文字文稿中的文本框中可以进行文字输入，如图 5-42 所示。

可以通过鼠标光标移动文本框位置，也可以通过功能区出现的“绘图工具”和“文字工

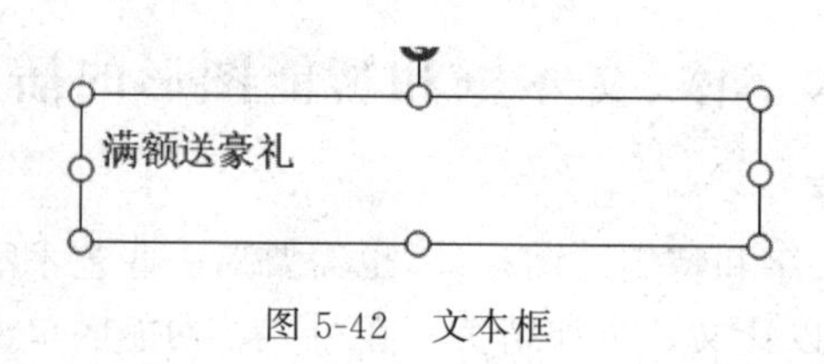

图 5-42 文本框

具”进行编辑，操作参照艺术字编辑和设置。

3. 插入和设置智能图形

此外，在文字文稿中描述组织结构时，常采用建立图形的方式进行直观描述。WPS 文字提供的“智能图形”可以进行编辑，在“插入”功能区下单击 智能图形 按钮进行操作。如插入一个“长征精神”智能图形，如图 5-43 所示。智能图形在演示文稿中使用较多，与 WPS 文字文稿插入和设置智能图形的操作类似。

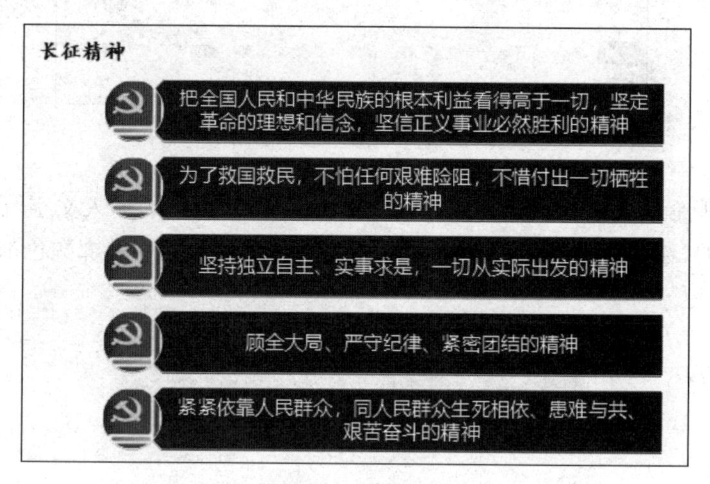

图 5-43 智能图形

子任务 5.3.4 制作文档“公司宣传海报”

1. 制作文档“公司宣传海报”的要求

公司宣传海报效果如图 5-44 所示，具体要求如下：

保存文档到默认位置“我的文档”，文件名为“公司宣传海报.docx”。

纸张大小：16 开；页边距：上、下、左、右均为 1.27 厘米；背景：采用指定背景图。

艺术字体“厂家抢购”的字体为宋体，字号为 72，加粗，白色，位置居中；艺术字体“限时 3 天”的字体为方正姚体，字号为小初，加粗，白色；文本效果：转换(正三角)，位置居中。

文本“仅限 11.8—11.11”的字号为三号，白色，右对齐。

艺术字体“新品发售”的字体为宋体，字号为小初，颜色为“巧克力黄、着色 2”，文本效果为发光(巧克力黄、18pt 发光，着色 2)，字体为浮于文字上方并居中对齐。

产品介绍的字体为宋体，字号为小四，图片采用“紧密型环绕”。

2. 制作文档“公司宣传海报”的操作

(1) 新建文字文稿，单击 WPS 文字窗口左上角快速访问工具栏中的“保存”按钮，或按

图 5-44　宣传海报效果图

Ctrl+S 组合键进行文档保存。在弹出的“另存文件”对话框中采用自动默认保存位置“我的文档”，将默认文件名“文字文稿 1.docx”改成“公司宣传海报.docx”，单击“保存”按钮即可完成保存。单击“页面布局”功能区中的“纸张大小”按钮，如图 5-45 所示，设置纸张为“16 开”，通过“页边距”文本框设置上、下、左、右边距均为 1.27 厘米。

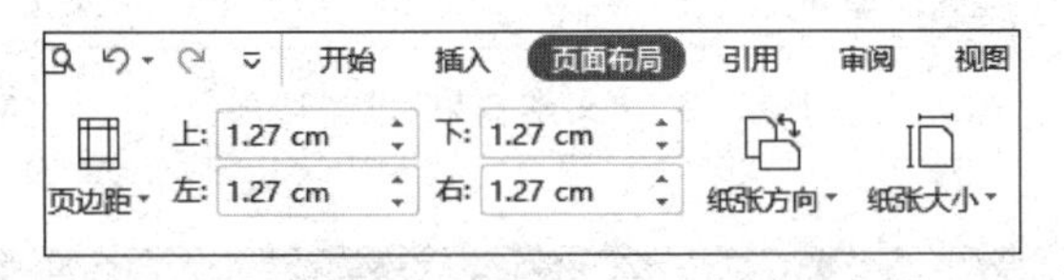

图 5-45　“页面布局”功能区

(2) 设置图片背景，单击“页面布局”功能区中的“背景”按钮，在下拉菜单中选择“图片背景”命令，在弹出的“填充效果”对话框中单击“图片”选项卡中的“选择图片”按钮，然后在弹出的“选择图片”对话框中选中宣传海报背景图 bg1.jpg，单击“打开”按钮，再单击“确定”按钮，背景设置完成，效果如图 5-46 所示。

(3) 选择“插入”功能区中的“艺术字体”预设样式“填充-黑色，文本，阴影”，输入“厂家抢购”，并通过“文字工具”功能区设置字体为宋体，字号为 72，加粗，字体颜色为白色；在功能区“绘图工具”下选择“环绕”类型“浮于文字上方”，然后通过鼠标将艺术字体拖至合适的位置，再设置“对齐方式”为“居中对齐”，效果如图 5-47 所示。

图 5-46　完成背景设置　　　　图 5-47　完成艺术字体“厂家抢购”

(4) 插入艺术字体“限时 3 天”,单击“插入”功能区中的“艺术字体”预设样式“填充-黑色,文本,阴影”,输入“限时 3 天”,通过“文本工具”功能区设置字体为方正姚体,字号为小初,加粗,白色。单击“文本工具”功能区中的“文本效果”按钮,在弹出的下拉菜单中选择“转换”命令,在弹出的下拉菜单中单击“弯曲”栏中的“正三角”按钮,如图 5-48 所示,设置艺术字体样式。通过“绘图工具”功能区中的“环绕”设置环绕方式为“浮于文字上方”。使用鼠标将艺术字体拖至合适的位置后,通过“对齐方式”设置艺术字体的位置为“水平居中”,效果如图 5-49 所示。

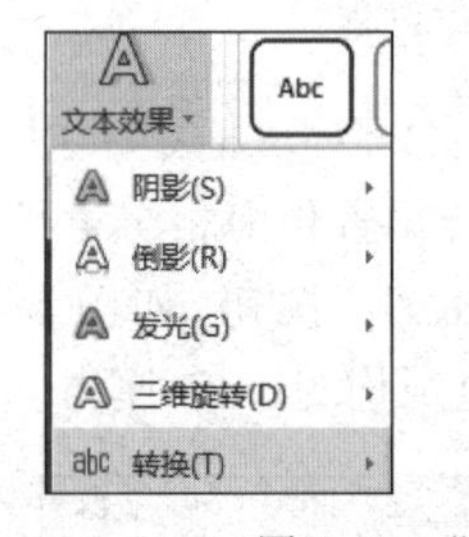

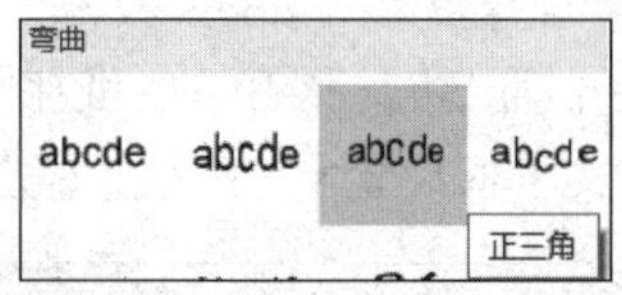

图 5-48　“文本效果”设置选项

图 5-49　完成艺术字体“限时 3 天”

(5) 添加文本框“仅限11.8—11.11”。单击“插入”功能区中的“文本框”按钮,如图5-50所示,单击“横向”,使用鼠标在“限时3天”艺术字体右下方拖出一个合适大小的文本框,然后在文本框中输入“仅限11.8—11.11”。如图5-51所示,通过“绘图工具”功能区设置“填充”为“无填充颜色”,设置“轮廓”为“无边框颜色”,设置“环绕”为“浮于文字上方”,设置“对齐方式”为“右对齐”。

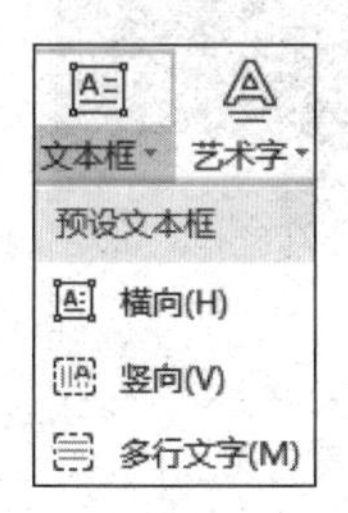

图5-50 添加文本框

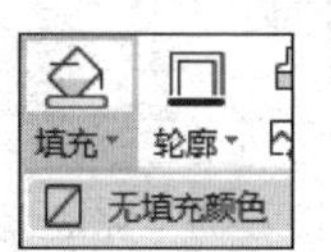

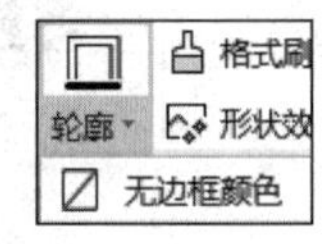

图5-51 填充设置

通过“文字工具”功能区设置字号为三号,字体颜色为白色,效果如图5-52所示。

图5-52 完成文本框插入的效果图

(6) 插入艺术字体“新品发售”。操作方法如子任务5.3.3所述。

设置字体为宋体,字号为小初,字体颜色为巧克力黄、着色2。

如图5-53所示,通过“文字工具”功能区设置“文本效果”为发光(巧克力黄,18pt发光,着色2)。

设置“环绕”为“浮于文字上方”;设置“对齐方式”为“居中对齐”。

完成的“新品发售”艺术字效果如图5-54所示。

(7) 在文档中输入产品介绍,文字内容图5-44所示。

(8) 操作方法如前所述,设置字体为宋体,字号为小四。

(9) 插入图5-44所示的图片,采用“紧密型环绕”,通过换行符调整文字位置。

保存文档,完成宣传海报的最终制作。

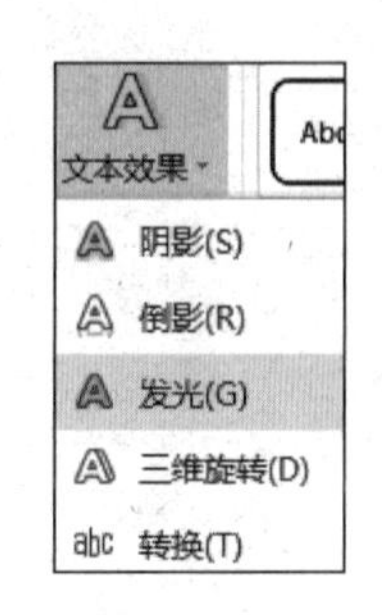

图5-53 文本效果“发光”选项

图 5-54　完成“新品发售”艺术字的效果图

任务 5.4　制作公司产品订购单

任务目标：

1. 学会表格的插入和编辑。
2. 学会表格的美化。
3. 学会公式的应用。
4. 学会编排技巧。

子任务 5.4.1　表格的插入和编辑

1. 插入表格

(1) 创建 WPS 空白的文字文稿，单击“插入”功能区中的“表格”按钮，显示“插入表格”下拉列表框，如图 5-55 所示。

图 5-55　“插入表格”下拉列表框

也可以通过拖动方格，选择“插入表格”命令或者“绘制表格”命令进行表格的插入操作。

(2) 在“插入表格”的操作中，通过鼠标拖动选择行、列进行插入。在“插入表格”下拉列表框顶部显示的网格中拖动鼠标，待显示“4 行 * 6 列表格”时放开鼠标，如图 5-56 所示，将在文档中插入一个 4 行、6 列的表格。

(3) 在“插入表格”的操作中，通过输入表格的行、列等参数进行插入，如图 5-57 所示。在“插入表格”下拉列表框中选择“插入表格”命令，在打开的“插入表格”对话框中输入表格的列数为 5，行数为 2，“列宽选择”为“自动列宽”，单击“确定”按钮。

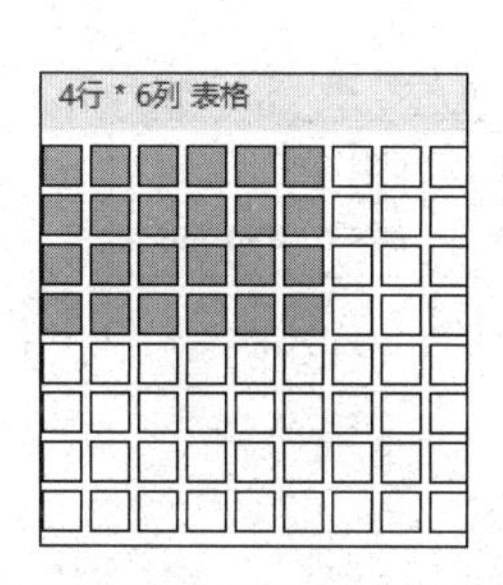

图 5-56 通过鼠标拖动选择行、列数插入表格

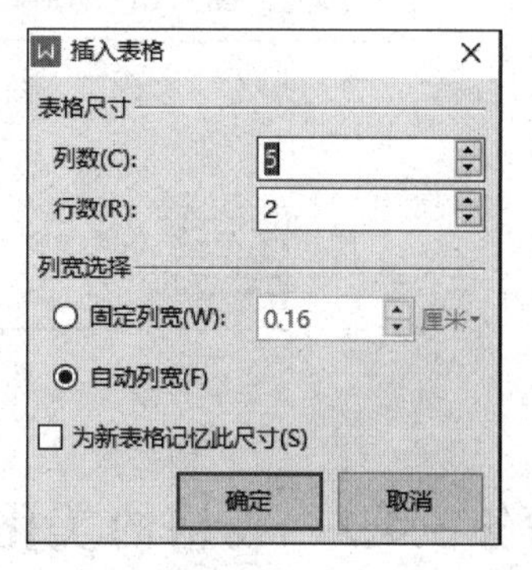

图 5-57 通过输入行、列数插入表格

(4) 在图 5-55 中选择“绘制表格”命令，鼠标光标外观变成铅笔形状，按住鼠标左键拖动，可以绘制行、列不等的表格。绘制表格过程中表格框线显示为虚线，如图 5-58 所示，放开鼠标左键后，表格框线变成实线，如图 5-59 所示。

图 5-58 绘制中的虚线表格

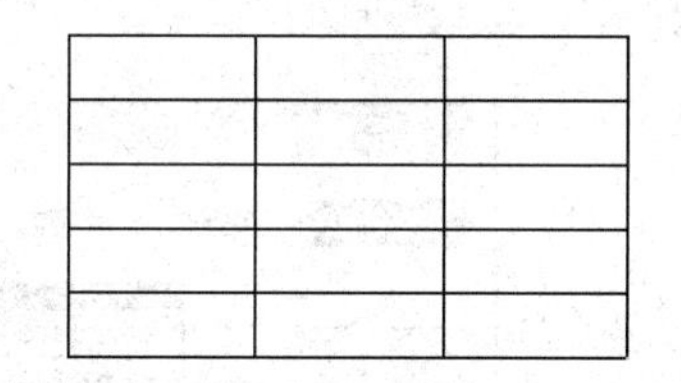

图 5-59 绘制完成后的实线表格

鼠标光标这时仍处于绘制表格状态。将光标移到表格内，表格显示移动、添加行、添加列和拖曳扩大表格等标记。如图 5-60 所示，还可以通过“绘制表格”功能绘制斜线表头。

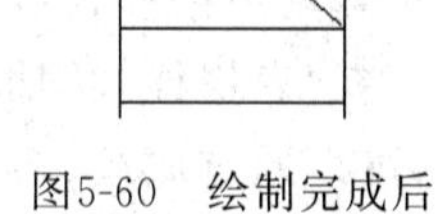

图5-60 绘制完成后的斜线表头

2. 编辑表格

当选中表格时，功能区会出现“表格工具”功能区（见图 5-61 和图 5-62）和“表格样式”功能区（见图 5-63 和图 5-64），可以对选中表格的行高、列宽等进行编辑，也可以对表格中的数据进行简单的公式计算和排序等操作。

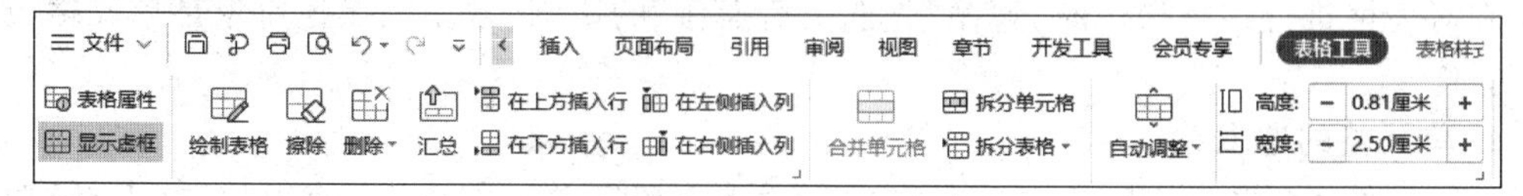

图 5-61 “表格工具”功能区 1

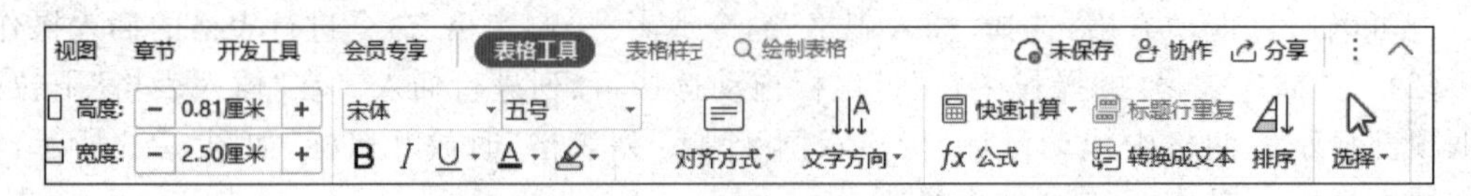

图 5-62 “表格工具”功能区 2

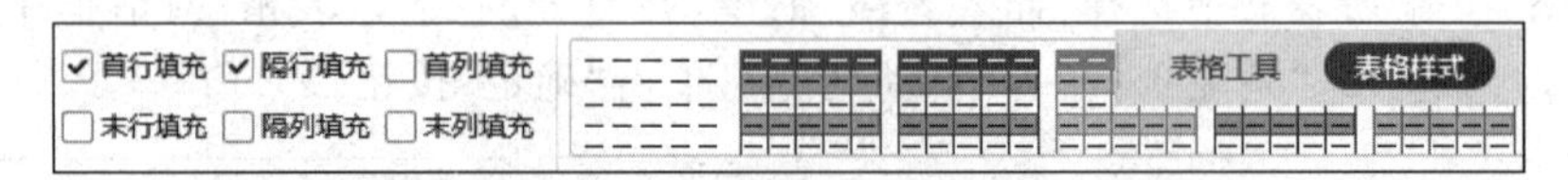

图 5-63 “表格样式”功能区 1

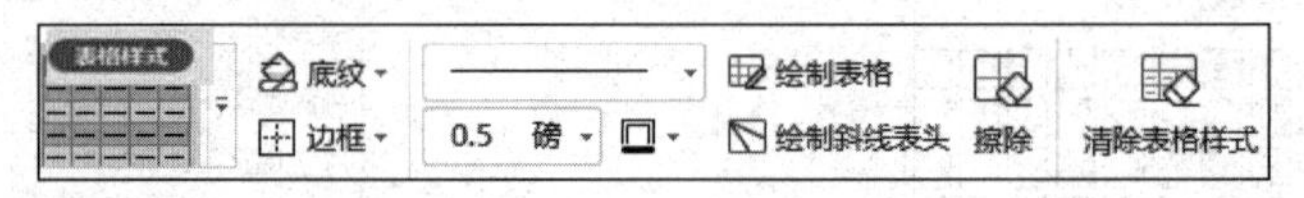

图 5-64 “表格样式”功能区 2

子任务 5.4.2 表格的美化

利用 WPS 文字提供的表格预设样式,可以通过选择填充方式来调整预设样式,快速美化表格。

首先将光标置于表格中任意位置,然后单击“表格样式”功能区中的“预设样式”右边边框,在弹出的“预设样式”下拉列表框中单击“最佳匹配”选项卡中的“主题样式 1-强调 6”,如图 5-65 所示。

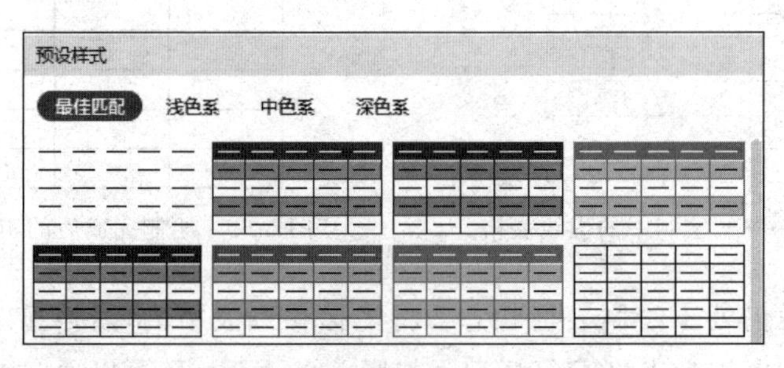

图 5-65 “预设样式”下拉列表框

套用表格样式进行表格美化的效果如图 5-66 所示。

在“表格样式”功能区中(见图 5-64),也有绘制表格和绘制斜线表头的功能按钮。此外,可以通过底纹、边框进行表格的美化,可以使用清除表格样式将表格还原为初始样式。

子任务 5.4.3 表格的编排技巧

在对表格进行编排操作时,遵循“先选中后操作”的原则,常用的操作对象是单元格、行、列等。

1. 单元格的选取

(1) 选取一个单元格。单击单元格或将插入点置于单元格中,或使用“表格工具”功能区的功能按钮来选择单元格、行、列等选择对象。

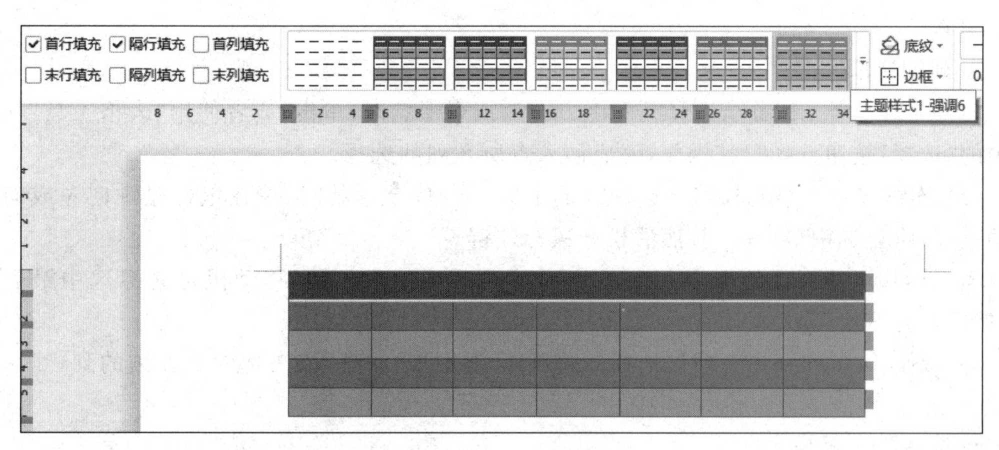

图 5-66　表格样式——主题样式 1-强调 6

（2）选取连续的单元格。选定连续区域的左上角第一个单元格，然后按住 Shift 键，单击连续区域的右下角最后一个单元格，松开 Shift 键即可。

选定连续区域的左上角第一个单元格，然后按住鼠标左键，拖动鼠标到连续区域的右下角最后一个单元格，松开鼠标左键即可，结果如图 5-67 所示，被选中的单元格背景颜色加深。

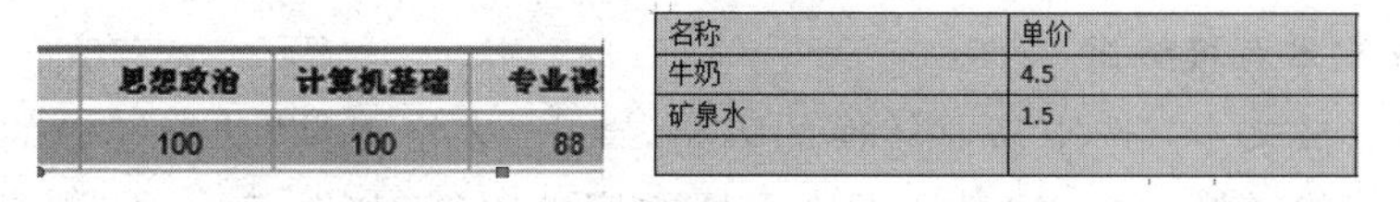

图 5-67　拖动鼠标进行连续单元格选取

（3）选取不连续区域的单元格。选择第一个单元格，然后按住 Ctrl 键，选择其他单元格，如图 5-68 所示，直到所有单元格都被选择后再释放 Ctrl 键。

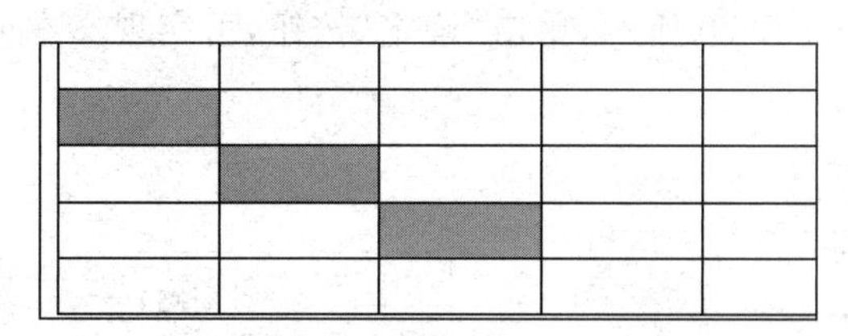

图 5-68　不连续单元格选取

2. 行的选取

（1）一行。当光标移至选择行的左侧并变成形状时，单击；或者使用“表格工具”功能区中的“选择”按钮，选择“行”操作，完成插入点所在行的选择。

（2）连续多行。当光标移至选择行的左侧并变成形状时，按住鼠标左键向上或向下拖动鼠标，直至选中最后一行，然后松开鼠标左键。

当光标移至选择行的左侧并变成形状时，按住 Shift 键，移动鼠标光标选中最后一行，然后松开 Shift 键。

（3）不连续多行。在一行被选择的基础上，按住 Ctrl 键，依次选中不连续的行，然后松开 Ctrl 键。

3. 列的选取

(1) 一列。当光标移至选择列的上方并变成⬇形状时,单击;或者使用"表格工具"功能区中的"选择"按钮选择"列"操作,完成插入点所在列的选择。

(2) 连续多列。当光标移至选择列的上方并变成⬇形状时,按住鼠标左键向左或向右拖动鼠标,直至选中最后一列,然后松开鼠标左键。

当光标移至选择行的上方并变成⬇形状时,按住 Shift 键,移动鼠标光标选中最后一行,然后松开 Shift 键。

(3) 不连续多列。在一列被选择的基础上,按住 Ctrl 键,依次选中不连续的列,然后松开 Ctrl 键。

4. 选定整个表格

将光标移至表格左上角,单击左上角的⊞形状,选定整个表格;也可以使用"表格工具"功能区中的"选择"按钮,在下拉菜单中选择"表格"命令,完成插入点所在表格的整个表格选定。

5. "标题行重复"的编排

当表格过长时,表格内容会分为多页显示,为了让每页表格均出现标题行,可以在选择表格后,单击"表格工具"功能区中的 标题行重复 按钮,使得每一页的首行重复表格的标题行内容。

6. 表格与文本互换编排

将表格转换成文本:选中需要转换的表格,单击"表格工具"功能区中的 转换成文本 按钮,在弹出的"表格转换成文本"对话框中设置文字分隔符,如图 5-69 所示,单击"确定"按钮,可实现表格向文本转换。

将有规律排列的文本转换成表格:选中需要转换的文本,单击"插入"功能区中的"表格"按钮,在弹出的下拉列表框中单击 文本转换成表格... 按钮,然后在"将文字转换成表格"对话框中设置文字分隔符,如图 5-70 所示,单击"确定"按钮,可实现文本向表格的转换。转换结果如图 5-71 所示。

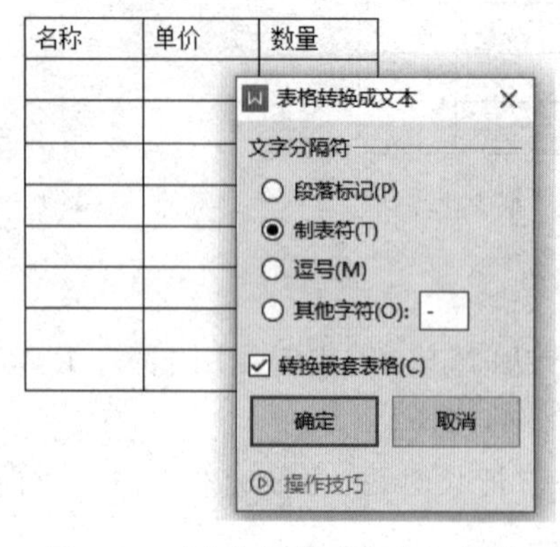

图 5-69 "表格转换成文本"对话框

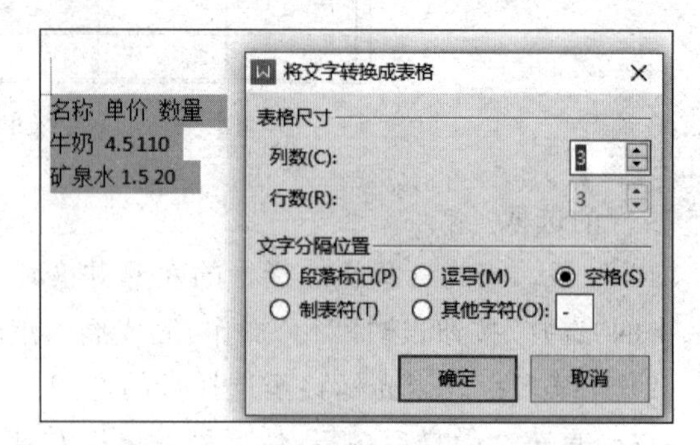

图 5-70 "将文字转换成表格"对话框

7. 在表格中使用公式

表格中需要计算总的数量时,可以使用"表格工具"功能区中的 fx 公式 按钮来完成自动

名称	单价	数量
牛奶	4.5	110
矿泉水	1.5	20

图 5-71 转换后的表格

计算。选择“数量”列最后一个单元格，单击 *fx* 公式 按钮，在弹出的“公式”对话框中使用默认公式，如图 5-72 所示，此时公式＝SUM(ABOVE)中括号内的参数是对插入点单元格的上方单元格进行求和。单击“确定”按钮，就可以计算总的数量。公式计算后的结果保存在插入点单元格中，如图 5-73 所示。

图 5-72 “公式”对话框

名称	单价	数量
牛奶	4.5	110
矿泉水	1.5	20
		130

图 5-73 公式计算后的结果

如果是在同一行求和，打开“公式”对话框，则会在“公式”编辑框中显示＝SUM(LEFT)，此公式用来对插入点单元格所在位置左边的所有单元格数据求和。

子任务 5.4.4 制作文档“产品订购单”

文档“产品订购单”效果图如图 5-74 所示。

产品订购单

年 月 日

客户名		身份证号码		
联系地址			邮编	
开户行		账号		
特许人姓名		业务代码		
订单编号		经办人	购货总额	￥
			盖章： 客户签名： 年 月 日	
客户业务代码		备注		

图 5-74 “产品订购单”效果图

1. 制作文档“产品订购单”的要求

具体格式要求如下：

(1) 文档保存到默认位置“我的文档”,文件名为“产品订购单.docx”。

(2) 纸张大小为B5(JIS),纸张方向为横向,上、下、左、右页边距均为1.27厘米。

(3) 标题字体为黑体,字号为小初,加粗,文字间距加宽。

(4) 其他文字字体为宋体,字号为小四。

(5) 表格中的双线线型采用0.75磅的线型。

2. 制作文档“产品订购单”的操作

(1) 新建文字文稿“产品订购单”。在WPS文字窗口中按Ctrl+N组合键新建一个文字文稿,然后单击WPS文字窗口左上角快速访问工具栏中的“保存”按钮,或按Ctrl+S组合键进行文档保存。

在弹出的“另存文件”对话框中采用自动默认保存位置“我的文档”,将默认文件名“文字文稿1.docx”改成“产品订购单.docx”,单击“保存”按钮即可完成保存。

(2) 页面设置。在“页面布局”功能区中,按照页面要求设置纸张大小、方向和页边距。单击“页面布局”功能区中的“纸张大小”按钮,设置纸张为“B5(JIS)”,通过“页边距”文本框设置上、下、左、右边距均为1.27厘米,如图5-75所示。

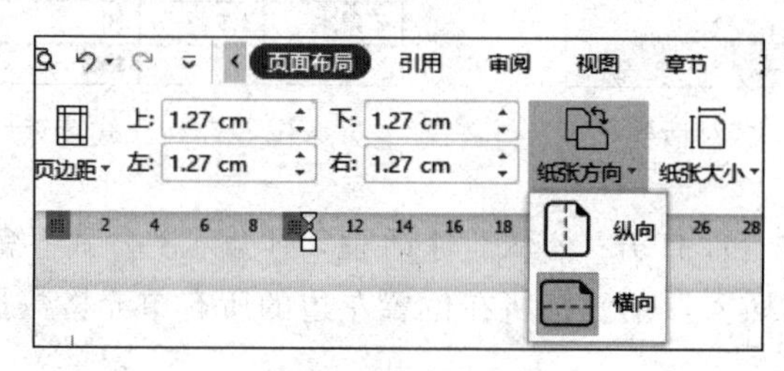

图5-75 页面设置

(3) 文本编辑。输入标题文字,设置字体为黑体,字号为小初,文字加粗。选中标题文字并在“开始”功能区中的“段落”设置功能区中单击按钮,设置中文版式,将文字字符宽度设置为8个字符,结果如图5-76所示。

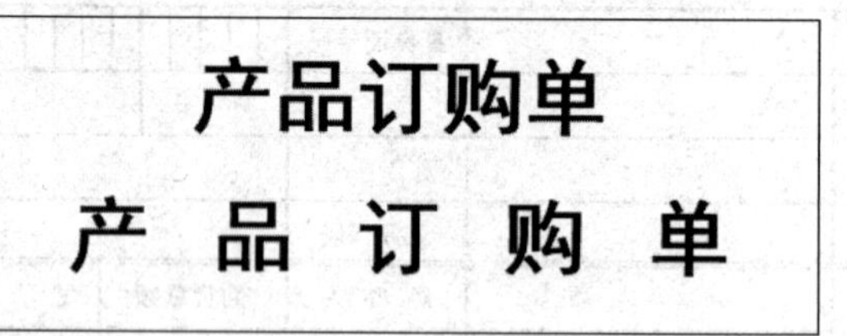

图5-76 文字调整前后对比

在下一行输入文字“年月日”,设置字体为宋体、小四;设置段落对齐方式为右对齐,调整文字间距。

(4) 插入与编辑表格。单击“插入”功能区中的“表格”按钮,弹出“插入表格”下拉列表框,如图5-55所示。选择“插入表格”命令,在“插入表格”对话框中设置行数为9行,列数为4列,如图5-77所示。

选中表格，在新出现的“表格工具”功能区中单击“自动调整”按钮，设置表格宽度“适应窗口大小(W)”，如图 5-78 所示。

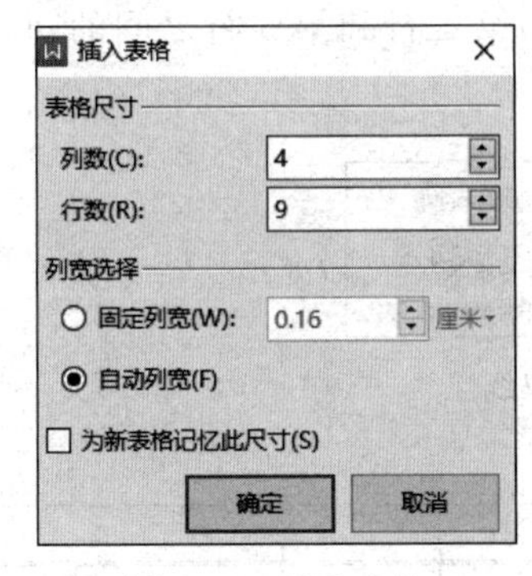

图 5-77　插入表格

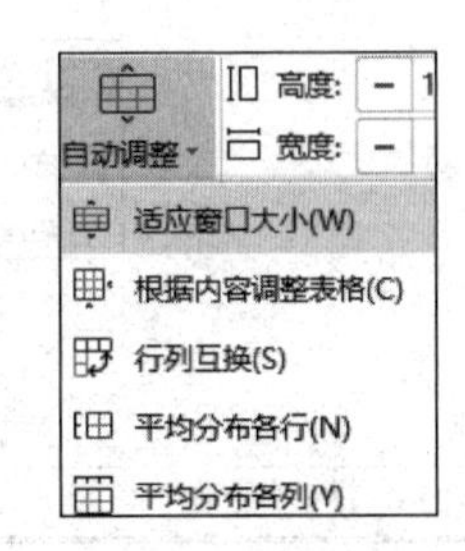

图 5-78　自动调整表格大小

选中表格，使用“表格工具”功能区中的“对齐方式”功能设置表格中文字对齐方式为“水平居中”，如图 5-79 所示。

设置表格的行和列：选中整个表格，在“表格工具”功能区中设置表格行高为 1 厘米；选中表格第 1 列，设置宽度为 3.5 厘米，如图 5-80 所示。第 2 列宽度为 8 厘米，第 3 列宽度为 3 厘米，其余为第 4 列宽度。

输入表格第 1 行文字“客户名”和“身份证号码”，使用“表格工具”功能区中的拆分单元格按钮将第 1 行最后一个单元格拆分为 18 列，如图 5-81 所示，用于填写身份证号码。

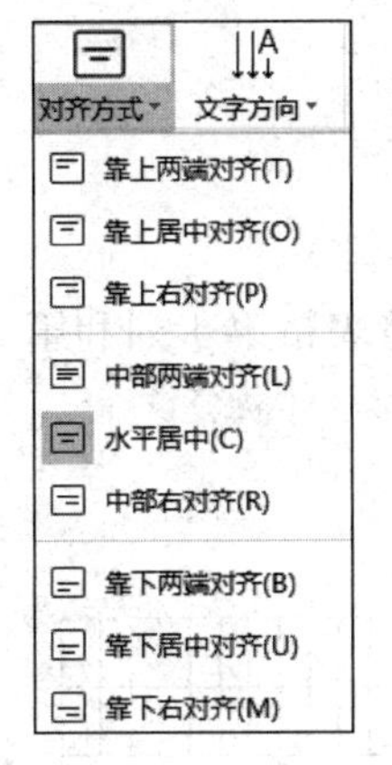

图 5-79　“水平居中”命令

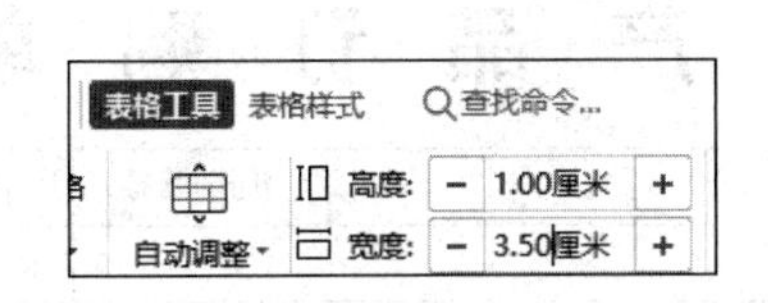

图 5-80　设置表格行高度和列宽度

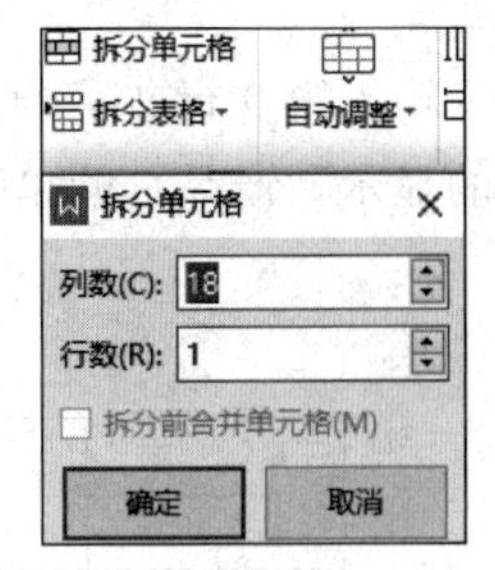

图 5-81　拆分单元格

选中第 2 行的第 2、3 列两个单元格，单击“表格工具”功能区中的“合并单元格”按钮，合并两个单元格；并将第 4 列拆分为 2 列，如图 5-82 所示。

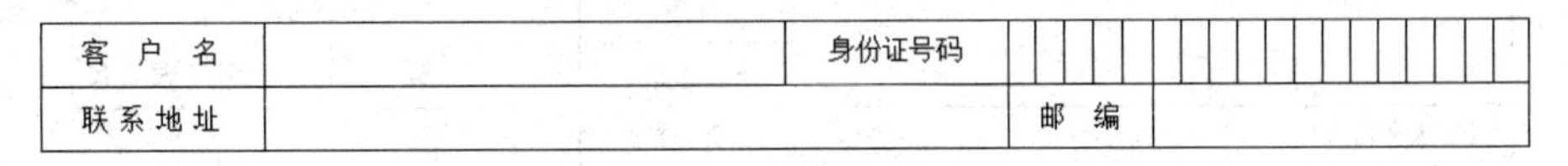

客 户 名		身份证号码	
联系地址		邮　编	

图 5-82　合并和拆分单元格

完成图 5-74 所示的第 3～5 行文字输入和表格合并，操作方法与前两行类似，不再赘述。

单击“表格样式”功能区，进行双线绘制，设置线型为“双线”，线型粗细为“0.75 磅”，如图 5-83 所示。单击“绘制表格”按钮，使用鼠标绘制第 4 行和第 5 行之间的间隔线，结果如图 5-84 所示。

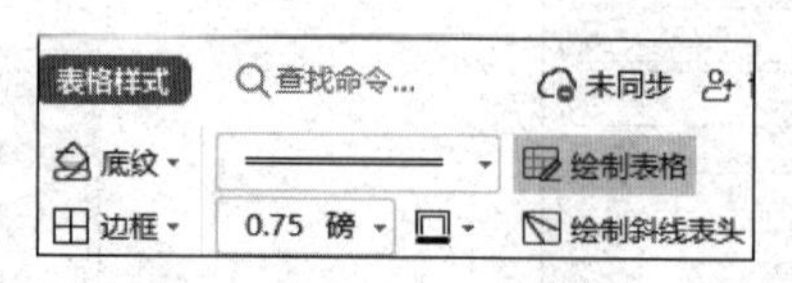

图 5-83　设置双线

特许人姓名		业务代码		
订单编号		经办人	购货总额	¥

图 5-84　绘制双线

使用“合并单元格”分别合并第 1 列第 6～8 行单元格和第 2 列第 6～8 行单元格。输入第 6 行文字“盖章：”并设置文字左对齐，第 7 行文字居中对齐，第 8 行文字右对齐。使用 边框 按钮将单元格间隔线设置为“无”，设置完成后显示为淡淡的虚线，如图 5-85 所示。

经办人	购货总额	¥
	盖章	
	客户签名：	
	年　月　日	

图 5-85　无间隔线效果显示

输入第 9 行文字，通过“段落”设置功能区中的中文版式调整表格第 1 列和第 3 列文字的显示，“产品订购单”表格完成效果如图 5-86 所示。

产　品　订　购　单

年　月　日

客户名		身份证号码		
联系地址			邮编	
开户行		账号		
特许人姓名		业务代码		
订单编号		经办人	购货总额	¥
			盖章	
			客户签名：	
			年　月　日	
客户业务代码		备注		

图 5-86　产品订购单完成效果图

任务 5.5　制作用户手册

任务目标：

1. 学会添加页眉、页脚及页码。
2. 学会样式与模板的创建和编辑。
3. 学会目录的制作和编辑。

子任务 5.5.1　为 WPS 文字文稿添加页眉、页脚及页码

页眉、页脚和文字文稿的正文分属不同的编辑区域。插入页眉、页脚及页码的操作通过“插入”功能区中的“页眉和页脚”“页码”按钮来完成，如图 5-87 所示。

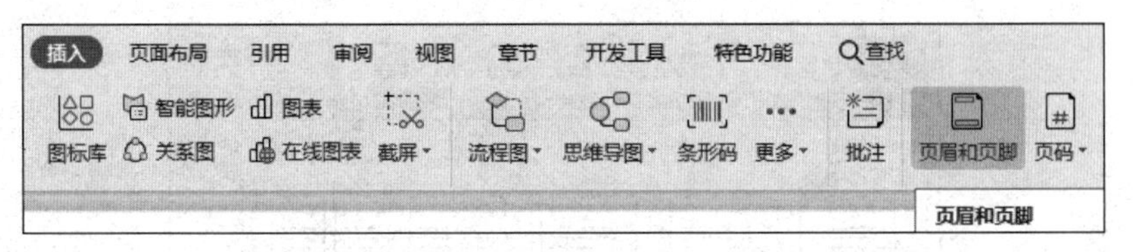

图 5-87　“插入”功能区的“页眉和页脚”“页码”按钮

首先创建一个文字文稿并保存为“用户手册.docx”，单击“插入”功能区下的“页眉和页脚”按钮，“页眉”编辑区在文字文稿中的顶端，如图 5-88 所示。“页脚”编辑区在文字文稿中的底端。

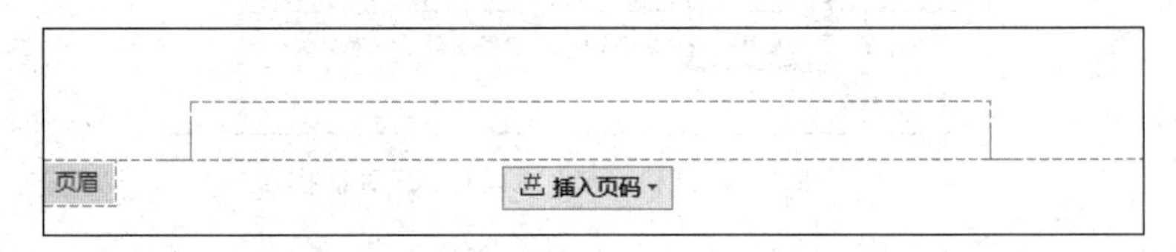

图 5-88　“页眉”编辑区

页眉位于文档页面的上方，页脚位于文档页面的下方。在功能区出现“页眉和页脚”功能区，包含的功能如图 5-89 所示。

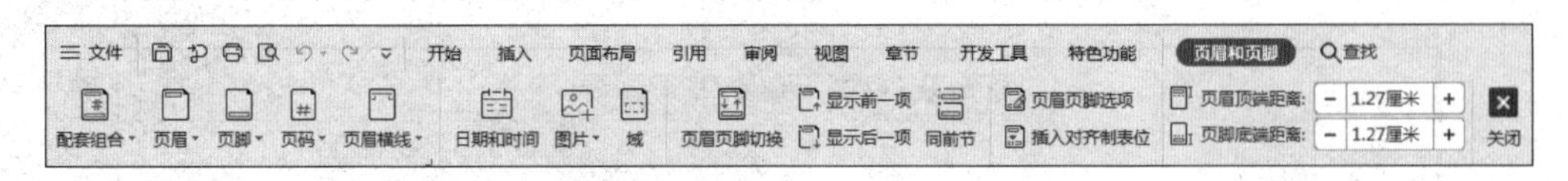

图 5-89　“页眉和页脚”功能区

然后设置页眉和页脚，如图 5-90 所示，在“页眉”编辑区中插入文字“摘要”，并设置格式：小四号字，居中对齐。

通过“页眉页脚切换”按钮可以切换到“页脚”编辑区，如图 5-91 所示。

在页眉/页脚中都可以进行文字输入、图片和页码插入等操作。下面在页脚中插入页码并设置为居中。单击“页眉和页脚”功能区中的“页码”按钮，弹出页眉和页脚“预设样式”对

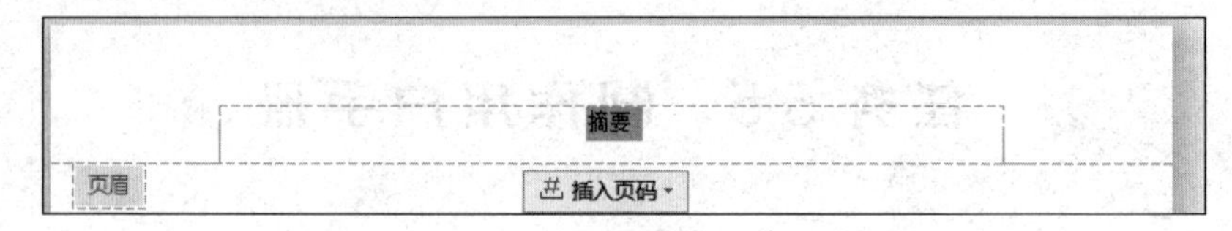

图 5-90　页眉格式设置

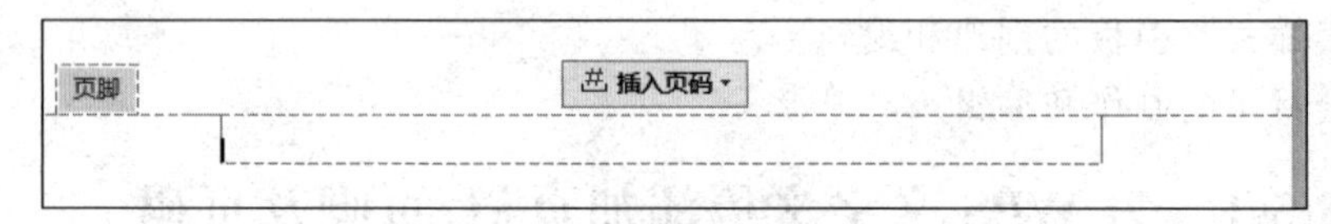

图 5-91　编辑页脚

话框,如图 5-92 所示。

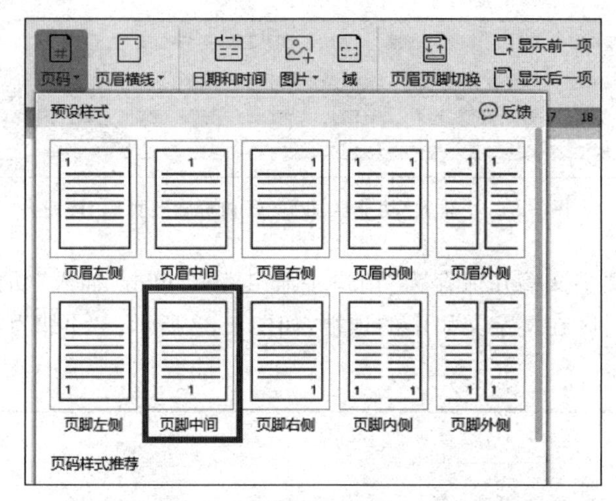

图 5-92　页眉和页脚“预设样式”对话框

最后设置页码样式。在页眉和页脚“预设样式”对话框中设置页码的样式、位置及应用范围,单击“页脚中间”选项。在“页脚”编辑区中间插入一个文本框,里面有一个页码“1”,单击文本框,可以在页码“1”字前后添加文字“第”和“页”,如图 5-93 所示,文本框里面内容变为“第 1 页”。选中后单击“开始”选项卡,切换到“开始”功能区,将字号设置为“五号”。

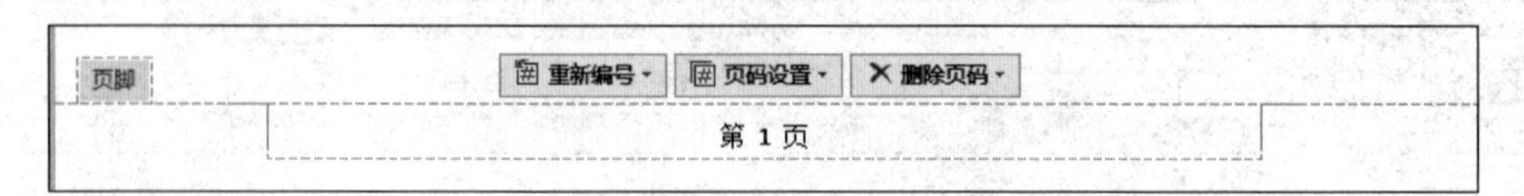

图 5-93　在页脚中间插入的页码

注意:页码“1”是自动插入的页码,如果增加一页,则下一页自动会变成“2”,不能是输入的数字。如果从键盘输入,则不会自动改变。

文档的每一节可以单独设置样式,每一节页码都可以从“1”重新开始编号。样式可以通过单击“页眉页脚选项”按钮,打开“页眉/页脚设置”对话框进行修改,如图 5-94 所示。

用户手册的首页没有页眉和页脚，选中“页面不同设置”栏中的“首页不同”复选框，单击“确定”按钮完成设置，如图 5-94 所示。

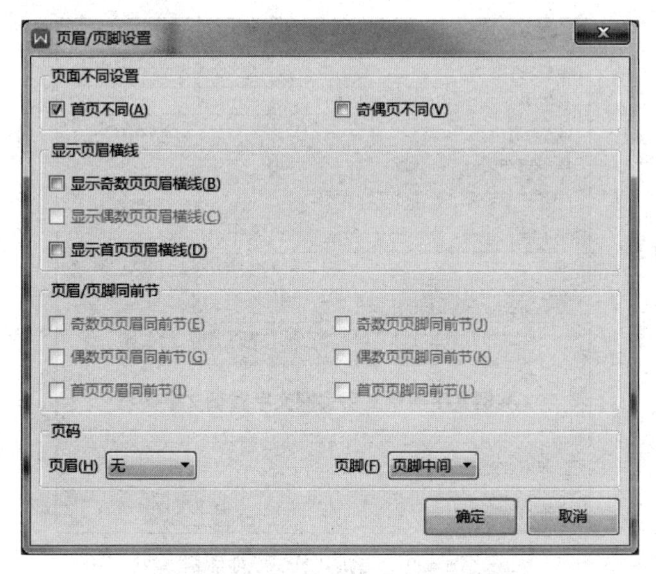

图 5-94　“页眉/页脚设置”对话框

单击 WPS 文字窗口左上角的快速访问工具栏“保存”按钮，保存文档。

子任务 5.5.2　样式与模板的创建和编辑

1. 样式

在文档“用户手册”中，标题采用同一种样式。

样式既是一组已命名的字符和段落格式的组合，又是一组排版格式特征的设置方案整合。一个“样式”能一次性存储对某个类型的文档内容所做的所有格式化设置，包括字体、段落、边框和编号等七组格式设置。WPS 文字的默认样式是“正文”“宋体”“五号”。

样式可以对文档的组成部分，如标题（章、节、标题）、文本（正文）、脚注、页眉、页脚提供统一的设置，以便统一管理文档中的格式。如果用户对某一段落进行了格式设置，而文档中的其他段落也要重复使用相同的格式，就可以把同样放入多种格式设置新建成样式并命名。利用“样式”自动完成所有格式的编排工作，对统一和美化文稿，提高 WPS 办公软件的编辑速度和编辑质量，都有实际的意义。

除了已经预定义了内置样式，用户也可以根据需要修改内置样式或重新定制样式。

2. 新建和修改样式

单击“开始”功能区中的“样式”列表框，可以显示包含的预设样式，单击“新样式”按钮，弹出“新样式”和“清除格式”下拉列表框，如图 5-95 和图 5-96 所示。

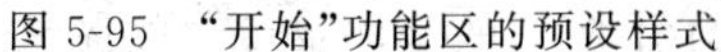

图 5-95　“开始”功能区的预设样式

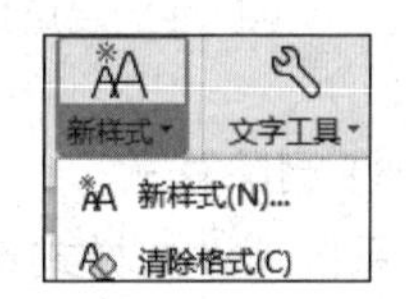

图 5-96　“新样式”按钮

1）新建样式

选择“新样式”命令，打开“新建样式”对话框，如图 5-97 所示，并做如下设置。

图 5-97 “新建样式”对话框

(1) 在“名称”文本框中输入“用户手册一级标题”。

(2) 在“样式基于”下拉列表框中选择“标题 1”选项。

(3) 在“后续段落样式”下拉列表框中选择“用户手册一级标题”选项。

(4) 在“格式”设置中选择“黑体，二号，加粗”，并单击“居中”按钮。

单击“确定”按钮，完成新样式“用户手册一级标题”的创建。

在“开始”功能区的“样式”组中可以选择刚创建的“用户手册一级标题”样式(一般位于最后一个)，如图 5-98 所示。使用相同方式可以创建用户手册的二级标题、三级标题和正文等样式。

2）修改样式

可以修改已经存在的样式，例如，右击样式组中的“正文”，会弹出如图 5-99 所示的快捷菜单。选择“修改样式”命令，弹出“修改样式”对话框，可以改变正文的字体为“宋体”，字号为“小四”，如图 5-100 所示。

图 5-98 “用户手册一级标题”样式

图 5-99 “修改样式”命令

3）删除样式

系统预设的样式不能删除而只能修改，但用户创建的样式可以删除。例如，右击样式组中的“用户手册一级标题”样式，会弹出如图 5-101 所示的快捷菜单。选择“删除样式”命令，弹出

图 5-100 修改正文样式

"删除样式"确认对话框,如图 5-102 所示,单击"确定"按钮,即完成用户自建样式的删除。

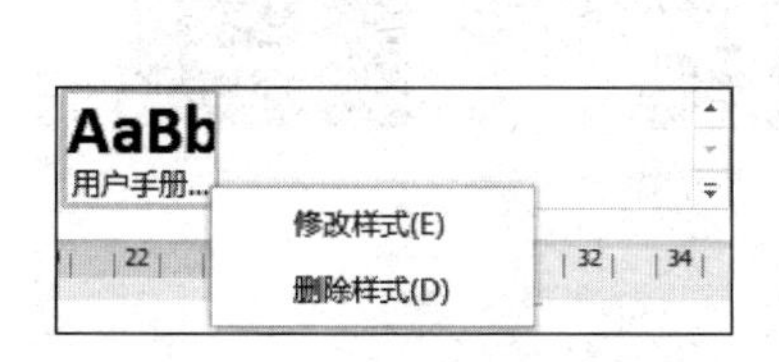

图 5-101 "删除样式"命令

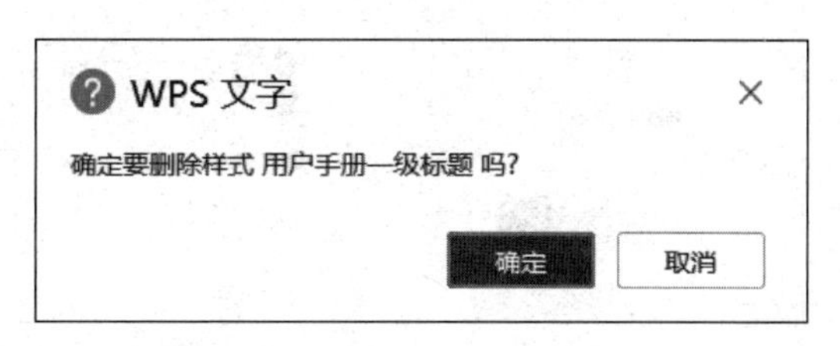

图 5-102 "删除样式"确认对话框

3. 模板

模板是一种预先设置好的包含公共内容排版样式的特殊文档,是包含固定格式设置和版式设置的模板文件。模板决定了文档的基本结构和文档格式设置。

文档模板所含设置仅适用于以模板为基础的文档。很多格式化的文稿模板内的固定格式都已确定,用户只需输入自己的信息,快速完成文档输入和编辑操作,也可以下载或创建文档模板。

1) 应用本机的模板

模板使用的第一种方式是在新建 WPS 文字文稿时选择"本机上的模板"或者"从默认模板新建"命令。如图 5-103 所示,在 WPS 文字文稿窗口的"文件"菜单中选择"新建"命令,弹出"从这里新建文档"子菜单;如果选择"本机上的模板"命令,会打开"模板"对话框,从其中选择一种模板并应用;如果选择"从默认模板新建"命令,则直接新建一个空白文字文稿。

用户还可以将编辑的文字文稿通过另存为"WPS 文字模板文件(*.wpt)"来创建新模板。例如,将子任务 5.3.4 制作的海报保存为"宣传海报.wpt"后,在"模板"对话框中就会显示"宣传海报"模板。

2) 应用推荐模板

模板使用的第二种方式是单击 WPS Office 工作界面顶部的加号(+),新建一个文档,

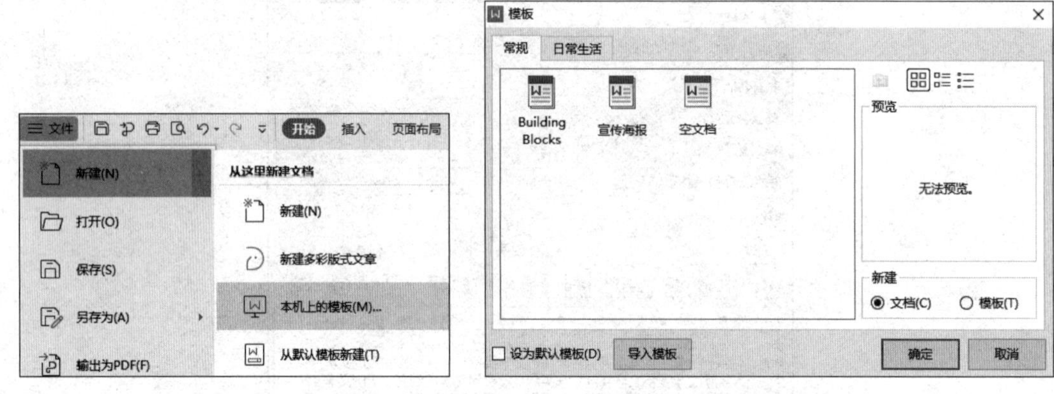

图 5-103　通过“本机上的模板”命令打开的“模板”对话框

选择“文字”,再使用 WPS 文字软件提供的推荐模板,如图 5-104 所示。

图 5-104　WPS 文字软件推荐的模板

注意:推荐模板分为收费模板和免费模板,需要 WPS 账号登录。

子任务 5.5.3　目录的制作和编辑

WPS 目录通过“引用”功能区的“目录”按钮进行制作。单击“目录”按钮,在展开的下拉列表框中有智能目录、自动目录、自定义目录和删除目录菜单项。智能目录、自动目录如图 5-105 所示。

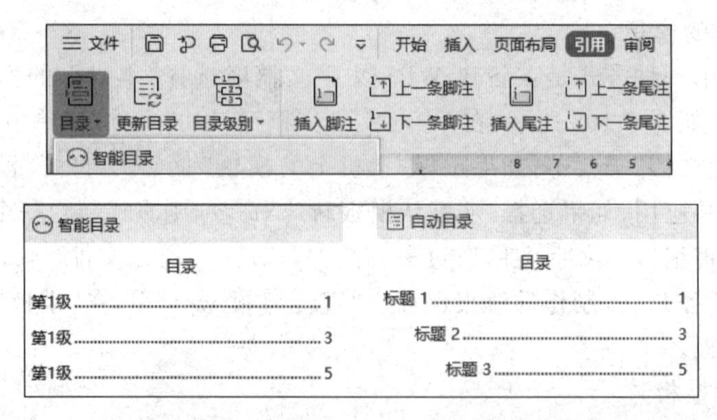

图 5-105　“引用”功能区的“目录”按钮展开的“智能目录”和“自动目录”样式

1. 制作目录

WPS文字有快捷目录功能。首先打开用户手册文档,将光标放在封面后一页处,单击"插入"功能区的"空白页"按钮插入1页;然后单击"引用"功能区的"目录"按钮,在展开的下拉列表框中单击"智能目录"命令。因为用户手册有一级标题、二级标题和三级标题,所以单击第三个目录样式就可以在文档中插入目录。

2. 更新目录

当标题发生了改动后,则需要更新目录。用户通过单击"引用"功能区的"更新目录"按钮,显示"更新目录"对话框,如图5-106所示,选中"更新整个目录"单选按钮,单击"确定"按钮,就可以更新目录。

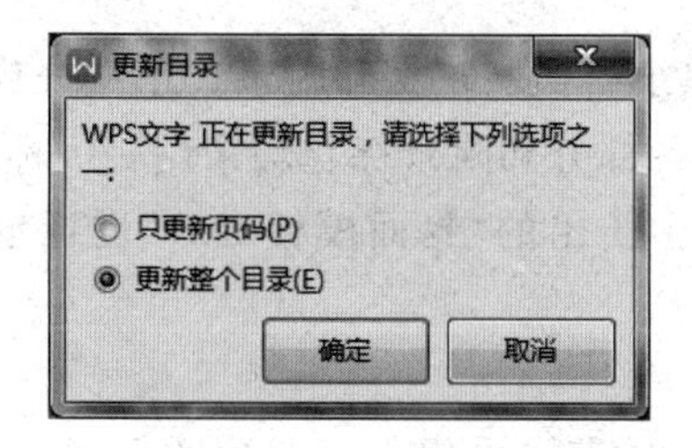

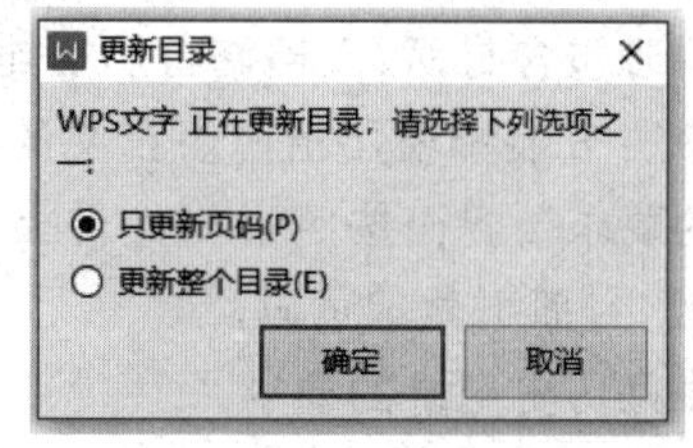

图5-106 "更新目录"对话框

如果标题没有发生变动,页码发生变化,选中"只更新页码"单选按钮,再单击"确定"按钮即可。

如果采用自动生成目录,可自定义目录。选中所需要生成目录的标题,单击"引用"功能区的"目录级别"按钮,在弹出的下拉列表框中选择需要的级别。单击"引用"功能区的"目录"按钮,在弹出的下拉列表框中选择"自动目录"命令,就可以自定义设置目录。

3. 更改目录的样式

单击"引用"功能区的"目录"按钮,在弹出的下拉列表框中选择"自定义目录"命令,弹出"目录"对话框,如图5-107所示。可以自定义更改制表符前导符的样式,显示级别,显示页码,页码右对齐,使用超链接等。

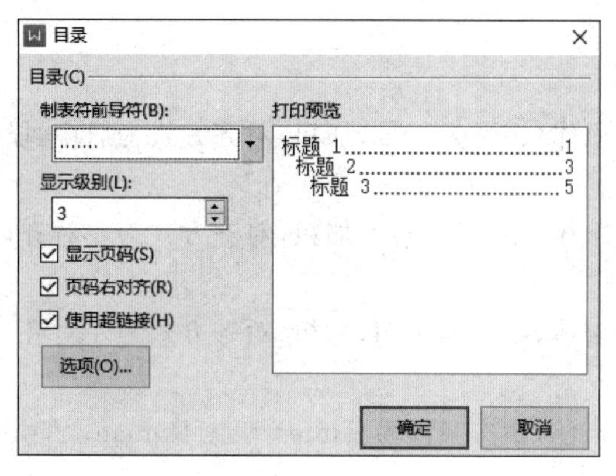

图5-107 "目录"对话框

4. 删除已生成的目录

单击"引用"功能区的"目录"按钮,在弹出的下拉列表框中选择"删除目录"命令,如

图 5-108 所示,即可删除目录。

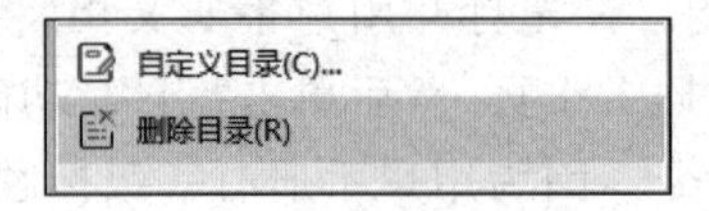

图 5-108 “删除目录”命令

子任务 5.5.4 制作用户手册

打开文档“用户手册.docx”,用 WPS 文字对用户手册进行编辑和排版。

1. 文档“用户手册”的编辑和排版要求

(1) 用户手册包含封面、文档修订历史纪录、目录、正文和附录。正文分为目的、软件概述、软件环境、软件安装和使用指南。正文的各部分和附录标题均采用一级标题样式。

(2) 封面的要求。封面按照素材文件夹中给出的“封面模板.dwt”进行创建,按照需要进行必要的修改,封面不显示页码。

(3) 文档修订历史记录的要求。

文档修订历史记录采用表格进行记录描述,表格采用 5 行 5 列的形式。所有框线采用 0.5 磅的实线。文字对齐方式水平居中,如图 5-109 所示。

日期	版本	说明	编制	审核
2021-01-15	1.0	创建		

图 5-109 文档修订历史记录效果

第一行为标题行从左向右各列文字如下:日期、版本、说明、编制、审核。

底纹的灰度为 75%。文字采用“宋体,10 号,加粗,左对齐,行距 1.15 倍”。

(4) 目录的要求:自动生成,宋体,小四号,对齐方式为右对齐;页眉为“目录”;页脚为希腊文单独编号。

(5) 正文。

一级标题:字体为黑体,字号为三号,加粗,对齐方式为居中,段前 6 磅,段后 3 磅,行距为 1.5 倍。

二级标题:字体为宋体,字号为四号,加粗,对齐方式为左对齐,段前 6 磅,段后 3 磅,行距为 1.25 倍。

三级标题:字体为宋体,字号为小四,加粗,对齐方式为左对齐,段前 6 磅,段后 3 磅,行距为 1.25 倍。

正文:中文字体为宋体,西文字体为 Times New Roman,字号均为小四,首行缩进 2 个字符,行距为 1.15 倍。

页脚:阿拉伯数字居中。

(6) 页面设置与纸张打印:采用 A4 纸张大小,纸张方向为默认的纵向,上下页边距为 2.54 厘米,左右页边距为 1.91 厘米;装订线位置为左,装订线宽为 0.5 厘米;页眉、页脚采用宋体、五号，居中显示。

本次任务中主要涉及页面设置、样式的创建和应用、模板的应用、目录的生成、页眉和页脚的设置、分页符和分节符的使用等操作。

2. 制作文档“用户手册”

1）模板的应用

在 WPS 文字文稿窗口上选择“文件”→“新建”→“从这里新建文档”→“本机上的模板”命令，打开“模板”对话框，从中选择“用户手册封面”，单击“确定”按钮，创建文字文稿，并保存为“用户手册.docx”。如果有相同文档，则替换之。

2）页面设置

单击“页面布局”功能区中的“纸张大小”按钮，设置纸张为 B5(JIS)。

单击“页面布局”功能区右下角“┘”(“对话框启动器”按钮)，打开“页面设置”对话框，如图 5-110 所示，完成页边距和装订线的相关设置。

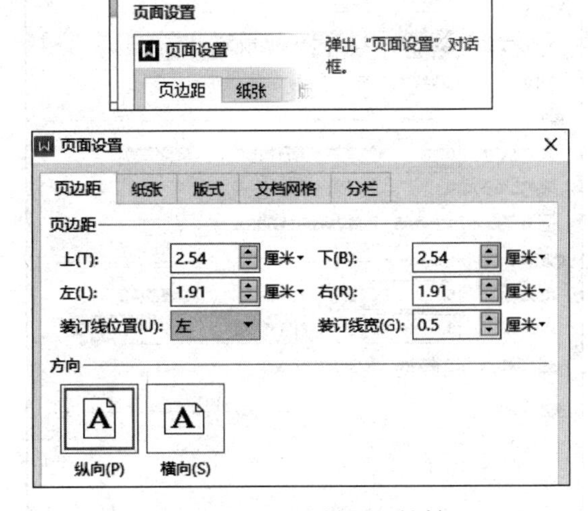

图 5-110　“页面设置”对话框

3）表格制作

参照子任务 5.4.1 的操作，完成“文档修订历史记录”表的制作。“文档修订历史记录”表的结果如图 5-109 所示。

4）样式的创建

参照子任务 5.5.2 的操作，在“新建样式”对话框中新建“用户手册一级标题”样式，如图 5-111 所示。

在“新建样式”对话框中单击“格式”按钮，在打开的“段落”对话框中选择“缩进和间距”选项卡，在“对齐方式”下拉列表框中选择“居中对齐”；在“大纲级别”下拉列表框中选择“1 级”，在“行距”下拉列表框中选择“1.5 倍行距”，设置“段前”间距为“6 磅”，“段后”间距为“3 磅”，如图 5-112 所示。

单击“确定”按钮，返回“新建样式”对话框；再次单击“确定”按钮，就完成了一级标题的创建。参照一级标题完成二级、三级标题、正文样式的创建。

二级标题：字体为宋体，字号为四号，加粗，对齐方式为左对齐，段前 6 磅，段后 3 磅，行

新建样式
属性
名称(N):
用户手册一级标题
样式类型(T):
段落
样式基于(B):
标题 1
后续段落样式(S):
正文
格式
黑体
三号
B
I
中文
1.5 倍行距

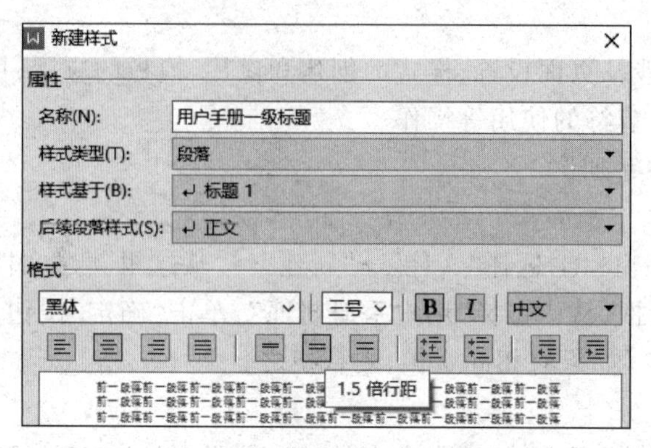

图 5-111 “新建样式”对话框

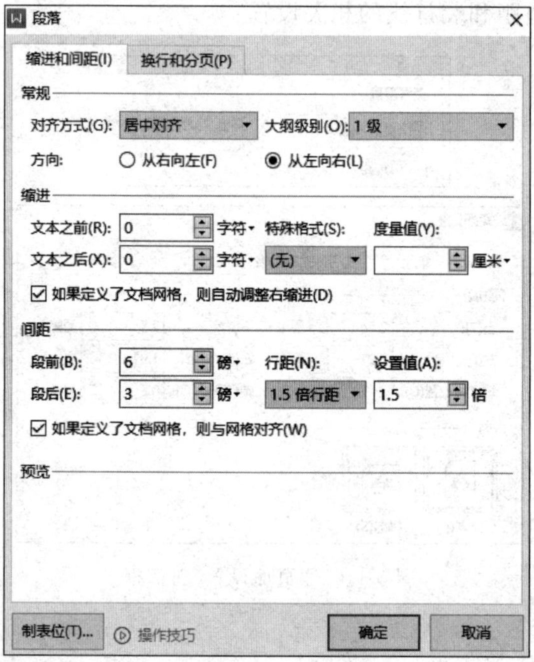

段落
缩进和间距(I)
换行和分页(P)
常规
对齐方式(G):
居中对齐
大纲级别(O):
1 级
方向:
从右向左(F)
从左向右(L)
缩进
文本之前(R):
0
字符
特殊格式(S):
度量值(Y):
文本之后(X):
0
字符
(无)
厘米
如果定义了文档网格，则自动调整右缩进(D)
间距
段前(B):
6
磅
行距(N):
设置值(A):
段后(E):
3
磅
1.5 倍行距
1.5
倍
如果定义了文档网格，则与网格对齐(W)
预览
制表位(T)...
操作技巧
确定
取消

图 5-112 “段落”对话框

距为 1.25 倍。

三级标题：字体为宋体，字号为小四，加粗，对齐方式为左对齐，段前 6 磅，段后 3 磅，行距为 1.25 倍。

正文：中文字体为宋体，西文字体为 Times New Roman，字号均为小四，首行缩进 2 个字符，行距为 1.15 倍。

5）输入和编辑正文

在文档中输入正文“目的”等内容（具体内容见素材文本）。正文的各部分和附录标题均采用一级标题样式，部分正文内容如图 5-113 所示。

6）插入分页符和分节符

封面不显示页码；第二页为“文档修订历史记录”，要求以单独页显示。通过插入“下一

1. 目的

《用户手册》将向用户介绍某公司管理软件，并帮助用户迅速安装和运行该软件。通过本手册，您将学会如何使用该软件完成项目管理的流程控制和相关信息的统计，并为您提供软件使用过程中遇到的问题的解决办法以及获得资源与帮助的渠道。

1.1. 阅读对象

本手册的编写对象为期望通过 Intranet 或 Internet 进行动态数据操作的用户。手册中也为不太熟悉 Internet 的用户提供了基本的教程。

1.2. 如何使用本手册

您既可按顺序阅读每一章，也可根据索引中的词条直接获得所需的信息。下表可以指导您使用本手册。

如果您是	请阅读
新用户	附录 "如何使用IE访问系统"
系统管理员	第4章 软件安装
公司用户、管理部门人员	第5章 使用指南

表1-1 用户导读

1.3. 相关文档

某公司管理软件提供了纸制印刷文档（本手册）与在线格式的用户手册。如果本手册与在线用户手册有区别，您应按在线用户手册的说明进行操作。本手册的版本为1.0 版，本手册将随着软件的升级不断地更新，并通过网络为您提供最新的在线格式的用户手册。

1.4. 约定

本手册假定您对计算机基本操作、访问互联网有基本的了解。

图 5-113　输入和编辑正文

页分节符”来实现。单击封面页的最后一行，单击“插入”功能区中的“分页”按钮，在下拉菜单中选择“下一页分节符”命令，创建新的 1 页并单击。

7）目录的生成

正文“目的”输入完成后，单击“引用”功能区中的“目录”按钮，在弹出的下拉列表框中选择“自定义目录”命令，此时弹出“目录”对话框，可创建如图 5-114 所示目录。

目录

1. 目的......3
1.1. 阅读对象......3
1.2. 如何使用本手册......3
1.3. 相关文档......3
1.4. 约定......3

图 5-114　自动创建目录

8）页眉和页脚的设置

用户手册的首页没有页眉和页脚。在文档窗口的“页眉”编辑区双击，在出现的“页眉和页脚”功能区单击“页眉页脚选项”按钮，打开“页眉/页脚设置”对话框。如图 5-115 所示，选中“页面不同设置”栏中的“首页不同”复选框，单击“确定”按钮完成设置。

在目录的“页眉”编辑区双击，编辑页眉，输入文字“目录”，如图 5-116 所示。

在“页眉和页脚”功能区单击同前节按钮，取消选中状态，则只在当前节显示“目录”页眉，本节页眉和页脚单独编号。

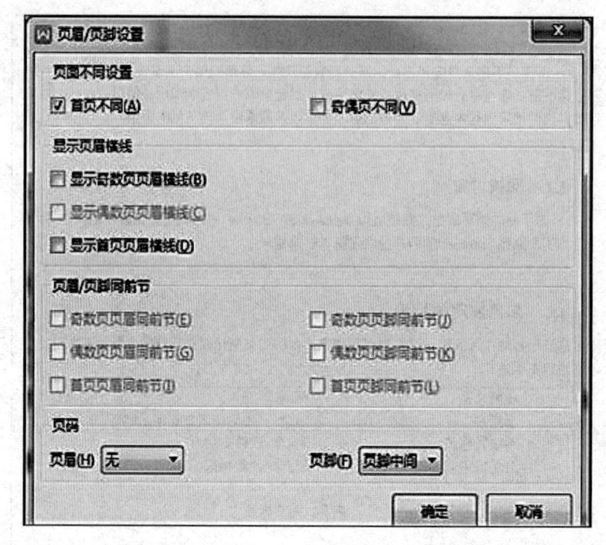

图 5-115　在“页眉/页脚设置”对话框中选中“首页不同”复选框

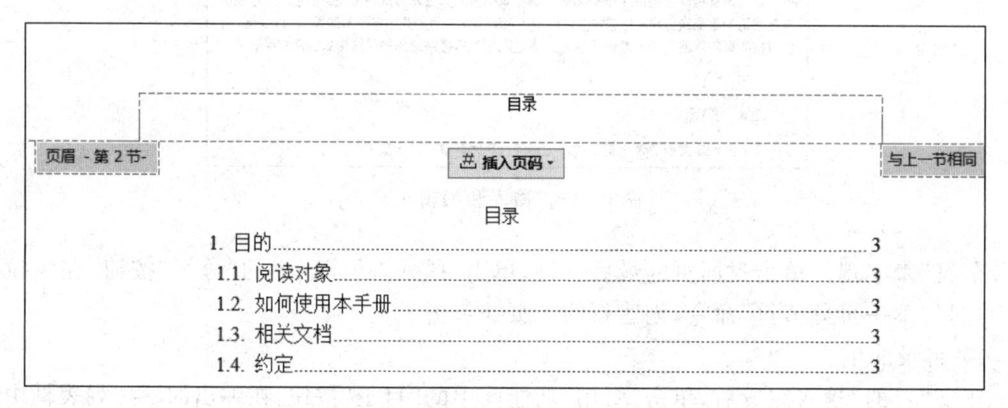

图 5-116　编辑页眉

如图 5-117 所示,在“页眉和页脚”功能区单击按钮,切换到“页脚”编辑区。单击“页脚”编辑区中的“插入页码”按钮,弹出如图 5-118 所示的对话框,在“插入页码”对话框中将页码“样式”选择为“Ⅰ,Ⅱ,Ⅲ”希腊文编号格式,在“应用范围”栏选中“本节”单选按钮,并应用到本节,如图 5-118 所示。

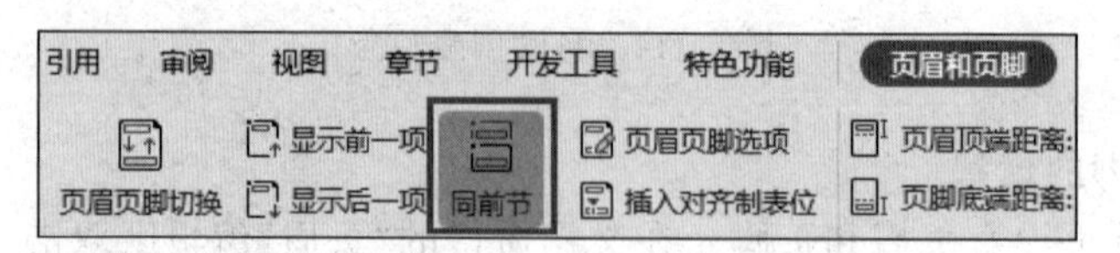

图 5-117　“页眉和页脚”功能区中的“同前节”按钮

注意:如果显示的页眉、页脚和页码有改变,可以使用“插入”功能区的“分页”按钮,通过插入分节符进行设置。

文档“用户手册”完成后部分内容如图 5-119 所示。

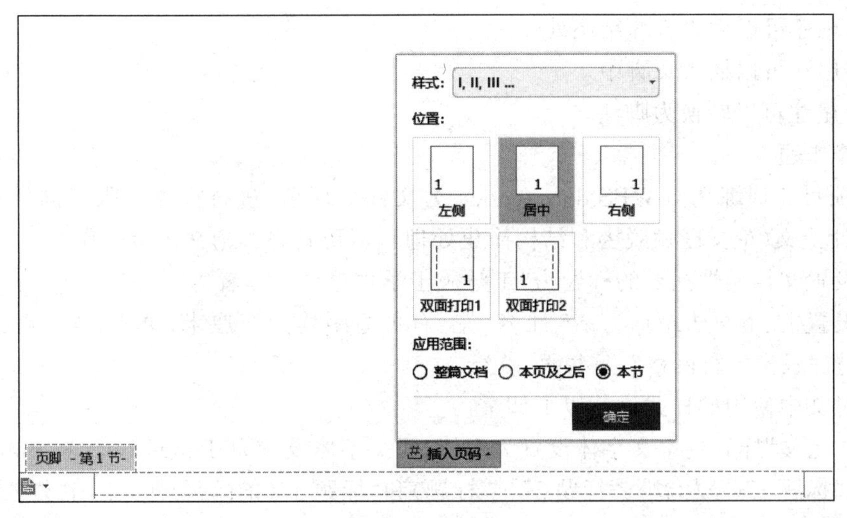

图 5-118　“页脚”编辑区及“插入页码”对话框

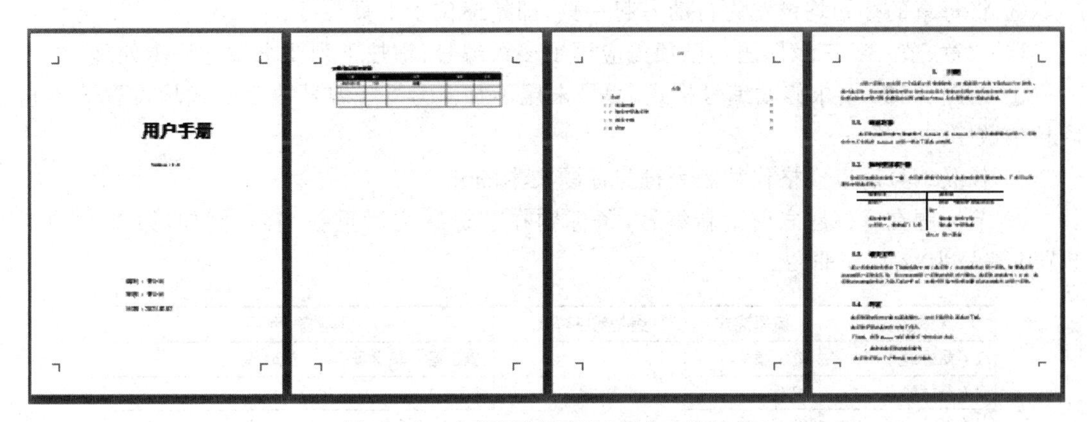

图 5-119　文档“用户手册”部分内容效果

习　　题

一、单选题

1. WPS 文字中，为了将一部分文本内容移动到另一个位置，首先要进行的操作是(　　)。

   A. 光标定位　　B. 选定内容　　C. 复制　　D. 粘贴

2. WPS 文字中，针对设置段落间距的操作，下列说法正确的是(　　)。

   A. 一旦设置，即全文生效

   B. 如果没有选定文字，则设置无效

   C. 如果选定了文字，则设置只对选定文字所在的段落有效

   D. 一旦设置，不能更改

3. 在 WPS 文字中，关于尾注说法错误的是(　　)。

   A. 尾注可以插入文档的结尾处

B. 尾注可以插入节的结尾处

C. 尾注可以插入页脚中

D. 尾注可以转换为脚注

二、操作题

打开项目5训练文档WPS.docx(.docx为文件扩展名)进行操作。张三同学撰写了硕士毕业设计论文(论文已做脱密和结构简化处理),请帮其完善论文排版工作。

(1) 设置文档属性摘要的标题为“工学硕士学位论文”,作者为“张三”。

(2) 设置上、下页边距均为2.5厘米,左、右页边距均为3厘米;页眉、页脚距边界均为2厘米;设置“只指定行网格”,且每页33行。

(3) 对文中使用的样式进行以下调整。

① 将“正文”样式的中文字体设置为宋体,西文字体设置为Times New Roman。

② 将“标题1”(章标题)、“标题2”(节标题)和“标题3”(条标题)样式的中文字体设置为黑体,西文字体设置为Times New Roman。

③ 将每章的标题均设置为自动另起一页,即始终位于下页首行。

(4)“章、节、条”三级标题均已预先应用了多级编号,请按下列要求做进一步处理。

① 按图5-120要求修改编号格式,编号末尾不加点号“.”,编号数字样式均设置为半角阿拉伯数字(1,2,3,…)。

② 各级编号后以空格代替制表符与标题文本隔开。

③ 节标题在章标题之后重新编号,条标题在节标题之后重新编号,例如,第2章的第1节应编号为“2.1”而非“2.2”。

标题级别	编号格式	编号数字样式	标题编号示例
1(章标题)	第①章	1,2,3,…	第1章、第2章、…、第n章
2(节标题)	①.②		1.1、1.2、…、n.1、n.2
3(条标题)	①.②.③		1.1.1、1.1.2、…、n.1.1、n.1.2

图5-120　多级编号格式要求

(5) 对参考文献列表应用自定义的自动编号以代替原先的手动编号,编号用半角阿拉伯数字置于一对半角方括号“[ ]”中(如“[1]、[2]、…”),编号位置设为顶格左对齐(对齐位置为0厘米)。然后,将论文第1章正文中的所有引注与对应的参考文献列表编号建立交叉引用关系,以代替原先的手动标示(保持字样不变),并将正文引注设为上角标。

(6) 请使用题注功能,按下列要求对第4章中的3张图片分别应用按章连续自动编号,以代替原先的手动编号。

① 图片编号应形如“图4-1”等,其中连字符“-”前面的数字代表章号,“-”后面的数字代表图片在本章中出现的次序。

② 图片题注中,标签“图”与编号“4-1”之间要求无空格(该空格需生成题注后再手动删除),编号与图片名称以一个半角空格隔开。

③ 修改“图片”样式的段落格式,使正文中的图片始终自动与其题注所在段落位于同一页面中。

④ 在正文中通过交叉引用为图片设置自动引用其图片编号,替代原先的手动编号(保

持字样不变)。

(7) 参照图5-121所示的"三线表"样式美化论文第2章中的"表2-1"。

① 根据内容调整表格列宽,并使表格适应窗口大小,即表格左右恰好充满版心。

② 按图示样式合并表格第一列中的相关单元格。

③ 按图示样式设置表格边框,上、下边框线为1.5磅粗黑线,内部横框线为0.5磅细黑线。

④ 设置表格标题行(第1行)在表格跨页时能够自动在下页顶端重复出现。

表2-1 CBC-PA复合材料的材料参数

材料CBC-PA	体积密度/(g/cm^3)	孔隙度/%	CBC体积分数/vol.%	PA体积分数/vol.%
CBC-PA1	0.247	81.9	7.40	10.70
	0.288	79.4	10.20	10.40
CBC-PA3	0.312	78.0	12.00	10.00
	0.314	77.8	12.00	10.20
CBC-PA5	0.319	77.4	12.00	10.60
	0.346	75.9	14.20	9.90

图5-121 "三线表"样式

(8) 为论文添加目录,具体要求如下:

① 在论文封面页之后、正文之前引用自动目录,包含1~3级标题。

② 使用格式刷将"参考文献"标题段落的字体和段落格式完整应用到"目录"标题段落,并设置"目录"标题段落的大纲级别为"正文文本"。

③ 将目录中的1级标题段落设置为黑体小四号,2级和3级标题段落设置为宋体小四号,英文字体全部设置为Times New Roman,并且要求这些格式在更新目录时保持不变。

(9) 将论文分为封面页、目录页、正文章节、参考文献页共4个独立的节,每节都从新的一页开始(必要时删除空白页,使文档不超过8页),并按要求对各节的页眉/页脚分别独立编排。

① 封面页不设页眉横线,文档的其余部分应用任意"上粗下细双横线"样式的预设页眉横线。

② 封面页不设页眉文字,目录页和参考文献页的页眉处添加"工学硕士学位论文"字样,正文章节页的页眉处设置"自动"获取对应章标题(含章编号和标题文本,并以半角空格隔开,例如,正文第1章的页眉字样应为"第1章 绪论"),且页眉字样居中对齐。

③ 封面页不设页码,目录页应用大写罗马数字页码(Ⅰ,Ⅱ,Ⅲ,…),正文章节页和参考文献页统一应用半角阿拉伯数字页码(1,2,3,…)且从数字1开始连续编码。页码数字在页脚处居中对齐。

(10) 论文第3章中的公式段落已预先应用了样式"公式",请修改该样式的制表位格式,实现将正文公式内容在20字符位置处居中对齐,公式编号在40.5字符位置处右对齐。

(11) 为使论文打印时不跑版,请先保存WPS.docx文字文档,然后使用"输出为PDF"功能在源文件目录下将其输出为带权限设置的PDF格式文件,权限设置为"禁止更改"和

“禁止复制”，权限密码设置为三位数字“123”(无须设置文件打开密码)，其他选项保持默认即可。

习题参考答案

项目 6　使用 WPS 表格

本项目核心内容

1. 了解电子表格的应用场景，熟悉相关工具的功能和操作界面。

2. 掌握新建、保存、打开和关闭工作簿，切换、插入、删除、重命名、移动、复制、冻结、显示及隐藏工作表等操作。

项目 6 学习任务思维导图

3. 掌握单元格、行和列的相关操作，掌握使用控制句柄、设置数据有效性和设置单元格格式的方法。

4. 掌握数据录入的技巧，如快速输入特殊数据，使用自定义序列填充单元格，快速填充和导入数据，掌握格式刷、边框、对齐等常用格式设置。

5. 熟悉工作簿的保护、撤销保护和共享，工作表的保护、撤销保护，工作表的背景、样式、主题设定。

6. 理解单元格绝对地址、相对地址的概念和区别，掌握相对引用、绝对引用、混合引用及工作表外单元格的引用方法。

7. 熟悉公式和函数的使用，掌握平均值、最大/最小值、求和、计数等常见函数的使用。

8. 了解常见的图表类型及电子表格处理工具提供的图表类型，掌握利用表格数据制作常用图表的方法。

9. 掌握自动筛选、自定义筛选、高级筛选、排序和分类汇总等操作。

10. 理解数据透视表的概念，掌握数据透视表的创建、更新数据、添加和删除字段、查看明细数据等操作，能利用数据透视表创建数据透视图。

11. 掌握页面布局、打印预览和打印操作的相关设置。

任务 6.1　WPS 表格基础知识

任务目标：

1. 掌握 WPS 表格的启动与退出方式。

2. 了解电子表格的基本概念、组成元素。

3. 熟悉 WPS 表格的工作界面。

子任务 6.1.1　WPS 表格的启动与退出

1. WPS 表格的启动

启动 WPS 表格的方法很多，下面主要介绍以下三种。

(1) 选择“开始”菜单→“所有程序”→WPS Office→“WPS 表格”命令，可启动 WPS 表格。

(2) 利用桌面上的快捷图标。在桌面上双击 WPS Office 办公软件快捷方式图标，启动 WPS Office 一站式办公平台后，新建“表格”，也可启动 WPS 表格。

(3) 打开已有的 WPS 电子表格文档，同时启动了 WPS 表格。

2. WPS 表格的退出

退出 WPS 表格工作窗口的方法很多，常用的有：

(1) 单击 WPS 表格窗口中的“文件”选项卡，单击“退出”选项。

(2) 单击 WPS 表格窗口右上角的☒按钮。

(3) 按 Alt+F4 组合键。

在退出 WPS 表格之前，文档如果还未存盘，在退出之前，系统会提示是否将正在编辑的文档存盘。

子任务 6.1.2　WPS 表格的基本概念、组成元素

电子表格处理是信息化办公的重要组成部分，在数据分析和处理中发挥着重要的作用，广泛应用于财务、管理、统计、金融等领域。电子表格处理包含工作表和工作簿操作、公式和函数的使用、图表分析展示数据、数据处理等内容。

WPS 表格广泛应用于人事统计、财务管理、信息分析和科学计算等领域。

1. WPS 表格的基本组成元素

如图 6-1 所示，一个完整的 WPS 表格文档主要由 3 个元素组成：工作簿、工作表和单元格。这 3 个部分相辅相成、缺一不可。工作簿、工作表、单元格是 WPS 表格的基本组成元素。

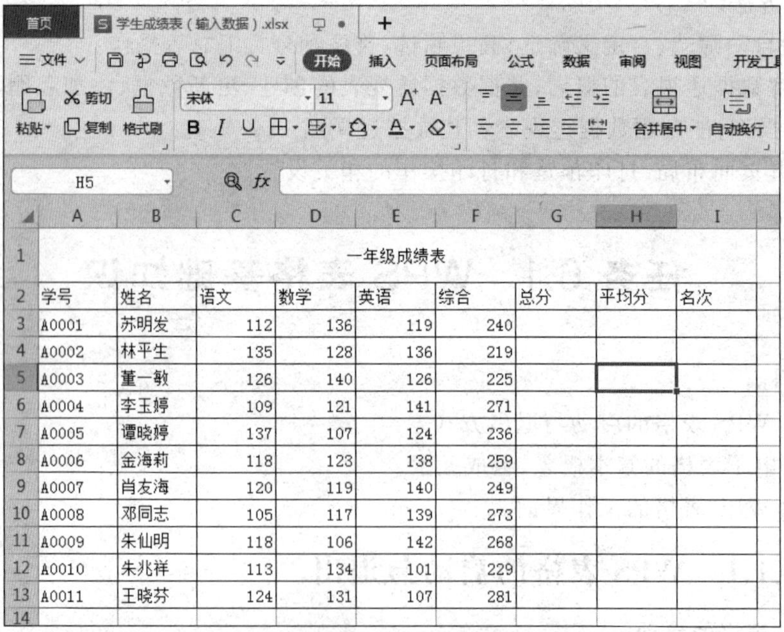
首页
学生成绩表(输入数据).xlsx
文件
开始
插入
页面布局
公式
数据
审阅
视图
剪切
复制
格式刷
粘贴
宋体
11
合并居中
自动换行
H5
fx
一年级成绩表
学号 姓名 语文 数学 英语 综合 总分 平均分 名次
A0001 苏明发 112 136 119 240
A0002 林平生 135 128 136 219
A0003 董一敏 126 140 126 225
A0004 李玉婷 109 121 141 271
A0005 谭晓婷 137 107 124 236
A0006 金海莉 118 123 138 259
A0007 肖友海 120 119 140 249
A0008 邓同志 105 117 139 273
A0009 朱仙明 118 106 142 268
A0010 朱兆祥 113 134 101 229
A0011 王晓芬 124 131 107 281

图 6-1　WPS 表格

1）工作簿

工作簿是WPS表格用来处理和存储数据的文件，扩展名为.xlsx，是工作表的集合体。每个工作簿中至少要包含一张工作表，可以插入若干张工作表。

2）工作表

工作表是WPS表格的工作平台，它是显示在工作簿窗口中的表格，又称电子表格。工作簿中的一页，是一张由行和列组成的二维表，工作表由一个个单元格组成。

3）单元格

单元格是WPS表格中最小的组成元素，是由工作表中的行列边框线交叉所围成的方格区域，它是WPS表格用于存放数据的基本单位。

工作簿、工作表、单元格三者的关系是包含与被包含的关系，即单元格是工作表的组成元素，工作表是工作簿的组成元素。工作簿就是一个含有一张张工作表的WPS表格文件，工作表是WPS表格完成工作的基本单位，工作簿用工作表处理和存储数据。

工作表是WPS表格进行表格处理的基础，是一张由行和列组成的二维表格。行号用阿拉伯数字表示，列号（列标）用大写英文字母表示。

每个单元格由唯一的地址来标识，地址由列号和行号构成，先列后行，称为单元格地址。例如，第8行第5列所在的这个单元格地址用E8来标识，即E8单元格。在图6-1所示的WPS表格中，数据“姓名”在B2单元格。

2. WPS电子表格的功能

（1）制作电子表格。

（2）数据处理和数据链接。

（3）用公式与函数进行数据计算与统计。

（4）图表生成、创建迷你图。

（5）格式化和打印表格。

（6）具有排序、筛选、汇总等数据分析和管理功能。

（7）可以实现数据交换、录制宏、开发应用系统。

（8）数据网上共享和协同工作。

子任务6.1.3 WPS表格的工作界面

WPS表格的窗口组成主要有快速访问工具栏、标题栏、功能区（包含选项卡与命令按钮）、编辑栏、滚动条、工作区、行号与列标、活动单元格、工作表标签、状态栏等，如图6-2所示。

1. 快速访问工具栏

快速访问工具栏位于WPS表格工作界面的左上方，如图6-3所示，用于快速执行一些操作。使用过程中用户可以根据工作需要单击快速访问工具栏中的▼按钮来添加或删除快速访问工具栏中的工具。默认情况下，快速访问工具栏中包括3个按钮：保存、撤销、恢复。

2. 标题栏

标题栏位于WPS表格工作界面的最上方，用于显示当前正在编辑的电子表格和程序名称。拖动标题栏可以改变窗口的位置，用鼠标双击标题栏可以最大化或还原窗口。单击

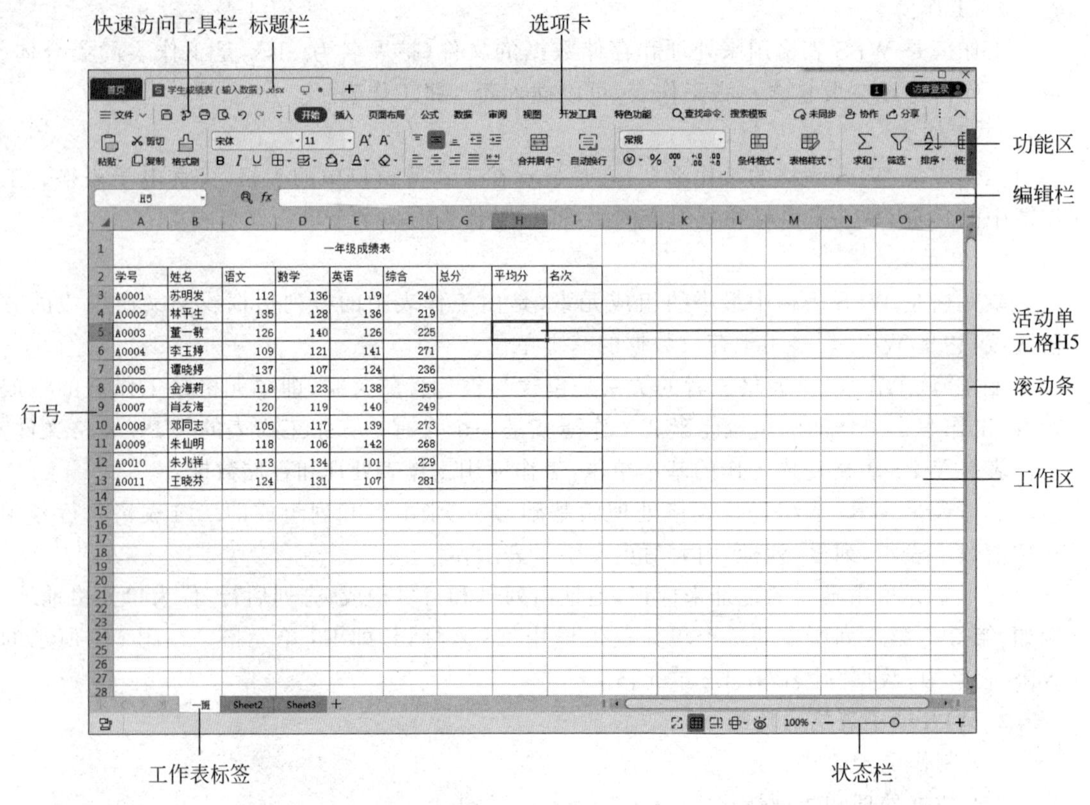

图 6-2　WPS 表格窗口组成

标题栏右侧的三个窗口控制按钮,可将程序窗口最小化、还原、最大化或关闭。标题栏最左边(窗口左上角)是 WPS 表格的程序标识,双击该图标则可以关闭当前窗口。

图 6-3　快速访问工具栏

3. 选项卡与功能区

WPS 表格选项卡栏类似 Windows 的菜单。默认情况下,WPS 表格界面提供 8 个选项卡,从左到右依次为文件、开始、插入、页面布局、公式、数据、审阅和视图,功能区可以隐藏后只显示选项卡名称。单击选择一个选项卡,则在其下方会展开对应的功能区面板,再单击某个选项卡名称时会切换到与之相对应的功能区。每个功能区中包含不同的命令按钮。“开始”功能区包含的命令按钮如图 6-4 所示。

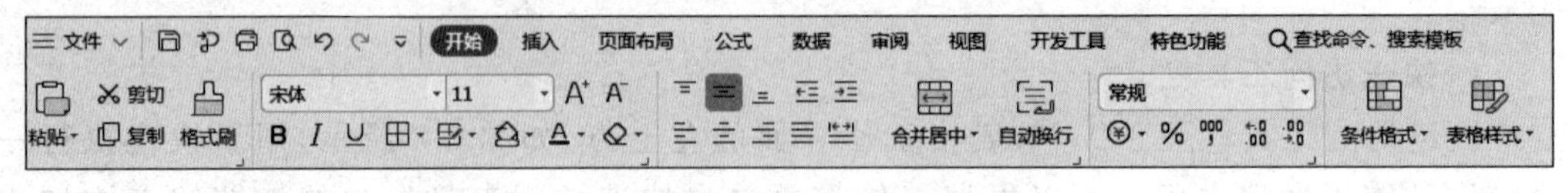

图 6-4　“开始”功能区

4. 工作区

工作区位于 WPS 表格程序窗口的中间是输入数据进行处理的主要工作区域。

5. 编辑栏

如图 6-5 所示,编辑栏由名称框、编辑工具按钮和编辑框三部分组成。当选择单元格或区域时，相应的单元格或区域名称即显示在名称框中。

名称框显示当前所在单元格或单元格区域的名称(引用)。

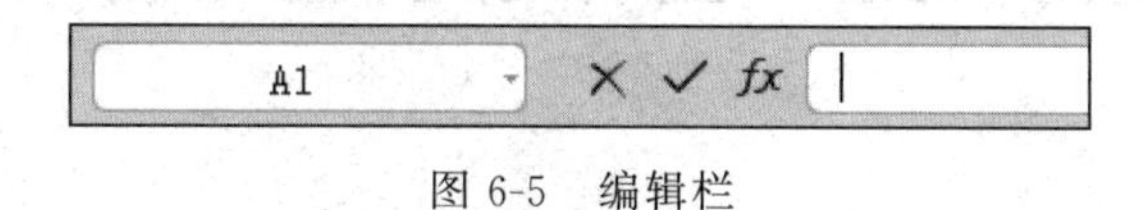

图 6-5 编辑栏

编辑工具"√"按钮的功能是"确认"，"×"按钮的功能是"取消"，fx 按钮的功能是插入函数按钮。

在编辑框可编辑、修改和显示在单元格中输入的数据和公式。在单元格输入数据时，输入的内容都将显示在此框中。

6. 滚动条

滚动条分为垂直滚动条和水平滚动条。屏幕的显示区域是有限的，即使窗口放到最大化，仍然不一定能显示出整张工作表的内容。通过上下或左右拖动滚动条，信息量多于工作区的大小时，可以移动滚动条来浏览工作表中位于工作区以外的其他信息。

7. 活动单元格

活动单元格即为当前选定或者正在操作的单元格。在工作表中正在使用的单元格周围有一个黑色粗线方框▭。单元格是工作表中数据编辑的基本单位。

8. 工作表标签

工作表标签位于 WPS 表格工作界面的左下方。工作表标签用来识别工作表的名称。工作表标签导航栏会显示工作表名，系统默认工作表名为 Sheet1、Sheet2、Sheet3。当前工作表的标签呈反白显示，其内容显示在当前工作区中。单击工作表标签左侧的工作表浏览按钮，可以查看工作表。

9. 状态栏

状态栏位于 WPS 表格"编辑区"窗口的底部，如图 6-6 所示，显示当前编辑文档的相关信息。

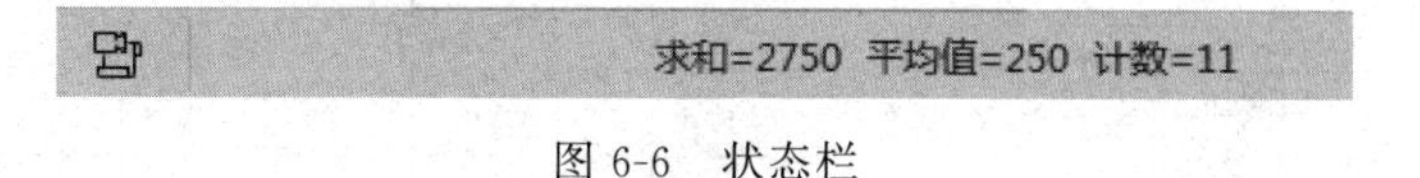

图 6-6 状态栏

状态栏可以显示文档的单元格模式、改写和插入模式、页码、视图模式、显示比例缩放等辅助功能。

视图模式区有三个按钮：普通、页面布局、分页。

状态栏中显示哪些信息可以自定义。例如，右击状态栏，弹出"自定义状态栏"快捷菜单，选中其中的"平均值"和"求和"，则当选中的多个单元格中有数值时，状态栏中会显示求和结果和平均值。

任务 6.2 工作簿的基本操作

任务目标：

1. 学会新建空白工作簿。

2. 学会保存工作簿。

3. 学会打开和关闭工作簿。

子任务 6.2.1 新建工作簿

1. 启动程序新建空白工作簿

启动 WPS Office 的“表格”后，在“推荐模板”中选择“新建空白文档”命令新建表格，在窗口中显示的工作簿即为新建的空白工作簿。工作簿默认有一张空白工作表，标签名为 Sheet1。WPS 系统当前工作簿的名称是“工作簿 1”。默认当前工作表为 Sheet1，默认活动单元格为 A1 单元格，如图 6-7 所示。

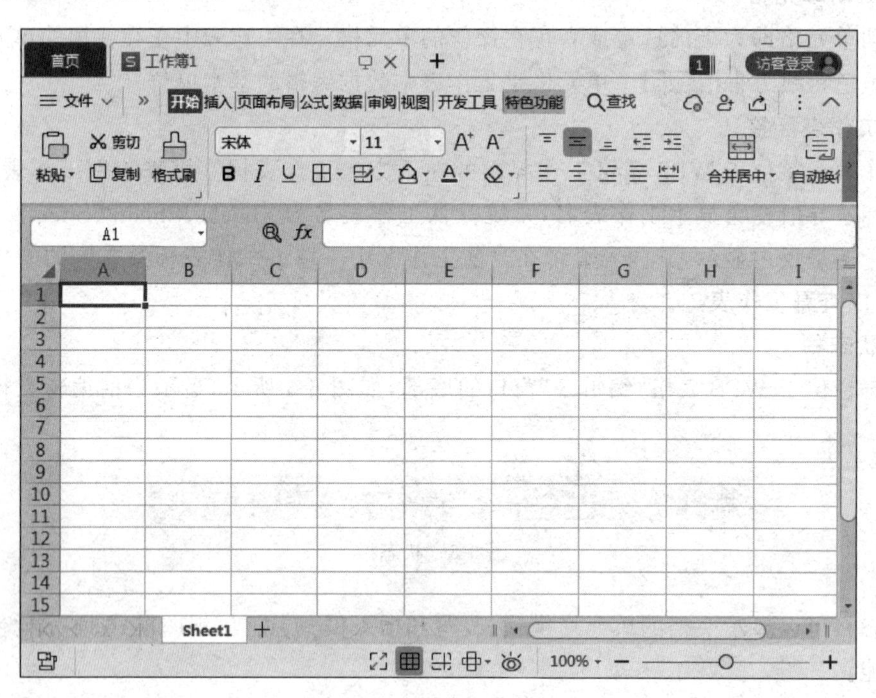

图 6-7 空白工作簿

2. 使用模板新建工作簿

(1) 启动 WPS 表格后，单击“首页”选项卡，选择“新建”→“表格”命令，如图 6-8 所示。

(2) 在“推荐模板”中，有“新建空白文档”“新建在线文档”和各种推荐模板的文档，在品类专区有不同分类的模板文档。单击“新建空白文档”按钮，如图 6-8 所示，可以新建一个空白工作簿。

图 6-8　新建空白工作簿

3. 使用 Ctrl＋N 组合键新建工作簿

启动 WPS 表格后，按 Ctrl＋N 组合键，即可新建一个空白工作簿。

4. 使用快速访问工具栏新建工作簿

启动 WPS 表格后，单击快速访问工具栏右边隐藏的“新建”按钮，即可新建一个空白工作簿。

5. 创建文件

打开一个文件夹，比如在桌面空白处右击，在弹出的快捷菜单上选择“新建”命令，在弹出的子菜单中选择“XLSX 工作表”命令，可以在桌面上创建一个“新建 XLSX 工作表.xlsx”的工作簿文件。

子任务 6.2.2　保存工作簿

在一个工作簿文件中无论有多少个工作表，保存时都会保存在一个工作簿，而不是按照工作表的个数保存。

1. 第一次保存

1）使用“文件”选项卡保存工作簿

（1）单击“文件”选项卡，选择“保存”命令，与 WPS 文字的操作类似。

（2）弹出“另存文件”对话框，在“文件名”框中输入工作簿名称。默认为“工作簿 1”。

（3）单击“位置”文本框右边的箭头按钮，可以选择保存位置，默认为“我的文档”。

（4）单击“文件类型”文本框右边的箭头按钮，选择所需的保存类型，默认为“.xlsx”。

（5）单击“保存”按钮，完成工作簿的保存操作。

保存文档的“三要素”：文档的存放位置、文档的文件名、文档的保存类型。

2）使用快速访问工具栏保存工作簿

单击快速访问工具栏中的“保存”按钮，打开“另存文件”对话框，后面的操作与使用“文件”选项卡保存工作簿相同。

3) 使用快捷键保存工作簿

(1) 按 Ctrl+S 组合键,打开"另存文件"对话框,后面的操作与使用"文件"选项卡保存工作簿相同。

(2) 按功能键 F12,打开"另存文件"对话框,后面的操作与使用"文件"选项卡保存工作簿相同。

2. 保存已经保存过的工作簿

(1) 单击"文件"选项卡,选择"保存"命令即可完成,不会出现"另存文件"对话框。

(2) 单击快速访问工具栏上的"保存"按钮即可完成,不会出现"另存文件"对话框。

子任务 6.2.3 打开和关闭工作簿

1. 打开工作簿

1) 使用"文件"选项卡打开工作簿

(1) 单击"文件"选项卡,选择"打开"命令,弹出"打开"对话框。浏览文件位置或者单击对话框左侧的文件夹,找到需要的工作簿文件后,单击选定该文件图标。

(2) 单击"打开"按钮,打开该工作簿。直接双击该文件图标也可以将其打开。

另外,通过单击"文件"选项卡,选择"最近所用文件"选项,也可以打开最近打开过的工作簿文件。

2) 使用快速访问工具栏打开工作簿

单击快速访问工具栏右边隐藏的"打开"按钮,弹出"打开"对话框,后面的操作同使用"文件"选项卡打开工作簿。

3) 使用快捷键打开工作簿

按 Ctrl+O 组合键,打开"打开"对话框,后面的操作同使用"文件"选项卡打开工作簿。

2. 关闭工作簿

关闭工作簿时,如果是没有保存过的工作簿,或者是编辑过还没有保存,则会弹出提示是否保存更改的对话框,如图 6-9 所示。单击"是"或者"否"按钮,都会关闭当前工作簿;单击"取消"按钮,不会关闭工作簿。

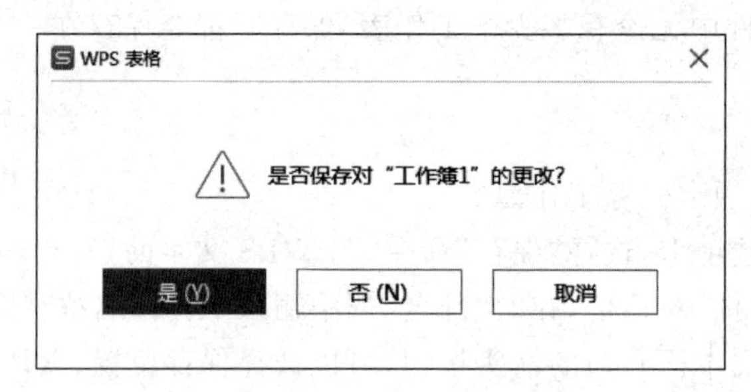

图 6-9 保存文件对话框

关闭工作簿主要有以下几种关闭方式。

(1) 单击"文件"选项卡,选择"退出"命令。

(2) 单击工作簿窗口右上角的"关闭"按钮。

(3) 按 Ctrl+W 组合键,或者按 Ctrl+F4 组合键。

任务 6.3 工作表的基本操作

任务目标：

1. 学会选定工作表。
2. 学会重命名工作表。
3. 学会新建工作表的几种方法。
4. 学会移动或复制工作表。
5. 学会隐藏或者取消隐藏工作表。
6. 学会删除工作表。

子任务 6.3.1 选定工作表

1. 选定单个工作表

要对某一个工作表进行操作，必须先选定，选定的工作表称为当前工作表。

1）单击工作表标签

单击工作簿底部的工作表标签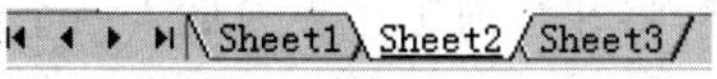
Sheet1
Sheet2
Sheet3
，选定单个工作表。选中的工作表以高亮度显示，则该工作表就是当前工作表。

2）使用快捷键

Ctrl＋PgUp 组合键用来选择前一个工作表（上一个），Ctrl＋PgDn 组合键用来选择后一个工作表。

2. 选定多个不连续的工作表

在按 Ctrl 键的同时，逐一单击所要选择的工作表标签。

若要取消选择，可松开 Ctrl 键后，单击其他任何未被选中的工作表标签即可。

3. 选定多个连续的工作表

单击工作簿底部的起始工作表标签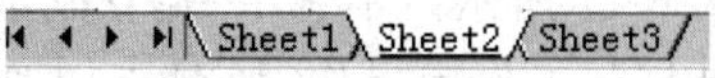
Sheet1
Sheet2
Sheet3
，在按 Shift 键的同时，单击所要选择的最后一个工作表标签。

如果所要选择的工作表标签看不到，可按标签栏左边的标签滚动按钮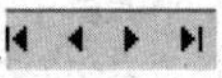。这 4 个按钮的作用自左至右依次如下：移动到第一个，向前移一个，向后移一个，移动到最后一个。

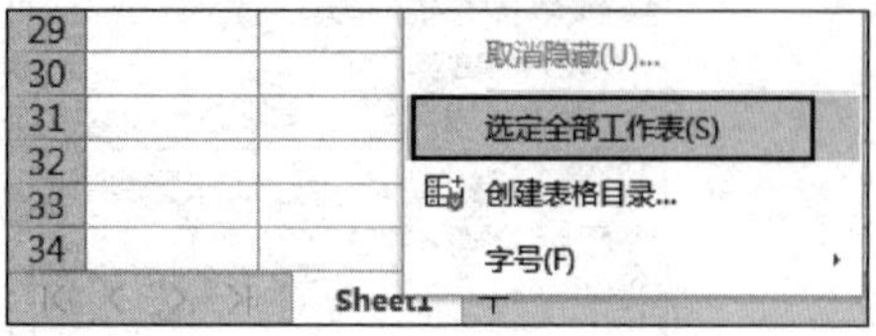
取消隐藏(U)...
选定全部工作表(S)
创建表格目录...
字号(F)
Sheet1
图 6-10 “选定全部工作表”对话框

4. 选定全部工作表

如图 6-10 所示，右击工作表标签，在弹出的快捷菜单中选择“选定全部工作表”命令。

子任务 6.3.2 重命名工作表

重命名工作表主要有以下三种方法。

1. 用“开始”功能区重命名

选定该工作表，单击“开始”选项卡切换到“开始”功能区，单击“开始”功能区→“单元格”

组→“格式”按钮→“重命名工作表”选项。工作表名将呈高亮度显示,此时可以输入新名称。工作表名称输入完成后,按 Enter 键即命名成功。

2. 右击工作表标签并重命名

右击该工作表标签,在弹出的快捷菜单中选择“重命名”命令,操作同上。

3. 双击工作表标签并重命名

双击工作表标签,工作表名将呈高亮度显示,重命名操作同上。

子任务 6.3.3 插入工作表

1. 用“开始”功能区插入新建工作表

在工作簿中插入新的工作表,可以单击“开始”功能区→“单元格”组→“插入”按钮,并选择“插入工作表”命令,在当前工作表的前面(左侧)插入一个新的工作表,并变成当前工作表。

2. 鼠标操作插入工作表

右击工作表标签后,在弹出的快捷菜单中选择“插入”命令,或者单击最后一个工作表标签后的“插入工作表”按钮。

3. 使用快捷键插入新建工作表

按 Shift+F11 组合键,将在当前工作表前插入一个新的工作表,并成为当前工作表。

子任务 6.3.4 移动或复制工作表

1. 单击工作表标签移动或复制工作表

(1) 单击要移动的工作表标签,然后将该工作表标签拖放到新的位置。

(2) 单击要复制的工作表标签,按住 Ctrl 键,拖动选定的工作表到达目标位置,松开鼠标即可将工作表复制到新的位置。

2. 右击并移动或复制工作表

在工作表标签上右击,在弹出的快捷菜单中选择“移动或复制”命令,打开“移动或复制工作表”对话框,如图 6-11 所示。不选中“建立副本”复选框,则是移动工作表操作;选中“建立副本”复选框,则是复制工作表操作,如图 6-12 所示。

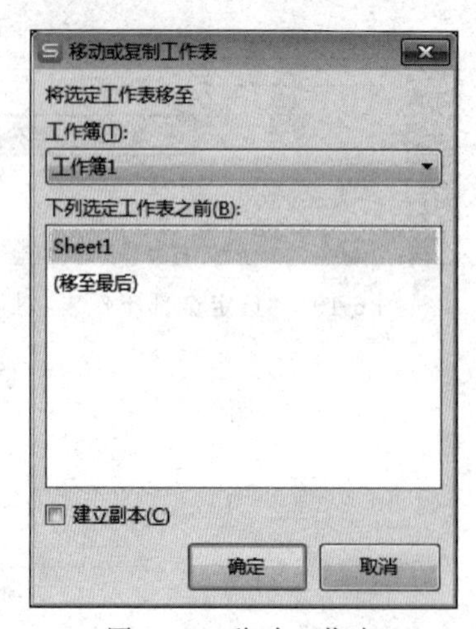

图 6-11 移动工作表

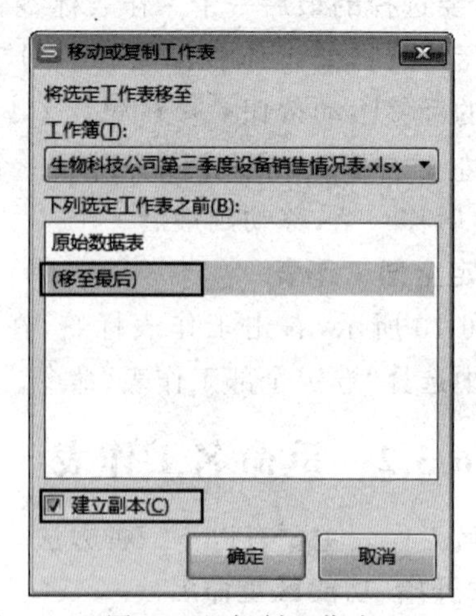

图 6-12 复制工作表

子任务 6.3.5　隐藏或取消隐藏工作表

隐藏或者取消隐藏工作表的操作方法。

1. 右击工作表标签隐藏工作表

在选定的工作表标签上右击，在弹出的快捷菜单中选择“隐藏”命令，选定的工作表就被隐藏了。

2. 用“开始”功能区隐藏工作表

选定工作表，然后单击“开始”功能区→“单元格”组→“格式”按钮，并选择“隐藏和取消隐藏”→“隐藏工作表”命令，选定的工作表就被隐藏了。

3. 取消隐藏工作表

工作表隐藏以后，如果要使用它们，可以恢复。

(1) 在选定的工作表标签上右击，在弹出的快捷菜单中选择“取消隐藏”命令，弹出“取消隐藏”对话框，选择要恢复的工作表，单击“确定”按钮即可。

(2) 单击“开始”功能区→“单元格”组→“格式”按钮，并选择“隐藏和取消隐藏”→“取消隐藏工作表”命令，弹出“取消隐藏”对话框，选择要恢复的工作表，单击“确定”按钮即可。

子任务 6.3.6　删除工作表

1. 用“开始”功能区删除工作表

在工作簿中删除工作表，可以单击“开始”功能区→“工作表”按钮，并选择“删除工作表”命令，此时弹出对话框要求用户确认，如图 6-13 所示，经确认后删除。

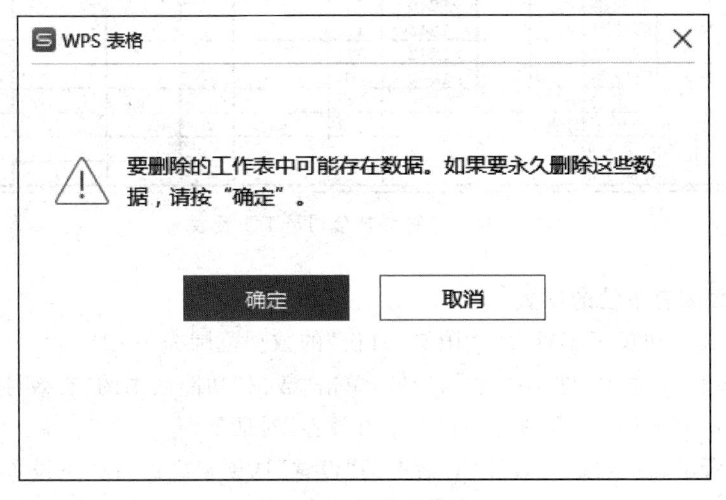

图 6-13　删除工作表

2. 右击工作表标签并删除工作表

在要删除的工作表标签上右击，在弹出的快捷菜单中选择“删除工作表”命令。

删除有数据的工作表要特别小心，因为删除工作表后不能单击快速访问工具栏中的“撤销”按钮或者按 Ctrl+Z 组合键撤销该操作，因此如果需要恢复删除的工作表，则只能关闭该工作簿，并单击“不保存”按钮，重新打开工作簿才能恢复被删除的工作表。

任务 6.4 制作生物科技公司员工工资表

任务目标：

1. 学会数据录入方法，掌握设置数据有效性的方法。
2. 学会公式的应用。
3. 学会使用 IF、SUM、AVERAGE、MAX、MIN 等函数。

子任务 6.4.1 数据有效性

1. 建立表格

启动 WPS Office 后，新建一个空白表格，在工作簿的当前工作表 Sheet1 中录入如图 6-14 所示的内容并简单设置格式，按 Ctrl+S 组合键另存工作簿为“生物科技公司员工工资表”，单击“保存”按钮，完成工作簿的保存操作。

	A	B	C	D	E	F	G	H	I	J	K	L
1	生物科技公司员工工资表											
2	员工号	月份	姓名	性别	部门	岗位工资	工龄	应发工资	保险	所得税	扣款合计	实发工资
3	1		杨军			1234	19					
4	2		韩朝阳			1235	18					
5	3		贾洪			1236	17					
6	4		黄玉娟			1237	16					
7	5		姜晋			1238	15					
8	6		汪梦瑶			1239	14					
9	7		吴宏鑫			1240	13					
10	8		郭佳凯			1241	12					
11	9		付贤坤			1242	11					
12	10		姚萍萍			1243	10					
13	实发工资总计											
14	个人所得税平均值											
15	扣款最大值											
16	工龄最小值											

图 6-14 生物科技公司员工工资表

2. “月份”数据有效性的设置

在“生物科技公司员工工资表”中限制“月份”的数据范围为 1～12。

(1) 在图 6-14 中选中 B3:B12 数据区域，单击“数据”功能区中的“有效性”下拉按钮，在下拉菜单中选择“有效性”命令，打开的“数据有效性”对话框。

如图 6-15 所示，在“数据有效性”对话框的“设置”选项卡中进行如下设置。

① 在“允许”下拉列表框中选择“整数”选项。

② 在“数据”下拉列表框中选择“介于”选项。

③ 在“最小值”数据框中输入“1”。

④ 在“最大值”数据框中输入“12”。

(2) 在“数据有效性”对话框中单击“输入信息”选项卡，在“标题”数据框中输入“提示”，在“输入信息”数据框中输入“请输入 1～12 的整数！”，如图 6-16 所示。

(3) 在打开的“数据有效性”对话框中单击“出错警告”选项卡，在“样式”下拉列表框中

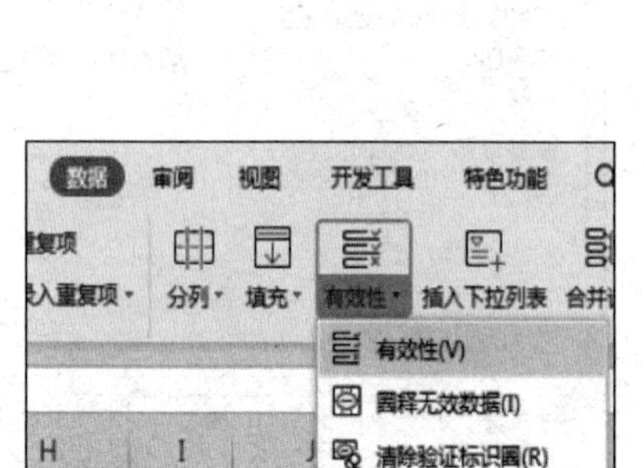

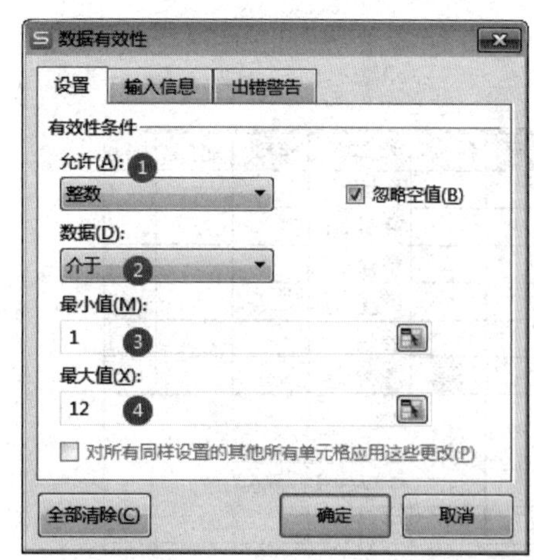

图 6-15　数据有效性

选择“警告”选项，在“标题”数据框中输入“注意”，在“错误信息”数据框中输入“输入有误，请重新输入!”，如图 6-17 所示。

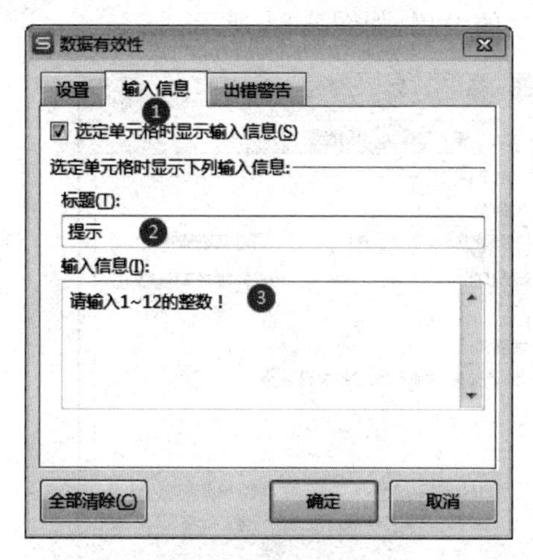

图 6-16　输入信息

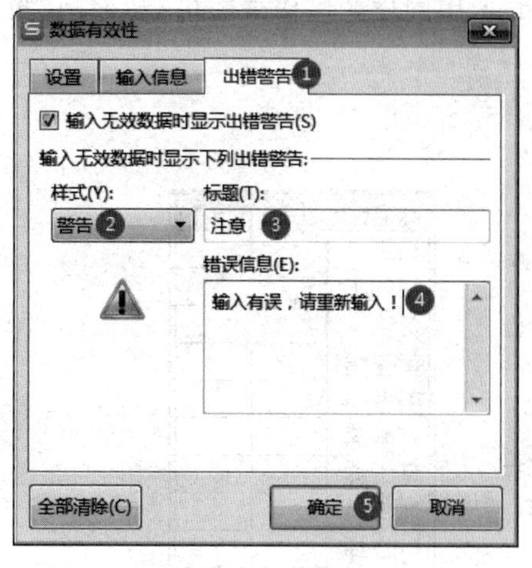

图 6-17　出错警告

(4) 单击“确定”按钮。当选中“月份”列任一单元格输入数据之前，会出现提示信息“请输入 1～12 的整数!”。当在 B6 单元格中输入 13 之后，按 Enter 键，会出现如图 6-18 所示的警告框。

3. “性别”“部门”列数据有效性的设置

在图 6-14 中，还可以对“性别”“部门”列设置数据有效性。

(1) 选中 D3:D12 数据区域，单击“数据”功能区中的“有效性”下拉按钮，在下拉菜单中选择“有效性”命令，打开“数据有效性”对话框。

(2) 在“数据有效性”对话框的“设置”选项卡中，在“允许”下拉列表框中选择“序列”选项，在“来源”数据框中输入“男，女”(逗号为英文输入状态下符号)，如图 6-19 所示。

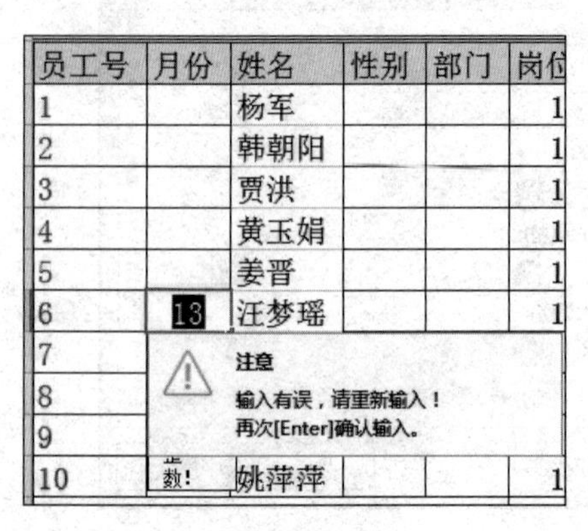

图 6-18　数据有效性

图 6-19　数据有效性序列

(3) 单击“确定”按钮。在进行了上述设置之后,单击 D3 单元格就会出现下拉按钮,在下拉菜单中可以选择性别,如图 6-20 所示。

(4) 用同样的操作方式进行“部门”数据有效性的设置,如图 6-21 所示。

图 6-20　“性别”下拉按钮

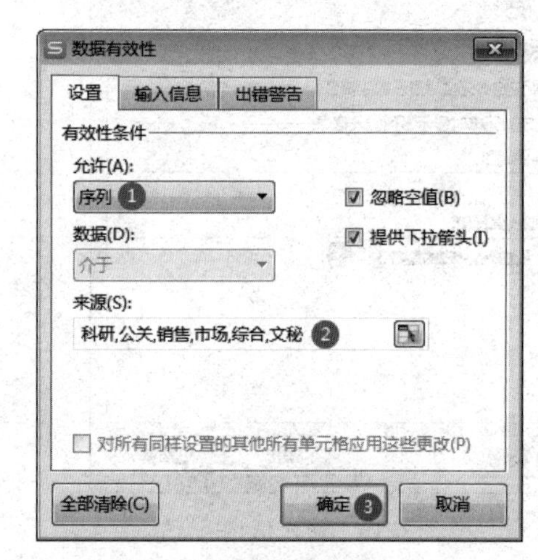

图 6-21　“部门”数据有效性

子任务 6.4.2　公式的应用

公式是 WPS 表格中进行数值计算的等式。公式输入是以“=”开始的,简单的公式有加、减、乘、除等计算,复杂一些的公式还可能包含函数。

对于相同级别的运算符,WPS 表格默认是从左向右进行计算。

如果需要改变公式的运算顺序,可以通过在公式中添加括号的方式来实现。

1. 应发工资的计算

公式:应发工资=岗位工资+工龄×100。

(1) 选中 H3 单元格。

(2) 在编辑栏中输入“=”;单击 F3 单元格,再输入“+”(加号);单击 G3 单元格,再输入“ * 100”(* 为乘号)，如图 6-22 所示。按 Enter 键(也可以单击工具栏中的“√”按钮)，即完成第一个员工的应发工资的计算。

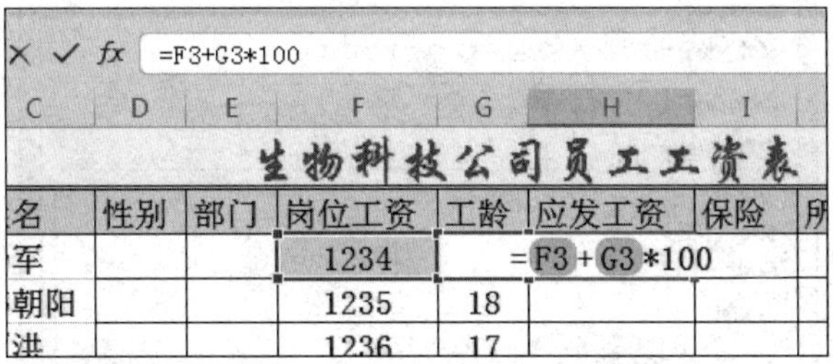

图 6-22　计算应发工资

(3) 其余员工应发工资的计算可通过拖动填充柄来实现。当光标移到 H3 单元格右下角变成“黑十字”形状后，按住左键不放。拖动到 H12 单元格再松开左键，即可完成全部员工应发工资的计算。

2. 保险的计算

公式：保险＝应发工资×10％。

参照应发工资计算的操作步骤，先输入公式，再拖动填充柄即可实现保险的计算。

子任务 6.4.3　IF 函数的应用

在工作中，经常需要对某个单元格中的情况进行判断：如果结果为真，则返回某个值；如果结果为假，则返回另外一个值。

这就需要使用 IF 函数。IF 函数的语法如下：

```
IF(logical_test,value_if_true,value_if_false)
```

其中，logical_test 为所要判断的逻辑条件，可为任意值或表达式。

例如，A10＝100 就是一个逻辑表达式，如果单元格 A10 中的值等于 100，表达式即为 TRUE；如果单元格 A10 中的值等于 90，则 A10＝100 是假的，结果返回表达式即为 FALSE。

value_if_true 表示 logical_test(如 A10＞＝90)为 TRUE 时返回的值(返回的值可以是字符或者算式，如“优秀”、B3 * 10％等)；value_if_false 表示 logical_test(如 3＝2)为 FALSE 时返回的值。

用 IF 函数计算个人所得税，个人所得税的计算方法为：

工资低于 3000 元(含 3000 元)时以工资的 5‰作为个人所得税。

工资高于 3000 元时，3000 元内个人所得税以工资的 5‰计算；工资高于 3000 元部分，以 10‰作为个人所得税率。

1. 插入 IF 函数

选中单元格 J3，单击编辑栏左侧的“插入函数”按钮，在打开的“插入函数”对话框中，在“或选择类别”下拉列表柜中选择“常用函数”选项，在“选择函数”列表框中选择 IF 函数，如图 6-23 所示，单击“确定”按钮。

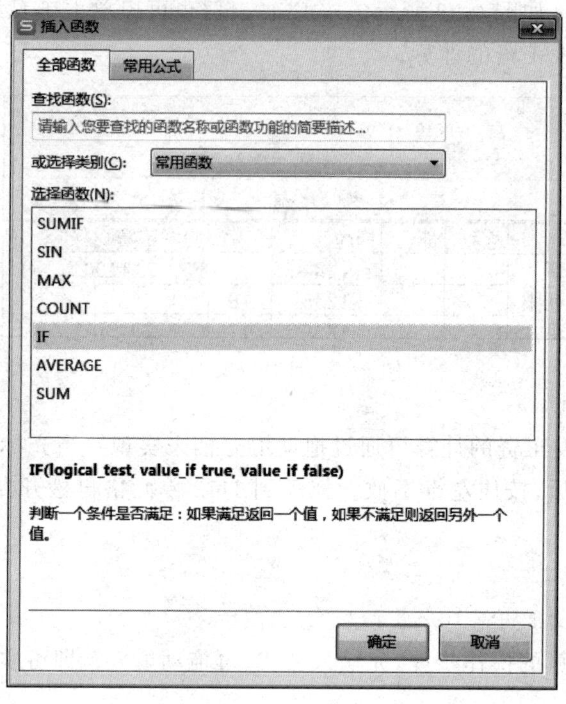

图 6-23 “插入函数”对话框

2. IF 函数参数的设置

(1) 在测试条件文本框中输入 H3<=3000,表示判断的条件为工资是否超过 3000 元,如图 6-24 所示。

(2) 在真值文本框中输入 H3＊0.005,表示工资不大于 3000 元时,所得税为应发工资的 5‰。

(3) 在假值文本框中输入 15+(H3−3000)＊0.01,表示工资大于 3000 元时,所得税为 15 元(3000 元内个人所得税以工资的 5‰计算,结果为 15)加上超过 3000 元的部分(即 H3−3000)的所得税,按工资的 10‰计算,即(H3−3000)＊0.01,如图 6-24 所示。

(4) 单击“确定”按钮,然后拖动填充柄,即可实现所得税的计算。

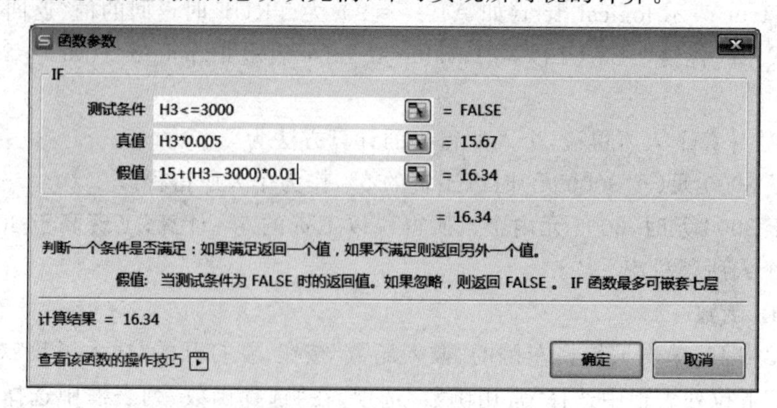

图 6-24 IF 函数参数的设置

子任务 6.4.4　常用函数的应用

在工作中,如果要计算某个单元格区域或多个不连续的单元格区域中的和、最大值、最小值、平均值等,可以使用 SUM、MAX、MIN、AVERAGE 函数。

1. 扣款合计的计算

公式:扣款合计＝各种保险＋所得税。

选中 K3 单元格,输入＝I3＋J3,按 Enter 键确认,然后拖动填充柄即可实现下方其他人的扣款合计的计算。计算结果如图 6-25 所示。

K3　fx =I3+J3

	A	B	C	D	E	F	G	H	I	J	K
1	生物科技公司员工工资表										
2	员工号	月份	姓名	性别	部门	岗位工资	工龄	应发工资	保险	所得税	扣款合计
3	1		杨军			1234	19	3134	313	16	330
4	2		韩朝阳			1235	18	3035	304	15	
5	3		贾洪			1236	17	2936	294	15	

图 6-25　计算扣款合计

2. 实发工资的计算

公式:实发工资＝应发工资-扣款合计。

选中 L3 单元格,输入"＝H3－K3",按 Enter 键确认,然后拖动填充柄,即可实现下方其他人的实发工资的计算。计算结果如图 6-26 所示。

IF　× ✓ fx =H3-K3

	B	C	D	E	F	G	H	I	J	K	L
1	生物科技公司员工工资表										
2	月份	姓名	性别	部门	岗位工资	工龄	应发工资	保险	所得税	扣款合计	实发工资
3		杨军			1234	19	3134	313	16	330	=H3-K3
4		韩朝阳			1235	18	3035	304	15	319	
5		贾洪			1236	17	2936	294	15	308	

图 6-26　计算实发工资

3. 实发工资总计的计算

(1) 选中 L13 单元格。

(2) 单击"开始"功能区中的"求和"下拉按钮,如图 6-27 所示。

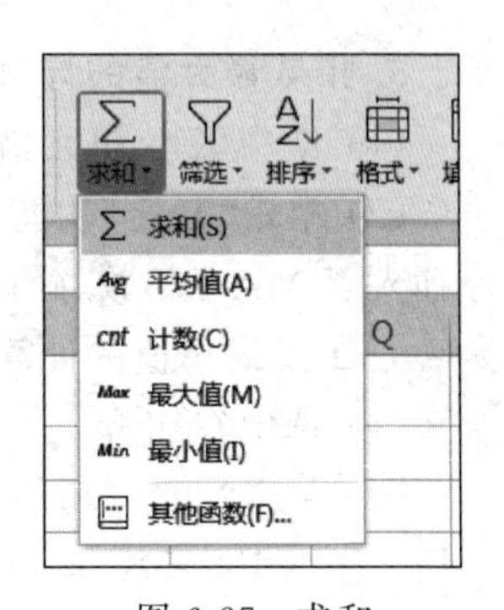

图 6-27　求和

(3) 在下拉列表中选择"求和"命令,可以看到单元格 L13 中已经插入了 SUM 函数,确认求和区域为 L3:L12.如图 6-28 所示。

(4) 按 Enter 键,完成后的结果如图 6-29 所示。

4. 个人所得税平均值的计算

(1) 选中 J14 单元格。

(2) 单击编辑栏左侧的"插入函数"按钮,打开"插入函数"对话框,在"或选择类别"下拉列表框中选择"常用函数"选项,在"选择函数"列表框中选择 AVERAGE 函数。

K	L
口款合计	实发工资
330	2804
319	2716
308	2628
298	2539
287	2451
277	2362
267	2273
256	2185
246	2096
236	2007
	=SUM(L3:L12)

图 6-28　SUM 函数

K	L
扣款合计	实发工资
330	2804
319	2716
308	2628
298	2539
287	2451
277	2362
267	2273
256	2185
246	2096
236	2007
	24061

图 6-29　求和结果

(3) 这时会打开 AVERAGE 的"函数参数"对话框,在数值 1 文本框中输入"J3:J12",单击"确定"按钮完成,如图 6-30 所示,再单击"确定"按钮即可。

AVERAGE　fx　=AVERAGE(J3:J12)

B	C	D	E	F	G	H	I	J	K
	郭佳凯			1241	12	2441	244	12	256
	付贤坤			1242	11	2342	234	12	246
	姚萍萍			1243	10	2243	224	11	236
实发工资总计									
个人所得税平均值							=AVERAGE(J3:J12)		
扣款最大值									
工龄最小值									

函数参数

AVERAGE

数值1　J3:J12　= {16.34;15.35;14.68;14.185;

数值2　　= 数值

图 6-30　计算个人所得税平均值

5. 扣款最大值的计算

(1) 选中 K15 单元格。

(2) 单击"开始"功能区→"求和"按钮,再选择"最大值"命令,可以看到单元格 K15 中已经插入了 MAX 函数,确认求最大值区域为 K3:K12。

6. 工龄最小值的计算

(1) 选中 G16 单元格。

(2) 单击"开始"功能区→"求和"按钮,再选择"最小值"命令,可以看到单元格 K15 中已经插入了 MIN 函数,确认求最小值区域为 G3:G12。

至此,完成了"生物科技公司员工工资表"的制作,如图 6-31 所示。

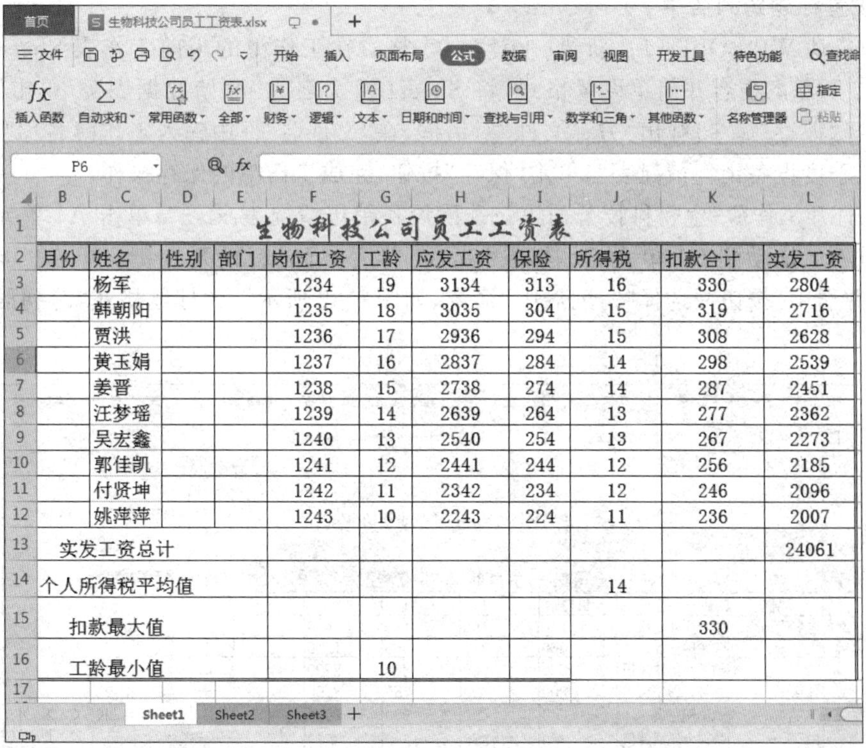

生物科技公司员工工资表										
月份	姓名	性别	部门	岗位工资	工龄	应发工资	保险	所得税	扣款合计	实发工资
	杨军			1234	19	3134	313	16	330	2804
	韩朝阳			1235	18	3035	304	15	319	2716
	贾洪			1236	17	2936	294	15	308	2628
	黄玉娟			1237	16	2837	284	14	298	2539
	姜晋			1238	15	2738	274	14	287	2451
	汪梦瑶			1239	14	2639	264	13	277	2362
	吴宏鑫			1240	13	2540	254	13	267	2273
	郭佳凯			1241	12	2441	244	12	256	2185
	付贤坤			1242	11	2342	234	12	246	2096
	姚萍萍			1243	10	2243	224	11	236	2007
实发工资总计										24061
个人所得税平均值								14		
扣款最大值									330	
工龄最小值					10					

图 6-31　生物科技公司员工工资表

任务 6.5　制作“生物科技公司第三季度设备销售情况表”

任务目标：

1. 掌握数据自动排序、自定义排序的方法。
2. 掌握数据自动筛选和高级筛选的方法。
3. 学会分类汇总。
4. 学会建立数据透视表。

子任务 6.5.1　数据排序、数据筛选和数据分类汇总

完成任务的总体思路：启动 WPS Office 后新建“工作簿 1”，在 Sheet1 中直接输入原始数据，通过公式计算“总计”，并进行表格各项设置。在工作簿“工作簿 1”中对原始数据进行处理。最后要得到多个工作表，其操作主要通过工作表的复制完成。比如，要得到第二张“自动排序”工作表，先将“原始数据表”复制，得到“原始数据表(2)”，再重命名为“自动排序”。同理，复制得到“自定义排序”“自动筛选”“高级筛选”“分类汇总”表。设置完成后，以“生物科技公司第三季度设备销售情况表”为文件名进行保存。

1. 设置标题跨列居中

(1) 启动 WPS Office 后,新建一个空白表格。在工作簿的当前工作表 Sheet1 中录入如图 6-32 所示的内容并简单设置格式,将 Sheet1 重命名为“原始数据表”。单击“文件”选项卡,选择“保存”命令,弹出“另存文件”对话框,在“文件名”框中输入工作簿名称“生物科技公司第三季度设备销售情况表”,单击“保存”按钮,完成工作簿的保存操作。

(2) 打开工作簿“生物科技公司第三季度设备销售情况表.xlsx”,单击 A1 单元格,按住鼠标左键不放拖动到 G1 单元格,选中 A1:G1 单元格区域,松开左键。单击“开始”功能区→“合并居中”按钮并选择“跨列居中”命令,如图 6-32 所示。大标题格式“跨列居中”设置成功。

图 6-32 “生物科技公司第三季度设备销售情况表”

2. 插入和删除工作表

单击工作表 Sheet1 旁的“+”按钮,新建 Sheet2 工作表。在工作表名 Sheet2 的标签上右击,在弹出的快捷菜单中选择“删除工作表”命令,删除 Sheet2 工作表。

3. 复制工作表

对工作表的复制操作如下:

(1) 右击“原始数据表”工作表的标签,在弹出的快捷菜单中选择“移动或复制工作表”命令,打开“移动或复制工作表”对话框。

(2) 在“下列选定工作表之前”列表框中选择“(移至最后)”,选中“建立副本”复选框,如图 6-33 所示。如果不选中“建立副本”复选框,则只完成工作表的移动操作,不会复制工作表。单击“确定”按钮完成设置,在“原始数据表”工作表的后面复制了一个名为“原始数据表(2)”的工作表。

(3) 在工作表名“原始数据表(2)”上右击,选择“重命名”命令,如图 6-34 所示,将文字“原始数据表(2)”删除,重新输入文字“自动排序”,按 Enter 键完成。

提示:按住 Ctrl 键的同时拖动工作表标签到目标位置,也可以复制工作表。

(4) 复制 4 个工作表后,重命名为“自动排序”“自动筛选”“高级筛选”“分类汇总”。

操作完成后,在工作簿“生物科技公司第三季度设备销售情况表.xlsx”中建立了 4 个工作表(每个工作表中都有数据且工作表内容相同),如图 6-35 所示。

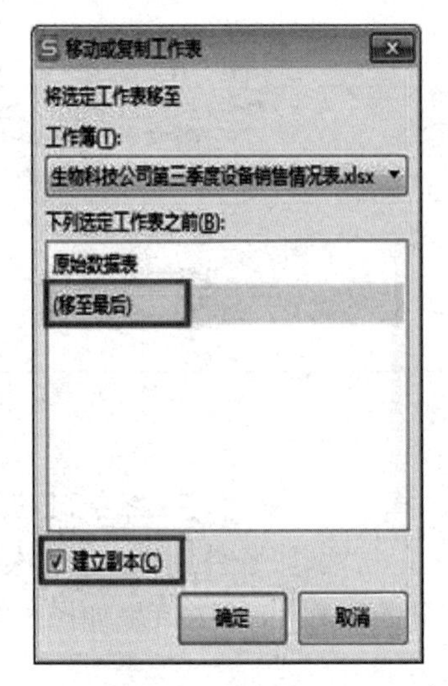

图 6-33 移动工作表

图 6-34 重命名工作表

生物科技公司第三季度设备销售情况表

品牌	产品	七月	八月	九月	总计	备注
生物新能源	生物质颗粒机	120	180	150	450	
云计算	除菌舱空调	350	380	480	1210	
VR	微波食品烘烤机	580	790	860	2230	
智能	生物质颗粒机	800	600	750	2150	
电商	除菌舱空调	640	680	600	1920	
电子	微波食品烘烤机	780	890	600	2270	
电商新能源	生物质颗粒机	600	300	200	1100	
酿酒	除菌舱空调	600	900	850	2350	
物联网	微波食品烘烤	320	380	330	1030	

图 6-35 生物科技公司第三季度设备销售情况表

提示：如果要跨工作簿进行工作表的移动或复制，则必须在“移动或复制工作表”对话框中的“工作簿”列表框中选择目标工作簿。

4. 数据排序

（1）自动排序。切换到“自动排序”工作表，将光标定位在“总计”列的任意单元格，单击“开始”选项卡中“排序”按钮旁的下拉按钮，在下拉列表中单击“升序”按钮 升序(S)，“总计”中的数据自动按升序排序显示，如图 6-36 所示。

（2）自定义排序。选定“自定义排序”工作表数据区域单元格（A2:G11），单击“开始”功

	A	B	C	D	E	F	G
1	生物科技公司第三季度设备销售情况表						
2	品牌	产品	七月	八月	九月	总计	备注
3	生物新能源	生物质颗粒机	120	180	150	450	
4	云计算	除菌舱空调	350	380	480	1210	
5	VR	微波食品烘烤机	580	790	860	2230	
6	智能	生物质颗粒机	800	600	750	2150	
7	电商	除菌舱空调	640	680	600	1920	

图 6-36　自动排序

能区中“排序”按钮旁的下拉按钮,在下拉列表中选择“自定义排序”命令,打开“排序”对话框,在“主要关键字”中选择“总计”,按“降序”排序;单击“添加条件”按钮,在“次要关键字”中选择“九月”,按“升序”排序,如图 6-37 所示,单击“确定”按钮,排序结果如图 6-38 所示。

提示:当主关键字的值相同时,按次关键字进行排序。

排序

＋添加条件(A)　删除条件(D)　复制条件(C)　选项(O)...　☑数据包含标题(H)

列		排序依据	次序
主要关键字	总计	数值	降序
次要关键字	九月	数值	升序

图 6-37　自定义排序

	A	B	C	D	E	F	G
1	生物科技公司第三季度设备销售情况表						
2	品牌	产品	七月	八月	九月	总计	备注
3	酿酒	除菌舱空调	600	900	850	2350	
4	电子	微波食品烘烤机	780	890	600	2270	
5	VR	微波食品烘烤机	580	790	860	2230	
6	智能	生物质颗粒机	800	600	750	2150	
7	电商	除菌舱空调	640	680	600	1920	

图 6-38　自定义排序的结果

5. 数据筛选

1) 自动筛选

使用“自动筛选”表的数据,筛选出“七月”销量大于 600 的记录。操作步骤如下:

(1) 单击“自动筛选”标签,切换到“自动筛选”工作表,选定“自动筛选”工作表数据区域单元格(A2:G11),单击“数据”功能区下的“自动筛选”按钮,打开自动筛选,如图 6-39 所示。

(2) 单击“七月”字段名后的自动筛选器,在弹出的下拉列表中选择“数字筛选”→“自定义筛选”命令,弹出“自定义自动筛选方式”对话框,如图 6-40 所示。在“七月”下面的下拉表框中选择“大于”,在其右侧的下拉列表框中输入 600,单击“确定”按钮,返回工作表。

这时,工作表中不满足条件的行被隐藏起来了,筛选结果如图 6-41 所示。

2) 高级筛选

高级筛选与自动筛选不同,它要求在一个工作表区域内单独指定筛选条件,与数据区域分开。高级筛选时选取的数据列表区域和条件区域内必须包含标题行。高级筛选有以下几

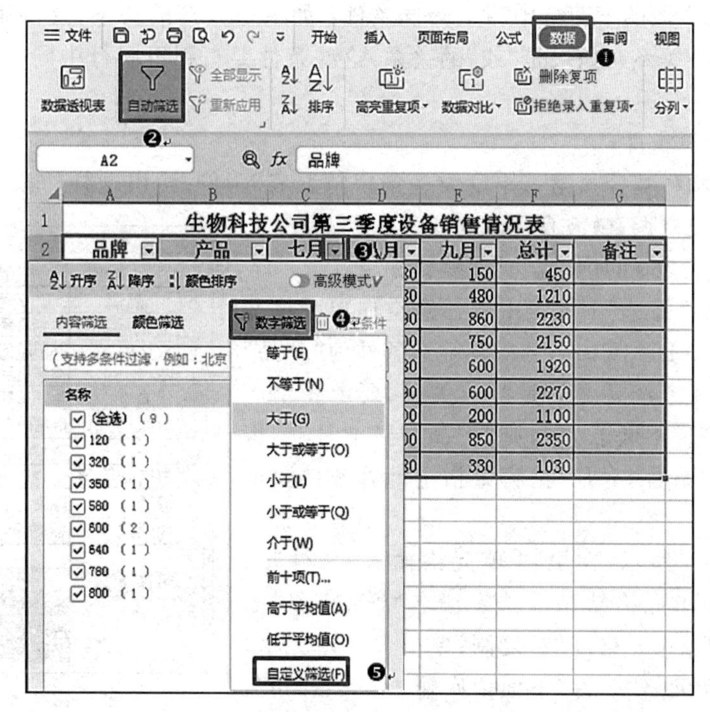

图 6-39　自动筛选

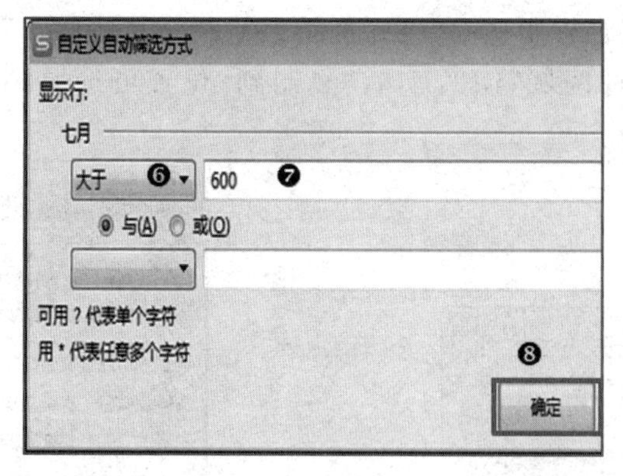

图 6-40　“自定义自动筛选方式”对话框

	A	B	C	D	E	F	G
1	生物科技公司第三季度设备销售情况表						
2	品牌	产品	七月	八月	九月	总计	备注
6	智能	生物质颗粒机	800	600	750	2150	
7	电商	除菌舱空调	640	680	600	1920	
8	电子	微波食品烘烤机	780	890	600	2270	

图 6-41　自动筛选结果

个功能。

（1）在条件区域的第一行粘贴需要的两列或两列以上的筛选字段(标题行)。

(2) 在筛选字段的下面行中写上筛选条件：如果是“与”的关系，这些条件要写到同一行中(同一行“与”关系)；如果是“或”的关系，这些条件要写到不同行中同一列(不同行“或”关系)。

(3) 指定计算条件。

下面以“生物科技公司第三季度设备销售情况表”为例，给出这样的条件：筛选出生物质颗粒机、除菌舱空调、微波食品烘烤机三个产品在“七月”销售量不低于750的记录。具体操作如下：

① 选取“高级筛选”工作表中的任意空白单元格并填写条件区域，如B13:C16。分析其筛选条件为“产品”和“七月”两列；3个产品之间是“或”关系；要求3个产品在“七月”销售量不低于750，则“产品”与“七月”销售量之间是“与”关系且“七月”销售量指定计算条件要求“>=750”。

② 如图6-42所示，在A13单元格输入“条件”二字；在B13:C13单元格粘贴筛选字段名“产品”和“七月”。选中B3:B5单元格区域，复制；单击B14单元格，粘贴。在C13单元格“七月”下面依次输入“>=750”，条件区域B13:C16的输入结果如图6-42所示。

	A	B	C
1		生物科技公司第三	
2	品牌	产品	七月
3	生物新能源	生物质颗粒机	120
4	云计算	除菌舱空调	350
5	VR	微波食品烘烤机	580
6	智能	生物质颗粒机	800
7	电商	除菌舱空调	640
8	电子	微波食品烘烤机	780
9	电商新能源	生物质颗粒机	600
10	酿酒	除菌舱空调	600
11	物联网	微波食品烘烤机	320
12			
13	条件	产品	七月
14		生物质颗粒机	>=750
15		除菌舱空调	>=750
16		微波食品烘烤机	>=750

图6-42 筛选条件

③ 单击“开始”功能区，单击“筛选”→“高级筛选”按钮，如图6-43所示。

④ 在“高级筛选”对话框中选中“将筛选结果复制到其他位置”单选按钮，分别选取“列表区域”A2:G11和“条件区域”B13:C16，“复制到”位置可选取A18单元格，设置结果如图6-44所示。

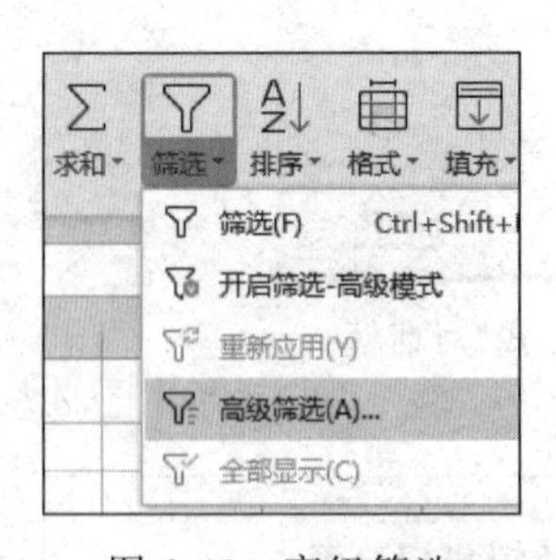

图6-43 高级筛选

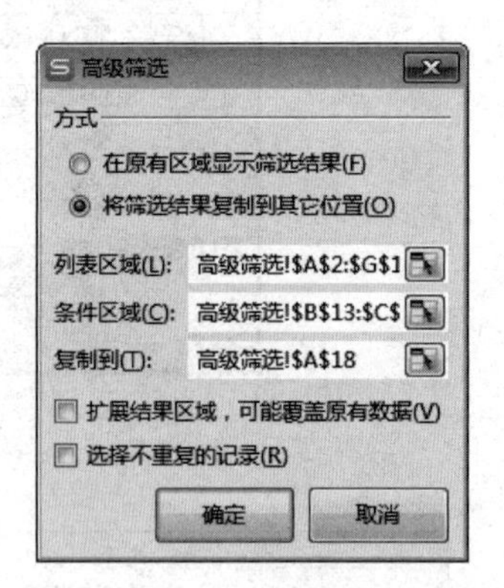

图6-44 设置高级筛选区域

⑤ 单击“确定”按钮，筛选后在A18单元格开始显示符合条件的结果，如图6-45所示。

18	品牌	产品	七月	八月	九月	总计	备注
19	智能	生物质颗粒机	800	600	750	2150	
20	电子	微波食品烘烤机	780	890	600	2270	

图6-45 高级筛选结果

6. 分类汇总

通过分类汇总可以将数据按进行分类的字段进行排序，再按照不同的类别进行统计。分类汇总时不需要输入公式，也不需要使用函数，WPS 表格将自动处理并插入分类汇总计算结果。

下面以“生物科技公司第三季度设备销售情况表”为例，按“产品”统计“七月”“八月”和“九月”销售量的平均值，具体操作如下：

(1) 选取“分类汇总”工作表，将光标定位于“产品”列的任一单元格，单击“开始”功能区中“排序”旁的下拉按钮，在下拉列表中选择“升序”按钮(也可降序)，按“产品”进行排序，如图 6-46 所示。

A	B	C	D	E	F	G
生物科技公司第三季度设备销售情况表						
品牌	产品	七月	八月	九月	总计	备注
云计算	除菌舱空调	350	380	480	1210	
电商	除菌舱空调	640	680	600	1920	
酿酒	除菌舱空调	600	900	850	2350	
生物新能源	生物质颗粒机	120	180	150	450	
智能	生物质颗粒机	800	600	750	2150	
电商新能源	生物质颗粒机	600	300	200	1100	
VR	微波食品烘烤机	580	790	860	2230	
电子	微波食品烘烤机	780	890	600	2270	
物联网	微波食品烘烤机	320	380	330	1030	

图 6-46　产品排序

(2) 选中 A2:G11 区域，单击“数据”功能区中的“分类汇总”按钮，打开“分类汇总”对话框。

(3) 在“分类字段”下拉列表框中选择“产品”，在“汇总方式”下拉列表框中选择“平均值”，在“选定汇总项”列表框中选定“七月”“八月”“九月”选项，如图 6-47 所示。

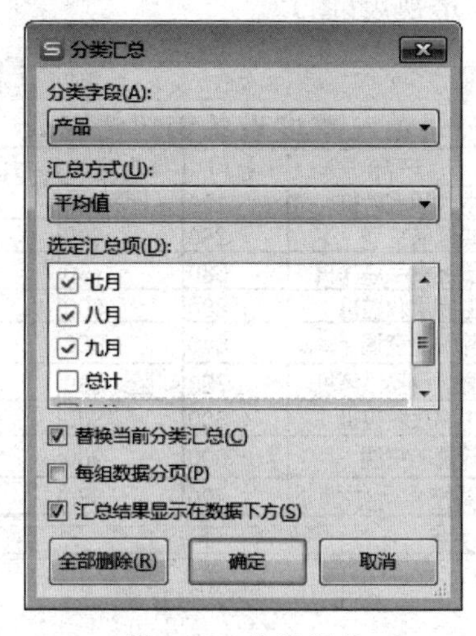

图 6-47　分类汇总

(4) 单击“确定”按钮，得到的汇总结果如图 6-48 所示。然后保存工作簿。

提示：在图 6-48 所示汇总结果窗口左侧显示了分类汇总的标志。其中，“+”是“显示

	A	B	C	D	E	F	G
1	生物科技公司第三季度设备销售情况表						
2	品牌	产品	七月	八月	九月	总计	备注
3	云计算	除菌舱空调	350	380	480	1210	
4	电商	除菌舱空调	640	680	600	1920	
5	酿酒	除菌舱空调	600	900	850	2350	
6		除菌舱空调 平	530	653.3333333	643.3333		
7	生物新能源	生物质颗粒机	120	180	150	450	
8	智能	生物质颗粒机	800	600	750	2150	
9	电商新能源	生物质颗粒机	600	300	200	1100	
10		生物质颗粒机	506.6666667	360	366.6667		
11	VR	微波食品烘烤机	580	790	860	2230	
12	电子	微波食品烘烤机	780	890	600	2270	
13	物联网	微波食品烘烤机	320	380	330	1030	
14		微波食品烘烤	560	686.6666667	596.6667		
15		总平均值	532.2222222	566.6666667	535.5556		

图 6-48　分类汇总结果

明细数据符号”,“－”是“隐藏明细数据符号”。 1 2 3 为分级显示标记：单击 1 只显示总的汇总值；单击 2 显示各类的汇总值；单击 3 显示所有的明细数据。

子任务 6.5.2　数据透视表（图）的应用

1. 建立数据源

（1）打开工作簿“生物科技公司第三季度设备销售情况表.xlsx”。

（2）将“原始数据表”重命名为“数据源”，如图 6-49 所示，修改“品牌”的内容。删除其他工作表。

（3）新建 1 个工作表并在工作表名上右击，选择“重命名”命令，将文字删除，重新输入文字“数据透视表”，按 Enter 键即可。用同样的方式新建工作表“数据透视图”，如图 6-49 所示。

（4）将工作簿另存为“数据透视表（图）”。

	A	B	C	D	E	F
1	生物科技公司第三季度设备销售情况表					
2	品牌	产品	七月	八月	九月	总计
3	生物新能源	生物质颗粒机	120	180	150	450
4	生物新能源	除菌舱空调	350	380	480	1210
5	生物新能源	微波食品烘烤机	580	790	860	2230
6	电商	生物质颗粒机	800	600	750	2150
7	电商	除菌舱空调	640	680	600	1920
8	电商	微波食品烘烤机	780	890	600	2270
9	物联网	生物质颗粒机	600	300	200	1100
10	物联网	除菌舱空调	600	900	850	2350
11	物联网	微波食品烘烤机	320	380	330	1030

数据源 / 数据透视表 / 数据透视图

图 6-49　建立数据源

2. 数据透视表的建立

建立数据透视表的具体操作如下：

（1）选定“数据源”，在数据区域内的任意单元格，单击“插入”选项卡中的“数据透视表”

按钮。弹出“创建数据透视表”对话框。

(2) 在“请选择要分析的数据”选项组中选中“请选择单元格区域”单选按钮，拖动鼠标选定 A2:F11 单元格区域，在“请选择放置数据透视表的位置”选项组中选中“现有工作表”单选按钮。单击“现有工作表”下方的按钮，再单击“数据透视表”工作表标签和 A1 单元格(表示建立的数据透视表放置于“数据透视表”工作表中，并从 A1 单元格开始放)，如图 6-50 所示。

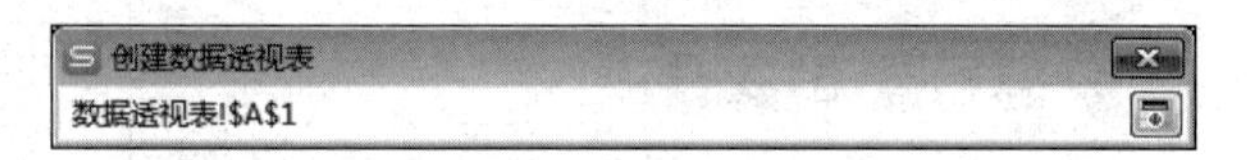

图 6-50　创建数据透视表 1

(3) 在图 6-50 中单击按钮，选择结果如图 6-51 所示。

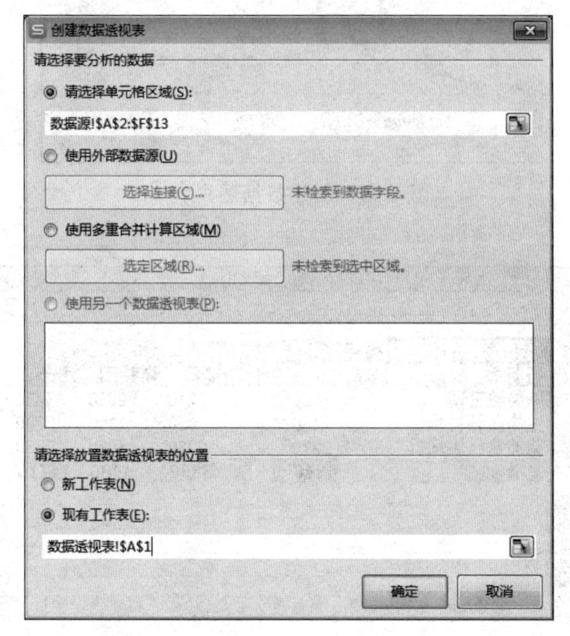

图 6-51　创建数据透视表 2

(4) 在图 6-51 中单击“确定”按钮，弹出如图 6-52 所示的数据透视表区域。

在图 6-52 中用鼠标拖动对话框右侧的“品牌”字段按钮，将其放置到右下侧“列标签”区域；拖动“产品”字段并放置到“行标签”区域；拖动“总计”字段并放置到“值”区域，结果如图 6-53 所示。

“数据透视表区域”制作界面各项说明如下。

① 筛选器：把字段拖到“筛选器”框中，相当于以该字段进行分类，系统会自动排序。

② 行：把字段拖到“行”框中，表示在生成的透视表中行的方向上要显示的数据项。

③ 列：把字段拖到“列”框中，表示在生成的透视表中列的方向上要显示的数据项。

④ 值：把字段拖到“值”框中，表示对该字段进行汇总。默认汇总方式为求和，可以改变汇总方式。

提示：若要对数据求平均值，可在“值”框数据区域中单击“求和项”右侧的下拉按钮，选

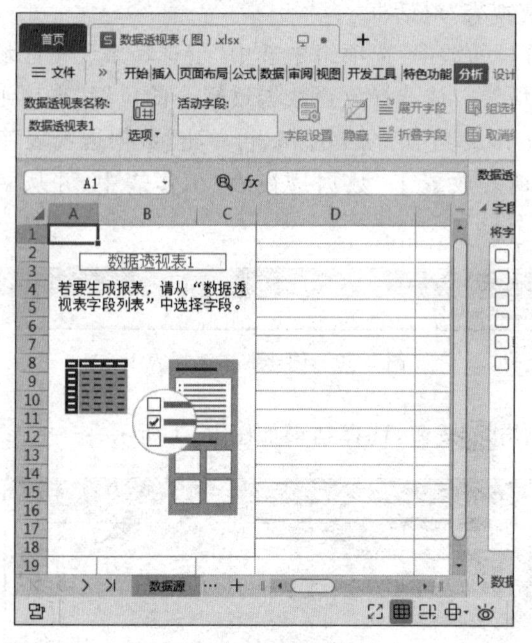

图 6-52　创建数据透视表 3

	A	B	C	D	E
1					
2					
3	求和项:总计	列标签			
4	行标签	电商	生物新能源	物联网	总计
5	除菌舱空调	1920	1210	2350	5480
6	生物质颗粒机	2150	450	1100	3700
7	微波食品烘烤机	2270	2230	1030	5530
8	总计	6340	3890	4480	14710
9					
10					
11					
12					
13					

数据源 数据透视表 数据透视图

图 6-53　数据透视表

中“值字段设置”,打开“值字段设置”对话框,在“值汇总方式”列表框中选择“平均值”,如图 6-54 所示。单击“确定”按钮,返回到“布局”对话框,将“求和”项改为“平均值项”。

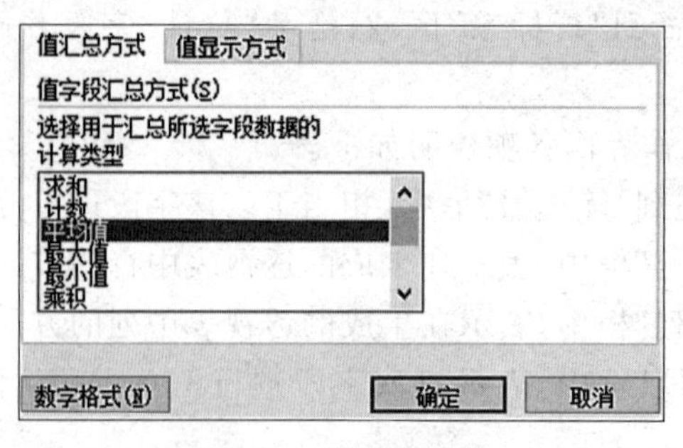

图 6-54　值字段设置

3. 数据透视图建立

(1) 选定“数据源”表中数据区域内任意单元格，单击“插入”功能区中的“数据透视图”按钮，弹出“创建数据透视图”对话框。

(2) 在“请选择要分析的数据”选项组中选中“请选择单元格区域”单选按钮，拖动鼠标选定 A2:F13 单元格区域。在“请选择放置数据透视表的位置”选项组中选中“现有工作表”单选按钮，单击“现有工作表”下方的按钮，再单击“数据透视图”工作表的 A1 单元格(表示建立的数据透视表放置于“数据透视图”工作表中，并从 A1 单元格开始放)，与图 6-51 所示相似。

(3) 单击“确定”按钮，开始创建数据透视图，在工作区出现“图表 1”图表区，如图 6-55 所示。

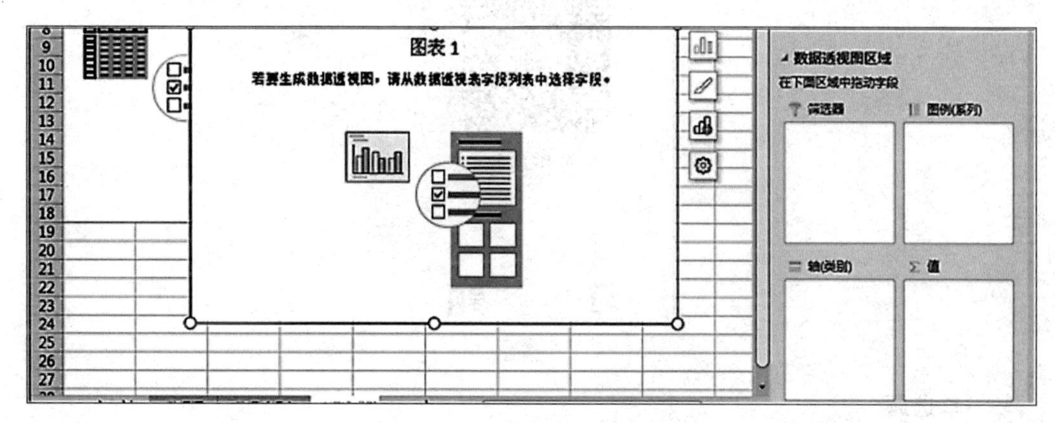

图 6-55　开始创建数据透视图

(4) 在图 6-55 中，用鼠标拖动对话框右侧的“品牌”字段按钮，将其放置到右下侧“图例(系列)”区域；拖动“产品”字段放置到“轴 (类别)”区域；拖动“总计”字段放置到“值”区域，生成了数据透视表和数据透视图。图表结果如图 6-56 所示。

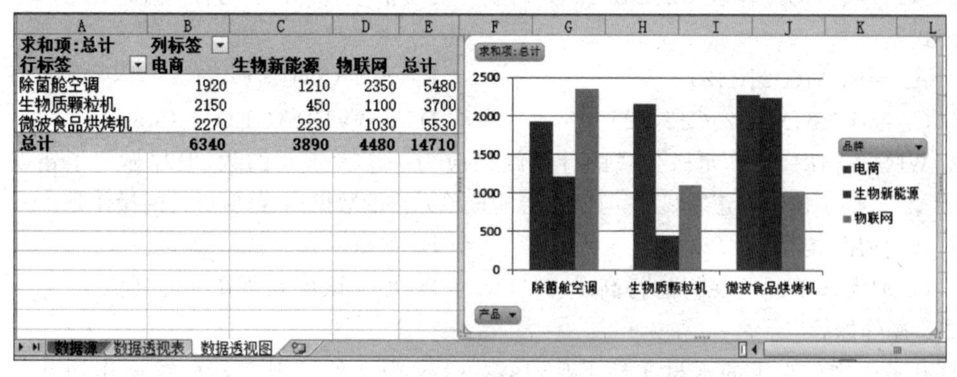

图 6-56　生成的数据透视图

数据透视表对工作表中的数据源进行分析和计算，数据透视表中显示的数据是只读的，不能对其进行修改。

任务6.6 制作和保护“网络20331班成绩统计分析表”

掌握COUNT、COUNTIF函数的应用,掌握RANK.EQ函数的应用,学会IF函数嵌套的应用,学会根据规则突出显示单元格内容及冻结窗口,掌握插入图表的方法,学会编辑图表,学会建立邮件合并数据源,学会邮件合并,学会保护工作簿,工作表等相关操作。

本任务请扫描二维码进行学习。

任务拓展6.6

习 题

一、单选题

1. 在WPS表格中,需要将A1单元格中跨列的公司名称放在数据区域的中间位置,较适合的操作是(　　)。

A. 自动换行　　B. 合并居中

C. 跨行居中　　D. 垂直居中

2. WPS表格的工作表C2:C45保存了考生成绩信息,为求平均分,C46单元格中可输入的公式是(　　)。

A. =SUM(C2:C45)　　B. =MAX(C2:C45)

C. =IF(SUM(C2:C45)/2)　　D. =AVERAGE(C2:C45)

3. WPS表格中,某单元格公式的计算结果应为一个大于0的数,但却显示了错误信息“####”。为了使结果正常显示,且又不影响该单元格的数据内容,应进行的操作是(　　)。

A. 使用“复制”命令　　B. 重新输入公式

C. 加大该单元所在行的行高　　D. 加大该单元所在列的列宽

二、操作题

打开考生文件夹下的素材文档ET.xlsx(.xlsx为文件扩展名),后续操作均基于此文件,否则不得分。

人事部小张要在年终总结前制作绩效表格,收集相关绩效评价并制作相应的统计表和统计图,最后打印存档,请帮其完成相关工作。

(1) 在“员工绩效汇总”工作表中,按要求调整各列的宽度:工号(4)、姓名(5)、性别(3)、学历(4)、部门(8)、入职日期(6)、工龄(4)、绩效(4)、评价(16)、状态(4)。注意,“姓名

(5)”表示姓名这列要设置成 5 个汉字的宽度,“部门(8)”表示部门这列要设置成 8 个汉字的宽度。

(2) 在“员工绩效汇总”工作表中,将“入职日期”中的日期(F2:F201)统一调整成形如“2020-10-01”的数字格式。注意,年月日的分隔符号为短横线“-”,且“月”和“日”都显示为 2 位数字。

(3) 在“员工绩效汇总”工作表中,利用“条件格式”功能,将“姓名”列中(B2:B201)包含重复值的单元格突出显示为“浅红填充色深红色文本”。

(4) 在“员工绩效汇总”工作表的“状态”列(J2:J201)中插入下拉列表,要求下拉列表中包括“确认”和“待确认”两个选项,并且输入无效数据时显示出错警告,错误信息显示为“输入内容不规范,请通过下拉列表选择”字样。

(5) 在“员工绩效汇总”工作表的 G1 单元格上增加一个批注,内容为“工龄计算,满一年才加 1。例如,2018-11-22 入职,到 2020-10-01 工龄为 1 年。”

(6) 在“员工绩效汇总”工作表的“工龄”列的空白单元格(G2:G201)中输入公式,使用函数 DATEDIF 计算截至今日的“工龄”。注意,每满一年工龄加 1,“今日”指每次打开本工作簿的动态时间。

(7) 打开考生文件夹下的素材文档“绩效后台数据.txt”(.txt 为文件扩展名),完成下列任务。

① 将“绩效后台数据.txt”中的全部内容,复制并粘贴到 Sheet3 工作表中 1 位置,将“工号”“姓名”“级别”“本期绩效”“本期绩效评价”的内容依次拆分到 A～E 列中,效果如图 6-57 所示。

	A	B	C	D	E
1	工号	姓名	级别	本期绩效	本期绩效评价
2	A0436	胡PX	1-9	S	(评价85)
3	A1004	牛OJ	2-1	C	(评价186)
4	A0908	王JF	3-2	C	(评价174)
5	…	…	…	…	…

图 6-57　Sheet3 工作表效果

注意:拆分列的过程中,要求将“级别”(C 列)的数据类型指定为“文本”。

② 使用包含查找引用类函数的公式,在“员工绩效汇总”工作表的“绩效”列(H2:H201)和“评价”列(I2: I201)中按“工号”引用 Sheet3 工作表中对应记录的“本期绩效”“本期绩效评价”数据。

(8) 为方便在“员工绩效汇总”工作表中查看数据,请设置在滚动翻页时,标题行(第 1 行)始终显示。

(9) 为节约打印纸张,请对“员工绩效汇总”工作表进行打印缩放设置,确保纸张打印方向保持为纵向的前提下,实现将所有列打印在一页。

(10) 在“统计”工作表的 B2 中输入公式,统计“员工绩效汇总”工作表中研发中心博士后的人数。然后,将 B2 单元格中的公式复制粘贴到 B2: G4 单元格区域(请注意单元格引用方式),统计出研发中心、生产部、质量部这三个主要部门中不同学历的人数。

(11) 在“统计”工作表中,根据“部门”的“(合计)”数据,按下列要求制作图表。

① 对三个部门的总人数做一个对比饼图,插入在“统计”工作表中。

② 饼图中需要显示三个部门的图例。

③ 每个部门对应的扇形,需要以百分比的形式显示数据标签。

(12) 对“员工绩效汇总”工作表的数据列表区域设置自动筛选,并把“姓名”中姓“陈”和姓“张”的名字同时筛选出来,最后保存文档。

习题参考答案

项目 7　使用 WPS 演示

本项目核心内容

1. 演示文稿的基本概念，WPS 演示文稿的功能、运行环境、启动与退出。

2. 演示文稿的基本操作；创建、打开和保存幻灯片的组织与管理；幻灯片(演示页)的插入(新建)、选定、隐藏、移动或复制、删除以及演示页顺序的调整等。

项目 7 学习任务思维导图

3. 演示文稿的视图模式和使用，幻灯片中文字编排、图片和图表等对象的插入，幻灯片中文本、艺术字、图形、智能图形、图像(片)、图表、音视频等对象的编辑和应用。

4. 幻灯片版式设置、主题应用、模板与配色方案的套用、背景设置、母版的制作和使用。

5. 幻灯片中对象动画、幻灯片切换效果、链接操作等交互设置。

6. 幻灯片放映效果的设置、换页方式及对象动画的选用。

7. 演示文稿的播放、打印与打包。

8. 分析图文素材，并根据需求提取相关信息引用到 WPS 演示文档中。

任务 7.1　WPS 演示的基础知识

任务目标：

1. 认识 WPS 演示。
2. 掌握 WPS 演示的启动与退出方式。
3. 熟悉 WPS 演示的工作界面。
4. 了解 WPS 演示的基本概念、组成元素。

子任务 7.1.1　认识 WPS 演示

1. 认识 WPS 演示

WPS 演示是中国金山公司的 WPS Office 办公软件组件(WPS 文字、WPS 表格、WPS 演示)之一。WPS Office 可以保存为云文档，提供有协作模式，可多人在线编辑。

演示文稿制作是信息化办公的重要组成部分，其主要功能是制作与设计演示文稿，可快速制作出图文并茂、富有感染力的演示文稿，并且可通过图片、视频和动画等多媒体形式展现复杂的内容，从而使表达的内容更容易理解。演示文稿多应用于活动宣传、项目展示以及课件放映等场景。

2. 启动与退出 WPS 演示

(1) 启动 WPS Office 一站式办公平台。双击桌面上的 WPS Office 办公软件快捷图标,打开 WPS Office 教育考试专用版,可启动 WPS Office 一站式办公平台。如果桌面上没有该程序图标,可以在“开始”菜单中选择 WPS Office→“WPS Office 教育考试专用版”命令来启动。

(2) 启动 WPS 演示。在主界面中单击“新建”按钮,进入“新建”页面,在窗口上方选择要新建的程序类型“演示”,如图 7-1 所示,选择后再在页面中间单击“新建空白文档”按钮,即可启动 WPS 演示,并创建一个空白演示文稿文件。通过在 WPS Office 一站式办公平台新建或者打开一个演示文稿文件,也可以启动 WPS 演示软件,进行 WPS 演示文稿的制作与设计。

图 7-1　从 WPS Office 界面启动 WPS 演示

子任务 7.1.2　认识 WPS 演示的工作界面

WPS 演示软件制作的文档称为演示文稿。演示文稿由幻灯片、备注两部分组成,核心是幻灯片。一个演示文稿通常由多张幻灯片组成。演示文稿是一个独立的文件,其默认的扩展名为.pptx,也可以保存为 WPS 演示文件(*.dps)。

WPS 演示文稿的工作界面如图 7-2 所示。

WPS 演示文稿工作界面主要由标题栏、快速访问工具栏、功能区(包含选项卡和命令按钮)、查找框、任务窗格、工作区(幻灯片编辑区)、备注区、状态栏等组成,如图 7-3 所示。

1. 快速访问工具栏

快速访问工具栏用于放置一些在制作演示文稿时使用频率较高的命令按钮,默认位置如图 7-3 所示。

与 WPS 文字相同,该工具栏包含了“保存”“输出为 PDF”“打印”“撤销”和“恢复”等按

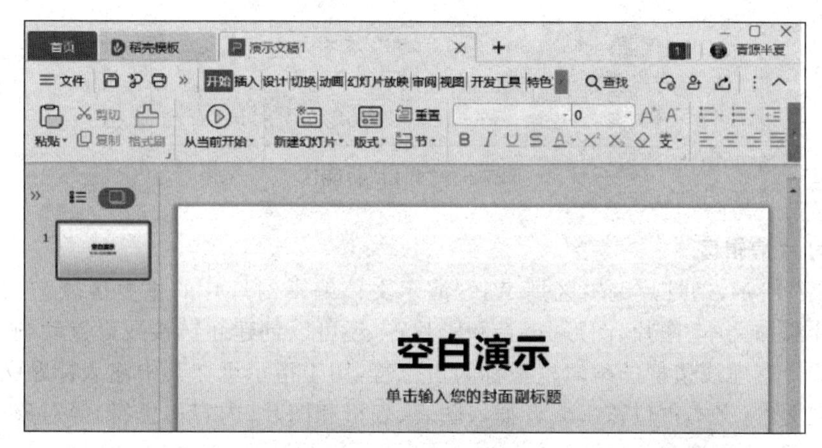

图 7-2 WPS 演示文稿的工作界面

图 7-3 WPS 演示的窗口组成

钮。如需要在快速访问工具栏中添加其他按钮,可以单击其右侧的三角按钮,在展开的列表中选择所需选项即可。此外,通过该列表,可以设置快速访问工具栏的显示位置。

2. "文件"选项卡

位于 WPS 演示文稿窗口的左侧,与 WPS 文字类似,单击会弹出一个"文件"下拉菜单,如图 7-4 所示。

3. 其他选项卡和功能区

其他选项卡和功能区与 WPS 文字的情况类似。例如,图 7-5 所示为"开始"功能区。

选项卡相当于以前的菜单,功能区相当于以前菜单的下拉菜单,命令按钮相当于以前下拉菜单中的命令。通过这些功能区命令按钮,可以完成 WPS 演示文稿制作与设计的主要功能。

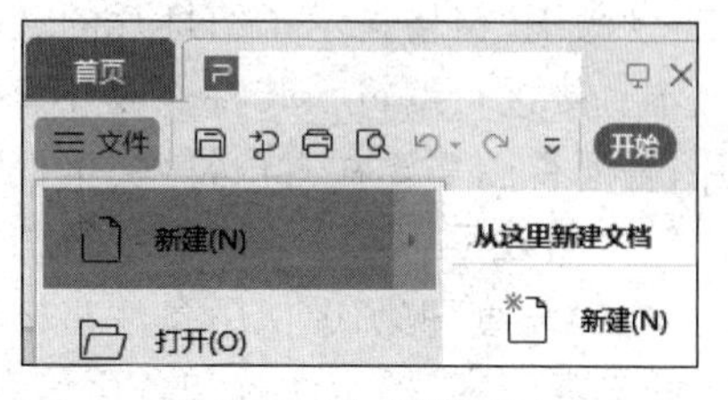

图 7-4 "文件"选项卡

图 7-5 “开始”功能区

4. 幻灯片编辑区

如图 7-6 所示,幻灯片编辑区是 WPS 演示文稿编辑幻灯片的主要区域,在其中可以为当前幻灯片添加文本、图片、图形、声音和影片等,还可以创建超链接或设置动画。幻灯片编辑区有一些带有虚线边框的编辑框被称为占位符,用于指示可在其中输入标题文本(标题占位符)、正文文本(文本占位符),或者插入图表、表格和图片(内容占位符)等对象。幻灯片版式不同,占位符的类型和位置也不同。

5. 快速工具栏与浮动工具栏

当选中幻灯片上占位符或某个对象时,会弹出快速工具栏,如图 7-7 所示。当选中文本对象时,会弹出浮动工具栏,能够方便快捷地对选中对象进行相关设置。

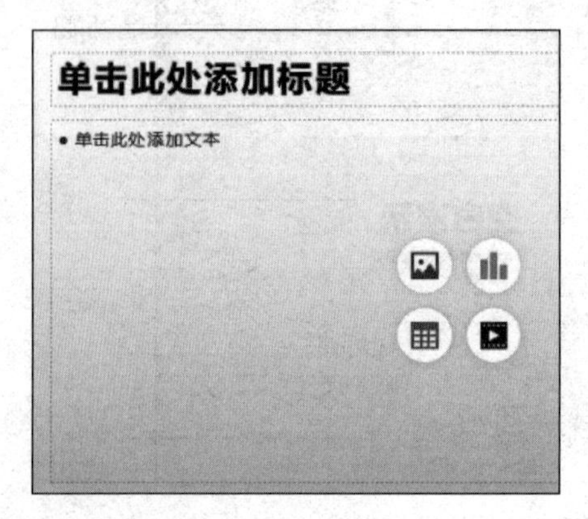

图 7-6 幻灯片编辑区

图 7-7 快速工具栏

6. 幻灯片/大纲窗格

幻灯片/大纲窗格也称为导航窗口。在导航中单击幻灯片缩略图,可快速切换到对应的幻灯片。利用“幻灯片”窗格或“大纲”窗格,可以快速查看和选择演示文稿中的幻灯片。其中,“幻灯片”窗格显示了幻灯片的缩略图,单击某张幻灯片的缩略图,可选中该幻灯片,此时即可在右侧的幻灯片编辑区编辑该幻灯片内容。

“大纲”窗格显示了幻灯片的文本大纲。显示幻灯片中的标题性文本,可对这些标题性文本直接进行编辑。其特点是不需要占位符就可以直接输入文字。大纲视图不能插入图片;普通视图需要在占位符(文本框)里面编辑文字并且其他对象都可以编辑。

7. 备注区

在“普通”视图中使用备注窗格可编写关于幻灯片的备注。备注指在演示时演示者所需要的文章内容、提示注解和备用信息等。输入备注并为其设置格式,但是若要查看备注页的打印样式并查看任何文本格式(如字体颜色)的全部效果,需切换到“备注页”视图。

8. 状态栏

状态栏位于程序窗口的最底部,如图 7-8 所示,用于显示当前演示文稿的一些信息,如当前幻灯片及总幻灯片数、主题名称等。此外，还提供了用于切换视图模式的视图按钮，用于调整视图显示比例的“+”“-”按钮和缩放滑块以及最右侧的“最佳显示比例”按钮等。单击状态栏右侧的按钮，可按当前窗口大小自动调整幻灯片的显示比例，使其在当前窗口中可以显示全局效果。

图 7-8 WPS演示状态栏

子任务 7.1.3 了解WPS演示文稿的相关概念

1. 模板和主题

模板是指预先定义好格式、版式和配色方案的演示文稿。WPS演示模板是扩展名为.dpt(或者.pot、.potx)的一张幻灯片或一组幻灯片的图案或蓝图。模板可以包含版式、主题颜色、主题字体、主题效果和背景样式，还可以包含内容等。模板是一种特殊的幻灯片或一组幻灯片。

幻灯片主题是指对幻灯片中的标题、文字、图表、背景等项目设定的一组配置。该配置主要包含主题颜色、主题字体和主题效果。主题将一组设置好的字体、颜色、外观效果组合到一起，形成多种不同的界面设计方案，可以在多个不同的主题之间切换，从而灵活地改变演示文稿的整体外观。只要单击选定的主题，即可完成对演示文稿外观风格的重新设置，可为整个演示文稿设置统一的外观背景样式。

2. 幻灯片

幻灯片是演示文稿的基本组成单元，幻灯片是演示文稿文件中的一个页面。幻灯片中可添加文字、图表、智能图形、图片、音频、视频等内容。

3. 占位符

占位符是幻灯片中占位的虚线框，是构成幻灯片内容的基本对象，有标题占位符、文本占位符、内容占位符等。

单击占位符可以添加文本。WPS演示文稿的内容占位符默认有插入图片、插入图表、插入表格、插入媒体4个按钮，单击按钮则可插入相应的各种对象和内容。

直接在幻灯片中插入的文本框不是占位符，占位符一般在幻灯片母版中插入，会显示在使用该母版创建的幻灯片相应的位置，且拥有相同的格式。

4. 幻灯片版式

幻灯片版式是指幻灯片页面上各个占位符的排列方式，是占位符的位置布局。单击“开始”功能区→“版式”按钮，在弹出的Office主题窗格中单击需要的版式，可以更改所选幻灯片的布局。幻灯片版式有标题幻灯片、标题和内容、两栏内容、图片与标题、末尾幻灯片等版式，不同的版式中占位符的位置与排列的方式不同。

5. 幻灯片母版

幻灯片母版是为所有幻灯片设置的默认版式和格式，包括字体、占位符大小和位置、背景设计和颜色预设等，其目的是使用户进行全局更改(如替换字体)，并使该更改应用到演示文稿中的所有幻灯片。

通常，可以使用幻灯片母版进行下列操作。

(1) 更改字体或项目符号。

(2) 插入要显示在多个幻灯片上的文字、图片（如徽标 Logo、单位名称）。

(3) 更改占位符的位置、大小和格式。

母版是一种特殊的幻灯片，用于存储设计模板内容模板的样式和格式等。母版可以修改幻灯片的层级结构、标题与正文样式和格式，可为整个演示文稿设置统一的版式和格式。母版中的信息一般是共有的信息，改变母版中的信息可统一改变演示文稿的外观。母版可以编辑。

通常有 3 种母版：幻灯片母版、讲义母版和备注母版。幻灯片母版是最常用的，通常用于设置所有幻灯片的格式。若要设置幻灯片母版，需先切换至“视图”选项卡。

幻灯片母版可以为幻灯片定义不同的版式，幻灯片母版视图就是显示并编辑这些母版的视图。

任务 7.2 WPS 演示的基本操作

任务目标：

1. 学会创建演示文稿。
2. 学会保存演示文稿。
3. 学会打开与关闭演示文稿。
4. 熟悉演示文稿的视图模式。

子任务 7.2.1 创建演示文稿

1. 创建空白演示文稿

在 WPS Office 一站式办公平台主界面中单击“新建”按钮，进入“新建”页面，在窗口上方选择要新建的程序类型“演示”，从 WPS Office 界面启动 WPS 演示。选择后在页面中间有一个“新建空白文档”按钮，并且提供“白色”“灰色渐变”“黑色”三个背景色按钮可以选择。单击“+新建空白文档”按钮或者其中某个背景色按钮，即可创建一个空白演示文稿文件。

“新建空白文档”按钮旁边有一个“新建在线文档”按钮，可以新建在线演示文稿，也可以根据推荐模板或者搜索在线模板来新建演示文稿。另外，在主界面的“首页”页面左边单击“从模板新建”按钮，同样可以利用模板来新建演示文稿。

新建的空白演示文稿自带有 1 张版式为“标题幻灯片”的幻灯片，如图 7-9 所示。

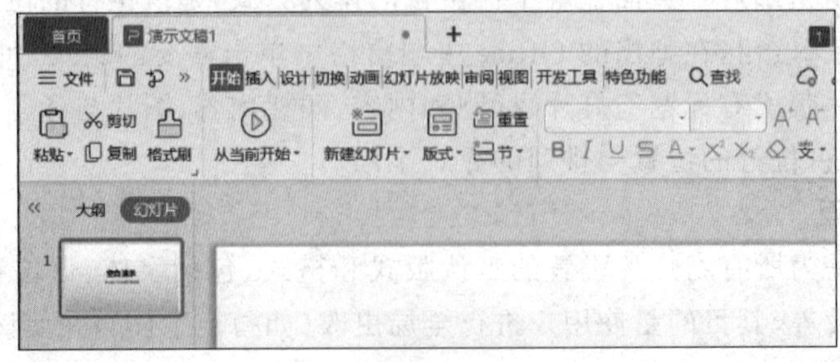

图 7-9 创建空白演示文稿

2. 根据模板创建演示文稿

(1) 如图7-10所示，在打开的WPS演示文稿窗口上，选择“文件”→“新建”→“本机上的模板”命令。

(2) 在弹出的“模板”对话框中选择需要应用的演示文稿模板，单击“确定”按钮，即可创建演示文稿。例如，选择“通用”的“培训”模板来创建演示文稿，如图7-11所示，根据模板创建演示文稿的结果如图7-12所示。

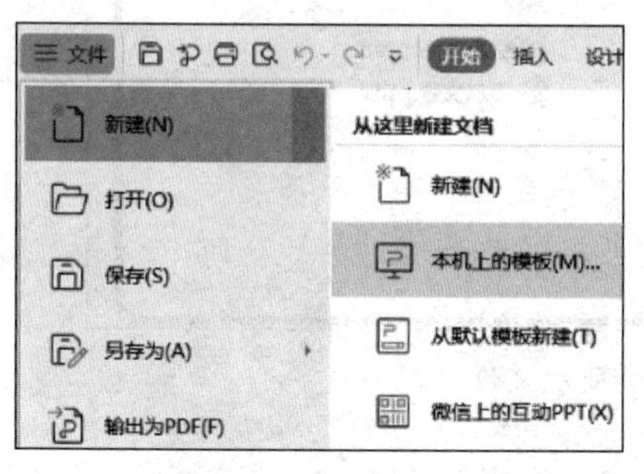

图7-10 根据“样本模板”创建演示文稿

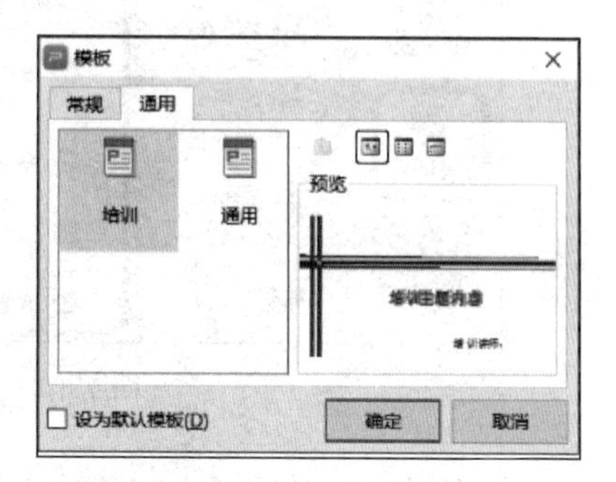

图7-11 “模板”对话框

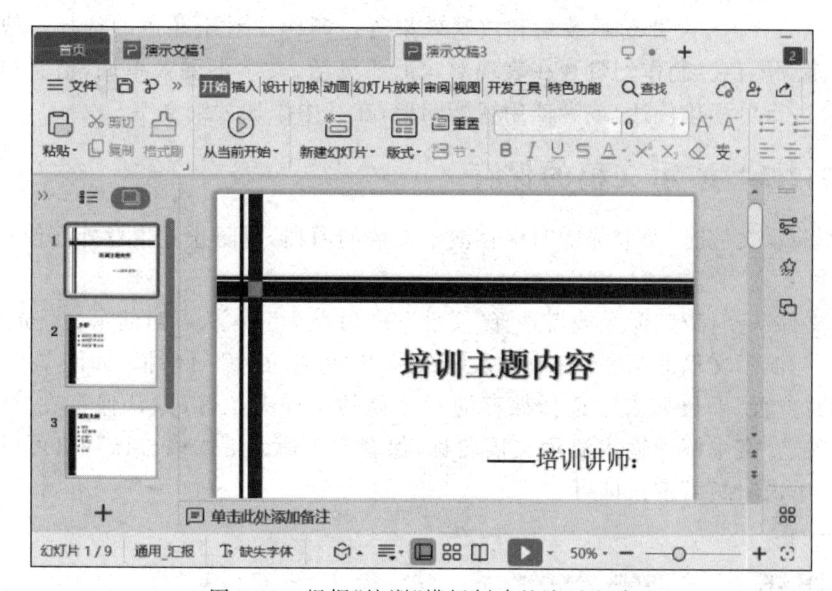

图7-12 根据“培训”模板创建的演示文稿

在WPS演示文稿中打开一个演示文件，也可以创建新的演示文稿，如图7-13所示。使用现有演示文稿的母版或者借鉴其外观与内容创建新的演示文稿，编辑之后另存为新的演示文稿。

3. 演示文稿的制作流程

利用WPS演示制作一篇成功的演示文稿，前期必须进行总体策划、收集素材等准备工作，之后再用WPS演示软件进行制作。

(1) 总体策划。如演示文稿的主题、组成内容、需要的素材、要达到什么演示效果等，预先梳理出来，然后再确定总体结构。

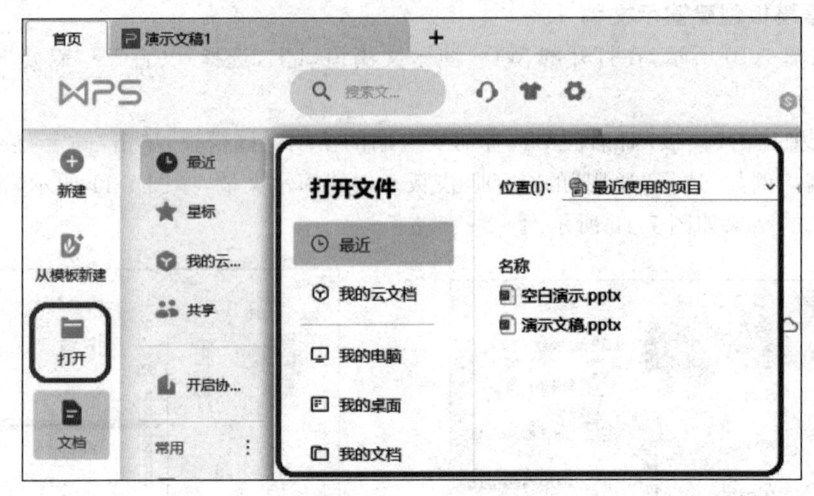

图 7-13　打开一个演示文件

(2) 收集素材。包括图片、文字和声音等。

(3) 开始制作。制作幻灯片的基本步骤包括:创建演示文稿,在幻灯片中插入文本,格式化文本,插入图片,设置动画效果和放映效果等。制作中对于颜色的选择一般不应超过三种,做到协调配色。制作幻灯片在表现形式上要灵活,文字不要太单调,信息多用图片等多媒体对象进行可视化传达,或者使用智能图形,在其中添加大纲文字。

子任务 7.2.2　演示文稿的保存

在制作演示文稿时,要养成随时保存演示文稿的习惯,以防止发生意外而使正在编辑的内容丢失。

选择“文件”→“保存”命令或者选择“文件”→“另存为”命令,可对演示文稿进行保存。

若是新建演示文稿的第一次存盘,系统会弹出“另存文件”对话框,如图 7-14 所示。在该对话框的“位置”下拉列表中选择保存演示文稿的文件夹位置(默认保存在“WPS 网盘”中),在“文件名”文本框中输入演示文稿名称,保存类型默认是“ *.pptx”(也可以选择其他格式),然后单击“保存”按钮即可。

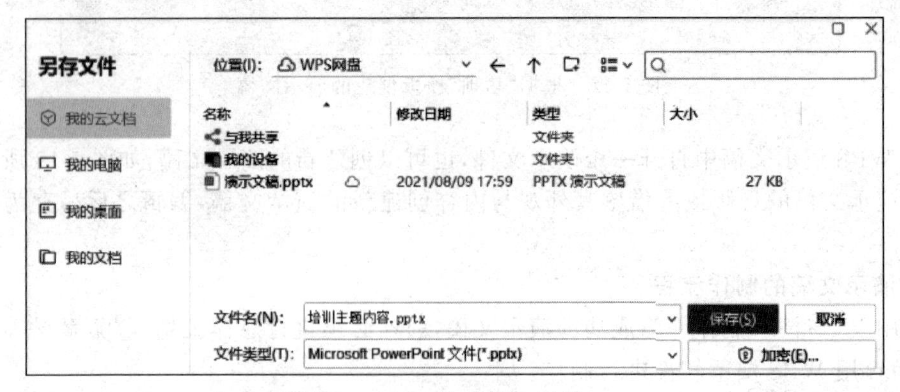

图 7-14　“另存文件”对话框

子任务 7.2.3　演示文稿的打开与关闭

1. 打开演示文稿

如图 7-15 所示，在 WPS 演示文稿窗口中选择“文件”→“打开”命令，或者使用 Ctrl+O 组合键，在弹出的“打开”对话框中找到文件并打开即可。

也可以从 WPS Office 一站式办公平台主界面中单击“首页”选项，在页面左边选择“打开”命令，同样可以打开演示文稿。

2. 关闭演示文稿

关闭当前演示文稿：单击当前演示文稿标签上的“关闭”按钮 ×，或者右击当前演示文稿的标签并在弹出的快捷菜单中选择“关闭”命令，如图 7-16 所示。

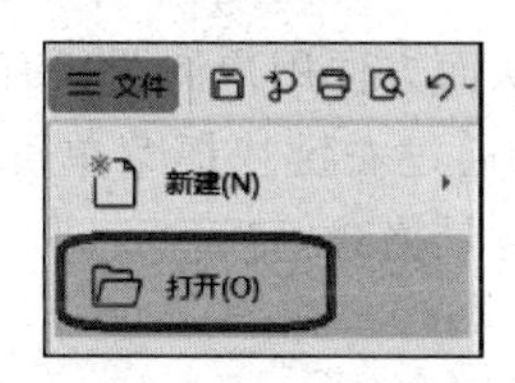

图 7-15　“打开”命令

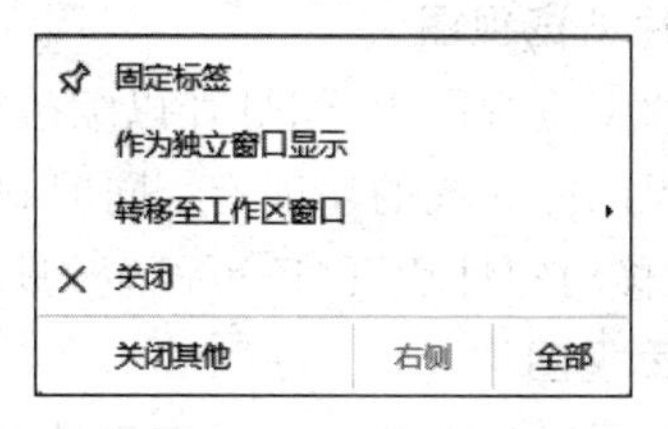

图 7-16　“关闭”命令

关闭所有演示文稿并退出 WPS 演示：选择“文件”→“退出”命令，或者右击当前演示文稿的标签并在弹出的快捷菜单中选择“关闭”→“全部”命令。

子任务 7.2.4　演示文稿的视图模式

WPS 演示能够以不同的视图方式显示演示文稿的内容，使演示文稿易于浏览且便于编辑。WPS 演示提供了多种基本的视图方式，如普通视图、幻灯片浏览视图、备注页视图和阅读视图、幻灯片放映视图。每种视图都有其独特的显示方式，在某一种视图中对演示文稿的修改和设计会自动反映在该演示文稿的其他视图中。

如图 7-17 所示，通过单击状态栏中的相应按钮，可切换不同的视图模式。单击“视图”功能区中的视图按钮，如图 7-18 所示，也可切换不同的视图模式。以不同的视图方式来显示演示文稿内容，能使编辑和演示幻灯片更为方便。

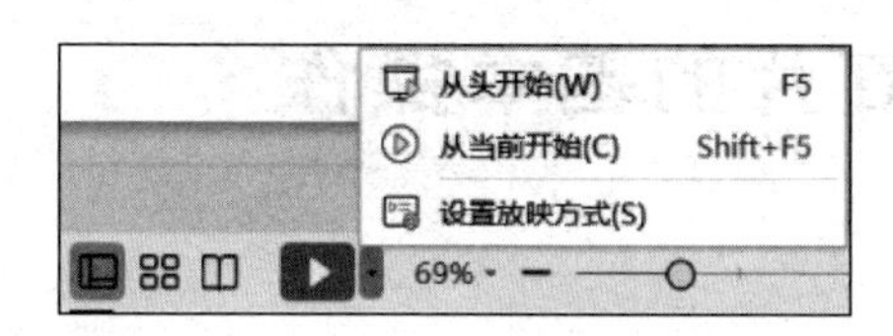

图 7-17　状态栏中的视图切换按钮

图 7-18　视图模式

1. 普通视图

普通视图是进入 WPS 演示后的默认视图，普通视图将幻灯片、大纲和备注页三个工作区集成到一个视图中，将窗口分为三个工作区，也可称为三区式显示。

幻灯片/大纲窗格在窗口的左侧，使用“大纲”选项卡和“幻灯片”选项卡可以切换，用于显示幻灯片缩略图或者大纲区幻灯片的大纲内容。

幻灯片区能完成的功能有：输入；查看幻灯片的主题、小标题以及备注；移动幻灯片图像位置和备注页方框，或是改变其大小；对单张幻灯片的编辑也主要在这里进行。

备注区用于输入演讲者的备注信息。

在普通视图中，只可看到一张幻灯片。如果要显示所需的幻灯片，可以选择下面几种方法之一进行操作：在普通视图的"大纲/幻灯片"窗格中单击"幻灯片"选项卡，在幻灯片列表中单击要显示的幻灯片，则切换到该幻灯片中；直接拖动垂直滚动条上的滚动块，移动到所需要的幻灯片时，松开鼠标左键，即可切换到该幻灯片中；单击垂直滚动条中的按钮，可切换到当前幻灯片的上一张、下一张。按 PgUp 键可切换到当前幻灯片的上一张；按 PgDn 键可切换到当前幻灯片的下一张；按 Home 键可切换到第一张幻灯片；按 End 键可切换到最后一张幻灯片。

2. 幻灯片浏览视图

在幻灯片浏览视图中，幻灯片以缩略图的形式显示，从而方便用户浏览所有幻灯片的整体效果。该视图能完成的功能有：同时显示多张幻灯片，通过右键快捷菜单可添加、删除、隐藏、复制和移动幻灯片页，还可设置幻灯片切换方式和背景格式等操作。

3. 备注页视图

备注页视图以上下结构显示幻灯片和备注页面，主要用于编写备注内容；在该视图下，幻灯片缩略图下方带有备注页方框，可以单击方框输入演讲者的备注文字，也可以在普通视图下输入备注文字。

每个备注页均会显示幻灯片缩略图以及该幻灯片附带的备注。在"备注页"视图中，可以用图表、图片、表格或其他插图来丰富备注内容。另外，可以打印包含幻灯片缩略图的备注页。

4. 阅读视图

阅读视图是以窗口的形式来查看演示文稿的放映效果。

5. 幻灯片放映视图

幻灯片放映视图是演示文稿的最终效果，在放映视图下，用户可以看到幻灯片的动画、声音以及切换效果。幻灯片放映视图并不是显示单个的静止画面，而是以动态的形式显示演示文稿中的各个幻灯片。

任务 7.3　幻灯片的基本操作

任务目标：

1. 学会新建幻灯片。
2. 熟悉幻灯片版式选择。
3. 学会选定幻灯片。
4. 学会复制或移动幻灯片。
5. 学会删除或隐藏幻灯片。

子任务7.3.1 新建幻灯片与幻灯片版式设计

1. 新建幻灯片

启动WPS Office软件，打开WPS演示，创建一个空白演示文稿，默认自动创建幻灯片版式为“标题幻灯片”的第1张幻灯片。其中包含两个占位符，分别表示主标题(提示文字为“空白演示”)和副标题(提示文字为“单击输入您的封面副标题”)。

添加幻灯片主要有以下几种方式。

(1) 在“开始”功能区中单击“新建幻灯片”按钮，如图7-19所示，即可新建一张幻灯片，并且默认版式是“标题和内容”(第2张幻灯片)。

(2) 在“插入”功能区中单击“新建幻灯片”按钮，如图7-20所示，也可新建一张幻灯片。

图7-19 在“开始”功能区中单击“新建幻灯片”按钮

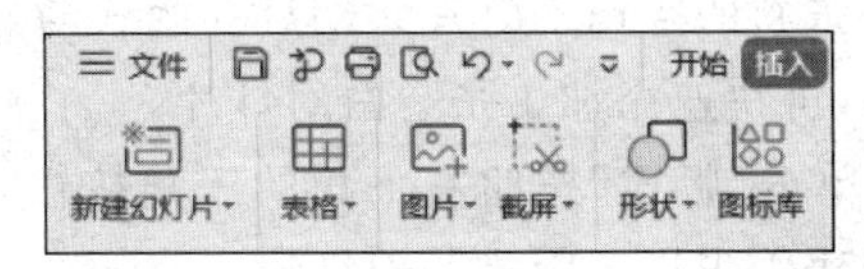

图7-20 在“插入”功能区中单击“新建幻灯片”按钮

(3) 单击以上两个地方的“新建幻灯片”按钮右下角的三角按钮，如图7-21所示，在弹出的“新建”下拉页面中可以选择新建不同风格特征的主题页(如封面页、目录页、章节页、结束页)、正文、案例和动画。

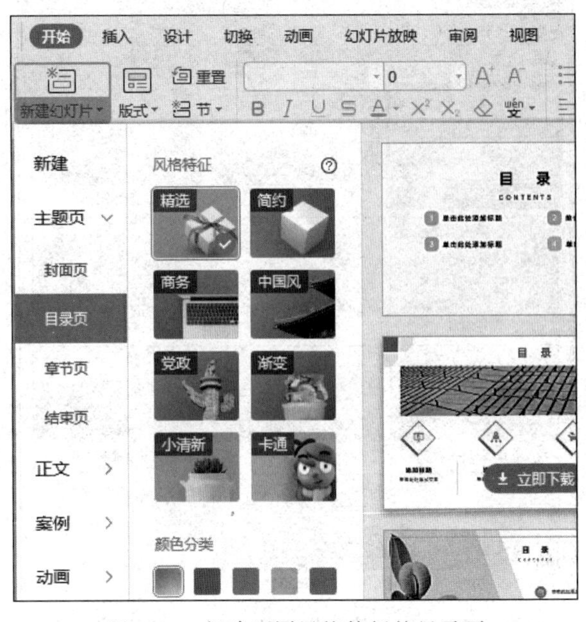

图7-21 新建不同风格特征的目录页

在普通视图下，单击左侧幻灯片窗格中的某张幻灯片，会自动出现一个➕按钮，如图 7-22 所示，单击该按钮也可以弹出“新建”下拉页面。

选择其中某一种并单击“立即下载”按钮，如图 7-23 所示，可新建一张指定风格的幻灯片。例如，新建一张目录页幻灯片。

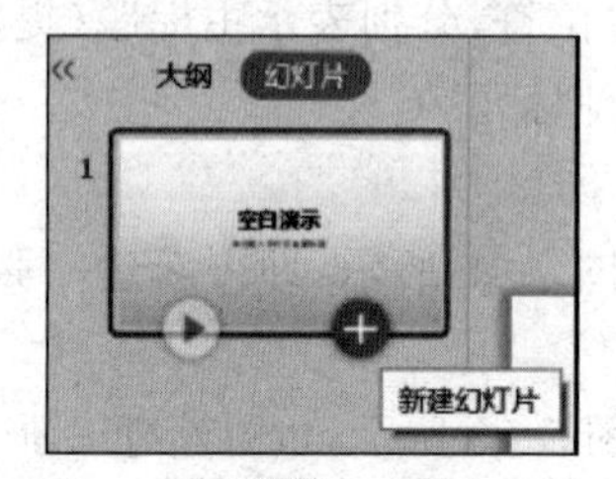

图 7-22　单击➕按钮新建幻灯片

图 7-23　下载后新建一张目录页幻灯片

(4) 在幻灯片浏览视图或在普通视图左侧的幻灯片窗格中右击，在弹出的快捷菜单中选择“新建幻灯片”命令，也可以新建幻灯片。

(5) 在普通视图下，单击左侧幻灯片窗格中的某张幻灯片，然后按下 Enter 键，可以快速在某张幻灯片下面插入一张新的空白幻灯片。幻灯片版式与选择的幻灯片相同。

(6) 按 Ctrl+M 组合键，可快速添加 1 张空白幻灯片。

(7) 在“开始”功能区中单击“版式”按钮右下角的三角按钮，在下拉列表框中有不同版式，单击选择一种版式，可新建 1 张指定版式的幻灯片。

2. 幻灯片版式设计

如图 7-24 所示，WPS 演示提供的 11 种幻灯片版式。

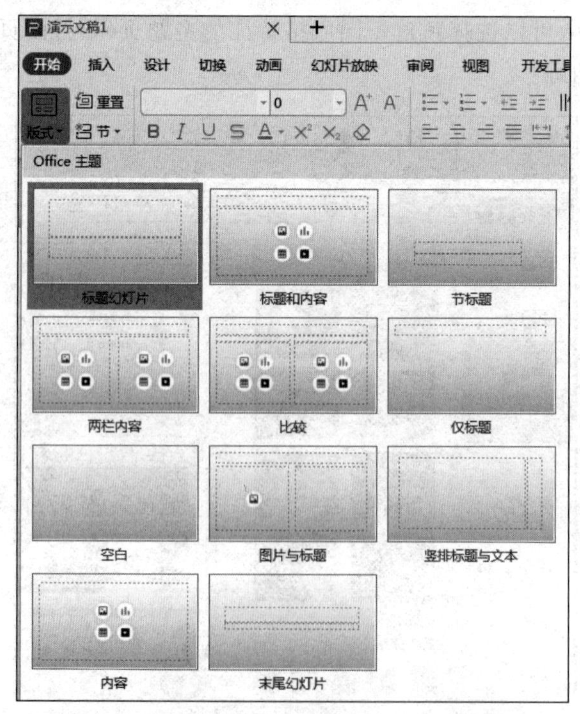

图 7-24　WPS 演示提供的 11 种幻灯片版式

（1）标题幻灯片：包括主标题和副标题。

（2）标题和内容：主要包括标题和正文。

（3）节标题：主要包括标题和文本。

（4）两栏内容：主要包括标题和两个文本。

（5）比较：主要包括标题、两个正文和两个文本。

（6）仅标题：只包含标题

（7）空白：空白幻灯片。

（8）图片与标题：主要包括图片和标题。

（9）竖排标题与文本：主要包括竖排标题与正文。

（10）内容：主要包括正文。

（11）末尾幻灯片：即结束页。

对于占位符，可以移动它的位置，改变它的大小。对于不需要的占位符可以进行删除操作。占位符在幻灯片放映时不显示。

重新设置幻灯片版式，操作步骤如下：

选定需要修改版式的幻灯片，在“开始”功能区中单击“版式”按钮，在弹出的“Office 主题”窗格中单击需要的版式。

文字、图表、组织结构图及其他可插入元素，都是以对象的形式出现在幻灯片中的。可以利用幻灯片的版式设计来完成这些对象的布局。幻灯片版式包含要在幻灯片上显示的全部内容的格式设置、位置和占位符设置信息，也包含幻灯片的主题和背景等属性信息。可以在新建幻灯片时，直接选择需要的幻灯片版式。

子任务 7.3.2　选定幻灯片的几种操作

（1）要选择单张幻灯片，直接在“幻灯片”窗格中单击该幻灯片即可选定。

（2）要选择连续的多张幻灯片，可按住 Shift 键，单击前后两张幻灯片即可选定。

（3）要选择不连续的多张幻灯片，可按住 Ctrl 键，依次单击要选择的幻灯片进行选定。

（4）在幻灯片浏览视图或在普通视图左侧的幻灯片窗格，可以按 Ctrl＋A 组合键全选。

子任务 7.3.3　复制或移动幻灯片

1. 复制幻灯片

选择某张幻灯片，按 Ctrl＋C 组合键复制，并将光标定位在要粘贴的位置，再按 Ctrl＋V 组合键粘贴。

2. 移动幻灯片

演示文稿制作好后，在播放演示文稿时，将按照幻灯片在“幻灯片”窗格中的排列顺序进行播放。若要调整幻灯片的排列顺序，可用以下三种方法。

（1）右击需要移动的幻灯片，在弹出的快捷菜单中选择“剪切”命令；再右击要移到的位置，在弹出的快捷菜单中选择“粘贴”命令即可。

（2）选定要移动的幻灯片，在“开始”功能区中单击“剪切”按钮，并将光标定位在要粘贴的位置，然后选择“粘贴”按钮。

（3）在普通视图或幻灯片浏览视图中，直接拖动要调整顺序的幻灯片到新的位置，拖动过程中有一条水平的直线指出当前移到的位置。

(4) 选择某张幻灯片,按 Ctrl+X 组合键剪切;再将光标定位在要粘贴的位置,再按 Ctrl+V 组合键粘贴。

子任务 7.3.4 删除或隐藏幻灯片

1. 删除幻灯片

对不需要的幻灯片可直接删除。删除幻灯片后,系统将自动调整幻灯片的编号。

(1) 在“幻灯片”窗格中选中要删除的幻灯片,然后按 Del 键。

(2) 右击要删除的幻灯片,在弹出的快捷菜单中选择“删除幻灯片”命令。

2. 隐藏幻灯片

有时根据需要不能播放所有幻灯片时,可将某几张幻灯片隐藏起来,而不必将这些幻灯片删除,被隐藏的幻灯片在放映时不播放。

(1) 选定要隐藏的幻灯片,在“幻灯片放映”功能区中单击“隐藏幻灯片”按钮,如图 7-25 所示。此时在普通视图的幻灯片窗格中或幻灯片浏览视图状态下,幻灯片的编号上有粗框内带“\”标记,如图 7-26 所示,标志该幻灯片被隐藏。

图 7-25 “隐藏幻灯片”按钮

图 7-26 隐藏幻灯片标志

要取消隐藏,可选定要取消的隐藏的幻灯片,再次在“幻灯片放映”功能区中单击“隐藏幻灯片”按钮即可。

(2) 在幻灯片浏览视图或在普通视图左侧的幻灯片窗格,可右击选定幻灯片,在弹出的快捷菜单中选择“隐藏幻灯片”命令。

任务 7.4 “‘青马基地’与‘长征书院’介绍”演示文稿的幻灯片制作

任务目标:

1. 掌握在幻灯片中插入文本框、形状(图形)、智能图形的方法。
2. 掌握在幻灯片中插入图片的方法。
3. 掌握在幻灯片中插入图表、表格的方法。
4. 掌握在幻灯片中插入音频、视频的方法。
5. 学会幻灯片中文本、艺术字、图、音视频等对象的编辑和应用。
6. 学会制作目录页、结束页幻灯片。

演示文稿由若干幻灯片构成，幻灯片是演示文稿的基本组成单元。幻灯片中可承载文字、图表、图形、图片、音频、视频等丰富的多媒体元素。演示文稿是由许多张幻灯片组成的。每张幻灯片主要由文字、图片、图表、表格等对象组成。幻灯片中输入的文字一般需要放在占位符中。

子任务 7.4.1　创建空白演示文稿并制作标题幻灯片

为加强革命传统教育，发扬长征精神，希望班上同学制作“‘青马基地’与‘长征书院’介绍”的宣传展示作品，尽量图文并茂且简洁明快。根据要求，我们使用 WPS 演示文稿制作软件来完成“‘青马基地’与‘长征书院’介绍”演示文稿的制作。

1. 启动 WPS 演示

启动 WPS Office，新建 WPS 演示，创建空白演示文稿，自带有 1 张版式为“标题幻灯片”的幻灯片。

2. 制作标题幻灯片

（1）单击该幻灯片中的“空白演示”所在文本占位符，在里面输入文字“‘青马基地’与‘长征书院’介绍”，如图 7-27 所示。

（2）单击“副标题”占位符，输入“四川省高校青年马克思主义者培训基地与都江堰长征书院”。

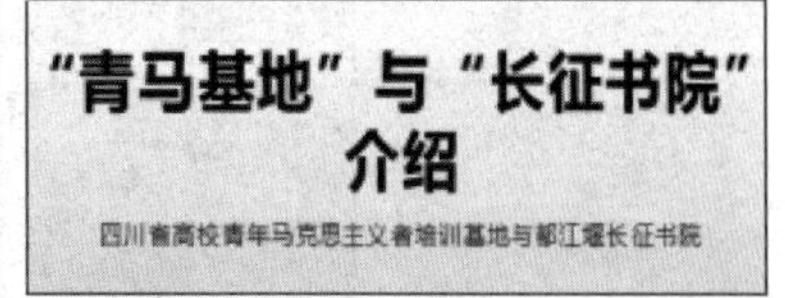

图 7-27　在占位符中输入“标题”与“副标题”内容

（3）保存演示文稿。单击快速工具栏中的“保存”按钮，打开“另存文件”对话框，选择保存位置为“文档”，将自动命名的文件名“青马基地.pptx”进行修改，输入演示文稿的名称“‘青马基地’与‘长征书院’介绍”，文件类型保持不变，如图 7-28 所示，然后单击“保存”按钮。

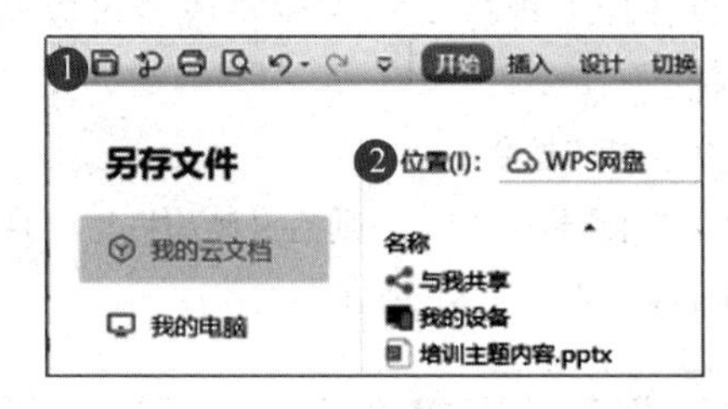

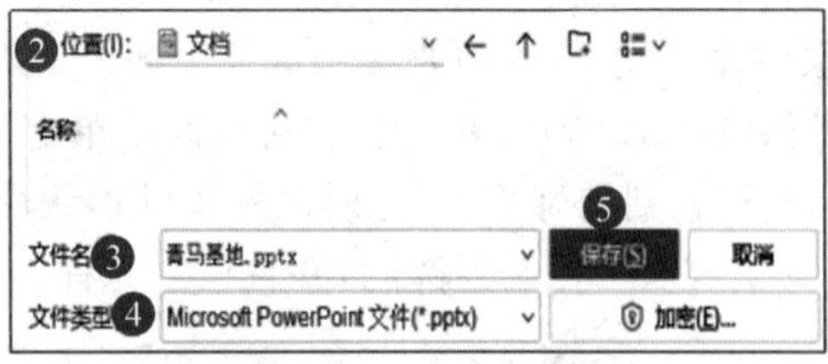

图 7-28　另存文件

（4）单击第 1 张幻灯片，单击“‘青马基地’与‘长征书院’介绍”占位符并选中文字，再切换到“开始”功能区。

在功能区的“字体”下拉列表框中选择字体为微软雅黑（标题），字号选择为 48 磅，设置文字颜色为标准色中的“红色”。

将光标移到占位符右边框中间的圆圈控制点上，当鼠标光标变成双箭头时向右拉宽，让文字显示在一行上;将光标移到占位符边框上,按住鼠标左键不放,向上移动到合适位置,如图 7-29 所示。

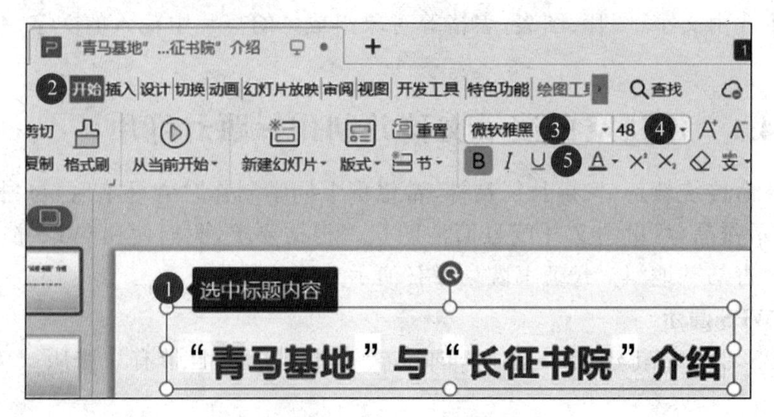

图 7-29　标题文字格式化

(5) 操作同上,选择"四川省高校青年马克思主义者培训基地与都江堰长征书院"文本并设置文字颜色为标准色中的"紫色",字体为华文琥珀,字号为 28 磅。完成演示文稿中第 1 张幻灯片的制作,制作好的第 1 张幻灯片如图 7-30 所示。

图 7-30　制作好的第 1 张幻灯片

3. 在幻灯片中插入文本框与删除文本框

在幻灯片中不能直接输入文字。如果不是在幻灯片上现有文本占位符或者可以输入文字的对象中输入文本,则需要在幻灯片中插入文本框。

(1) 如图 7-31 所示,在"插入"功能区中单击"文本框"按钮。

(2) 光标移到幻灯片上,这时鼠标指针形状变为"+"号并单击,则在幻灯片上出现一个文本框(其上有 8 个控制点圆圈)并且框内光标在闪烁,如图 7-31 所示。

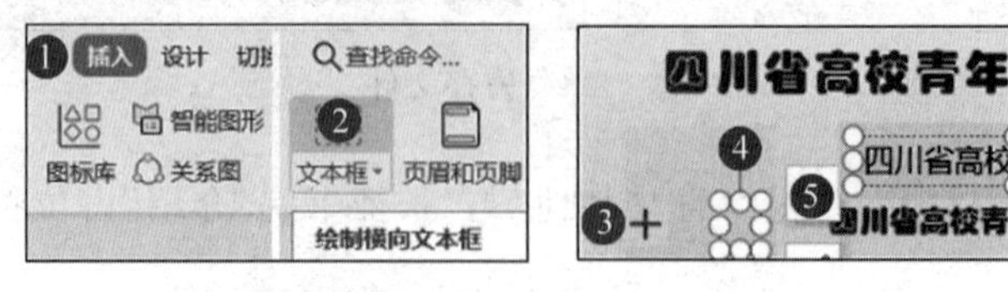

图 7-31　在幻灯片中插入文本框的操作

(3) 在文本框内输入同样的副标题文本,这时文字颜色为黑色。

(4) 将副标题文本选中并复制,重新插入一个文本框,然后在框内按 Ctrl+V 组合键进行粘贴，即可输入相同文本。在文本框内也可以插入或者粘贴图片等其他对象。

(5) 选中幻灯片上这两个文本框，按 Del 键将文本框删除。

当幻灯片上的对象、占位符或者文本框不再需要的时候，可以对其右击并使用快捷菜单删除；或者选中它之后，按 Del 键或 Backspace 键也可以将其删除。

子任务 7.4.2　制作目录页幻灯片

(1) 在“开始”功能区中单击“新建幻灯片”按钮右下角的三角按钮，如图 7-32 所示。

在弹出来的“新建”下拉页面中单击“主题页”→“目录页”选项，单击选择“党政”风格特征，然后选择其中某一种目录并单击“立即下载”按钮，在弹出的页面中单击“立即下载”按钮，在网络可用的情况下即可新建成一张目录页幻灯片。

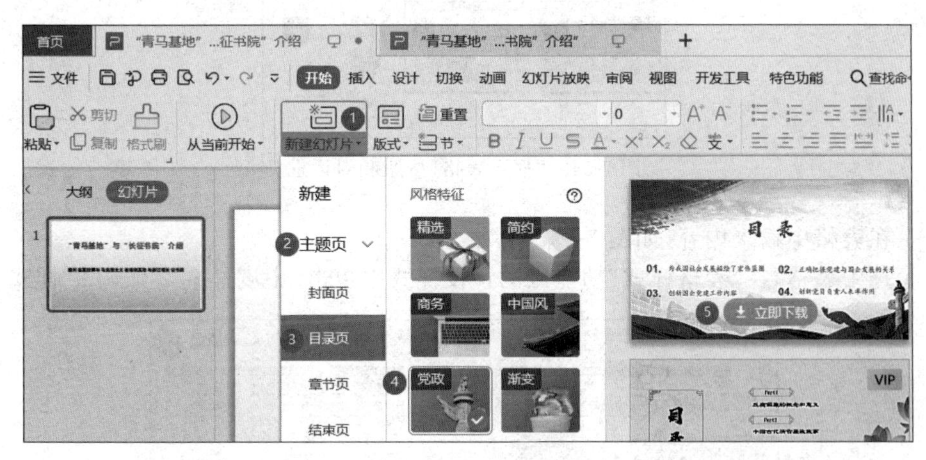

图 7-32　下载目录页

(2) 逐一单击 4 个文本占位符，输入以下目录介绍文本：“四川省高校青马基地简介”“四川省高校青马基地培训活动”“走进都江堰长征书院”“长征精神”。

(3) 可以自行设置字体、字形、字号和对齐方式等格式。制作好的目录页效果如图 7-33 所示。

图 7-33　制作好的目录页效果图

子任务 7.4.3　在幻灯片中插入表格以及数据可视化与图表美化

表格具有条理清晰、对比强烈等特点；图表是一种图形化的表格，使用图表可以更加直观地分析数据变化。在幻灯片中使用表格和图表可以使演示文稿的内容更加清晰明了,从而达到更好的演示效果。

1. 插入表格

(1) 按 Ctrl+M 组合键新建一张幻灯片,版式选择“标题和内容”,为演示文稿添加第 6 张幻灯片。

(2) 单击“标题”文本占位符,输入文字“红军各方面军长征数据统计表”。

(3) 如图 7-34 所示,单击内容占位符中的“插入表格”按钮,在弹出的“插入表格”对话框中输入“行数”和“列数”,单击“确定”按钮,插入一个 5 行、4 列的表格。

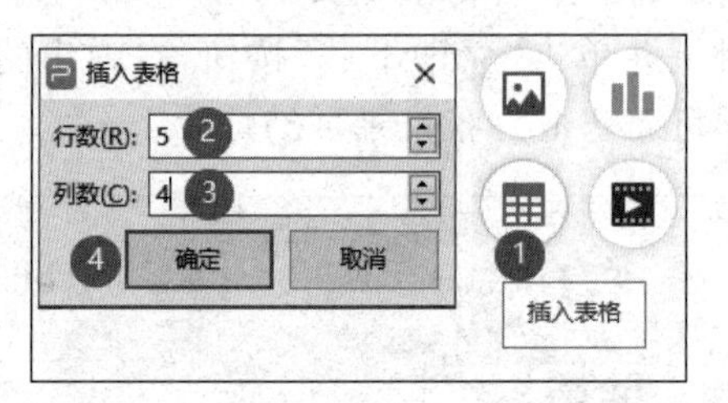

图 7-34 “插入表格”按钮和对话框

(4) 在表格中输入内容,如图 7-35 所示。

(5) 选中表格,在“表格样式”功能区的预设样式中单击“中度样式 2-强调 3”样式。

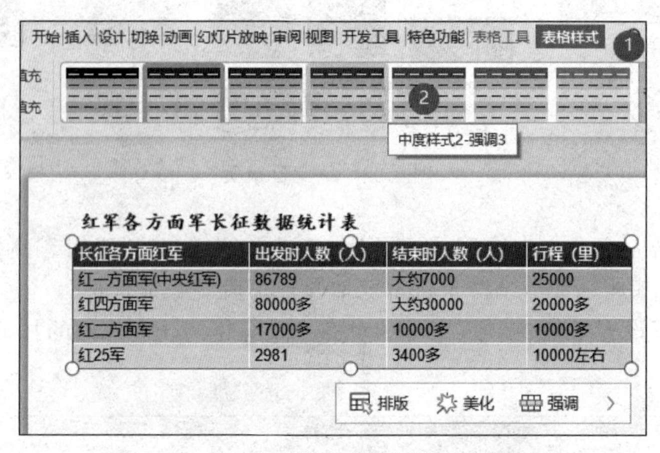

图 7-35 在表格中输入内容与设置表格样式

(6) 也可以在选中表格单击下方的“排版”按钮进行智能排版,如图 7-36 所示。

2. 插入图表

在幻灯片中用户可以利用占位符方便地插入图表,也可以利用功能区来插入图表。

(1) 按 Ctrl+M 组合键新建一张幻灯片,输入标题文字“红军长征人数变化统计图”。

(2) 在“插入”功能区中单击“图表”按钮,弹出“插入图表”对话框,如图 7-37 所示。双击第一个“簇状柱形图”,即可在幻灯片中插入一个图表。

(3) 单击图表,再在出现的“图表工具”功能区中单击“选择数据”按钮,如图 7-38 所示。

(4) 在弹出的新窗口“WPS 演示中的图表”中,单击“编辑数据源”对话框(见图 7-39)中的“图表数据区域”文本框右边的扩展选择按钮。用鼠标选中表格区域 A1:C5,再单击扩展选择按钮,然后在“编辑数据源”对话框中单击“确定”按钮。

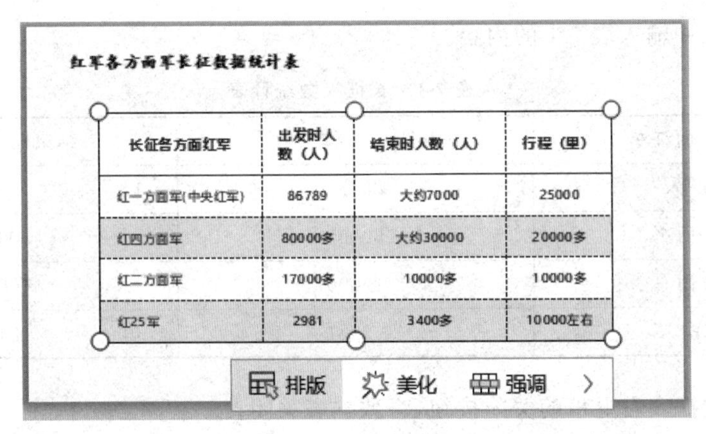

红军各方面军长征数据统计表

长征各方面红军	出发时人数（人）	结束时人数（人）	行程（里）
红一方面军(中央红军)	86789	大约7000	25000
红四方面军	80000多	大约30000	20000多
红二方面军	17000多	10000多	10000多
红25军	2981	3400多	10000左右

图 7-36　智能排版

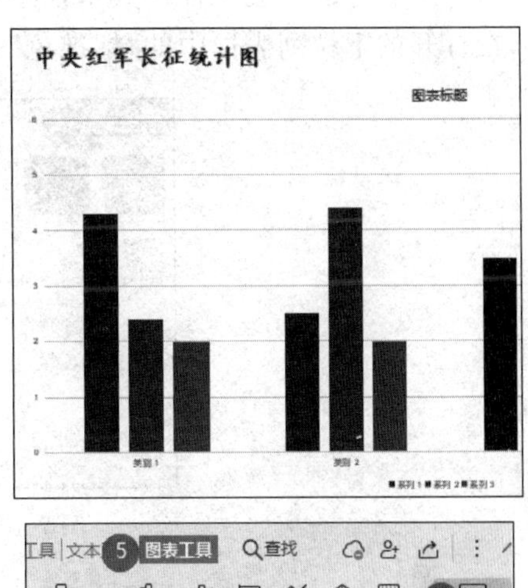

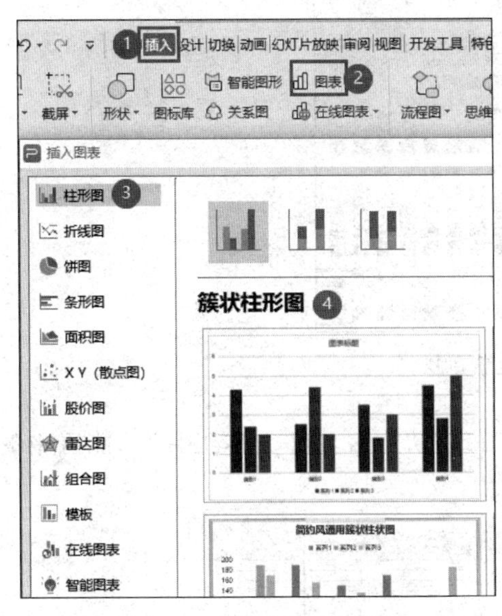

图 7-37　插入图表操作

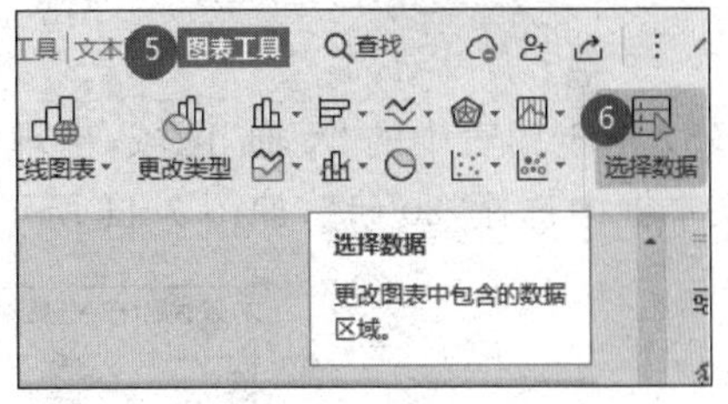

图 7-38　“选择数据”按钮

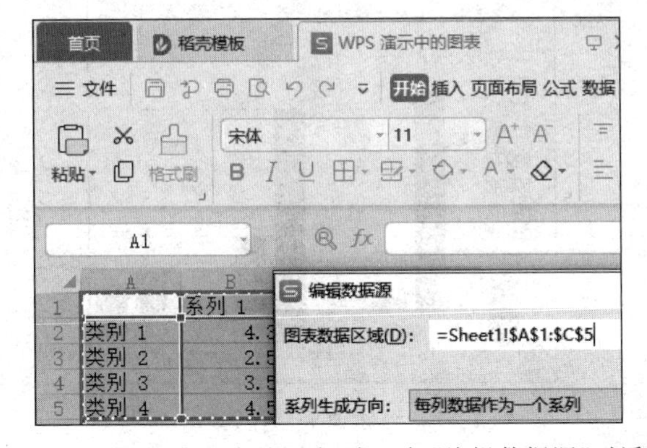

图 7-39　“WPS 演示中的图表”窗口与“编辑数据源”对话框

(5) 在表格中输入表 7-1 的内容。

表 7-1　长征人数统计表

长征各方面红军	出发时大约人数	结束时大约人数
中央红军	86789	7000
红四方面军	80000	30000
红二方面军	17000	10000
红 25 军	2981	3400

(6) 单击数据表右上角的关闭按钮,将数据表关闭。

(7) 返回 WPS 演示文稿,将图表中的"图表标题"文本框删除;单击"结束时大约人数"数据点(图表中短的可视化柱形其中任意一根皆可),再在"绘图工具"功能区中单击"填充"按钮,在打开的下拉列表框中的"标准色"一栏选择"紫色",如图 7-40 所示。

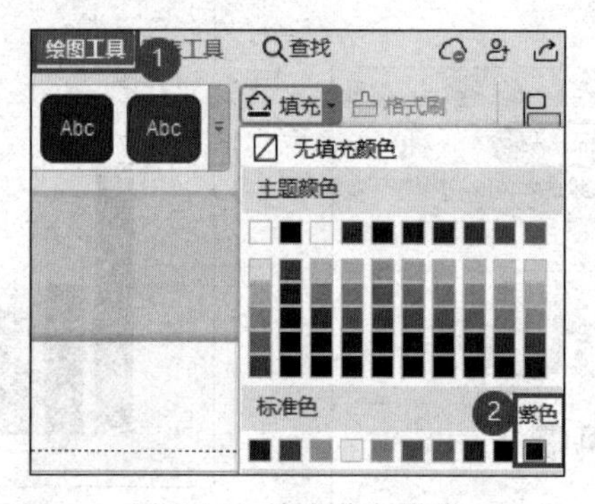

图 7-40　填充紫色操作

(8) 单击图表中的"X 轴"区域,出现"文本工具"功能区,在"文本工具"功能区中的"字号"文本框中选择"20 磅",如图 7-41 所示。

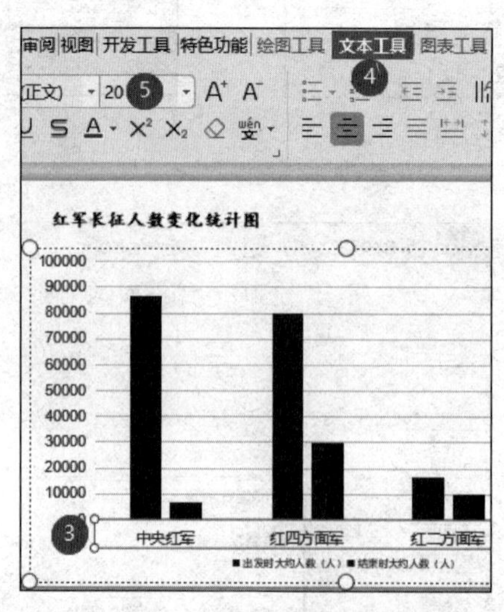

图 7-41　坐标轴字号设为"20 磅"

(9) 单击图表中的“Y 轴”区域，在“文本工具”功能区中的“字号”文本框里面也选择“20 磅”，如图 7-41 所示。

(10) 在幻灯片中建立图表后，可以通过修改图表的图表区格式、绘图区格式等来美化图表。

例如，在图表中单击绘图区，窗口右边出现“绘图区选项”窗格，单击“渐变填充”单选按钮完成美化，如图 7-42 所示。

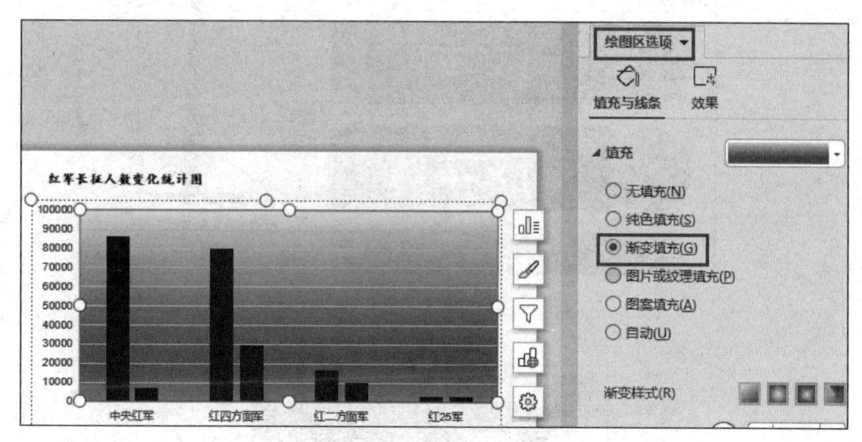

图 7-42 “绘图区选项”窗格

子任务 7.4.4 在幻灯片中应用智能图形并设置样式和效果

(1) 按 Ctrl+M 组合键新建一张幻灯片，输入标题文字“长征精神”。

(2) 在“插入”功能区中单击“智能图形”按钮，弹出“选择智能图形”对话框，如图 7-43

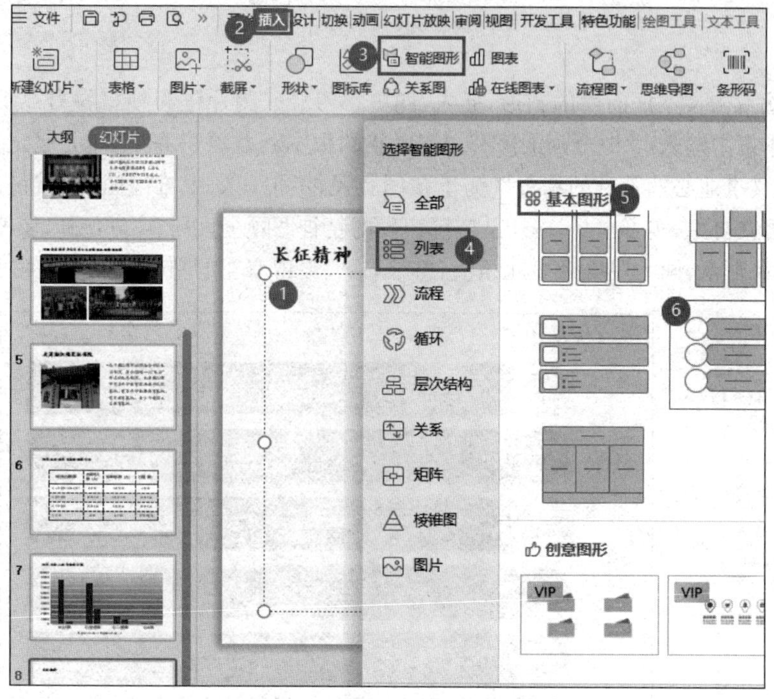

图 7-43 “选择智能图形”对话框

所示。单击“列表”选项,并在“基本图形”中双击“垂直图片重点列表”,即可在幻灯片中插入一个智能图形。

(3) 单击“智能图形”按钮,在右边弹出的工具栏中单击“添加项目”按钮,如图 7-44 所示,弹出“添加项目”子菜单,再选择“在后面添加项目”命令,添加两个项目,如图 7-45 所示。

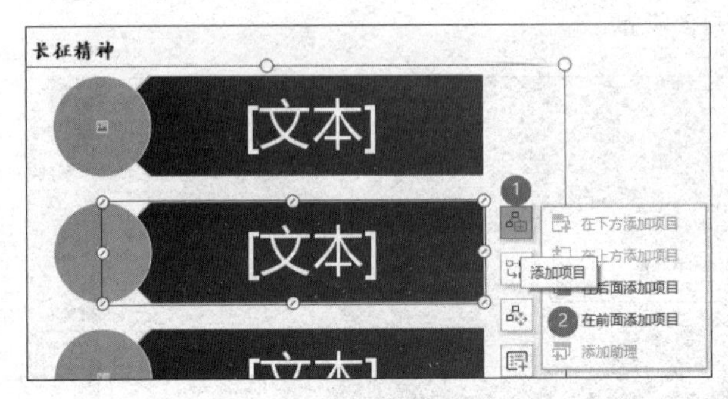

图 7-44 “添加项目”子菜单

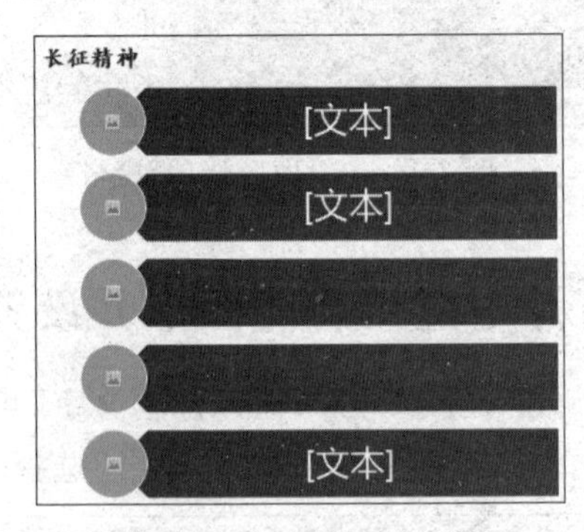

图 7-45 添加的两个项目

(4) 依次双击文本框前面的圆形,插入“四史学习.jpg”图片作为项目符号。单击文本框,依次在 5 个文本框中输入:“把全国人民和中华民族的根本利益看得高于一切,坚定革命的理想和信念,坚信正义事业必然胜利的精神”“为了救国救民,不怕任何艰难险阻,不惜付出一切牺牲的精神”“坚持独立自主、实事求是,一切从实际出发的精神”“顾全大局、严守纪律、紧密团结的精神”“紧紧依靠人民群众,同人民群众生死相依、患难与共、艰苦奋斗的精神”,如图 7-46 所示。

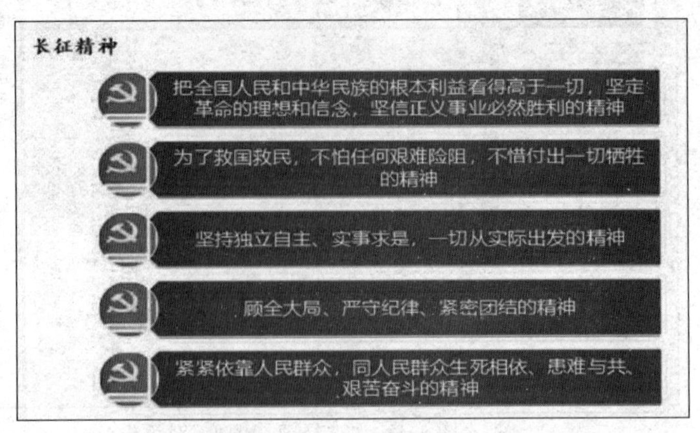

图 7-46 在智能图形中插入图片和输入文本

子任务 7.4.5　制作图文混排的幻灯片并设置图片的大小和效果

1. 制作第 3 张幻灯片

(1) 按 Ctrl+M 组合键,或者在“开始”功能区中单击“新建幻灯片”按钮,新建一张幻灯片。

在“开始”功能区中单击“版式”按钮,在弹出的下拉列表中选择“图片与标题”,为演示文稿添加“图片与标题”版式的幻灯片,如图 7-47 所示。

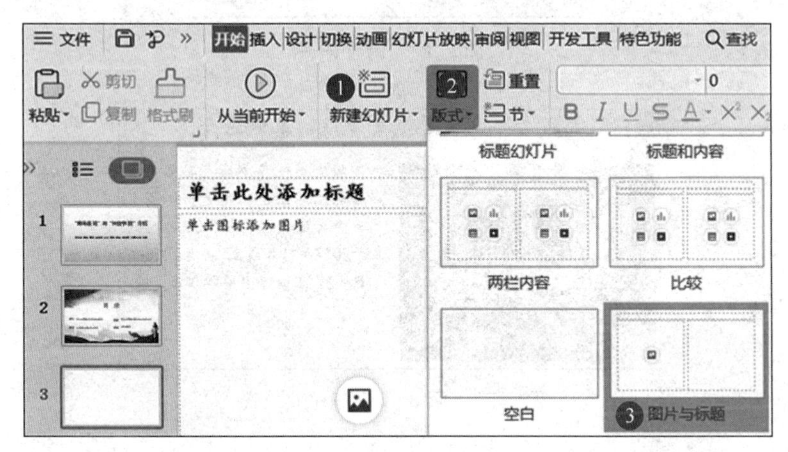

图 7-47　“图片与标题”版式

(2) 单击“标题”文本占位符,在“标题”框内输入文字为“四川省高校青年马克思主义者培训基地简介”。单击边框选中文字后,将字号改为 36 磅,字体颜色改为红色;在右边的“单击此处添加文本”框内输入文字:“四川省高校青年马克思主义者培训基地位于四川省都江堰市天府大道聚源段 8 号(正大门),于 2017 年 11 月成立,并于 2018 年 6 月 22 日举行了授牌仪式。”单击边框,选中文字后,将字号改为 28 磅。

(3) 单击幻灯片左边的“图片”占位符(或者单击“插入”功能区→“图片”按钮),弹出“插入图片”对话框,从图片文件位置“桌面”→“素材”文件夹选中“青马基地.jpg”,如图 7-48 所示,单击“打开”按钮,将图片插入幻灯片中。

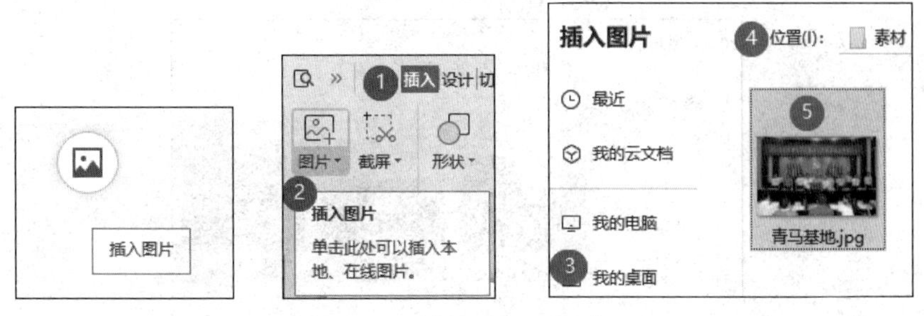

图 7-48　插入图片的操作

选中图片,将光标移到图片左上的圆圈控制点上,如图 7-49 所示,当鼠标光标变成双箭头时进行拉长,调整大小与位置。将光标移到左边占位符边框上,按住鼠标左键不放,向下移动到合适位置。制作好的图文混排的幻灯片效果如图 7-50 所示。

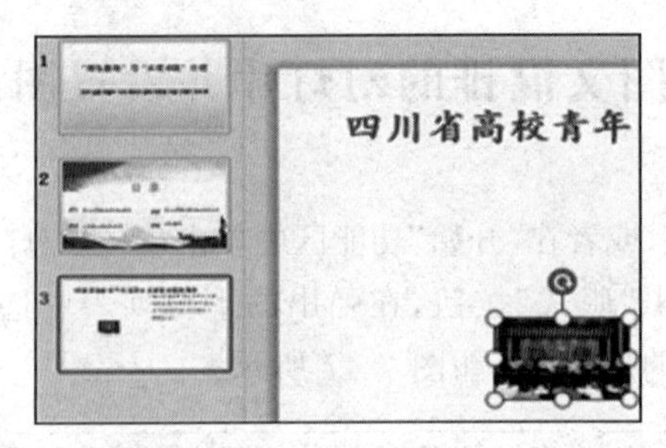

图 7-49　调整图片

图 7-50　第 3 张幻灯片效果图

2. 制作第 4 张幻灯片

(1) 按 Ctrl+M 组合键新建一张幻灯片,在"开始"功能区中单击"版式"按钮,在弹出的下拉列表中选择"标题和内容"。

(2) 单击"标题"文本占位符,在"标题"框内输入文字为"四川省高校青年马克思主义者培训基地培训活动"。

(3) 单击幻灯片内容占位符,然后在"插入"功能区中单击"图片"按钮,弹出"插入图片"对话框,在图片文件保存位置"桌面"→"素材"文件夹中双击"培训 3.jpg"照片插入图片,如图 7-51 所示。再用同样的操作方法插入"培训 1.jpg"和"培训 2.jpg"(可以将 3 张同时插入到幻灯片中;按住鼠标左键拖动,将 3 张"培训"活动照片一起选中;也可以按下 Ctrl 键连续单击选中这 3 张图片,然后单击"打开"按钮即可)。

图 7-51　插入多张图片

(4) 单击选中某张图片,进行适当裁剪(操作方法与前面 WPS 文档中裁剪图片的方法相同），逐一调整大小与位置。然后选中“培训 3.jpg”，在出现的“图片工具”功能区中降低其亮度，如图 7-52 所示。

图 7-52 “降低亮度”按钮

完成设置后的大致效果如图 7-53 所示。

图 7-53 以图为主的幻灯片

3. 制作第 5 张幻灯片

（1）在左边“幻灯片”窗格中右击第 3 张幻灯片，在弹出的快捷菜单中选择“复制幻灯片”命令，如图 7-54 所示，在其后自动插入 1 张一模一样的幻灯片。单击选中第 4 张幻灯片，并按住左键不放，将其拖动到最后，成为第 5 张幻灯片，如图 7-55 所示。

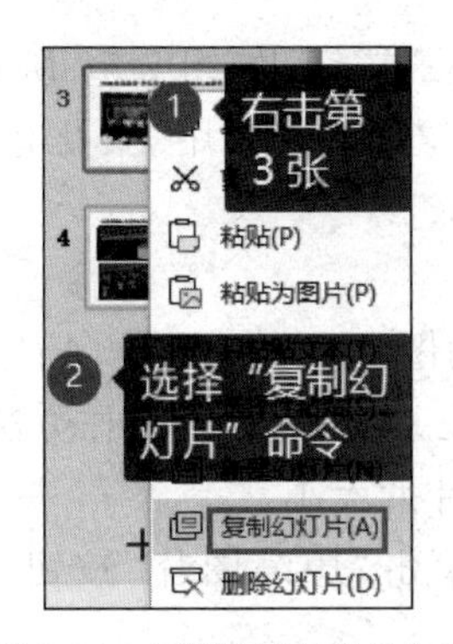

图 7-54 “复制幻灯片”命令

图 7-55 移动幻灯片

（2）单击“标题”文本占位符，在“标题”框内删除原文，重新输入文字为“走进都江堰长征书院”。在右边“文本”框内删除原文，重新输入：“位于都江堰市城乡接合部的长征书院，是全国唯一以'长征'命名的红色书院,也是都江堰市党员干部教育现场教学示范基地、党员干部勤廉教育基地、党史教育基地、青少年爱国主义教育基地”。

(3) 右击幻灯片左边的图片,如图 7-56 所示,在弹出的快捷菜单中选择“更改图片”命令,弹出“更改图片”对话框,如图 7-57 所示,在图片文件位置“桌面”➝“素材”文件夹中选中“都江堰长征书院.jpg”,单击“打开”按钮,将图片更换。制作完的第 5 张幻灯片效果如图 7-58 所示。

图 7-56 “更改图片”命令

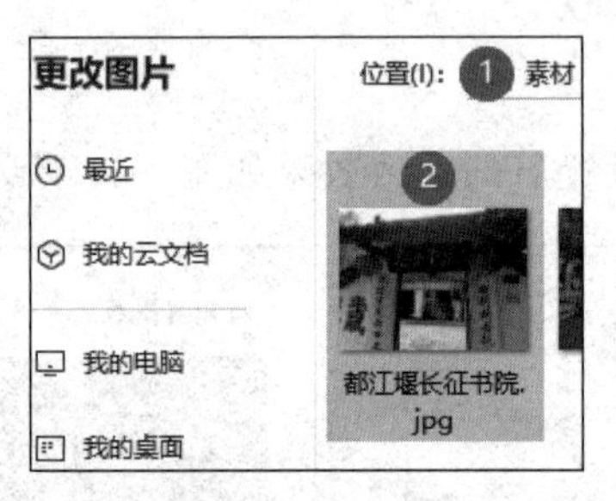

图 7-57 更换图片

图 7-58 第 5 张幻灯片效果

(4) 选中图片,单击“图片工具”功能区中的“图片效果”按钮,如图 7-59 所示,在弹出的下拉菜单中选择“柔化边缘”命令,再选择“25 磅”命令,为图片应用“柔化边缘 25 磅”效果。

4. 压缩图片

在利用 WPS 演示制作演示文稿时,如果插入了大量的图片,为了减小文档体积以便通过邮件方式发送给观众浏览,需要压缩文稿中图片的大小,最简单有效的操作方法是直接通过 WPS 演示提供的“压缩图片”功能来压缩演示文稿中图片的大小。

(1) 选中某张图片,在出现的“图片工具”功能区中单击“压缩图片”按钮,如图 7-60 所示。

(2) 在弹出的“压缩图片”对话框中单击“应用于”栏的“文档中的所有图片”单选框,再单击“确定”按钮即可,如图 7-61 所示。

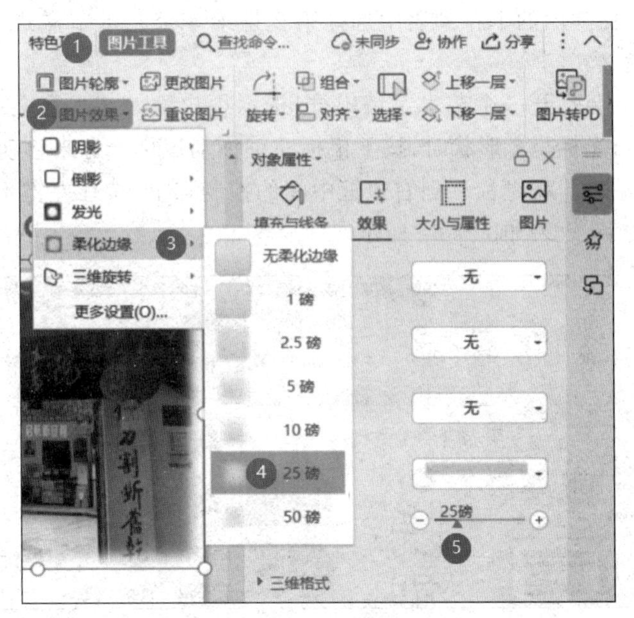

图 7-59 图片效果设置

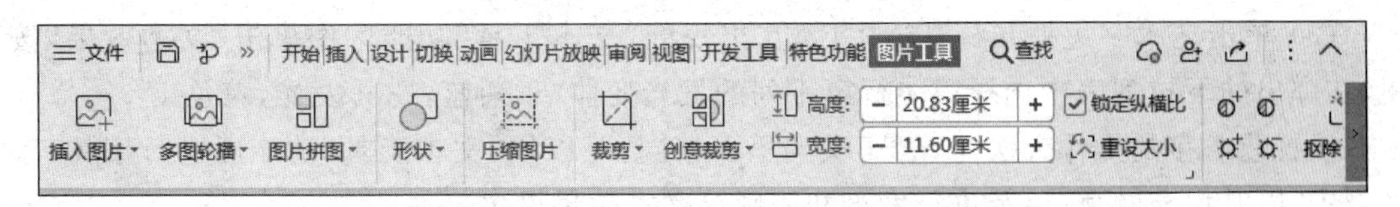

图 7-60 “图片工具”功能区

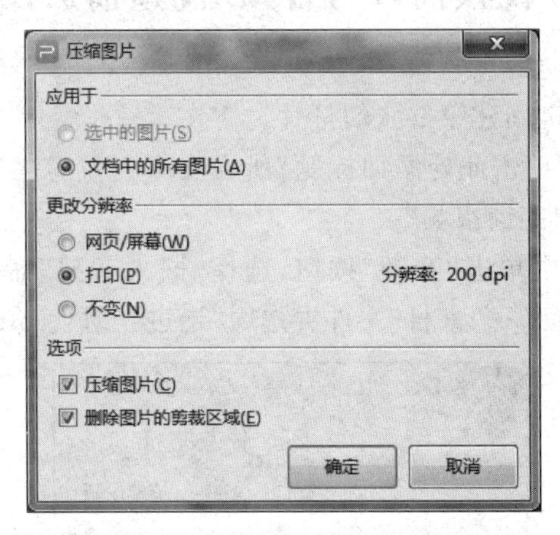

图 7-61 “压缩图片”对话框

子任务 7.4.6 在幻灯片中应用艺术字并设置样式和效果

艺术字具有较好的视觉传达作用，往往能让人眼前一亮，起到美化文字的效果。

(1) 将第 8 张幻灯片上的标题“长征精神”选中，删除文字和将标题占位符(要删除两次)。然后选中智能图形并按右箭头键(→)20 次，使图形往右移。然后在“插入”功能区中单击“艺术字”按钮,在弹出的下拉列表中选择第2排第3个艺术字样式“填充白色,轮廓着色2,清晰阴影-着色2”。

(2) 在幻灯片中会打开一个艺术字编辑框,提示用户输入艺术字文本,这里输入“长征精神”。单击框线,当光标呈✥形状时,按下鼠标左键拖动鼠标光标来移动艺术字编辑框,将艺术字拖到幻灯片左边。将光标移到右边框中间的控制点上,按住左键不放往左拖,减少宽度,使之变成竖排文字,效果如图7-62所示。

图7-62 艺术字效果

(3) 单击艺术字边框并将其选中后,在出现的“文本工具”功能区中单击“文本效果”按钮,在弹出的下拉列表中选择第4行第1列的发光变体“车菊蓝,18pt发光,着色1”。

设置艺术字的操作方法与WPS文档里面相同,可以用“文本工具”功能区进行字体、字号设置,以及填充颜色,以及进行发光和阴影等文本效果设置。

子任务7.4.7 音频/视频插入与音频/视频播放设置

1. 插入音频文件

(1) 按Ctrl+M组合键新建第9张幻灯片。

(2) 单击幻灯片中的“单击此处添加标题”所在文本占位符内部,输入文字为“歌曲‘走进新时代’与‘七律·长征’朗诵视频”。

(3) 在“插入”功能区中单击“音频”按钮,选择“嵌入音频”命令,如图7-63所示,打开“插入音频”对话框,在“桌面”→“素材”文件夹选中“走进新时代.mp3”,双击即可插入音频。

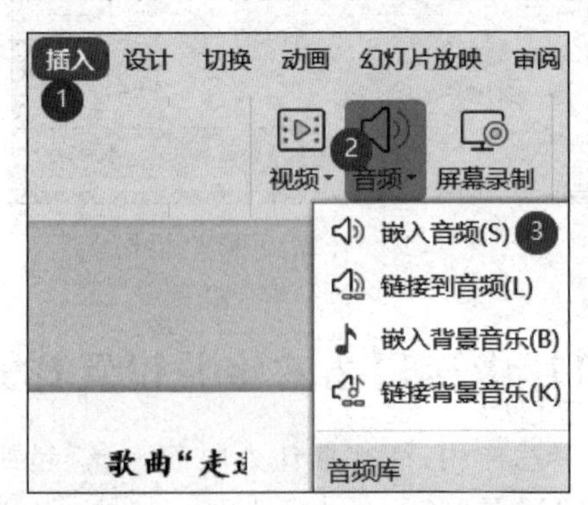

图7-63 打开“插入音频”对话框操作

(4) 在插入音频文件后，可以对音频文件进行试听。在插入音频后，会在音频图标的下方出现一个工具条(如果不显示工具条，则选中音频图标后会显示)，单击工具条中的播放按钮，用户可以试听音频。单击工具条中的喇叭图标，用户可以调整音频音量的大小，如图 7-64 所示。如果用户单击“暂停”按钮，则停止音频的播放。

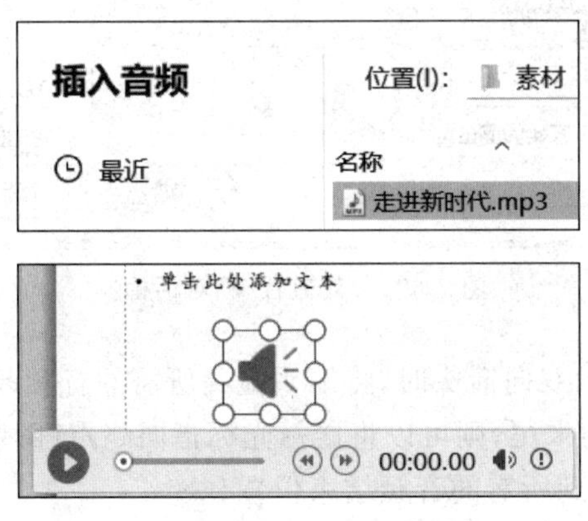

图 7-64　“插入音频”对话框与音频图标

2. 设置音频的播放效果

在幻灯片中插入音频后可以对音频的播放效果进行设置。设置音频的具体操作步骤如下：

(1) 在幻灯片上选中音频图标。切换到“音频工具”功能区，如图 7-65 所示。

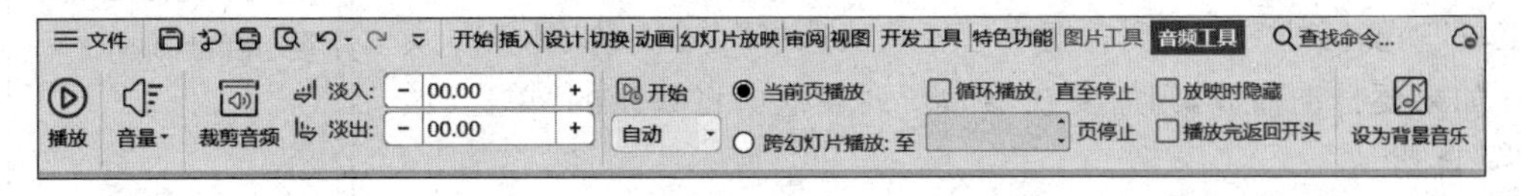

图 7-65　“音频工具”功能区

(2) 在放映该幻灯片时默认会自动开始播放音频，我们可以看到在“音频工具”功能区的“开始”列表框中已经默认选择“自动”。如果要通过在幻灯片上单击音频来手动播放，则需要在“开始”列表框中将默认的“自动”改选为“单击”。单击“循环播放，直到停止”复选框，可以连续播放音频直至幻灯片停止播放。循环播放时，声音将连续播放，直到转到下一张幻灯片为止。

如果要在演示文稿中单击切换到下一张幻灯片时播放音频，则可在“音频工具”功能区中单击选择“跨幻灯片播放”。如果选中“放映时隐藏”选项，则在放映时隐藏音频图标。

(3) 单击“音量”选项，可以打开一个设置音量大小的下拉列表，在此列表中可以设置音量的中、低、高和静音，如图 7-66 所示。

图 7-66　“音量”选项

3. 裁剪音频

对插入的音频进行剪裁，具体操作步骤如下：

(1) 在幻灯片上选中音频图标。单击“裁剪音频”按钮，打开“裁剪音频”对话框，如图 7-67 所示。

(2) 如果要裁剪音频的开头，则可以将鼠标光标指向起点(图中

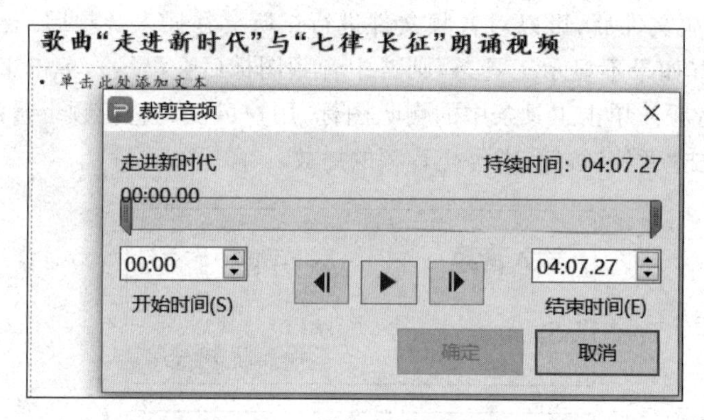

图 7-67　“裁剪音频”对话框

最左侧的绿色标记),当显示双向箭头时,将箭头拖到所需的音频起始位置。

(3) 如果要裁剪剪辑的末尾,则可以将鼠标光标指向终点(图中最右侧的橙色标记),当显示双向箭头时,将箭头拖到所需的音频结束位置。

4. 插入视频文件与播放设置

(1) 单击幻灯片上的“插入媒体”占位符(或者在“插入”功能区中单击“视频”按钮,选择“嵌入本地视频”,如图 7-68 所示),打开“插入视频”对话框,在“桌面”→“素材”文件夹选中要插入的“毛泽东 七律・长征朗诵.wmv”,双击即可插入视频,操作与上面插入音频类似。

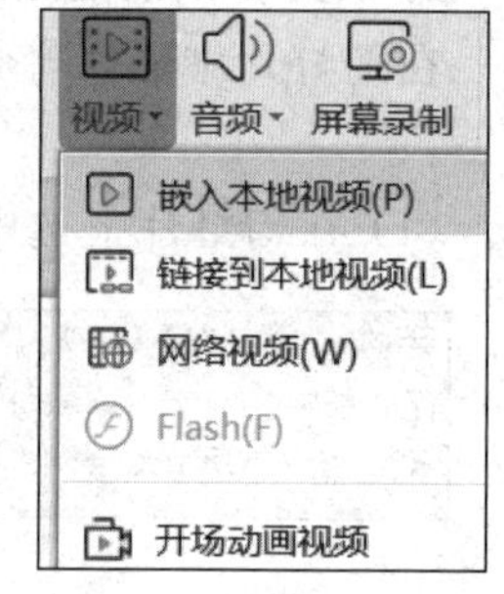

图 7-68　嵌入本地视频

(2) 视频的播放效果设置。在第 9 张幻灯片上选中视频,在“视频工具”功能区的“开始”列表框中已经默认选择“单击”,如图 7-69 所示。如果要自动播放,则需要在“开始”列表框中将默认的“单击”改选为“自动”。

如果要在演示期间需要全屏播放视频,则在“视频工具”功能区中选中“全屏播放”复选框即可。单击“循环播放,直到停止”复选框,可以持续重复播放视频。如果对插入视频默认显示的图片不满意,可以在“视频工具”功能区中单击“视频封面”按钮,对该视频的封面图片和封面样式等进行更改设置。

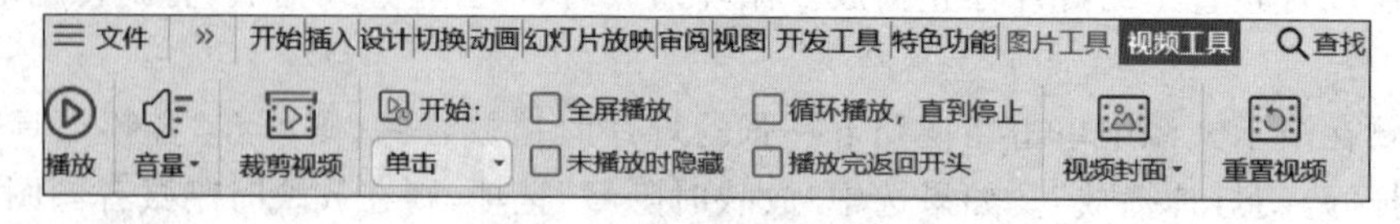

图 7-69　“视频工具”功能区

5. 裁剪视频

裁剪视频与裁剪音频的操作方法相似。如果要裁剪视频的开头,用户可以将鼠标光标指向起点(图中最左侧的绿色标记),当显示双向箭头时,将箭头拖到所需的视频起始位置。

如果要裁剪视频的末尾,用户可以将鼠标光标指向终点(图中最右侧的红色标记),当显示双向箭头时,将箭头拖到所需的视频结束位置。

6. 从演示文稿链接到本地视频文件

通过链接视频或音频，可减小演示文稿的文件大小。从演示文稿链接到视频文件的具体操作步骤如下：

(1) 在第 9 张幻灯片上选中视频并删除后，在“插入”功能区单击“视频”按钮，选择“链接到本地视频”，打开“插入视频”对话框，在“桌面”→“素材”文件夹中选中要插入的“毛泽东七律·长征朗诵.mp4”。

(2) 双击插入视频。此时的本地视频文件就会被插入到 WPS 演示文稿的幻灯片中，其链接的效果看起来与插入的效果一样，但这只是一个链接。如果链接的文件不存在或路径发生了变化，则无法观看视频。

7. 插入网络视频

(1) 先在网页浏览器中打开网页 https://v.qq.com/x/page/d0646anepq7.html，如图 7-70 所示。在网页中的视频下单击“分享”按钮，在弹出的选择表单上单击“嵌入代码”按钮，复制该视频的通用代码。

(2) 回到 WPS 演示文稿窗口，单击选中第 9 张幻灯片，再在“插入”功能区单击“视频”按钮，并选择“网络视频”命令，打开“插入网络视频”对话框，在地址栏粘贴网络视频地址，单击“插入”按钮即可，如图 7-70 所示。

图 7-70　复制和粘贴网络视频地址操作

当选择“网络视频”命令后，如果弹出提示需要下载 Flash 插件，则需要按照提示打开 https://www.flash.cn 去下载并安装，完成重启 WPS 后就能插入“网络视频”。

(3) 调整视频位置，将标题修改如下：“歌曲‘走进新时代’与‘七律·长征’朗诵视频以及‘青马工程’网络视频”。插入的网络视频结果如图 7-71 所示。

图 7-71　已插入到幻灯片中的视频

子任务 7.4.8 制作结束页幻灯片(末尾幻灯片)并浏览所有幻灯片

(1) 在“开始”功能区中单击“新建幻灯片”按钮右下角的三角按钮,在弹出的“新建”下拉页面中单击“主题页”→“结束页”。单击选择“党政”风格特征,然后选择其中某一种并单击“立即下载”按钮,在弹出来的页面中单击“立即下载”按钮,在网络可用的情况下即可新建成一张末尾幻灯片,如图 7-72 所示。然后进行适当编辑,例如,将不合适的文字删除,对文字进行美化等设置。

图 7-72 新建“结束页”

(2) 在窗口中单击“视图”选项卡,在“视图”功能区将视图模式切换为“幻灯片浏览”,并缩小显示比例,如图 7-73 所示。可以看到已经制作好的演示文稿内容缩略图。光标移到窗口左上角,单击快速访问工具栏中的“保存”按钮,保存演示文稿。

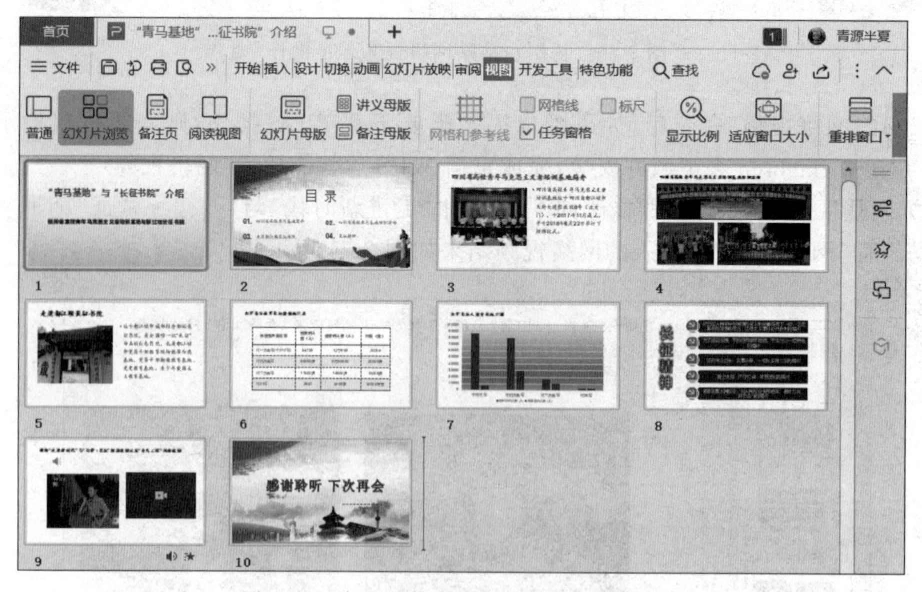

图 7-73 演示文稿中的 10 张幻灯片缩略图

任务7.5 幻灯片外观设计

任务目标:

1. 学会套用设计方案。
2. 学会应用主题。
3. 学会设置幻灯片背景。
4. 学会幻灯片母版的制作与应用。
5. 熟悉讲义母版的设置。

子任务7.5.1 利用"设计"功能区为幻灯片设计外观

1. 套用设计方案(应用模板风格)

外观设计方案包含幻灯片的背景颜色、背景图案等格式,可将其应用到当前WPS演示的所有幻灯片中。也可根据需要对套用的对设计方案的颜色、字体、效果进行进一步的更改。

(1) 启动WPS Office软件,打开"'青马基地'与'长征书院'介绍.pptx"这个演示文稿,在"设计"功能区单击"更多设计"按钮。

(2) 在弹出的"设计方案"页面中选择"在线设计方案",选择一种方案并单击"应用风格"按钮即可。例如,单击右边的"免费专区",找到"红色党政专用"这个设计模板,光标移到该模板右下角,单击"应用风格"按钮,即可应用此设计方案,如图7-74所示。

图7-74 应用"在线设计方案"

(3) 如果在找到"红色党政专用"这个设计模板后单击该模板,而不是单击下方的"应用风格"按钮,则会弹出"设计方案"页面,可以在"设计方案"页面预览整套演示文稿模板的设计方案。单击"设计方案"页面右边的"应用本模板风格"按钮,同样可以应用此设计方案。

2. 套用配色方案

(1) 在“设计”功能区中单击“配色方案”按钮。

(2) 在弹出的“预设颜色”列表中选择一种配色方案,例如,在“预设颜色”列表中选择“华丽”,如图 7-75 所示。

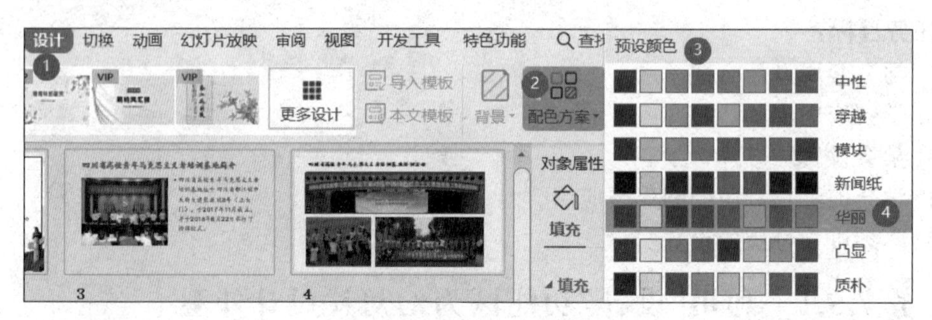

图 7-75 “预设颜色”列表

3. 应用主题

可以对当前幻灯片或整个演文稿应用主题。

(1) 选中第 3 张幻灯片,单击“设计”功能区中的“编辑母版”按钮,在弹出的“幻灯片母版”功能区中单击“主题”按钮,从弹出的列表框中选择一种主题,即可对当前幻灯片应用此主题。例如,单击选择“主题”列表框中第二行第二列的“视点”主题,如图 7-76 所示。

(2) 在右边出现的填充“对象属性”窗格下面找到“全部应用”按钮并单击,则此主题应用到整个演文稿的所有幻灯片。如果不希望应用此主题,可以按 Ctrl+Z 组合键撤销应用操作。

4. 幻灯片背景设置

可以对当前幻灯片或整个演文稿设置背景样式。

(1) 选中第 6 张幻灯片,在“设计”功能区中单击“背景”按钮,在弹出的“渐变填充”列表中选择“橙红色-褐色渐变”,即可对当前幻灯片设置背景样式,如图 7-77 所示。

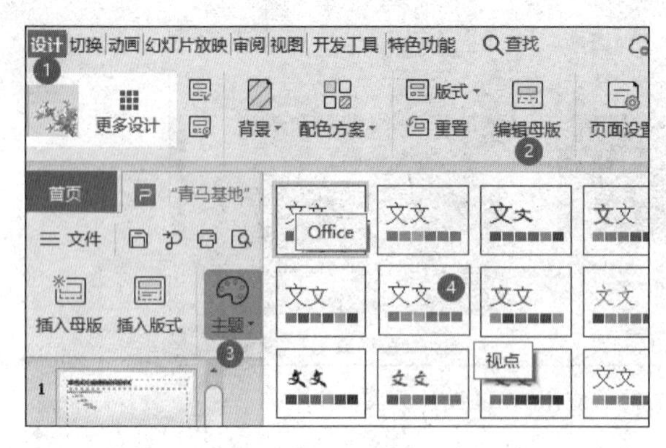

图 7-76 应用主题操作

图 7-77 设置背景样式

(2) 在右边出现的填充“对象属性”窗格下面找到“全部应用”按钮并单击,则此背景样式应用到整个演文稿的所有幻灯片。若单击“重置背景”按钮,则取消背景设置。

子任务7.5.2 母版中徽标图案的制作和应用

母版中包含可出现在每一张幻灯片上的显示元素，如文本占位符、图片、动作按钮等。如图7-78所示，WPS演示在“视图”功能区上提供了“幻灯片母版”“讲义母版”“备注母版”三种母版。母版版式基本都包含标题、文本、日期、幻灯片编号和页脚五种占位符。

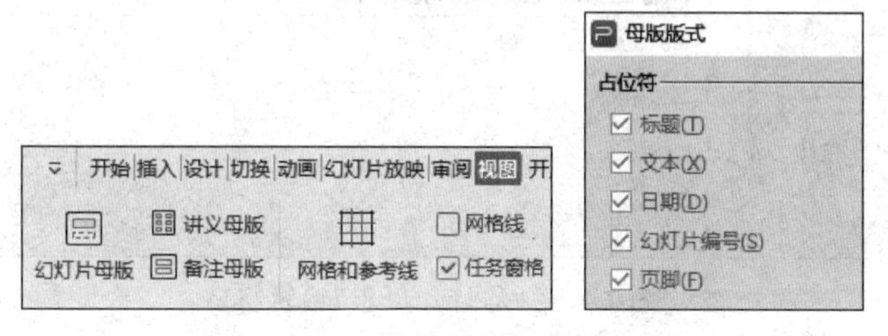

图7-78 三种母版与五种占位符

在对演示文稿中幻灯片进行编辑之前，可以通过WPS演示中提供的母版进行文本占位符、图表占位符外观格式的设置。这样做有两个优点：一是节约设置格式的时间；二是便于整体风格的修改。

幻灯片母版用于控制在幻灯片中输入的标题和文本的格式；讲义母版用于添加或修改幻灯片在讲义视图中每页讲义上出现的页眉或页脚信息；备注母版可以用来控制备注页的版式以及备注页文字的格式。

在“视图”功能区中单击“幻灯片母版”按钮，打开幻灯片母版。

在幻灯片母版的制作中，可进行的操作包括修改文本格式，改变背景效果，绘制图形，添加公司或学校的徽标图案等，从而实现幻灯片外观方案的设计。

1. 改变占位符的大小和位置

在幻灯片母版中单击占位符边框，以选定该占位符。拖动占位符边框上的句柄，可改变占位符的大小。将鼠标指针指向占位符的边框，鼠标指针变成“十”字形时按住鼠标左键拖动，可改变占位符的位置。

2. 改变占位符的格式

在幻灯片母版中单击占位符边框，选定该占位符，在“绘图工具”功能区中单击“填充”或“轮廓”按钮等，可以对占位符进行填充颜色或线条颜色等设置。

3. 改变文本格式

若对项目列表区所有层次的文本进行统一的修改，先选定对应占位符；若仅对某一层次的文本格式进行修改，则选定该层次的文本。在“幻灯片母版”功能区的“字体”组右下角单击“┘”(对话框启动器)按钮，打开“字体”对话框，对文本进行格式化设置。另外，也可以在“幻灯片母版”功能区、“文本工具”功能区或者“开始”功能区等上面单击“字体颜色”等按钮进行设置。如图7-79所示。

4. 在母版中插入徽标图案和文本框

若使每张幻灯片都会自动出现某个对象，可以向母版中插入该对象。

(1) 在图7-79所示的“幻灯片母版”中选中左边第1张幻灯片，然后在“插入”功能区中单击“图片”按钮，弹出“插入图片”对话框，从“桌面”→“素材”文件夹选中“四史学习.jpg”，

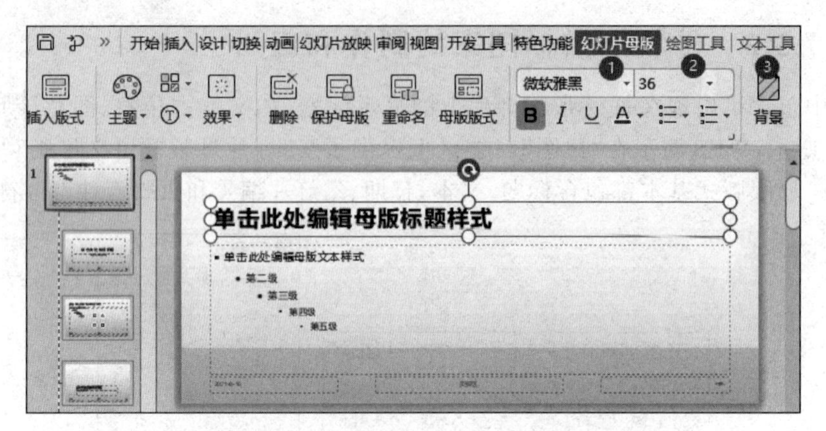

图 7-79 “幻灯片母版”编辑窗口

单击“打开”按钮,插入徽标图案,并移到幻灯片右上角,如图 7-80 所示。

图 7-80 插入徽标图案和文本框

(2) 继续在“插入”功能区中单击“文本框”按钮,在幻灯片右上角插入一个横向文本框,并输入文字“四史学习”。选中文本框后会自动切换到“文本工具”功能区,单击“字体颜色”下拉按钮并选择“红色”。再适当调整图文位置,完成的效果如图 7-80 所示。

(3) 在“幻灯片母版”编辑窗口左边的“幻灯片”窗格中查看其余幻灯片,如果发现某些幻灯片右上角没有出现徽标图案,则选中刚才插入的图和文本框,按 Ctrl+C 组合键进行复制;然后单击没有出现徽标图案的幻灯片,逐一选中并按 Ctrl+V 组合键,会将其粘贴到幻灯片右上角相同位置。

(4) 单击“幻灯片母版”功能区右边的“关闭”按钮,完成幻灯片母版设置。

(5) 按 F5 键放映幻灯片,可以看到所有幻灯片上都有徽标出现,而且幻灯片的背景和标题颜色具有统一的风格。按 Esc 键退出播放后,单击徽标和“四史学习”文本,它们并不会被选中。因此如果需要修改母版中的内容,则仍需单击“视图”功能区上的“幻灯片母版”按钮,进入母版设置界面进行修改。

5. 应用幻灯片母版

幻灯片母版修改完毕,在“幻灯片母版”功能区右侧单击“关闭”按钮,切换至“普通视图”状态。

母版的样式变化会使整个文档中的所有幻灯片都随之变化,因此,对母版的编辑应该放在文档编辑初期进行。

可以创建一个包含一个或多个幻灯片母版的演示文稿,然后将其另存为 POTX 文件,并使用该文件创建其他演示文稿。

子任务 7.5.3 讲义母版设置操作

讲义母版是为制作讲义而准备的，通常需要打印输出，所以讲义母版的设置大多和打印页面有关。它允许设置一页讲义中包含几张幻灯片，如图 7-81 所示，能打印设置页眉、页脚、页码（幻灯片编号）等信息。在讲义母版中插入新的对象或更改版式时，新的页面效果不会反映在其他母版视图中。

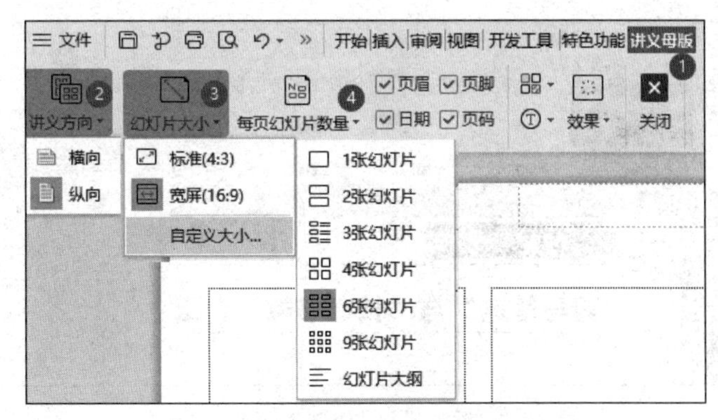

图 7-81 “每页幻灯片数量”列表框

（1）在“视图”功能区单击“讲义母版”按钮，打开讲义母版设置界面。

（2）单击“讲义方向”按钮，在弹出的列表框中选择“纵向”；单击“幻灯片大小”按钮，在弹出的列表框中选择“宽屏(16∶9)”。

（3）每页纸上打印幻灯片的张数可以选择 1、2、3、4、6、9 以及以“幻灯片大纲”方式打印。单击“每页幻灯片数量”按钮，在弹出的列表框中可以进行设置，例如，选择“6 张幻灯片”，如图 7-81 所示。

任务 7.6 幻灯片动画、幻灯片切换与幻灯片交互设置

任务目标：

1. 学会为文本添加动画。
2. 学会为一个对象设置多个动画效果。
3. 学会设置动画效果及修改动画效果。
4. 学会添加动作按钮与链接操作等交互设置。
5. 学会添加、编辑超链接。
6. 学会设置幻灯片切换效果。

子任务 7.6.1 为文本添加动画

制作好了“‘青马基地’与‘长征书院’介绍”的演示文稿，为了在展示时显得生动，要从观众的角度考虑，合理添加动画以及安排播放的顺序。如果动画效果设置得不太合适，可以对

动画进行编辑与修改。

1. 设置文本的动画效果

(1) 启动 WPS Office 软件,打开"'青马基地'与'长征书院'介绍.pptx"这个演示文稿。

(2) 选中第 1 张幻灯片中的标题:"'青马基地'与'长征书院'介绍"。

(3) 选中文本后,单击"动画"功能区,在预设动画框中单击"飞入"按钮,即可添加"飞入"动画,如图 7-82 所示。

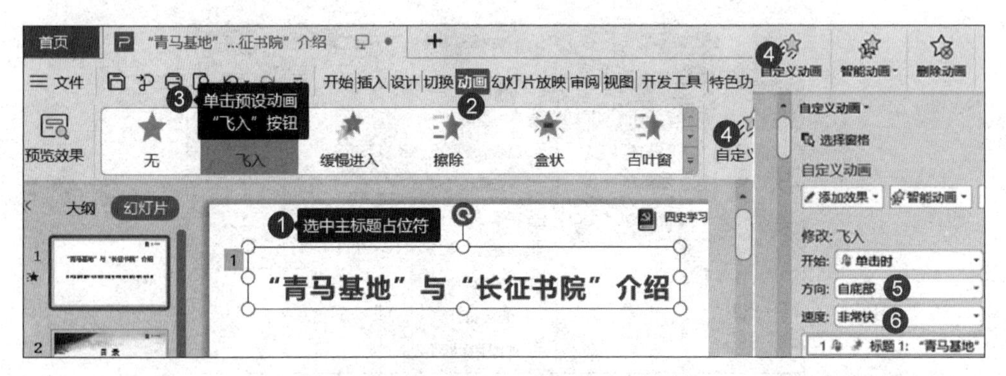

图 7-82　添加动画与"自定义动画"操作

(4) 在"动画"功能区中单击"自定义动画"按钮,在窗口右边出现"自定义动画"窗格,可以添加新动画,也可以对已添加动画进行方向、速度等方面的修改,如图 7-82 所示。例如,将刚才添加的"飞入"动画进行修改,将默认的动画飞入方向"自底部"修改为"自顶部";速度改为"中速"。

2. 为一个对象设置多个动画效果

(1) 选中"四川省高校青年马克思主义者培训基地与都江堰长征书院"文本,在窗口右边"自定义动画"窗格中单击"添加效果"下拉按钮,弹出下拉列表框。单击"进入"效果右下方的"更多选项"按钮,会在"进入"效果下方增加"基本型""细微型""温和型""华丽型"的动画方案。单击"华丽型"中的最后一个"字幕式"动画,如图 7-83 所示。

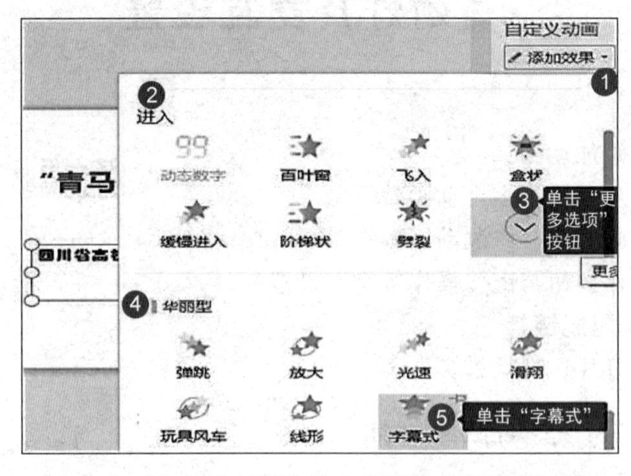

图 7-83　"自定义动画"窗格中的"添加效果"下拉列表

(2) 用同样的操作步骤为其继续添加“退出”动画，再次在窗口右边“自定义动画”窗格中单击“添加效果”下拉按钮，弹出的下拉列表框中自动把“退出”效果显示在列表框上，单击“退出”效果中的第 2 个“擦除”动画。

注意：为一个对象添加多个动画时，一般需要使用“自定义动画”窗格的“添加效果”下拉按钮来添加。

(3) 在“动画”功能区左边单击“预览效果”按钮(或者在“自定义动画”窗格下边单击“播放”按钮)，可以播放动画并预览其动画效果。

3. 动画的效果选项细化设置

(1) 进一步细化动画效果，将鼠标光标移动到“自定义动画”窗格中部的动画列表中，如图 7-84 所示，单击第 3 个动画效果右边的下拉按钮(或者在第 3 个动画效果上右击)，在弹出的下拉菜单中选择“效果选项”命令，弹出“效果选项”对话框，在对话框的“效果”选项卡中将“动画文本”可以设置为“整批发送”或者“按字母”逐个出现；在对话框的“计时”选项组中，把“重复”播放次数设为 2 次。

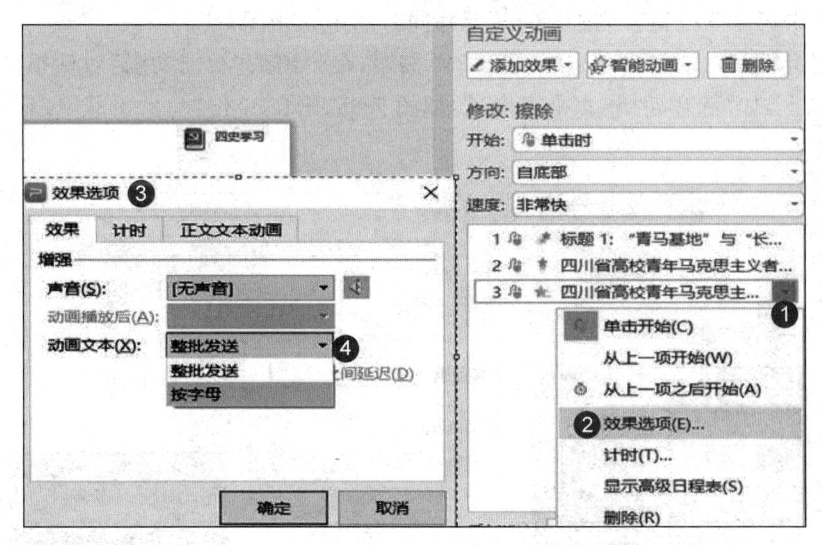

图 7-84　利用“效果选项”对话框细化动画效果

(2) 对动画文本和对象应用声音效果：切换到对话框的“效果”选项卡中的“增强”功能下面的“声音”框中，可以单击列表中的一个声音，然后单击“确定”按钮。默认为“无声音”。

设置增强“动画文本”效果：切换到对话框的“效果”选项卡中的“增强”功能下面的“动画文本”中，单击箭头以打开列表，可以自定义是“整批发送”或者“按字母”出现，如图 7-84 所示。

(3) 设置动画效果的开始时间：切换到对话框的“计时”选项卡中，执行以下操作之一：

① 若要在单击幻灯片时开始动画效果，请选择“单击时”。

② 若要在列表中的上一个效果开始时显示该动画效果(即一次单击执行多个动画效果)，请选择“之前”。

③ 若要在列表中的上一个效果完成播放后立即开始动画效果(即无须再次单击便可开始下一个动画效果)，请选择“之后”。

(4) 设置组合文本动画效果:切换到对话框的“正文文本动画”选项卡中的“组合文本”列表框,可以自定义是“作为一个对象”或者“按第几级段落”。

子任务 7.6.2 为图片设置动作路径与添加智能动画

让图片动起来,可以对图片设置动画效果和动作路径。

1. 设置第 3 张幻灯片中图片的动画效果

(1) 单击第 3 张幻灯片,选中图片,单击“动画”功能区,在预设动画框中滚动鼠标滚轮,如图 7-85 所示,找到“六边形”这个动作路径,单击“六边形”按钮,即可添加这个动画效果。

(2) 在“动画”功能区中单击“自定义动画”按钮,在弹出的“自定义动画”窗格中单击“添加效果”下拉按钮,在弹出的下拉列表框后面找到“动作路径”,选择其下的“六边形”也可以添加这个动画效果。如果希望自己设计动作路径,可以单击“绘制自定义路径”下方的直线或者曲线等按钮并自行绘制路径。

2. 设置第 4 张幻灯片中图片的动画效果

(1) 单击第 4 张幻灯片,按住 Ctrl 键并同时选中 3 张图。

(2) 在“动画”功能区中单击“智能动画”按钮,在弹出的“智能动画”对话框中,将光标移到某个动画上,如“图片轮播(水平方向)”,如图 7-85 所示,单击“免费下载”按钮即可添加这个动画效果。

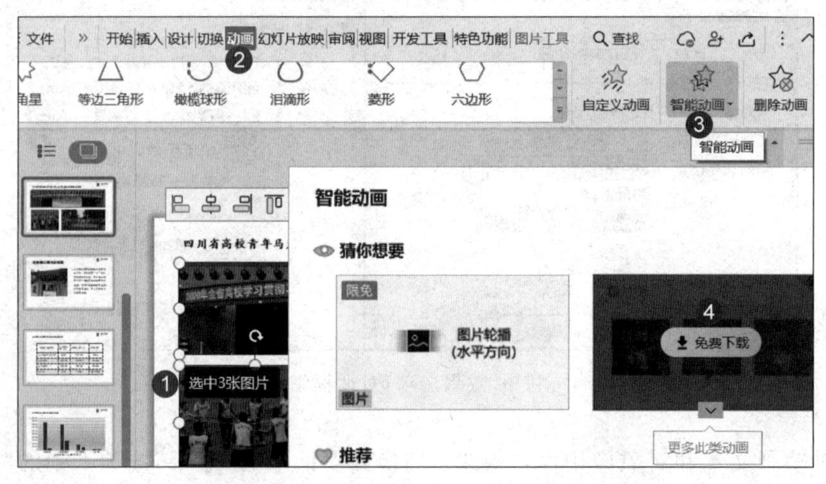

图 7-85 “动画”功能区与“智能动画”对话框

3. 撤销、恢复、删除动画操作

(1) 如果不要已经添加的某个动画,可以撤销操作。单击快速访问工具栏中的撤销按钮或按 Ctrl+Z 组合键。如果想一次撤销多步操作,可连续单击撤销按钮多次。

(2) 单击恢复按钮,恢复刚才的操作。执行完一次“撤销操作”命令后,如果用户又想恢复“撤销”操作之前的内容,这时重复命令将在快速访问工具栏中可用,可单击恢复按钮或按 Ctrl+Y 组合键恢复。

(3) 删除多个动画效果。选中某张幻灯片,在“自定义动画”窗格中按 Ctrl+A 组合键全选动画效果,然后右击并在快捷菜单中选择“删除”命令,可删除该幻灯上的所有动画效果。

子任务 7.6.3　设置幻灯片切换效果

幻灯片切换效果是指放映时一张幻灯片切换到另一张幻灯片的动画效果。在多张幻灯片之间可以按多种方式切换幻灯片。幻灯片切换动画效果有平滑、百叶窗、新闻快报等多种方式。

为幻灯片设置换页方式时，用户可以为演示文稿中的每张幻灯片设置不同的切换效果或者为所有的幻灯片设置同样的切换效果。

1. 设置单张幻灯片切换效果

为第 1 张幻灯片设置“平滑”的切换效果，具体步骤如下：

(1) 单击状态栏中的“幻灯片浏览”按钮，切换到“幻灯片浏览”视图方式下进行设置。

(2) 单击第 1 张幻灯片，单击“切换”选项卡，在“切换”功能区的预设切换效果框中滚动鼠标滚轮，找到合适的切换效果，这里单击“平滑”切换效果，如图 7-86 所示。

图 7-86　“切换”功能区

(3) 在图中的“声音”下拉列表中将“无声音”改为“风铃”选项。

(4) 在“速度”(切换效果持续播放秒数)文本框中修改为 00.05(即 5s)。

2. 设置多张幻灯片切换效果

(1) 在幻灯片浏览视图中，按下 Ctrl 键的同时，单击需要设置切换效果的多张幻灯片将其选中。然后按照上面的方式设置一种切换效果即可。切换效果只对当前选定的幻灯片有效。

(2) 如果要为演示文稿中的全部幻灯片设置切换效果，可以在选中一种切换效果后，在“切换”功能区中单击“应用到全部”按钮即可。换片方式默认是单击鼠标时换片，也可以设置自动换片时间。此时须设定每张幻灯片在屏幕上停留的时间。

子任务 7.6.4　添加动作按钮与链接操作等交互设置

1. 插入动作按钮图形并设置超链接

动作按钮是指可以添加到演示文稿中的内置按钮形状(位于形状库中)。可以设置单击或光标移过时动作按钮将执行的动作。

(1) 选定第 7 张幻灯片，准备添加一个跳转到第 6 张幻灯片的按钮。

(2) 如图 7-87 所示，在“插入”功能区中单击“形状”按钮，在弹出的“形状”列表中，选择最后面的“动作按钮”下面的第 1 个“动作按钮：后退或前进一项”图形。

(3) 光标移到幻灯片右下角，单击将绘制一个“后退”动作按钮，此时会弹出“动作设置”对话框，如图 7-88 所示，并显示“鼠标单击”选项卡，“超链接到”列表框里面默认是“上一张幻灯片”，单击“确定”按钮。

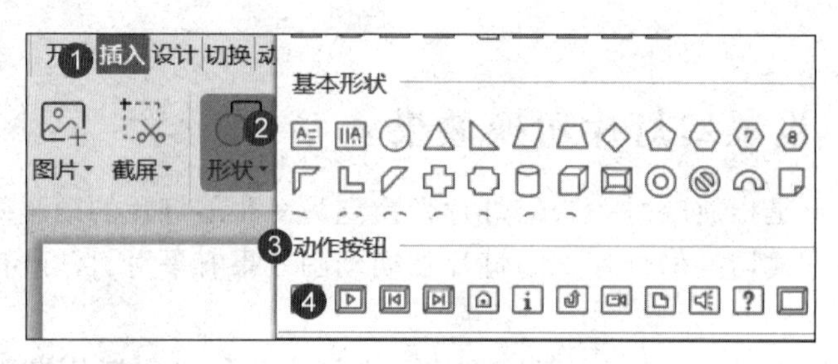

图 7-87　添加动作按钮操作

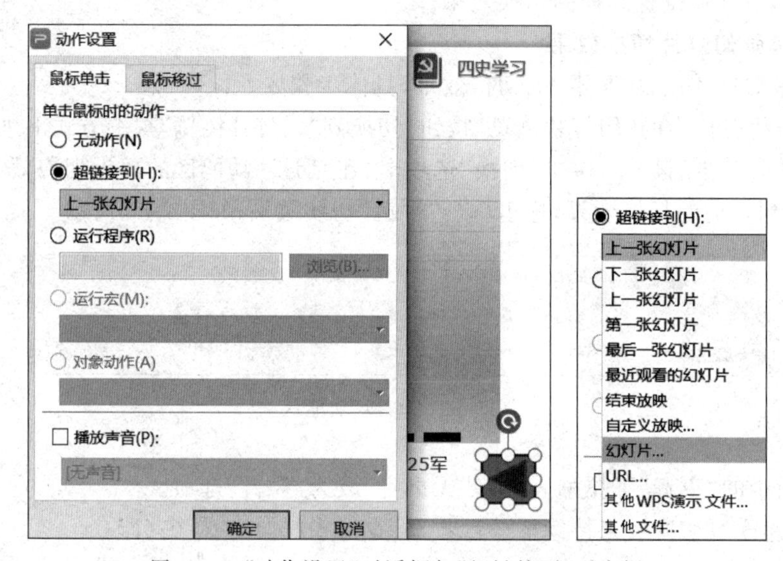

图 7-88　“动作设置”对话框与“超链接到”列表框

如果需要提示文字,可以选中图形,右击,在弹出的快捷菜单中选择“编辑文字”命令,可以在图形里面添加文字。

(4)“动作设置”对话框的其他选择。

① 若要选择在幻灯片放映视图中单击动作按钮时该按钮的行为,请单击“鼠标单击”选项卡。

② 若要选择在幻灯片放映视图中指针移过动作按钮时该按钮的行为,请单击“光标移过”选项卡。

③ 若要使用形状,但不指定相应动作,请单击选择“无动作”单选按钮。

(5)可以通过单击或光标移过动作按钮来执行以下“超链接到”操作,然后选择超链接动作的目标对象。

① 超链接到幻灯片:转到上一张幻灯片、下一张幻灯片、第一张幻灯片、最后一张幻灯片、最近观看的幻灯片、指定编号幻灯片(幻灯片...)。

② 超链接到 URL(网页等)以及其他文件。

③ 运行程序或宏,也可以设置播放“鼓掌”“打字机”等声音效果。

利用“动作按钮”也可创建其他超链接。

注意:幻灯片动画是针对幻灯片上的对象,可以超链接到其他幻灯片,但不能将一个对象超链接到同一张幻灯片的其他对象上。

2. 绘制图形并设置超链接

(1) 选择第 8 张幻灯片。给演示文稿的第 8 张幻灯片绘制图形，添加一个跳转到第 2 张幻灯片的按钮。

(2) 在“插入”功能区单击“形状”按钮，在弹出的“形状”列表中，选择“矩形”里的“对角圆角矩形”图形。在幻灯片中绘制出大小适中的“对角圆角矩形”图形，如图 7-89 所示，将其移动到图片右上角的空白处，根据个人喜好自行设置好形状填充颜色和形状轮廓颜色。

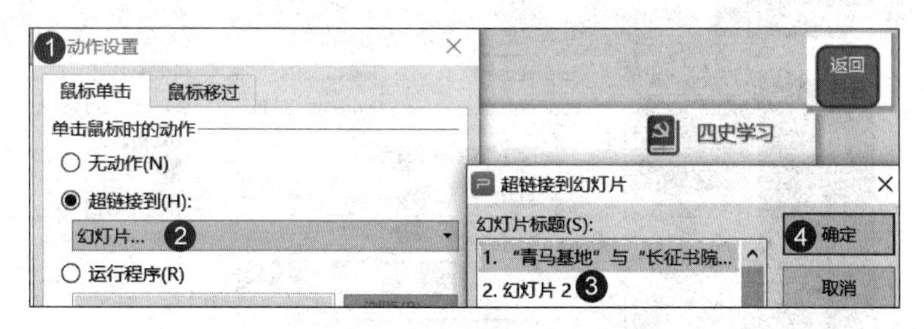

图 7-89 绘制图形并设置超链接

选中图形，右击，在弹出的快捷菜单中执行“编辑文字”命令，为“对角圆角矩形”添加文字“返回目录”。

(3) 选中“返回目录”按钮，在“插入”功能区中单击“动作”按钮，打开“动作设置”对话框。

(4) 在“链接到”选项表中选择“幻灯片”选项，打开“超链接到幻灯片”对话框，选择“幻灯片 2”选项，单击“确定”按钮，关闭此对话框。再单击“确定”按钮关闭“动作设置”对话框，即可完成。

3. 插入超链接网页(网址)

需要打开电子表格和网站浏览详细内容时，可以为幻灯片中的文本、图片等对象设置超链接，方便在不退出播放的情况下打开外部信息。演示完超链接内容并关闭后，不影响当前正在播放的幻灯片内容。

(1) 选中第 5 张幻灯片中的图片，如图 7-90 所示，在“插入”功能区中单击“超链接”按钮，打开“插入超链接”对话框。在“链接到”选项列表框中选择“原有文件或网页”项。

(2) 在“地址”框中输入 http://www.djysczsy.com，单击“屏幕提示”按钮，如图 7-90 所示，输入提示文字“长征书院”，单击“确定”按钮关闭“屏幕提示”，再单击“确定”按钮关闭对话框即可。

4. 超链接到其他对象

在“插入超链接”对话框的“链接到”选项中选择“原有文件或网页”项，然后在“查找范围”框中找到需要的文件并单击，“地址”栏将会显示文件名称，单击“确定”按钮，可以超链接到一个文件。选择“电子邮件地址”项，可将所选对象链接到一个电子邮件地址。选择“本文档中的位置”项，可将所选对象链接到本演示文稿的某张幻灯片。

5. 编辑或取消超链接

(1) 编辑超链接。右击插入超链接的对象，如第 5 张幻灯片中的图片，在弹出的快捷菜单中选择“超链接”→“编辑超链接”命令，在弹出的“编辑超链接”对话框中重新设置超链接的对象即可。操作方法与插入超链接相同。

图 7-90　给图片插入超链接的操作

(2) 删除超链接。如果不需要该超链接,则在“编辑超链接”对话框左下角单击“删除链接”按钮,可以删除选定对象的超链接。

(3) 取消超链接。选定对象后,右击,在弹出的快捷菜单中选择“取消超链接”命令,即可直接取消其超链接,相当于删除链接。

任务 7.7　演示文稿的放映与屏幕录制

任务目标:

1. 学会放映幻灯片。
2. 学会排练计时。
3. 熟悉自定义放映。
4. 学会设置演示文稿放映方式。
5. 学会使用“屏幕录制”功能。

子任务 7.7.1　幻灯片放映与结束放映

制作好“‘青马基地’与‘长征书院’介绍”演示文稿,并完成动画和换片方式等设置之后,目的是放映幻灯片。在计算机上放映幻灯片时,幻灯片在计算机屏幕上呈现全屏外观。设置好之后可以在状态栏的视图切换区单击“幻灯片放映”按钮来放映幻灯片体验放映效果。

1. 开始放映与结束放映幻灯片

(1) 打开演示文稿“‘青马基地’与‘长征书院’介绍.pptx”,单击“幻灯片放映”功能区,再单击最左边的“从头开始”按钮,如图 7-91 所示,则演示文稿从第 1 张幻灯片开始播放。

图7-91 “幻灯片放映”功能区

(2) 单击进入下一张幻灯片或播放下一动画,可看到设置的动画效果。连续单击10次,体会用鼠标单击播放幻灯片的效果。

(3) 往上滚动鼠标中间的滚轮,返回最开始的放映画面为止,然后再往下滚动鼠标中间的滚轮,体会滚动鼠标来播放幻灯片。

(4) 右击播放的幻灯片,在弹出的快捷菜单中选择“结束放映”命令,可终止幻灯片的播放。

(5) 单击状态栏右侧的“幻灯片放映”按钮右边的下拉按钮,从弹出来的菜单中选择“从头开始”命令,从头开放映幻灯片。然后按Esc键结束放映。

(6) 直接按F5键,可以从头开始放映幻灯片。然后按Esc键结束放映。

2. 从当前幻灯片开始放映幻灯片

(1) 单击第4张幻灯片。

(2) 单击状态栏右侧的“从当前幻灯片开放播放”按钮,如图7-92(a)所示,从当前幻灯片(第4张幻灯片)开始放映。然后按Esc键结束放映。

(3) 单击第8张幻灯片。

(4) 单击“开始”功能区,再单击左边的“从当前开始”按钮,如图7-92(b)所示,从当前幻灯片(第8张幻灯片)开始放映。然后按Esc键结束放映。

(5) 单击“幻灯片放映”功能区,再单击左边的“从当前开始”按钮,如图7-92(c)所示,也可以从当前幻灯片(第8张幻灯片)开始放映。然后按Esc键结束放映。

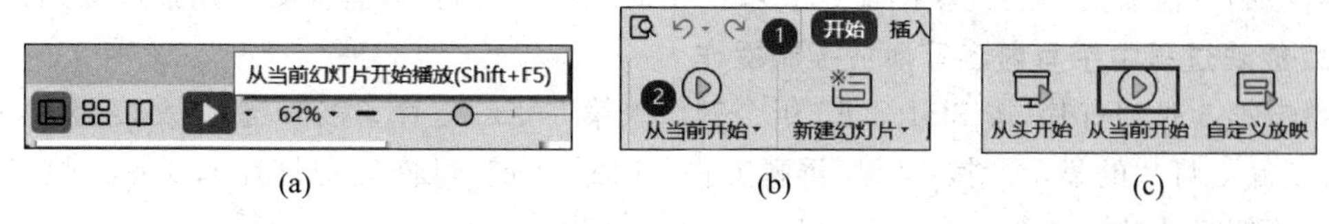

图7-92 “从当前幻灯片开放播放”按钮位置(状态栏、“开始”功能区、“幻灯片放映”功能区)

子任务7.7.2 幻灯片放映控制

1. 幻灯片放映过程中的播放控制

(1) 按F5键开始放映幻灯片。

(2) 右击,在弹出的快捷菜单中选择“下一页”命令,播放下一张幻灯片或播放下一动画。

(3) 右击,在弹出的快捷菜单中选择“上一页”命令,播放上一张幻灯片或播放上一动画。

(4) 请按Enter键、Space键、PgDn键、向下方向键或向右方向键,控制幻灯片的前进,播放下一张幻灯片或播放下一动画。再按 Backspace 键、PgUp 键、向上方向键或向左方向键,控制幻灯片的后退,播放上一张幻灯片或播放上一动画。

(5) 右击并选择"定位"命令,在弹出的级联菜单中选择"按标题"命令,可跳转到某张幻灯片。

(6) 右击并在快捷菜单中选择"幻灯片放映帮助"命令,如图 7-93 所示,可以查看其他控制播放的按键操作。

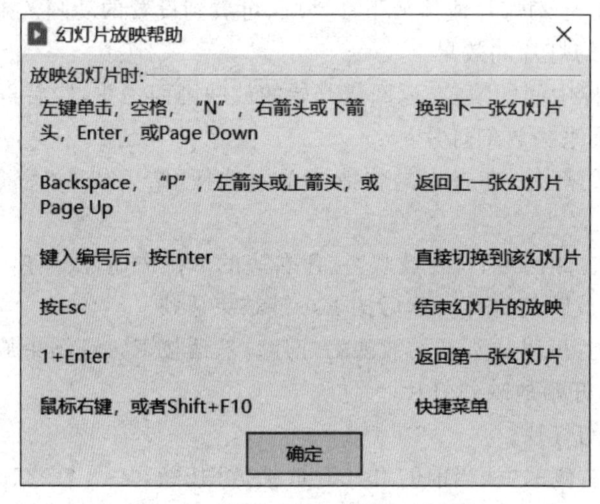

图 7-93 "幻灯片放映帮助"对话框

2. 放映超链接对象

(1) 在演示文稿放映中,将鼠标指针移到幻灯片上设置了超链接的对象上,鼠标指针会变成手形并显示屏幕提示文字。

(2) 单击超链接对象即可打开超链接的内容,有些可以直接跳转到对象,如某张幻灯片。有些则可能需要切换到新的窗口或者程序上观看,如网页或者需要专用播放器的视频。

3. 放映过程中手写内容等播放控制操作

单击第 5 张幻灯片,按 Shift+F5 组合键放映第 5 张幻灯片。按 B 键,屏幕变黑;再按 B 键,可恢复幻灯片的显示。按 W 键,屏幕变白;再按 W 键,可恢复幻灯片的显示。按 S 键,可以暂停幻灯片放映。

播放幻灯片时在任何位置右击,在弹出的快捷菜单中选择"指针选项"→"荧光笔"命令,默认荧光笔颜色为黄色,可以手动圈写内容。右击放映屏幕,选择快捷菜单中的"橡皮擦"命令,单击墨迹,可以删除手动圈写的墨迹。已经保留的墨迹,以后可以在幻灯片普通视图下选中后删除。

子任务 7.7.3 设置演示文稿放映方式

用 WPS 演示来设置放映方式,如设置放映类型、定时放映、循环放映等。

1. 放映类型设置

(1) 选择"幻灯片放映"功能区,单击"设置放映方式"按钮,打开"设置放映方式"对话框,如图 7-94 所示。

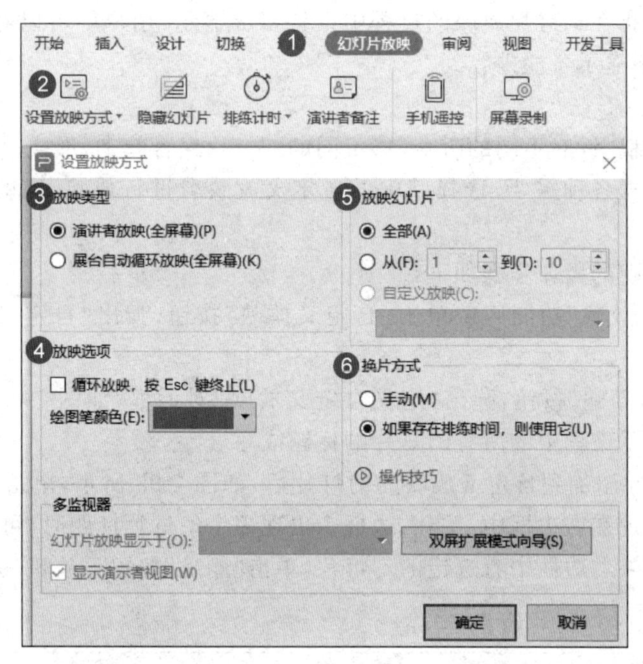

图 7-94 “幻灯片放映”功能区与“设置放映方式”对话框

(2) 在“放映类型”选项组中选择“演讲者放映(全屏幕)”单选按钮，也可以选择“展台自动循环放映(全屏幕)”

演讲者放映(全屏幕)：这是最常用的放映方式。选中该单选按钮，则在放映时可全屏幕显示演示文稿，演讲者对演示文稿有完全的控制权，并可采用自动或人工方式运行放映机放映过程中的各种设置。

展台自动循环放映(全屏幕)：选中该单选按钮，则在放映时可自动运行演示文稿，无须专人播放，用户可使用鼠标控制超链接和动作按钮，但不能使用快捷菜单，不能改变演示文稿。

(3) 在“放映选项”选项中可以选择“循环放映，按 Esc 键终止”复选框。如果选中“展台自动循环放映(全屏幕)”选项，此复选框会自动选中且不能改动。绘图笔默认颜色为红色，可以修改。

(4) 在“放映幻灯片”范围选项中默认是“全部”：从第1张幻灯片开始播放到最后，播放所有幻灯片；可以选择从某张幻灯片开始到某张幻灯片结束，输入指定开始放映的那张幻灯片编号和指定结束放映的那张幻灯片编号。“自定义放映”：从下拉列表框中选择当前演示文稿中的某个自定义放映播放。如果演示文稿中没有设置自定义放映，此选项显示为灰色，不可选。

(5) 在“换片方式”选项中默认是“如果存在排练时间，则使用它”，可按照预先录制的排练计时自动进行切换幻灯片。可以选择“手动”换片方式，如果选中“手动”单选按钮，会忽略预设的排练时间，但不会删除它们。如图 7-94 所示，单击“确定”按钮完成设置。

(6) “多监视器”选项设置。此功能用于支持一个以上的监视器，比如显示设备有显示器和投影仪时。默认幻灯片放映显示于“主要监视器”，可以选择是否“显示演示者视图”。

演示者视图是指放映过程中让演讲者的屏和观众的屏显示不同的内容。

演示者视图是指在幻灯片放映的过程中设置多屏显示,用户屏可以看到讲义的备注内容,而观众屏幕却不显示备注内容。

2. 自定义放映

把一套演示文稿,针对不同的听众,将不同的幻灯片组合起来,形成一套新的幻灯片,并加以命名。然后根据各种需要,选择其中的自定义放映名进行放映,这就是自定义放映的含义。

创建自定义放映的操作步骤如下:

(1) 在"幻灯片放映"功能区中单击"自定义放映"按钮,弹出"自定义放映"对话框,如图 7-95 所示。

(2) 然后单击"新建"按钮,弹出"定义自定义放映"对话框,如图 7-95 所示。在该对话框的左边列出了演示文稿中的所有幻灯片的标题或序号。

(3) 从中选择要添加到自定义放映的幻灯片后,如图 7-95 所示,单击"添加"按钮,这时选定的幻灯片就出现在右边框中。当右边框中出现多个幻灯片标题时,可通过右侧的上、下箭头调整顺序。如果右边框中有选错的幻灯片,单击"删除"按钮不放映,但它仍然在演示文稿中。

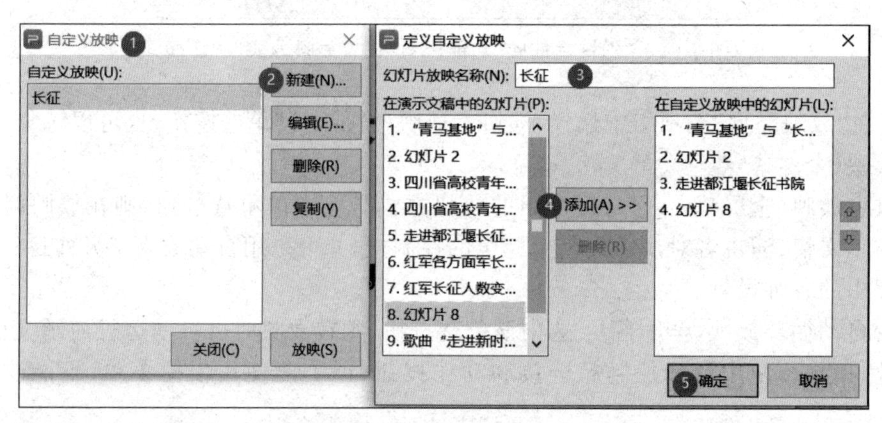

图 7-95 "自定义放映"对话框与"定义自定义放映"对话框

(4) 在"幻灯片放映名称"文本框中输入名称"长征",单击"确定"按钮,回到"自定义放映"对话框。如果要预览自定义放映,单击"放映"按钮。

(5) 在"幻灯片放映"功能区中单击"设置放映方式"按钮,打开"设置放映方式"对话框,在"放映幻灯片"范围中选择"自定义放映",在下拉列表中选择刚刚建立的自定义放映"长征",单击"确定"按钮完成设置,如图 7-96 所示。

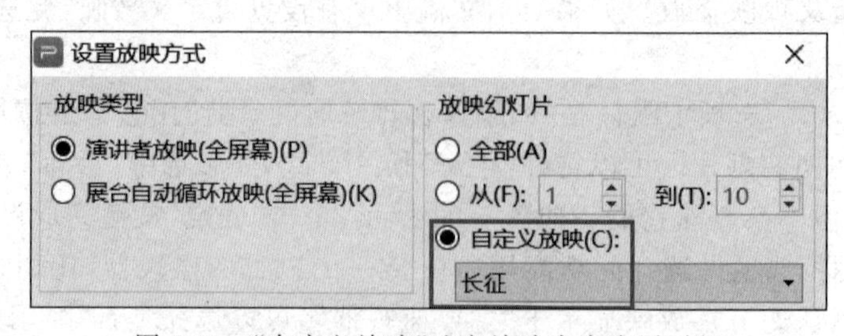

图 7-96 "自定义放映"选定放映内容为"长征"

这时候放映的幻灯片只是自定义放映名称为“长征”中自选的那些幻灯片。

3. 播放演示文稿放映文件

(1) 打开演示文稿放映文件(*.pps)所在的文件夹,单击演示文稿放映文件,可以在打开该文件的同时开始自动播放幻灯片,操作很简单。打开演示文稿放映文件无法进入编辑状态修改演示文稿。

(2) 将演示文稿文件(*.pptx)保存为演示文稿放映文件(*.pps)的方法如下:

① 打开演示文稿,选择“文件”→“另存为”命令。

② 在弹出的“另存文件”对话框中选择保存类型为“PowerPoint 97-2003 放映文件(*.pps)”,单击“保存”按钮即可。

子任务 7.7.4 设置排练计时

如果要自动播放演示文稿,则需要让幻灯片按照指定的时间间隔自动进行放映。启动全屏放映并记录下每张幻灯片所用的时间即排练计时。通过对幻灯片进行排练,可以精确设置每个幻灯片放映的时间。

操作方法如下:

(1) 在“幻灯片放映”功能区中单击“排练计时”按钮,默认是“排练全部”,也可以选择“排练当前页”,如图 7-97 所示。

(2) 演示文稿自动开始全屏放映,在左上角弹出一个“预演”对话框,如图 7-98 所示。

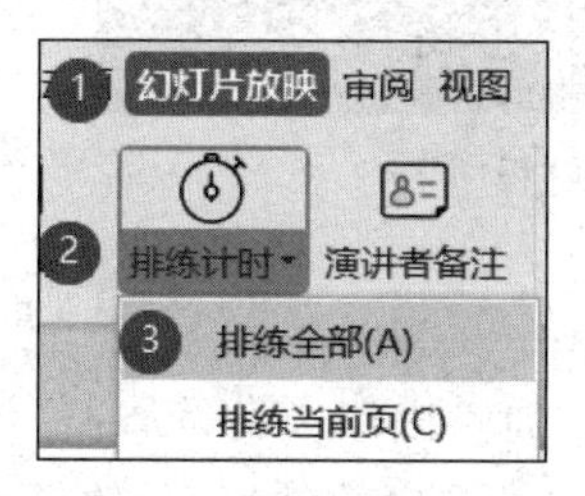

图 7-97 “排练计时”按钮

图 7-98 “预演”对话框

(3) 在“排练计时”状态,每张幻灯片放映停留的时间和演示文稿放映总时间显示在“预演”对话框中,排练计时过程中可以单击“暂停录制”按钮暂停,再单击“暂停录制”按钮则继续预演。如果认为该时间不合适,可以单击“重复”按钮,对当前幻灯片重新计时。

(4) 放映到最后一张幻灯片或者中途退出放映时,屏幕上会弹出一个对话框,如图 7-99 所示,提示“幻灯片放映共需时间***。是否保留新的幻灯片排练时间?”,单击“是”按钮,即可保存排练计时结果。

图 7-99 是否保留排练时间的提示信息

(5) 进行了排练计时操作后,打开“设置放映方式”对话框,选中“如果存在排练时间,则使用它”单选框,单击“确定”按钮后退出。然后开始放映,幻灯片将会自动播放。这时候用鼠标及键盘会无效,不能控制幻灯片播放的前进及后退。

子任务 7.7.5　屏幕录制

1. 打开屏幕录制软件

打开“幻灯片放映”功能区,单击“屏幕录制”按钮,弹出“视频录制”程序(会运行傲软录屏软件 ApowerREC),如图 7-100 所示。傲软录屏软件提供多种录制模式:全屏录制、区域录制、摄像头录制等。还可在录制过程中添加线条、数字、文字等多种内容。

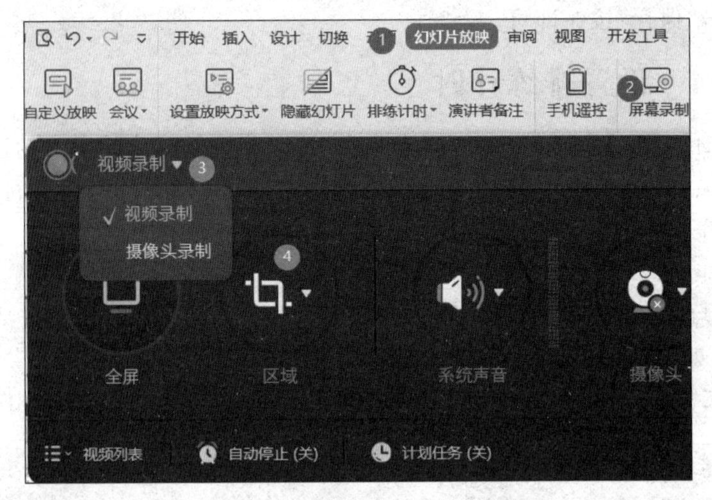

图 7-100　使用“视频录制”程序

2. “视频录制”程序的使用

(1) 默认会录制视频,也可以选择“摄像头录制”。插入摄像头设备后,单击“摄像头”并选择插入的摄像头设备名称。若软件未检测到该设备,可重启软件一次,软件会重新检测到摄像头设备。

(2) 可以选择录制“全屏”还是自己选择录制屏幕上的某块区域。

(3) 录制视频时的录制声音,可以选择是要麦克风声音还是计算机系统声音,或者两者都录音。录制时需要配有麦克风等录音设备。

(4) 设置好之后即可开始录制,录制完成后可以在视频列表看到录好的视频,可以进行重命名和压缩等操作,可以脱离讲演者来放映。

任务 7.8　演示文稿的打包、保存及打印操作

任务目标:

1. 学会将演示文稿打包成文件夹。
2. 学会保存演示文档为 WEBM 视频格式。
3. 学会保存演示文档为放映格式。

4. 学会保存演示文档为 PDF 格式。

5. 学会演示文稿打印设置。

6. 学会幻灯片页面设置。

子任务 7.8.1　打包演示文稿

(1) 打开已经制作好放映效果的演示文稿"'青马基地'与'长征书院'介绍"。选择"文件"→"文件打包"→"将演示文稿打包成文件夹"命令,启动"演示文件打包"对话框,如图 7-101 所示。

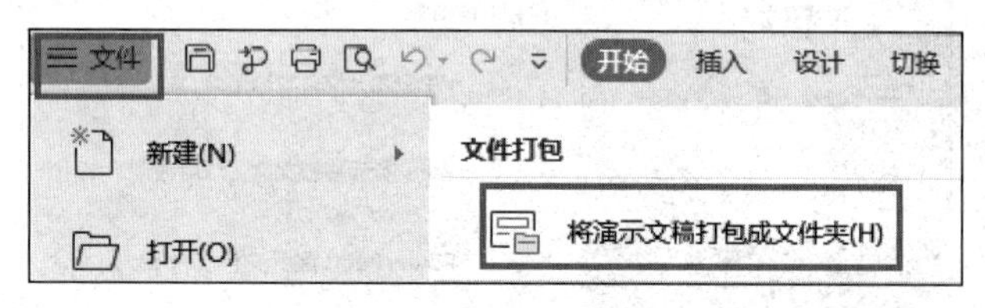

图 7-101　"将演示文稿打包成文件夹"命令

(2) 在打开的"演示文件打包"对话框中单击"文件夹名称"文本框,可以在"文件夹名称"文本框中为包含打包文件的文件夹重新命名,也可以使用默认名称。然后单击"浏览"按钮,设置打包文件的保存位置,选择可移动盘如 U 盘等,默认保存到"文档库"中。如果有需要,可以选中"同时打包成一个压缩文件"复选框,如图 7-102 所示。

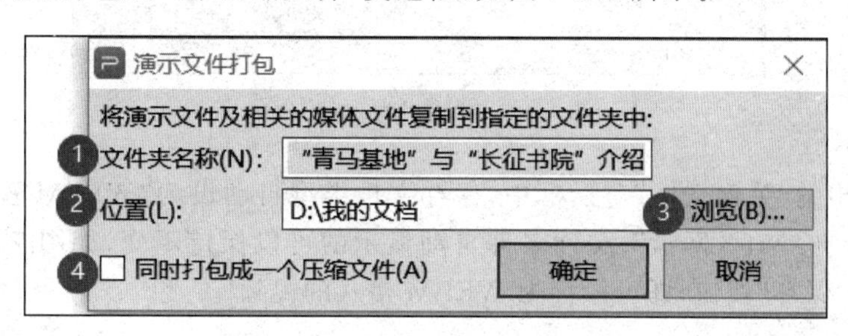

图 7-102　"演示文件打包"对话框

(3) 设置完成后单击"确定"按钮,系统开始打包演示文稿,完成后会弹出如图 7-103 所示的"已完成打包"对话框,可以单击"打开文件夹"按钮,查看打包好的文件,或者单击"关闭"按钮将该对话框关闭。

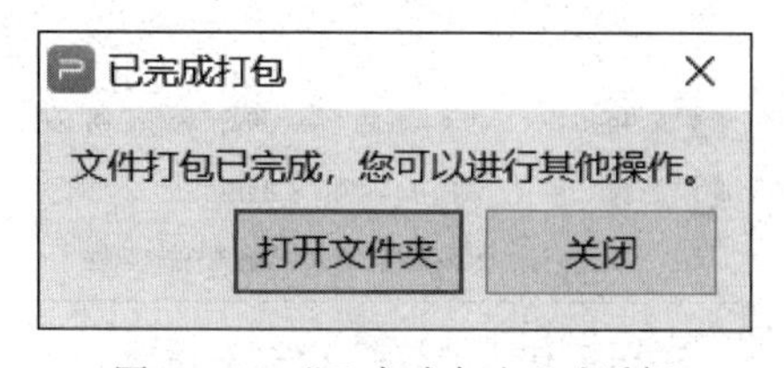

图 7-103　"已完成打包"对话框

将演示文稿打包后,可利用 U 盘或网络等方式,将其复制或传输到别的计算机中进行播放。

子任务 7.8.2 将演示文稿保存为不同的文件格式

1. 保存演示文档为 WEBM 视频格式

(1) 打开已经制作好放映效果的"'青马基地'与'长征书院'介绍"演示文稿,选择"文件"→"另存为"→"输出为视频"命令,如图 7-104 所示。

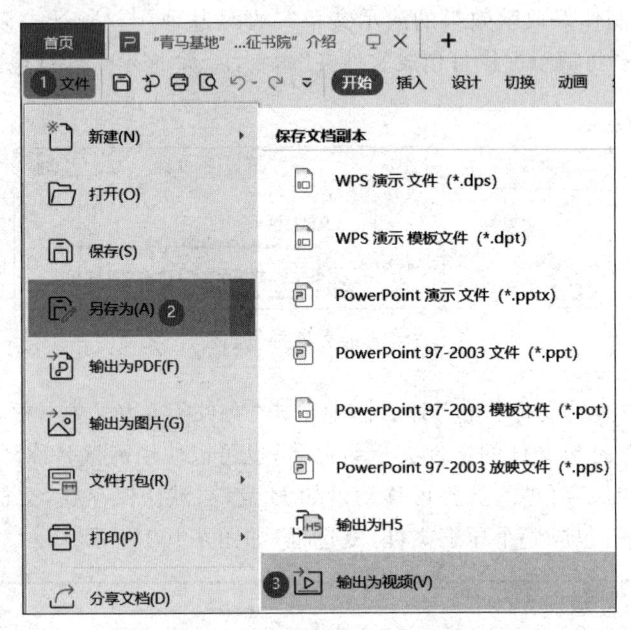

图 7-104 "输出为视频"命令

(2) 在弹出的"另存文件"对话框中,保存文件类型自动设为"WEBM 视频";可以选择保存位置,默认是"WPS 网盘";文件名称自动显示的可以保持不变,如图 7-105 所示,也可以修改。单击"保存"按钮,即可保存为 WEBM 格式的视频。

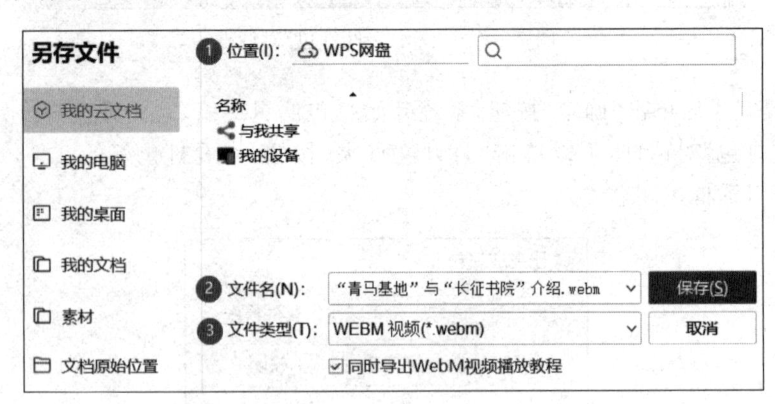

图 7-105 "另存文件"对话框

2. 保存演示文档为放映格式

(1) 操作方法同上,选择"文件"→"另存为"→"PowerPoint 97-2003 放映文件(*.pps)"命令。

(2) 在弹出的“另存文件”对话框中，保存文件类型自动为“Microsoft PowerPoint 97-2003 放映文件(＊.pps)”，如图 7-106 所示。

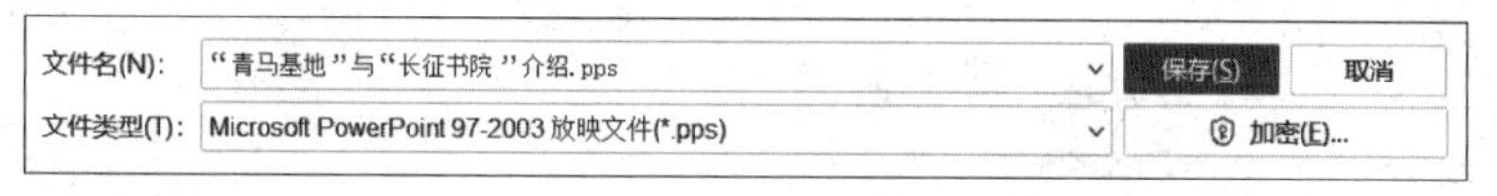

图 7-106 保存演示文档为放映格式

可以选择“Microsoft PowerPoint 放映文件(＊.ppsx)”。如果录制有宏，还可以选择“Microsoft PowerPoint 启用宏的放映文件(＊.ppsm)”。保存位置默认是“WPS 网盘”，可以选择到其他位置。文件名称自动显示的可以保持不变，也可以修改。单击“保存”按钮即可保存为放映格式。

PPS 文件打开后会直接进入播幻灯片放映视图。放映完毕将自动关闭文件。

3. 保存演示文档为 PDF 格式

(1) 操作方法简单，选择“文件”→“输出为 PDF”命令，或者在“特色功能”功能区中单击“输出为 PDF”按钮，如图 7-107 所示，将弹出“输出为 PDF”对话框。

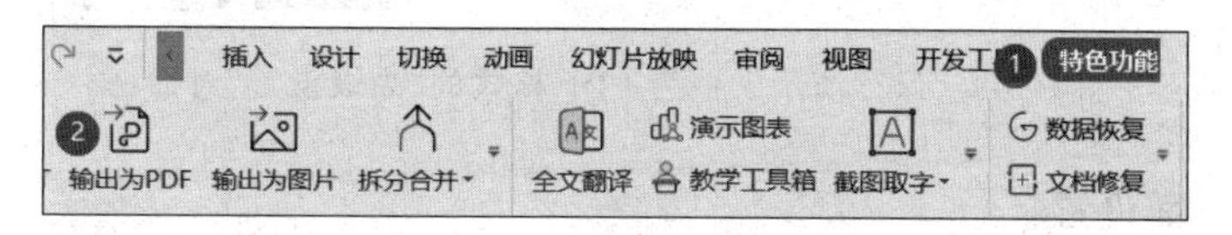

图 7-107 “输出为 PDF”按钮

(2) 如图 7-108 所示，在对话框中可以设置“输出范围”，可以确定哪些幻灯片需要保存为 PDF 格式，默认是全部。在输出设置方面有“普通 PDF”“纯图 PDF”以及“高级设置”。保存位置默认是“WPS 网盘”，可以选择“自定义目录”到其他文件夹位置。文件名称自动显示的可以保持不变，也可以修改。单击“保存”按钮即可保存为放映格式。

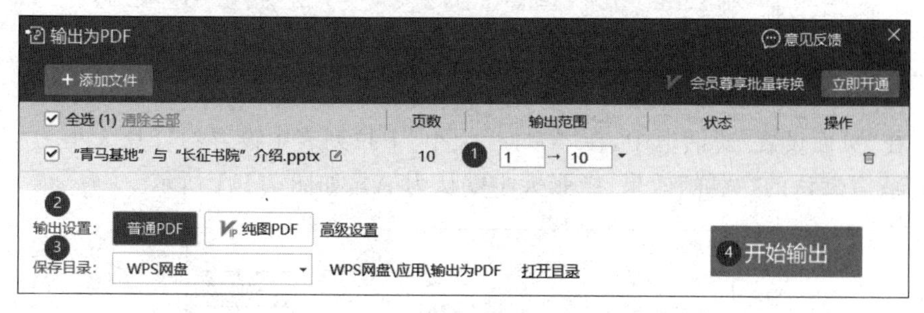

图 7-108 “输出为 PDF”对话框

(3) 如果需要输出为“讲义”或者设置打开密码等操作，在“输出为 PDF”对话框中可以在“输出设置”右边单击“高级设置”按钮，弹出“高级设置”对话框进行设置，如图 7-109 所示。

子任务 7.8.3 演示文稿打印设置

幻灯片除了可以放映给观众观看外，还可以打印出来进行分发，这样观众以后还可以用来参考。在打印时需要注意页面设置。比如打印讲义，一张 A4 纸上最多可以设置打印 9 张幻灯片。

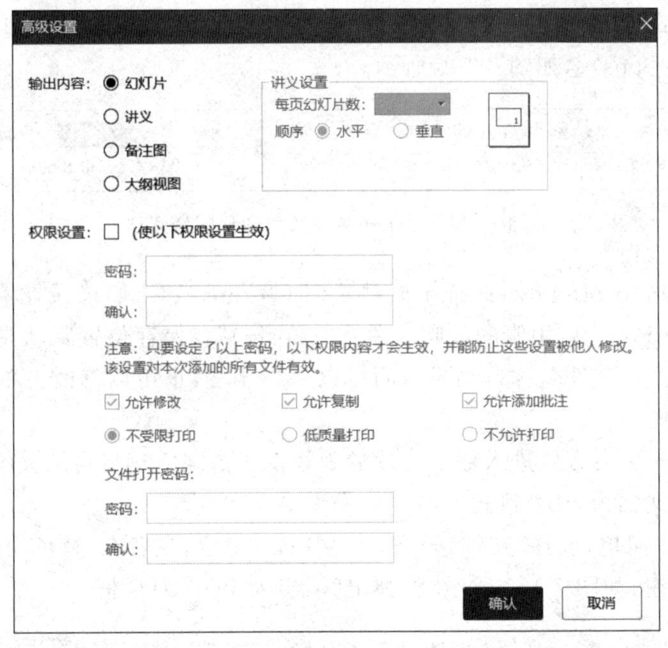

图 7-109　保存演示文档为 PDF 格式的"高级设置"对话框

1. 幻灯片页面设置

页面设置主要设置了幻灯片打印的大小和方向。

(1) 如图 7-110 所示,在"设计"功能区中单击"页面设置"按钮,打开"页面设置"对话框,在对话框内设置打印的幻灯片大小、方向以及幻灯片编号起始值。

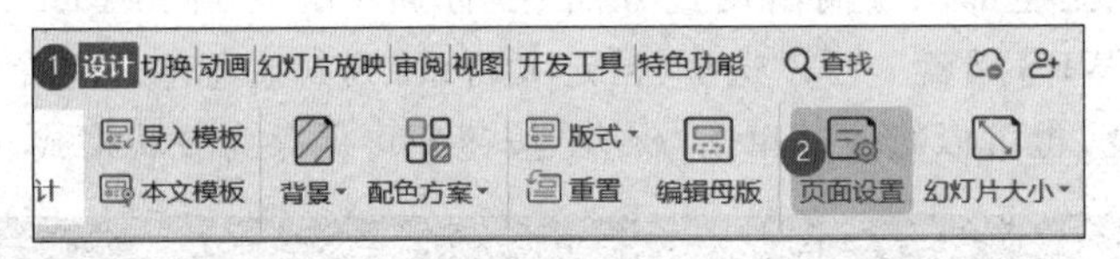

图 7-110　"设计"功能区的"页面设置"按钮

(2) 在"页面设置"对话框中,在"幻灯片大小"下拉列表中设置幻灯片大小为"全屏显示(16∶9)"或者默认的"宽屏"效果;纸张大小默认为 A4,如图 7-111 所示。

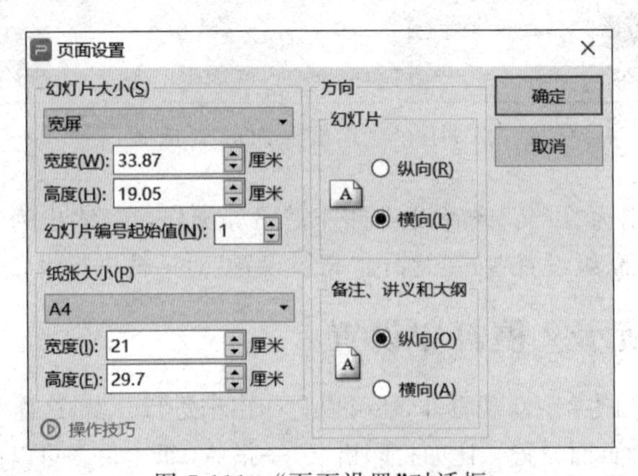

图 7-111　"页面设置"对话框

在“页面设置”对话框中，如图 7-112 所示，在“幻灯片大小”下拉列表中有多个选项，宽度和高度可以自行修改。幻灯片方向有纵向和横向。幻灯片编号起始值默认为 1，可以自行修改。

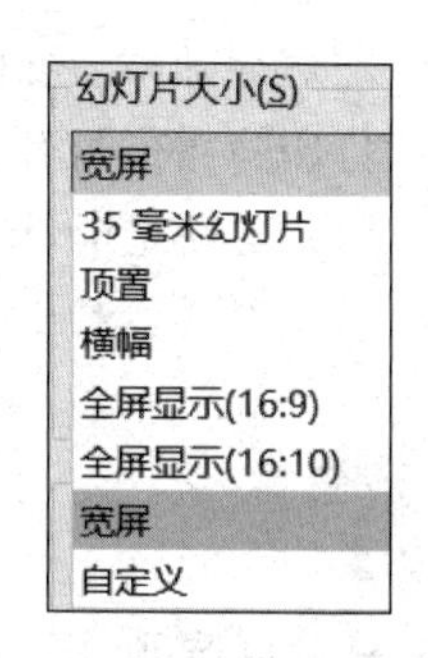

图 7-112　“幻灯片大小”下拉列表

2. 幻灯片打印设置

演示文稿不仅可以放映，还可以打印成讲义。打印之前，应设计好要打印文稿的大小和打印的方向，以取得良好的打印效果。

(1) 选择“文件”→“打印”命令，或者单击快速访问工具栏中的“打印”按钮，弹出“打印”对话框，如图 7-113 所示。

(2) 如图 7-113 所示，在“打印范围”栏中可以选择打印哪些幻灯片，如果选中“幻灯片”文本框并输入“1,3,5-12”，则表示打印第 1 张、第 3 张和第 5～12 张幻灯片。这里输入“1-10”。

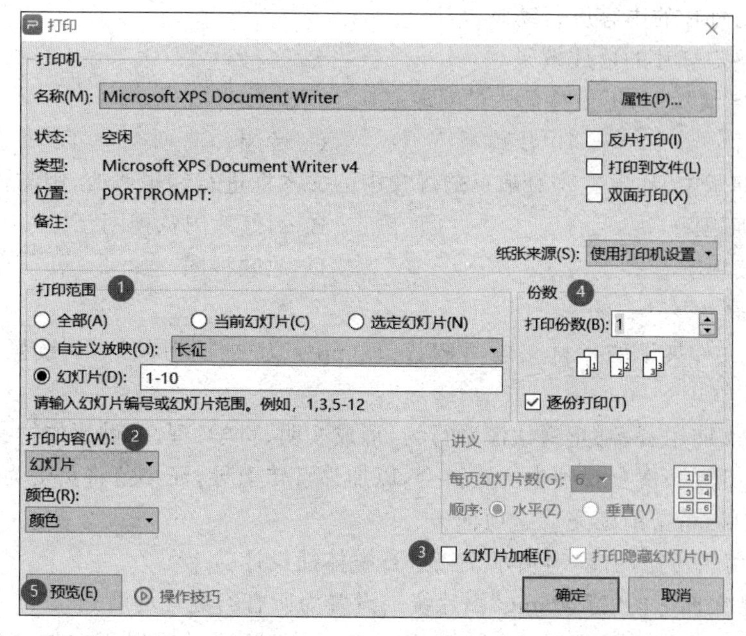

图 7-113　“打印”对话框

如果在演示文稿中设置有“自定义放映”方案并需要打印，则只打印自定义放映方案中包含的幻灯片。

在“打印内容”栏可以选择是打印“幻灯片”“备注页”“大纲视图”还是打印“讲义”版式。选择打印“讲义”时，一张 A4 纸上最多可以打印 9 张幻灯片。

(3) “打印”对话框设置项目的简单说明如下。

幻灯片：打印时每页纸只打印一张幻灯片。

讲义：可以每页纸打印多张幻灯片，需要设置“每页幻灯片数”、幻灯片的排列“顺序”。

备注页：打印出添加的备注。

大纲：打印演示文稿的大纲。

颜色：选择该项，将以“颜色”或“纯黑白”方式打印。

份数：在“打印份数”文本框里面可以微调打印份数，默认为 1 份。

幻灯片加框：可以选择是否在打印时为幻灯片加框。

打印隐藏幻灯片：如果有隐藏幻灯片，默认会打印，可以选择不打印。

(4) 设置完毕，单击“打印”对话框上的“确定”按钮，即可开始打印。

习　题

一、单选题

1. 在 WPS 演示中，关于幻灯片浏览视图的用途，描述正确的是(　　)。
   A. 对幻灯片的内容进行编辑修改及格式调整
   B. 对所有幻灯片进行整理编排或顺序调整
   C. 对幻灯片的内容进行动画设计
   D. 观看幻灯片的播放效果
2. 在 WPS 演示中，不支持插入的对象是(　　)。
   A. 图片　　B. 视频　　C. 音频　　D. 书签
3. WPS 演示中，如果需要对某页幻灯片中的文本框进行编辑修改，则需要进入(　　)。
   A. 普通视图　　B. 幻灯片浏览视图
   C. 阅读视图　　D. 放映视图

二、操作题

打开考生文件夹下的素材文档 WPP.pptx(pptx 为文件扩展名)，后续操作均基于此文件，否则不得分。

为了倡导文明用餐，制止餐饮浪费行为，形成文明、科学、理性、健康的饮食消费理念，学校宣传部决定开展一次全校师生的宣讲会，以加强宣传引导，汪小苗将负责为此次宣传会制作一份演示文稿，请帮助她完成这项任务。

(1) 通过编辑母版功能，对演示文稿进行整体性设计。

① 将考生文件下的“背景.png”图片统一设置为所有幻灯片的背景。

② 将考生文件夹下的图片“光盘行动 Logo.png”批量添加到所有幻灯片页面的右上角，然后单独调整“标题幻灯片”版式的背景格式使其“隐藏背景图形”。

③ 将所有幻灯片中的标题字体统一修改为“黑体”。将所有“仅标题”版式的幻灯片(第 2、4、6、8、10 页)的标题字体颜色修改为自定义颜色，RGB 值为“红色 248、绿色 192、蓝色 165”。

(2) 将过渡页幻灯片(第 3、5、7、9 页)的版式布局更改为“节标题”版式。

(3) 按下列要求，对标题幻灯片(第 1 项)进行排版美化。

① 美化幻灯片标题文本，为主标题应用艺术字的预设样式“渐变填充-金色，轮廓-着色 4”，为副标题应用艺术字的预设样式“填充-白色，轮廓-着色 5，阴影”。

② 为幻灯片标题设置动画效果，主标题以“劈裂”方式进入，方向为“中央向左右展开”；副标题以“切入”方式进入，方向为“自底部”；设置动画开始方式为鼠标单击时主，副标题同时进入。

(4) 按下列要求，为演示文稿设置目录导航的交互动作。

① 为目录幻灯片(第 2 页)中的 4 张图片分别设置超链接动作,使其在幻灯片放映状态下,通过单击操作,即可跳转到相对应的节标题幻灯片(第 3、5、7、9 页)。

② 通过编辑母版,为所有幻灯片统一设置返回目录的超链接动作,要求在幻灯片放映状态下,通过鼠标单击各页幻灯片右上角的图片,即可跳转回到目录幻灯片。

(5) 按下列要求,对第 4 页幻灯片进行排版美化。

① 将考生文件夹下的“锄地.png”图片插入到本页幻灯片右下角位置。

② 为两段内容文本设置段落格式,段落间距为段后 10 磅、1.5 倍行距,并应用“小圆点”样式的预设项目符号。

(6) 按下列要求,对第 6 页幻灯片进行排版美化。

① 将“近期各国收紧粮食出口的消息”文本框设置为“五边形”箭头的预设形状。

② 将 3 段内容文本分别置于 3 个竖向文本框中,并沿水平方向上依次并排展示,相邻文本框之间以 10 厘米高、1 磅粗的白色“直线”形状相分隔,并适当进行排版对齐。

(7) 第 8 张幻灯片中的三段文本,转换为智能图形中的“梯形列表”来展示,梯形列表的方向修改为“从右往左”,颜色更改为预设的“彩色-第 4 个色值”,并将整体高度设置为 8 厘米,宽度设置为 25 厘米。

(8) 按下列要求,对第 10 页幻灯片进行排版美化。

① 将文本框的“文字边距”设置为“宽边距”(上、下、左、右边距各为 0.38 厘米),并将文本框的背景填充颜色设置为透明度 40%。

② 为图片应用“柔化边缘 25 磅”效果,将图层置于文本框下方,使其不遮挡文本。

(9) 为第 4、6、8、10 页幻灯片设置“平滑”切换方式,实现“居安思危”等幻灯片从上一页平滑过渡到本页的效果,切换速度 3 秒。除此以外的其他幻灯片,均设置为“随机”切换方式,切换速度为 1.5 秒。

习题参考答案

项目 8 计算机网络与 Internet

本项目核心内容

1. 掌握计算机网络的定义，了解计算机网络的组成。
2. 计算机网络的功能、分类。
3. 计算机网络通信协议。
4. OSI 模型与 TCP/IP 模型层次结构。
5. 了解接入网。
6. 熟悉 IE 浏览器的使用。
7. 掌握常用搜索引擎进行信息检索。
8. 掌握电子邮件的收发应用。

项目 8 学习任务思维导图

任务 8.1 认识计算机网络

任务目标：

1. 认识计算机网络。
2. 了解计算机网络的功能。
3. 熟悉计算机网络的分类。

子任务 8.1.1 计算机网络的定义、特征及组成

1. 计算机网络的定义

计算机网络是把地理上分散的、具有独立功能的多台计算机系统用通信线路和通信设备连接起来，按照网络协议进行数据通信，由功能完善的网络软件实现资源共享的系统，如图 8-1 所示。

计算机系统通常简称计算机，计算机网络通常简称网络。最简单的对等网可以用 1 条通信线路连接两台计算机系统组成，即两个节点和一条链路的计算机网络。比如两台笔记本电脑通过设置无线网卡进行连通。最复杂、规模最大的计算机网络是 Internet(国际互联网)。

2. 计算机网络诞生的标志

1969 年，美国国防部研究计划局(ARPA)资助研制的 ARPANET 计算机网络投入运行。ARPANET 的问世，标志着以资源共享为目标的计算机网络的诞生。

3. 计算机网络的组成

(1) 从系统功能来看，计算机网络从逻辑上由通信子网和资源子网两部分组成，如图 8-1

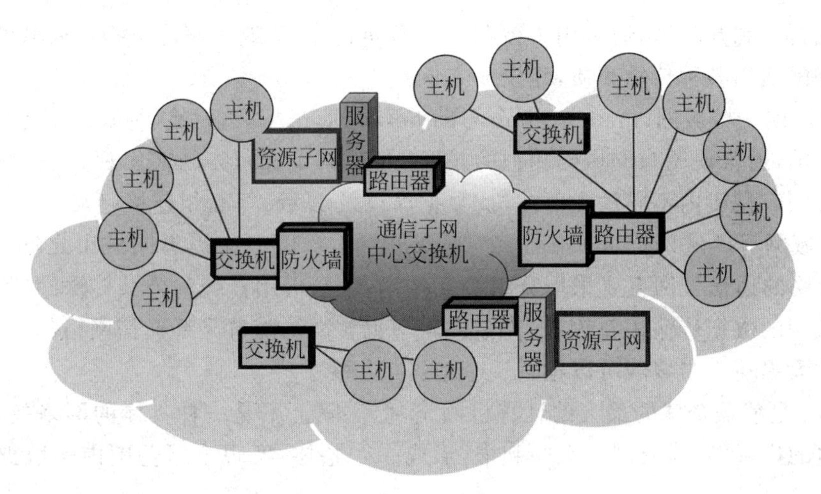

图 8-1 计算机网络的组成

所示。

计算机网络是通信技术与计算机技术相结合的产物。通信子网主要完成网络的数据通信,负责信息传递,提供用户入网接口。通信子网是由通信设备和通信链路组成的一个独立的数据通信系统。

资源子网主要负责网络的信息处理,实现资源共享,为网络用户提供网络服务。资源子网由计算机系统、中端控制器、终端设备、外部设备、各种软件资源和数据资源等组成。

(2) 从基本构成来看,计算机网络由三部分组成:计算机系统、通信系统和网络软件组成。提供各种资源和服务的计算机称为服务器,用户使用资源的计算机称为客户机,有些计算机兼有两种功能。网络软件包括网络操作系统、网络协议与网络应用软件。

计算机网络组成的四要素:计算机系统、通信系统、网络协议、网络应用软件。

组建计算机网络的最大好处是能够突破地域范围的限制,实现资源的共享。计算机网络是传输信息的载体,是提供信息交流和资源共享的网络空间。计算机网络上的资源主要包括硬件资源(如网盘、打印机等)、软件资源和数据资源(信息资源)。有了计算机网络,用户不仅可以使用本机的资源,还能使用网上其他计算机系统中的资源。

子任务 8.1.2 计算机网络的功能

计算机网络的主要功能包括以下几个方面:进行数据通信,共享资源,提高计算机的可靠性和可用性,易于进行分布式处理。

数据通信是计算机网络最基本的功能,完成数据传输(信息交换)任务。网络的其他功能都是在数据通信功能的基础上实现的。

资源共享是计算机网络最有吸引力的功能。资源共享是指网上用户能够部分或全部使用计算机网络资源和信息服务,使计算机网络中的资源互通,提高资源利用率。

子任务 8.1.3 计算机网络的分类

1. 按网络的覆盖范围划分

(1) 局域网。局域网(local area network,LAN)一般用微机通过高速通信线路连接,覆盖范围从几百米到几千米，通常用于覆盖一个房间、一层楼或一座建筑物。局域网传输速率高，可靠性好，适用各种传输介质，建设成本低。

（2）城域网。城域网（metropolitan area network，MAN），是在一座城市范围内建立的计算机通信网，通常使用与局域网相似的技术，但对媒介访问控制在实现方法上有所不同，它一般可将同一城市内不同地点的主机、数据库以及 LAN 等互相连接起来。

（3）广域网。广域网（wide area network，WAN），用于连接不同城市之间的 LAN 或 MAN，广域网的通信子网主要采用分组交换技术，常常借用传统的公共传输网（如电话网），这就使广域网的数据传输相对较慢，传输误码率也较高。随着光纤通信网络的建设，广域网的速度将大大提高。广域网可以覆盖一个地区或国家。

Internet 是覆盖全球的最大的计算机网络，但实际上不是一种具体的网络技术，因特网将世界各地的广域网、局域网等互联起来，形成一个整体，实现全球范围内的数据通信和资源共享。

2. 按网络的拓扑结构划分

把网络中的计算机等设备抽象为点，把网络中的通信媒介抽象为线，这样就形成了由点和线组成的几何图形，即采用拓扑学方法抽象出的网络结构称为网络拓扑结构。

计算机网络按拓扑结构可分为总线型网络、星形网络、环形网络、树形网络、蜂窝形和混合型网络等。

3. 按传输介质划分

（1）有线网。有线网采用双绞线、同轴电缆、光纤或电话线作传输介质。采用双绞线和同轴电缆连成的网络经济且安装简便，但传输距离相对较短。以光纤为介质的网络传输距离远，传输率高，抗干扰能力强，安全好用，但成本稍高。

（2）无线网。无线网主要以无线电波或红外线为传输介质。联网方式灵活方便，但联网费用稍高，可靠性和安全性还有待改进。可以通过卫星进行数据通信。

4. 按网络的使用性质划分

公用网（public network）是一种付费网络，由商家建造并维护，消费者付费使用。

专用网（private network）是某个部门根据本系统的特殊业务需要而建造的网络，这种网络一般不对外提供服务。例如，军队、银行、电力等系统的网络就属于专用网。

其他还有按带宽分类。根据网络所使用的传输技术分为广播式网络和点对点式网络等。

任务 8.2　了解计算机网络的网络协议与体系结构

任务目标：

1. 了解计算机网络协议。
2. 熟悉 OSI 参考模型的分层结构。
3. 熟悉 TCP/IP 参考模型的分层结构。
4. 认识计算机网络设备与软件。

子任务 8.2.1　网络协议与网络体系结构的概念

1. 网络协议的概念

协议是一种约定，用以确保交流各方清晰地表达思想。计算机网络中的各个独立的计算机系统之间必须达成某种默契，严格遵守事先约定好的一整套通信规程，包括严格规定要交换的数据格式、控制信息的格式和控制功能以及通信过程中事件执行的顺序等。这些通信规程我们称之为网络协议。

计算机网络协议是指为网络数据交换而建立的规则、标准或约定的集合。

网络协议有以下三要素。

(1) 语法：确定通信双方“如何讲”，定义了数据格式，编码和信号电平等。

(2) 语义：确定通信双方“讲什么”，定义了用于协调同步和差错处理等控制信息。

(3) 时序(也称同步，同步规则)：确定通信双方“讲话的次序”，定义速度匹配和排序等。

因特网(Internet)最常用的一组网络协议是 TCP/IP 协议族。传输控制协议/网际协议(transmission control protocol/Internet protocol，TCP/IP)是早期 ARPANET 网络开发并运行的一个非常可靠实用的协议。TCP/IP 为不同操作系统和硬件体系结构的互联网通信提供网络协议，几乎可以支持任何规模的网络，TCP/IP 是 Internet 的核心协议和基础。

TCP/IP 通常是指一个协议族，除了包括 TCP 和 IP 两大类协议，还包括远程登录、电子邮件、文件传输等相关协议。TCP/IP 后来成为 Internet 广泛使用的网络协议，成为事实上的 Internet 协议标准。

在 Windows 操作系统中，TCP/IP 一般情况是 Windows 系统自带默认安装的。

2. 网络体系结构的概念

计算机网络的协议是按照层次结构模型来组织的，通常将网络层次结构模型与计算机网络各层协议的集合称为网络的体系结构或参考模型。

计算机网络是由多种计算机和各类终端通过通信线路互相连接起来所组成的一个复杂系统。为了把复杂的计算机网络简单化，一般将网络功能分为若干层，每层完成确定的功能，上层利用下层的服务，下层为上层提供服务。两个主机对应层之间均按对等层协议进行通信。各层功能及其通信协议构成网络系统结构。

子任务 8.2.2　开放系统互联参考模型(OSI)

1. OSI 的分层结构

1984 年 10 月国际标准化组织(ISO)正式发布了整套 OSI 国际标准。OSI 将网络协议的层次结构和功能划分为 7 层，由下至上分别是物理层、数据链路层、网络层、传输层、会话层、表示层和应用层，如图 8-2 所示。上三层面向应用，最低四层完成传输服务。

2. 各层功能

物理层：提供传递信息比特流的物理介质。

数据链路层：提供透明的、可靠的数据传送。

网络层：在通信子网中实现路由选择。

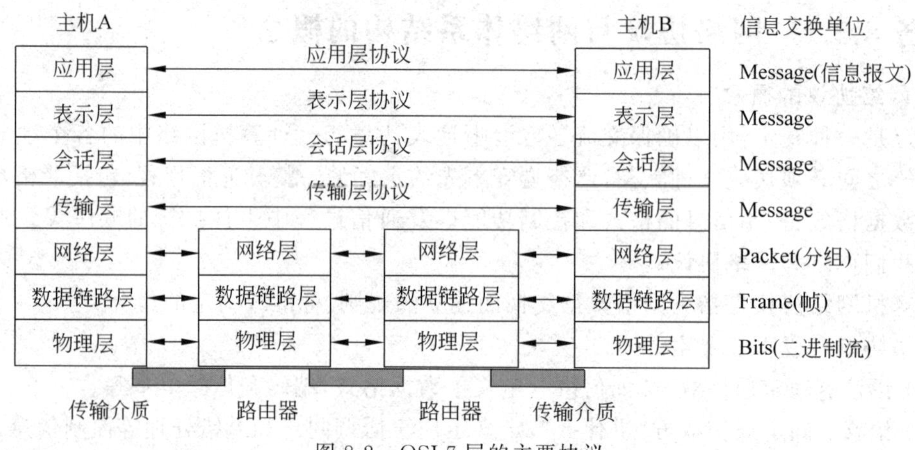

图 8-2 OSI 7 层的主要协议

传输层：实现网络中点对点的可靠的信息传输。

会话层：实现用户之间的数据交换和建立会话关系。

表示层：解决数据格式的转换等。

应用层：提供与用户应用有关的各种通用的和专用的功能等，支持终端用户的应用程序。

子任务 8.2.3 TCP/IP 参考模型

TCP/IP 已经成为事实上的国际标准和工业标准。之所以能得到广泛的支持与应用，是由其自身所具有的优点决定的。TCP/IP 具有开放性，协议可以与网络硬件无关、有统一标准的网络寻址方案，标准化的高层协议支持各种服务等优点。应用 TCP/IP 可以在不同硬件结构、不同操作系统的计算机之间实现互联通信。

TCP/IP 也是一个分层的网络协议，但是由于 TCP/IP 的出现早于 OSI 标准，因此 TCP/IP 体系结构与 OSI 标准之间存在一定的差异。相对于 OSI 参考模型来说，TCP/IP 参考模型共分为四层，自下而上分别是网络接口层、互联网层、传输层和应用层，如表 8-1 所示。

TCP/IP 实际上是一组协议，是一个完整的体系结构。

表 8-1 TCP/IP 参考模型 4 层上的主要协议

TCP/IP 参考模型分层名称	TCP/IP 参考模型层主要协议
应用层	第四层：HTTP、FTP、SMTP、DNS 等
传输层(运输层)	第三层：TCP、UDP
网络层(互联网层/Internet 层)	第二层：IP
网络接口层(主机—网络层/网络访问层)	第一层：物理接口

子任务 8.2.4 认识计算机网络设备与软件

计算机网络系统(computer network system)由硬件、软件和协议三部分内容组成。硬件包括主体设备、连接设备和传输介质三大部分；网络的软件包括网络操作系统和网络应用软件,网络中的各种协议也以软件形式表现出来。

1. 网络的主体设备

计算机网络中的主体设备称为主机(host computer),一般可分为服务器(又称为中心站)和客户机(又称为工作站)两类。

服务器是为网络提供共享资源的基本设备,该计算机上运行网络操作系统,是网络控制的核心。其工作速度、磁盘及内存容量的指标要求都较高,携带的外部设备多且大都为高级设备。

客户机是网络用户入网操作的节点,有自己的操作系统。用户既可以通过运行客户机上的网络软件共享网络上的公共资源,也可以不进入网络,单独工作。用客户机一般配置要求不是很高,大多采用个人微机并携带相应的外部设备,如打印机、扫描仪、鼠标等。

网络服务器是不能随意关闭的,关闭了客户机就访问不了该服务器提供的网络资源和服务。客户机可以随时进入和退出计算机网络系统。

2. 网络的连接设备

网络设备是指可传播网络数据、放大信号或发送数据到目的地的某一电子设备,通常包括以下几种。

(1) 网卡。要将计算机连接到局域网,需要有网络电路,即网卡(network interface card,NIC,也称为网络接口卡、网络适配器)。网卡通常集成在个人计算机中,是计算机网络中最重要的连接设备之一,它是计算机连接到网络的必备设备,负责计算机与网络之间的数据通信。

(2) 无线接入点。无线 AP(access point)又称为无线接入点,作用类似有线网络中的集线器(hub)。利用无线 AP 可以实现无线共享接入,它是目前组建小型无线局域网时最常用的设备,通常包括一个电源接口、一个接有线网络的 RJ-45 接口和几个状态指示灯。

AP 相当于一个连接有线网和无线网的桥梁。无线网络客户端通过无线网卡与 AP 进行无线通信,AP 再通过有线方式接入交换机,这样便实现了网络终端无线接入网络的目的。

(3) 集线器。集线器是计算机网络中连接多台计算机或其他设备的连接设备。

集线器主要提供信号放大和中转的功能。一个集线器上往往有 4 个、8 个或更多的端口,可使多个用户机通过双绞线电缆与网络设备相连,形成带集线器的总线结构(通过集线器再连接成总线型拓扑或星形拓扑)。集线器上的端口彼此相互独立,不会因某一端口的故障影响其他用户。集线器只包含物理层协议。

(4) 中继器。中继器的作用是为了放大电信号,提供电流以驱动长距离电缆,增加信号的有效传输距离。中继器从本质上看可以认为是一个放大器,承担信号的放大和传送任务,是数字信号的再生放大器。中继器只能连接同种类型的局域网段(同构网)。在任意两个工作站之间最多可以有 4 个中继器,连接到转发器的点到点链路的总长度不能超过 1000m。

(5) 网桥。网桥(bridge)是网络中的一种重要设备,它通过连接相互独立的网段从而扩大网络的最大传输距离。

网桥是一种在链路层实现中继,连接两个或更多个局域网的网络互联设备。网桥是数据链路层设备,是交换机的早期形式(现在仍然有人把交换机称为网桥)。与交换机相比,网桥主要是通过软件实现对数据转发的控制,因而速度较慢。另外,网桥的接口也没有交换机那样多。

(6) 交换机。交换机(switch)发展迅猛,基本取代了集线器和网桥,并增强了路由选择功能。交换机的主要功能包括物理编址、错误校验、帧序列以及流控制等。交换机最关键的技术就是它能识别连在网络节点上的设备的 MAC 地址,并将 MAC 地址和相应的接口建立映射,缓存在 MAC 地址表中。可以实现一对一的数据转发。因此,交换机可以有效地过滤多余数据流,从而降低整个网络的数据传输量,提高网络的传输效率。

(7) 路由器。路由器工作在网络层,它能够在复杂的网络环境中完成数据包的传送工作。它能够把数据包按照一条最优的路径发送至目的网络。

路由器(router)是一种用于连接多个网段的网络设备,属于网间连接设备。它能将不同网段的数据信息进行“翻译”,以使路由器之间能够相互“读懂”对方的数据,从而构成一个更大的网络。路由器的主要工作是路由选择和数据转发。路由器工作在网络层。

(8) 网关(gateway)又称网间连接器、协议转换器等。在所有网络互联设备中最为复杂,可用软件实现。常用于两个高层协议不同的网络互联。网关通常由实际的计算机来承担,在计算机上运行相应的网关软件即可。网关是软件和硬件的结合产品,也可以集成在一些专门的硬件设备,如硬件防火墙,路由器上。网关工作在 OSI 模型的传输层或更高层。

为了能从局域网去访问广域网的资源,就需要有一种设备把广域网和局域网的差别隐藏起来。网关是在采用不同体系结构或协议的网络之间进行互通时,用于提供协议转换、路由选择、数据交换等网络兼容功能的设施。

(9) 调制解调器。在现实生活中,很多信号是模拟信号,如我们讲话的声音等,对这些模拟信号进行数字化,将模拟信号转化为数字信号,称为模/数转换(A/D 转换),转化后的数字信号可以利用计算机进行存储和处理。

在通信中,调制解调器可以完成模拟信号到数字信号以及数字信号到模拟信号的转换。

调制解调器(modem)在数据的发送端将计算机中的数字信号转换成能在电话线上传输的模拟信号。在接收数据时把模拟信号换成数字信号发送给计算机。这种反变换的过程称为解调,完成解调功能的设备称为解调器。调制解调器在数据的接收端将电话线上传输的模拟信号转换成能在计算机中传输处理的数字信号。

3. 网络的传输介质

传输介质是网络中连接收发双方的物理通路,也是通信中实际传送信息的载体。

根据传输介质形态的不同,我们可以把传输介质分为有线介质和无线介质。

(1) 有线传输介质。有线传输介质是指用来传输电或光信号的导线或光纤。有线介质技术成熟,性能稳定,成本较低,是目前局域网中使用最多的介质。有线介质包括同轴电缆、双绞线和光纤等。

双绞线可以传输数字信号也可以传输模拟信号,绞和的两条线中一条用于将信号传送到接收方,另一条仅用作接地参考点,接收方使用这两个电平之间的差值来判断数字信号是0(低电平)还是1(高电平),从而表示数据。

同轴电缆由内导体铜芯、绝缘层、网状编织的外导体屏蔽层以及塑料保护层组成。由于屏蔽层的作用,同轴电缆有较好的抗干扰能力。通常按直径和特性阻抗不同将同轴电缆分为粗缆和细缆。粗缆直径为 10mm,使用中经常被频分复用,因此又被称为宽带同轴电缆,是有线电视(CATV)中的标准传输电缆。

光纤是由非常透明的石英玻璃拉成细丝做成的，信号传播利用了光的反射原理，当光从一种高折射率介质射向低折射率介质时，只要入射角足够大，就会产生全反射，这样光就会不断在光纤中折射传播下去。由于光纤非常细，难以提供足够的抗拉强度，因此通常做成结实的光缆。光纤又称光导纤维，是用于大型局域等网络的通信介质之一。

(2) 无线传输介质。无线介质主要包括无线电波、微波、激光和红外线，通常称它们为软介质，都属于电磁波。就像水波靠水传播，声波靠空气传播。无线传输的介质是空气或者自由空间，真空不需要介质一般称为自由空间。

无线传输的主要形式有普通无线电通信、微波通信、卫星通信、红外线通信和激光通信等。

无线介质使用电磁波，无须物理连接，固定终端点(基站)和终端之间是无线链路。无线电频率是指从 1kHz 至 1GHz 的电磁波谱。利用无线电通信是当前无线局域网的主流技术。

近距离无线通信方式主要有红外、蓝牙和 Wi-Fi 通信方式。其中，红外通信有方向性并且容易受到灯光的影响，传输范围较短，并且不支持点对多点连接。

蓝牙通信采用频率 2.4GHz 左右的电磁波为通信介质，蓝牙技术主要定位在通信网络的最后 10m，电波的覆盖范围方面，蓝牙多于 10m，要比占红外的几米占优势，但不如 Wi-Fi 可达 100m 左右。可用于实现 PDA、手机、手提电脑等个人电子通信设备之间的通信，还可用于个人局域网之间的通信。

Wi-Fi(wireless fidelity，无线保真)是一种无线通信协议也与蓝牙一样的短距离无线通信技术。1997 年提出，正式名称是 1999 年通过的 IEEE 802.11b 标准，一种无线局域网实现方式。采用频率 2.4GHz 左右的电磁波为通信介质，Wi-Fi 速率最高可达 11Mb/s。Wi-Fi 是以太网的一种无线扩展，理论上只要用户位于一个接入点四周的一定区域内，就能以最高约 11Mb/s 的速度接入 Web。

Wi-Fi 通信可以方便地实现不同设备间的无线连接，但硬件体积较大，价格较高，而且需要布置无线访问节点。

4. 网络的软件

(1) 网络操作系统。网络操作系统(NOS)是网络的心脏和灵魂，是向网络计算机提供服务的特殊操作系统，在计算机操作系统下工作，即在普通的操作系统上增加了网络模块。它能提供网络服务，网络用户(客户机、终端)提供服务。

网络操作系统主要包括四类：①Windows NT 以及 Windows Server 系列(如 Windows Server 2019)；②UNIX；③Linux；④Netware。

(2) 网络应用软件。网络应用软件是指能够为网络用户提供各种服务或获取网络共享资源的应用软件。如 Web 浏览软件(浏览器)、电子邮件系统、网络文件传输软件、远程登录软件、即时交流软件(如 QQ、微信)等。

任务 8.3　了解接入网、IP 地址与域名

任务目标：

1. 了解将计算机接入 Internet。
2. 了解 ISP 和三种接入方式。

3. 了解 IP 地址与域名。

4. 熟悉常用网络管理命令 ping 和 ipconfig。

所谓接入 Internet,是指将一台计算机连接到因特网上,并使之可以与因特网上其他计算机通信,从而成为因特网的一部分。

接入网就是接入广域网,计算机要接入 Internet,实际上就是和广域网的互联,因此需要使用调制解调器或者路由器。广域网(WAN)又称远程网,常利用公用通信网络提供的信道进行数据传输,网络结构比较复杂,传输速率一般低于局域网。

一个局域网接入 Internet 后,局域网内的任何一个工作站都可以上网,所以整个局域网接入 Internet 时必须租用带宽较宽的专线,以提高上网的速度。

Internet 服务提供商(ISP)是众多企业和个人用户接入 Internet 的桥梁和纽带。当用户计算机连接 Internet 时,它并不直接连接到 Internet,而是采用某种方式与 ISP 提供的一台服务器连接起来,再通过它接入 Internet。

目前,中国有国际出口的主要骨干网络有中国电信、中国移动、中国联通、新网通、中国铁通及中广卫 6 家通信营运商。用户在选择 ISP 时,应综合考虑连入 Internet 后的使用费、提供的服务方式、提供的服务内容、数据的传输速度等多种因素。现在三网融合后,开通网络服务选择较多。

1. 常见的接入网方式

目前宽带上网主要采用三种接入方式: ADSL 方式、光纤接入方式、有线电视宽带接入方式。

从业务角度又把用户分为两类: 拨号接入(PSTN、ISDN、ADSL)和专线接入(x.25、帧中继、DDN)。

随着移动互联网和 5G 通信的发展,计算机、手机等设备接入 Internet 网将变得更加方便快捷。

2. IP 地址

如前所述,Internet 是通过路由器将物理网络互联在一起的虚拟网络。在一个具体的物理网络中,每台计算机都有一个物理地址(physical address),物理网络靠此地址来识别其中每一台计算机。为解决不同类型的物理地址的统一问题,在 IP 层采用了一种全网通用的地址格式。为网络中的每一台主机分配一个 Internet 地址,从而将主机原来的物理地址屏蔽掉,这个地址就是 IP 地址。

(1) IPv4 地址。IP 地址由网络号(network ID、网络 ID、网络地址、网络码)和主机号(host ID)部分组成。网络号表明主机所连接的网络,主机号标识了该网络上特定的那台主机。

IPv4 地址用 32bit(4 字节)表示。为便于管理,将每个 IP 地址分为 4 段(1 字节为 1 段),用 3 个圆点隔开,每段用一个十进制整数表示。可见,每个十进制整数的范围是 0~255。符合以上要求的为合法 IP 地址。

例如,某计算机的 IP 地址可表示为 11001010.01100011.01100000.10001100,也可转换成十进制表示为 202.99.96.140。

(2) IPv6 地址。IPv6 则是 128 位,采用冒分十六进制表示,其核心协议有 3 个,即 Internet 协议版本(IPv6)、Internet 控制消息协议(ICMPv6)以及组播侦听器发现协议(MLD)。IPv6 采用"冒分十六进制"的方式表示 IP 地址。寻址空间是 128 位二进制位。

128位地址空间允许 2^{128}（2的128次方即340万亿以上）个可用的地址。

IPv6采用“冒分十六进制”的方式表示IP地址。它是将地址中每16位二进制分为一组，写成4位十六进制数，两组间用冒号分隔，成8个段。如“X:X:X:X:X:X:X:X”。

中间如果全是0，可以省略（压缩）地址中的0。如“69DC:8864:FFFF:FFFF:0:1280:8C0A:FFFF”。

除了地址中的前导0可不写，还有一种优化法叫零压缩，这种优化进一步减少了字符个数。零压缩用两个冒号代替连续的零。

例如，“1170:0:0:0:0:0:100C:323B”可以缩写成“1170::100C:323B”。

IPv6协议的地址是128位编码。彻底解决了IP地址短缺的问题。目前随着物联网的快速发展，计算机网络发展逐渐进入下一代。下一代互联网的主要特征如下。

更大：IP地址资源无限庞大，任何一台机器都可接入互联网。

更快：主干网络传输速率比现在快1000倍，家庭网络速率提高100倍以上。

更安全：可对所有数据进行监测，具有数据加密和完整性，可以有效防止黑客和病毒攻击。

更及时：提供多播服务，进行服务质量控制，可开发大规模实时交互应用。

更方便：提供无处不在的移动和无线通信应用，属于典型的“即插即用”。

更可管理：提供有序的管理、有效的运营、及时的维护。

更有效：有盈利模式，可创造重大社会效益和经济效益。

3. 域名

在Internet上，IP地址是全球通用的地址，但对于一般用户来讲，数字表示的IP地址不容易记忆。因此设计了网络域名系统（domain name system，DNS）。在网络域名系统中，Internet上的每台主机不但具有自己的IP地址（数字表示），而且还有自己的域名（字符表示），域名是Internet中主机地址的另外一种表示形式，是IP地址的别名。

域名解析需要由专门的域名解析服务器（DNS）来完成。域名系统的基本任务是将域名翻译成IP协议能够理解的IP格式，称为域名解析。

为了保证域名系统的通用性，Internet制定了一组正式通用的代码作为顶级域名，如表8-2所示和表8-3所示。

表8-2 顶级域名代码表

代码	名称	代码	名称	代码	名称	代码	名称
com	商业机构	edu	教育机构	org	非营利机构	arts	娱乐机构
gov	政府机构	int	国际机构	firm	工业机构	info	信息机构
mil	军事机构	net	网络机构	nom	个人和个体	rec	消遣机构

表8-3 部分国家和地区的域名表

代码	国家/地区	代码	国家/地区	代码	国家/地区	代码	国家/地区
CN	中国	AU	澳大利亚	MO	中国澳门地区	MY	马来西亚
CA	加拿大	HK	中国香港地区	TW	中国台湾地区	KP	韩国
IT	意大利	JP	日本	UK	英国	US	美国

域名系统采用分层结构。每个域名是由几个域组成的,域与域之间用小圆点“.”分开,最末的域称为顶级域,其他的域称为子域。每个域都有一个有明确意义的名字,分别叫作顶级域名和子域名。域名地址从右向左分别用以说明国家或地区的名称、组织类型、组织名称、单位名称和主机名等。其一般格式为“主机名.商标名(企业名).单位性质.国家代码或地区代码”。

其中,商标名或企业名是在域名注册时确定的。例如,对于域名 news.cernet.edu.cn,最左边的 news 表示主机名,cernet 表示中国教育科研网,edu 表示教育机构,cn 表示中国。

4. 统一资源定位器

在互联网中,计算机是由 IP 地址标识的,计算机上的资源是由统一资源定位器(URL)定义的。URL 也就是通常所说的网址或链接。

在 URL 中,主机名通常是域名或 IP 地址。最初,域名是为了方便人们记忆 lP 地址,就像在手机里面用名字找手机号一样,用人性化的名字如 taobao 表示主机地址,这比用数字式的 IP 地址表示主机地址更容易记忆。使用户在 URL 中可以输入域名而不必输 lP 地址。

域名地址如 baidu、sctbc,直观且方便大家记忆。可以把自己的品牌和服务内容反映在主机名之中,从而起到更好的宣传作用。当在客户机的浏览器中输入要访问的主机名,就会触发一个 IP 地址的查询请求。对于计算机而言,在因特网中是通过 IP 地址来寻找和定位主机。如 http://www.sina.com.cn/main/index.html,在 URL 中,域名是 www.sina.com.cn 或 IP 地址。另外,http 为协议,www 为主机,main 为目录名,index.html 为网站入口网页。

当网络连接好,IP 地址和 DNS 一般会自动获取。计算机接入了 Internet 网,我们就可以测试网络连接是否正常,正常即可使用 Internet 网上的网络资源,进行信息检索和浏览网页等操作。

5. 常用网络管理命令

在 Windows 桌面上,按 Win+R 组合键,打开“运行”对话框,如图 8-3 所示,在“运行”对话框中输入 cmd,打开“命令提示符”窗口,如图 8-4 所示。

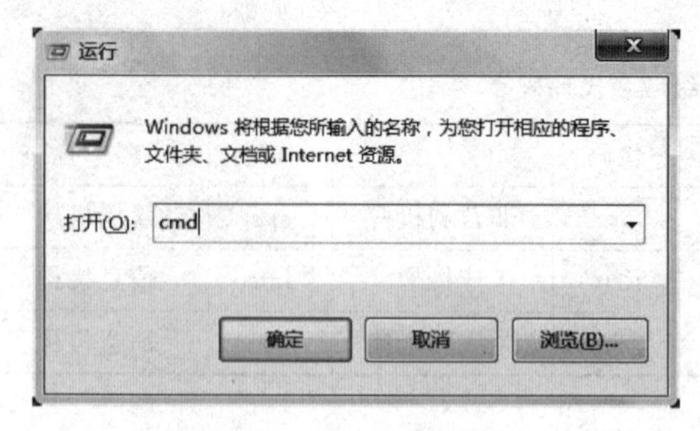

图 8-3 “运行”对话框

图 8-4 “命令提示符”窗口

在命令提示符后输入网络测试命令,可查看自己的计算机配置及网络连通状况。常用的网络诊断命令有 ping、ipconfig、tracert、netstat 等。

1) ping 命令

ping 命令是最常用的测试工具,用来检测本地主机的 TCP/IP 配置以及网络是否通畅或者网络连接速度。它通过发送一些小的数据包，并接收应答信息来确定两台计算机之间的网络是否连通。

测试本机与 IP 地址为 192.168.1.1 的计算机是否连接正常，应在本机上输入的命令是，ping 192.168.2.1，中间有一个空格。也可以通过 ping 域名，判断网络是否已连接。

（1）按 Win+R 组合键，在弹出的对话框中输入 cmd 并按 Enter 键，在命令提示符框中输入 ping www.baidu.com，然后按 Enter 键，即可判断网络是否已连接到 Internet，如图 8-5 所示。

```
管理员: C:\Windows\system32\cmd.exe
Microsoft Windows [版本 6.1.7601]
版权所有 (c) 2009 Microsoft Corporation。保留所有权利。

C:\Users\Administrator>ping www.baidu.com

正在 Ping www.a.shifen.com [14.215.177.38] 具有 32 字节的数据:
来自 14.215.177.38 的回复: 字节=32 时间=36ms TTL=54
来自 14.215.177.38 的回复: 字节=32 时间=36ms TTL=54
来自 14.215.177.38 的回复: 字节=32 时间=43ms TTL=54
来自 14.215.177.38 的回复: 字节=32 时间=36ms TTL=54

14.215.177.38 的 Ping 统计信息:
    数据包: 已发送 = 4，已接收 = 4，丢失 = 0 (0% 丢失)，
往返行程的估计时间(以毫秒为单位):
    最短 = 36ms，最长 = 43ms，平均 = 37ms

C:\Users\Administrator>
```

图 8-5　执行 ping www.baidu.com 的结果显示为连接正常

（2）如果发送的数据包被收到，则接入网是连通的，可以浏览 Internet 上的资源。

（3）如果提示“请求找不到主机”，可能网络连接被禁用了或者网线有问题；如果提示 Request timed out，则应看“网络”图标是否出现叹号或网络连接受限，应该检查 IP 配置或者路由器拨号是否正常，是否需要网页上认证或者账号欠费。

2）ipconfig 命令

ipconfig 命令可以查看和修改网络中的 TCP/IP 的有关配置，如 IP 地址、子网掩码、网关、网卡的 MAC 地址等。

按 Win+R 组合键，在弹出的对话框中输入 cmd 并按 Enter 键，如图 8-3 所示。

进入命令窗口之后，在命令提示符框中输入 ipconfig/all，然后按 Enter 键，即可看到这台计算机的详细的 IP 配置信息，如图 8-6 所示。

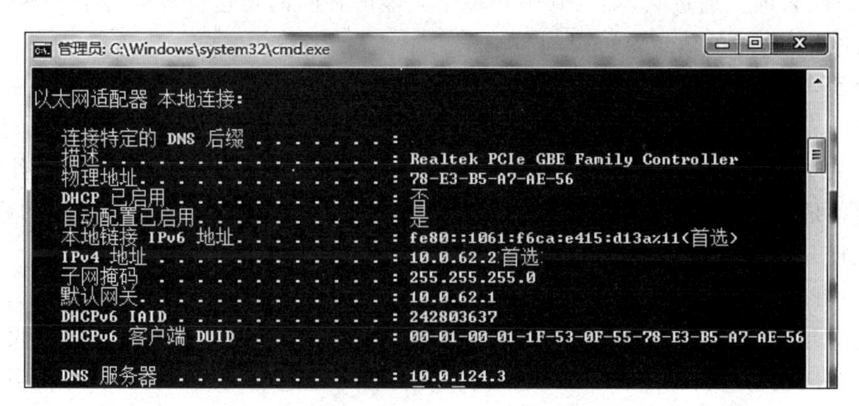

图 8-6　执行 ipconfig/all 查看 IP 配置信息

任务 8.4　认识浏览器并获取 Internet 上的信息和资源

任务目标：

1. 了解 Internet 与万维网 WWW。
2. 学会使用 IE 浏览器打开链接导航。
3. 学会使用 IE 浏览器收藏夹。
4. 学会查看历史访问记录。
5. 掌握浏览器中信息的获取与保存。

子任务 8.4.1　了解 Internet 相关知识

1. Internet 与万维网 WWW

Internet 通常翻译为“因特网”，等同于互联网。Internet 是一个基于 TCP/IP 协议族的国际互联网络，是所有可以被访问和利用的信息资源的集合。人们可以从网络上获得大量的各方面的信息资源。

随着 Internet 的不断发展，其内容已渗透到社会的各个角落，各种应用服务功能越来越完善。Internet 的基本服务功能主要有信息浏览(WWW)服务、文件传送(FTP)服务、电子邮件(E-mail)、远程登录(Telnet)、电子公告板(BBS)、网络新闻、即时交流、电子商务、远程教育等。

万维网(world wide web，WWW)简称 Web，它是 Internet 发展中的一个里程碑。WWW 是以超文本标记语言(HTML)和超文本传输协议(HTTP)为基础，能够提供面向 Internet 服务的、一致的用户界面的信息浏览系统。是基于超文本(包含文本信息、图形、声音、图像和视频等多媒体信息)的信息查询和信息发布的系统，用户可以通过 Web 浏览器实现信息浏览。

WWW 诞生于 Internet 之中，后来成为 Internet 的一部分，而今天，WWW 几乎成了 Internet 的代名词。通过它，加入其中的每个人能够在瞬间抵达世界的各个角落，只要将计算机连入网络，全球的信息就可以随时浏览。

2. 网页与网站

网页(page)是构成万维网的基本单位，网页是在浏览器中看到的页面，用于展示 Internet 中的信息。网页一般是用超文本(hypertext)的格式写成的，以文档文件的形式分布在世界各地的网站中，它通过超链接将相关网页联系起来，可以单击网页中的超链接，方便快捷地打开另一个网页。

同时，有的网页中还提供了用户输入信息等控件，便于与网站进行信息交流，因此网页具有一定交互式功能。在各个网站中显示的第一个网页，称为网站主页或者首页。主页就是访问某个网站时打开的第一个页面，是网站的门户，通过主页可以打开网站的其他网页。

网站就是 Internet 上根据一定规则，使用 HTML 等制作的用于展示特定内容的相关网页集合，多数网站由域名、空间服务器、DNS 域名解析、网站程序、数据库等组成，用于为用户提供各种服务,如浏览新闻、下载资源和买卖商品等。网站包括一个主页和若干个分页。

3. 统一资源定位符

统一资源定位符(uniform resource location,URL)也称网页地址,用来标志万维网中页面和资源,URL 的一般格式为"协议名://域名/路径/文件名"。其中,协议名为要访问文件的协议,如 http、ftp 等;域名表示一个主机的域名或 IP 地址;路径/文件名表示具体的路径名或文件名。URL 不限于描述 WWW 资源地址,也可以描述其他服务器的地址,还可以表示本机磁盘文件。

网址用于标识网页在 Internet 上的位置,每一个网址对应一个网页。要访问某一网页,必须知道它的网址。人们通常说的网站网址是指它的主页网址,一般也是网站的域名,默认会自动打开网站的主页文件。

4. 超文本传输协议

超文本传输协议(HTTP)是从 WWW 服务器传输超文本到本地浏览器的传输协议,它保证计算机正确快速地传输超文本文档,确定传输文档中的哪一部分以及哪部分内容首先显示(如文本先于图形)等。

5. 超文本标记语言

超文本标记语言(HTML)是一种用于创建网页文档的简单标记语言,使用 HTML 标记和元素创建的文档就是 HTML 文档,此类文档以 htm 或 html 作为扩展名保存在 Web 服务器上。

子任务 8.4.2 使用 IE 浏览器打开链接并导航

1. 了解浏览器

浏览器是用于获取和查看 Internet 信息(网页)的应用程序。目前,使用得最为广泛的就是 Windows 自带的 IE 浏览器(Internet explorer,IE,俗称"网络探索者"),是美国微软公司(Microsoft)的一款网页浏览器。其他的浏览器有火狐浏览器(fire fox)、360 浏览器等。

浏览器的界面主要由标题栏、地址栏、滚动条、状态栏等构成。

2. 在浏览器中输入网址打开链接

以下用 IE 11 浏览器操作。

(1) 单击桌面上或者任务栏中锁定的浏览器图标,打开浏览器。在地址栏中输入网址 http://www.baidu.com/,按 Enter 键,即可进入百度的网站主页,如图 8-7 所示。

图 8-7 用 IE 11 浏览器打开 http://www.baidu.com/主页

(2) 将鼠标指针移至网页上的文字、图片等项目上,如果指针变成手形,或者颜色改变,表明它是超链接,此时单击便可打开该链接指向的网页。

(3) 单击顶部导航栏中的“地图”栏目超链接,查看“百度地图”网页内容,如图 8-8 所示。网页的页面一般都比较长,浏览器在一屏内不能完全显示。要查看隐藏的网页内容,可向下拖动浏览器右侧的滚动条或滚动鼠标滚轮。地图中滚动鼠标滚轮可以进行放大和缩小。

图 8-8 “百度地图”网页

(4) 一些浏览网页的常用技巧。目前,大多数浏览器都具备选项卡浏览功能,可在同一浏览器窗口中以选项卡方式打开不同网页。此时,单击不同的选项卡标签,可在不同的网页间切换;单击选项卡标签右侧的“关闭选项卡”按钮,可关闭该网页。

如果某个网页打开后内容显示不全,可单击地址栏右侧的“刷新”按钮刷新网页。

如果需要全屏显示可按 F11 键,再次按 F11 键则退出全屏显示。

子任务 8.4.3 使用 IE 浏览器收藏网页和查看最近访问过的网站

1. IE 浏览器收藏夹的使用

IE 浏览器中的“收藏夹”功能是专门用于保存用户访问过的网页地址的。用户可以将经常使用的网页地址保存在“收藏夹”中,以后再次访问该网页时,可以直接在“收藏夹”中选取该网页的地址,达到直接访问的目的。

(1) 收藏网页。打开要收藏的网页,如图 8-9 所示,在浏览器中选择“收藏夹”→“添加

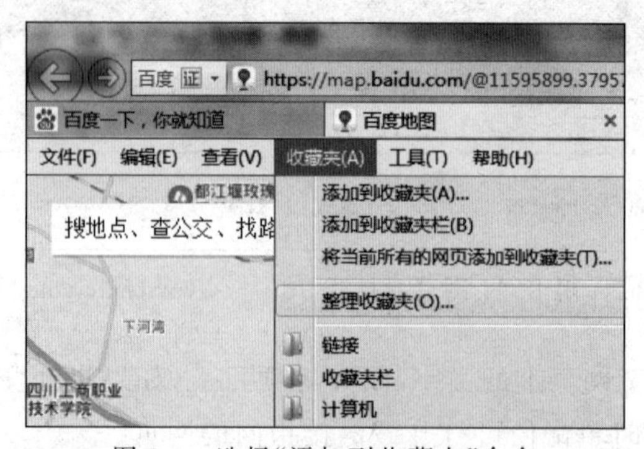

图 8-9 选择“添加到收藏夹”命令

到收藏夹"命令,打开"添加收藏"对话框,如图 8-10 所示。单击"添加"按钮后,该网页的地址就被保存到"收藏夹"中。若要再访问该网页,只需要打开"收藏夹"菜单,单击该网页地址即可。

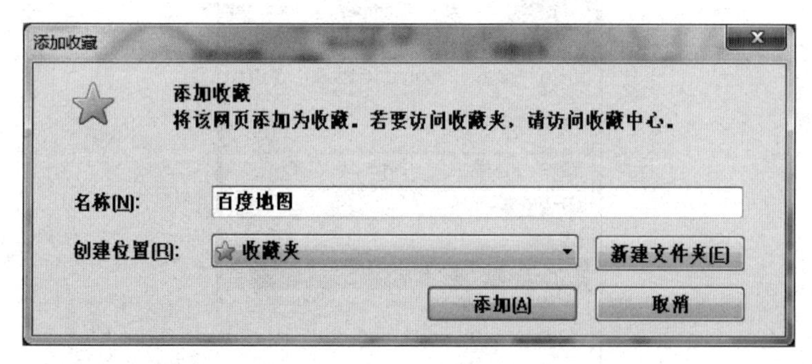

图 8-10 "添加收藏"对话框

(2) 整理收藏夹。当收藏夹中含有较多的网页地址时,收藏夹的列表会很长,这就不便于用户查找,此时,可以建立子文件夹来分类保存收藏的网页地址,用户根据个人爱好来组织收藏的网页,通常按主题将网页分类收集到子文件夹中。例如,创建"计算机"文件夹来保存所有与计算机有关的网页地址,创建"新闻"文件夹来保存经常访问的资讯等。

(3) 为了方便用户管理收藏夹中的网页地址,IE 浏览器提供了一个"整理收藏夹"的命令,选择"收藏夹"→"整理收藏夹"命令,打开如图 8-11 所示对话框。

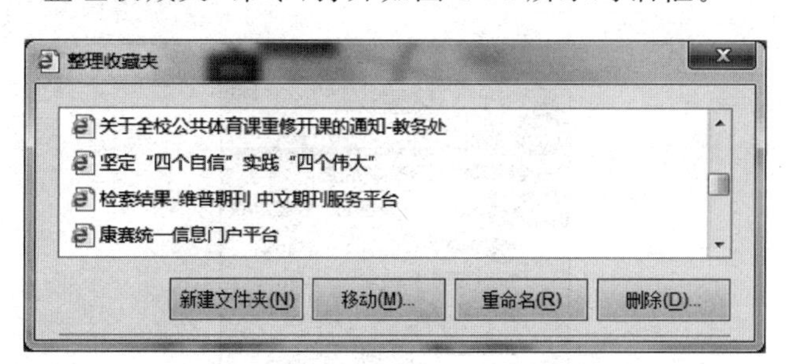

图 8-11 "整理收藏夹"对话框

在该对话框中,利用"新建文件夹"和"移动"两个按钮可完成分类收集操作,也可使用"删除"按钮将保存的不再需要的网址删除。最后单击"关闭"按钮关闭对话框。

2. 查看最近访问过的网站或今天访问过的网站

(1) 单击 IE 浏览器窗口中的"查看"菜单,弹出下拉菜单,选择其中的"浏览器栏"命令,再选择子菜单下的"历史记录"命令,将在 IE 浏览器的左侧显示"历史记录"窗格,如图 8-12 所示。

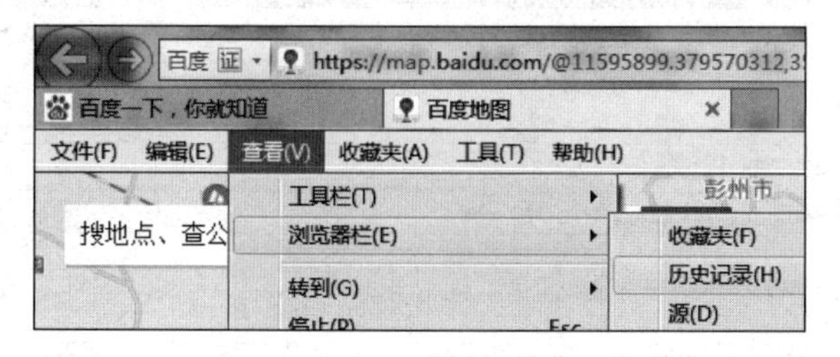

图 8-12 "历史记录"命令

(2) 在浏览器的左边将会出现"历史记录"选项卡,再单击"今天",则在其下方显示今天曾经访问过的网站,如图 8-13 所示。

图 8-13 "历史记录"选项卡

子任务 8.4.4 浏览器中信息的获取与保存

如果遇到需要保存的信息,可以保存整个网页或者复制内容,不能复制的内容可以截图保存。

1. 保存网页

(1) 在浏览器窗口中选择"文件"→"另存为..."命令,如图 8-14 所示,弹出"保存网页"对话框,如图 8-15 所示。

图 8-14 "另存为..."命令

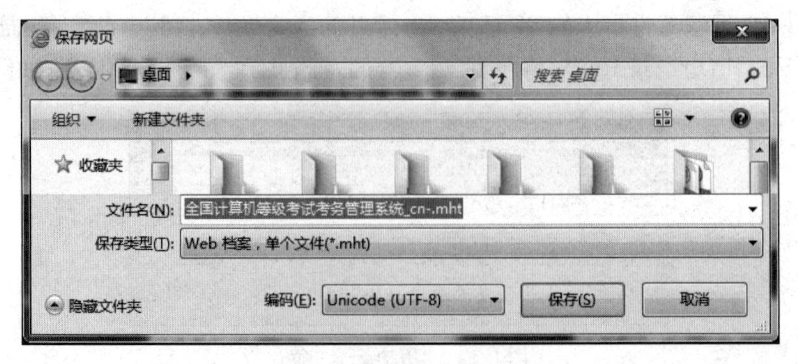

图 8-15 "保存网页"对话框

(2) 选择保存文件的位置，输入保存的文件名。不输入则使用自动填入的文件名即可。

(3) 单击“保存”按钮，会出现保存进度窗口，当进度达到 100%时，完成保存操作。

保存网页与收藏网页的区别：在上网时，将某个网页设为首页或添加到收藏夹中，只是将该网页的网址记录下来，而不是真正将网页保存在计算机中。

2. 保存网页中的文本信息

(1) 打开网页 http://ncre.neea.edu.cn/html1/report/1712/4340-1.htm，选择需要保存的网页文本，然后右击所选文本，从弹出的快捷菜单中选择“复制”命令(或按 Ctrl+C 组合键)，如图 8-16 所示。

图 8-16　复制网页文本

(2) 打开 WPS 文字程序或写字板程序，依次选择“开始”→“所有程序”→“附件”→“写字板”命令可启动写字板程序。

(3) 按 Ctrl+V 组合键将文本粘贴到文档中。

(4) 输入文件名进行保存。

(5) 如果不能复制，则按 PrintScreen 键截屏并粘贴到 WPS 文字程序中进行保存；或者打开 QQ 程序，登录后用 QQ 截图和屏幕识图功能进行文字识别，如图 8-17 所示，再进行文本复制、粘贴和保存操作即可。

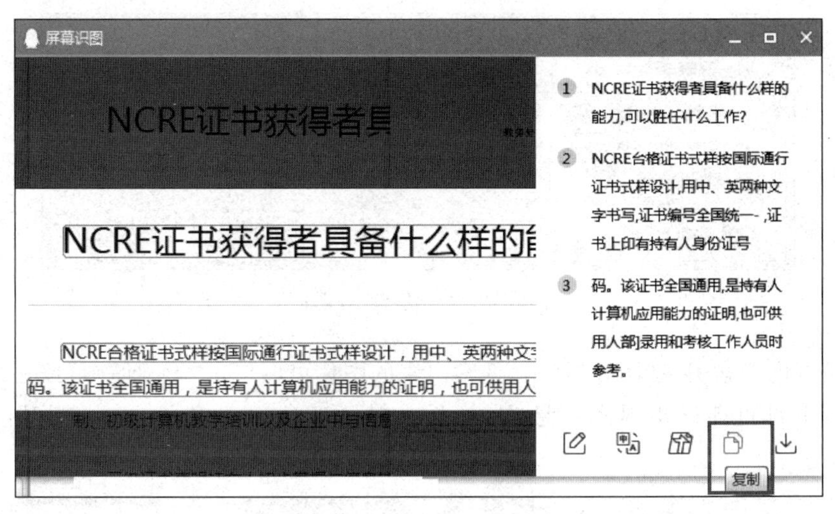

图 8-17　用 QQ 聊天程序的“屏幕识图”对话框

3. 保存网页中的图片

浏览网页时若发现感兴趣的图片，可以单独将其保存在计算机中。具体操作步骤如下：

(1) 打开浏览器,在地址栏中输入网址 http://www.baidu.com/,按 Enter 键,即可进入百度的网站主页。

(2) 在百度检索框输入“全国计算机等级考试”文本,单击“百度一下”按钮,出现网页检索结果。

(3) 再单击“图片”按钮,然后在要保存的图片上右击,在弹出的快捷菜单中选择“图片另存为”命令,如图 8-18 所示。

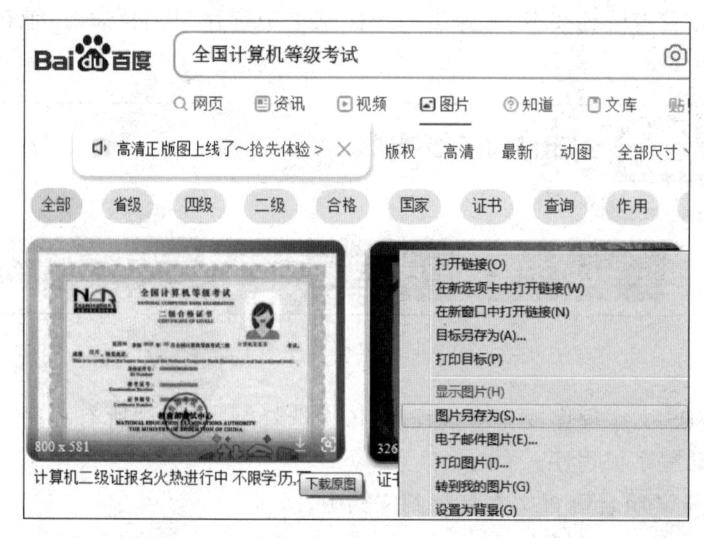

图 8-18 “下载原图”按钮与“图片另存为”命令

(4) 弹出“另存为”对话框,如图 8-19 所示。选择保存图片的位置,输入图片名称,单击“保存”按钮保存图片。

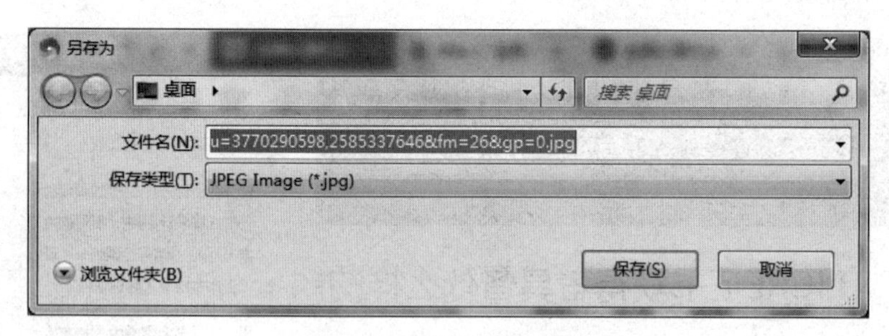

图 8-19 “另存为”对话框

(5) 用百度搜索引擎“图片”搜索,搜索出来的图片可以单击“下载原图”按钮进行保存。此时浏览器底部可能弹出提示信息“要打开或保存来自……的……jpeg 吗?”,如图 8-20 所示。

图 8-20 浏览器底部的“下载原图”提示信息

(6) 单击“保存”按钮,选择“另存为”命令,弹出“保存图片”对话框。选择保存图片的位置,输入图片名称,单击“保存”按钮,即可下载并保存原图。

任务 8.5　使用搜索引擎

任务目标:

1. 了解搜索引擎常用的搜索方法。
2. 了解搜索引擎的使用技巧。
3. 学会使用百度进行高级搜索。

子任务 8.5.1　了解搜索引擎中信息检索的常用方法

搜索引擎很实用,可以帮助我们很方便地查询网上信息,比如百度搜索引擎。但是当输入关键词后,出现了成百上千个查询结果,需要了解常用搜索方法来提高查准率。

1. 常用搜索方法

(1) 简单查询。在搜索引擎中输入关键词,比如“新冠病毒”,然后单击“搜索”按钮就可以了,系统很快会返回查询结果。这是最简单的查询方法,使用方便,但是查询的结果却不准确,可能包含着许多无用的信息。

(2) 使用双引号用(“”)。给要查询的关键词加上双引号,可以实现精确的查询,这种方法要求查询结果要精确匹配,不包括演变形式。例如,在搜索引擎的文字框中输入“网络营销”,就会返回网页中有“网络营销”这个关键字的网址,而不会返回如“网络推广”之类网页。

(3) 使用括号。当两个关键词用另外一种操作符连在一起,可以通过对这两个词加上圆括号将它们列为一组。

(4) 使用加号(+)。在关键词的前面使用加号,也就等于告诉搜索引擎该单词必须出现在搜索结果中的网页上。例如,在搜索引擎中输入“娱乐+我是歌手”,就表示要查找的内容必须要同时包含“娱乐、我是歌手”这两个关键词,如图 8-21 所示。

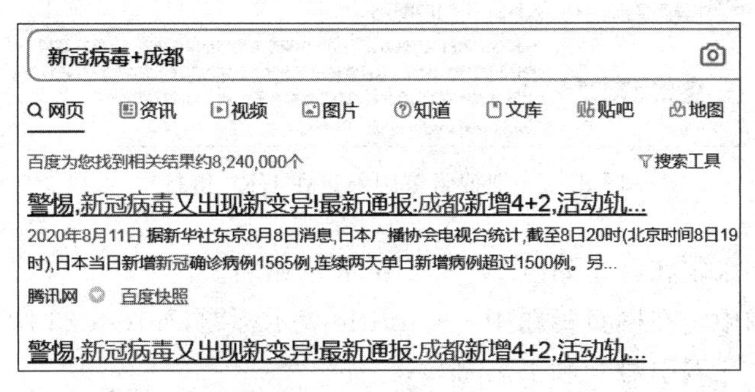

图 8-21　在百度搜索引擎中使用加号(+)

(5) 使用减号(—)。在关键词的前面使用减号,也就意味着在查询结果中不能出现该关键词。例如,在搜索引擎中输入“娱乐-我是歌手”,表示最后的查询结果中一定不包含“我是歌手”。

很多搜索引擎都支持在搜索词前冠以加号(+)限定搜索结果中必须包含的词汇,用减号(-)限定搜索结果不包含的词汇。因此,正确使用"+"或"-"将有助于用户及时找到自己需要的信息。

(6) 使用通配符。通配符包括星号(*)和问号(?),前者表示匹配的数量不受限制;后者匹配的字符数要受到限制,主要用在英文搜索引擎中。

(7) 使用布尔检索。所谓布尔检索是指通过标准的布尔逻辑关系来表达关键词与关键词之间逻辑关系的一种查询方法。这种查询方法允许我们输入多个关键词,各个关键词之间的关系可以用逻辑关系词来表示。and 称为逻辑"与",用 and 进行连接,表示它所连接的两个词必须同时出现在查询结果中。例如,输入"网络技术 and 网站开发",则要求查询结果中必须同时包含"网络技术"和"网站开发"。

or 称为逻辑"或",表示所连接的两个关键词中任意一个出现在查询结果中就可以。例如,输入"网络技术 or 网站开发",就要求查询结果中可以只有"网络技术"或只有"网站开发",或同时包含"网络技术"和"网站开发"。

not 称为逻辑"非",表示所连接的两个关键词中应从第一个关键词概念中排除第二个关键词,例如,输入"新零售 not 网店",就要求查询的结果中包含"新零售",但同时不能包含"网店"。

2. 了解搜索引擎的使用技巧

(1) 使用具体的关键字。提供的关键字越具体,搜索引擎返回无关 Web 站点的可能性就越小。使用多个关键字,用户可以通过使用多个关键字来缩小搜索范围。

(2) 使用布尔运算符。许多搜索引擎都允许在搜索中使用布尔运算符 and 和 or。

(3) 使用高级语法查询。以百度为例,列举一些搜索引擎支持的常用高级语法,以供大家参考。

① 把搜索范围限定在 URL 链接中——inurl 表示链接,如图 8-22 所示。

图 8-22 把搜索范围限定在 URL 链接中

② 把搜索范围限定在特定站点中——site 表示站名。

③ 把搜索范围限定在网页标题中——intitle 表示标题,如图 8-23 所示。

④ 精确匹配——双引号""和书名号《》。

⑤ 将搜索范围限定在某种文档格式中——filetype 表示文档格式。

子任务 8.5.2 使用百度高级搜索功能

1. 认识百度搜索及其分类导航

(1) 在浏览器中打开百度搜索引擎后,如果在百度搜索框中输入"全国计算机等级考

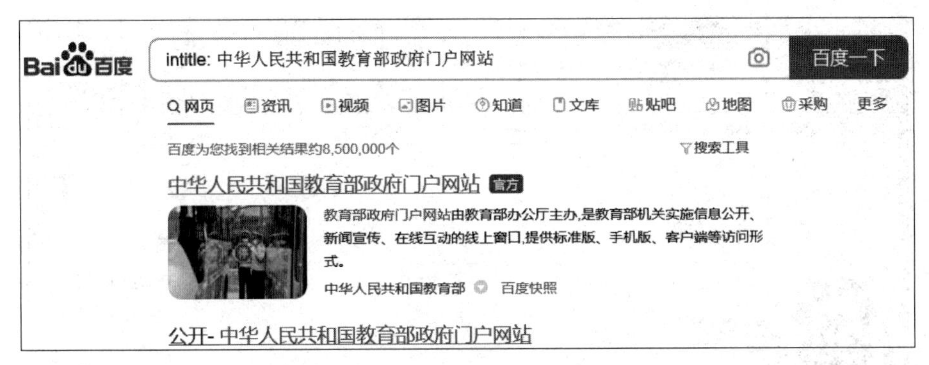

图 8-23　把搜索范围限定在网页标题中

试”,单击“百度一下”按钮,将自动跳转到网页类的搜索结果,如图 8-24 所示。

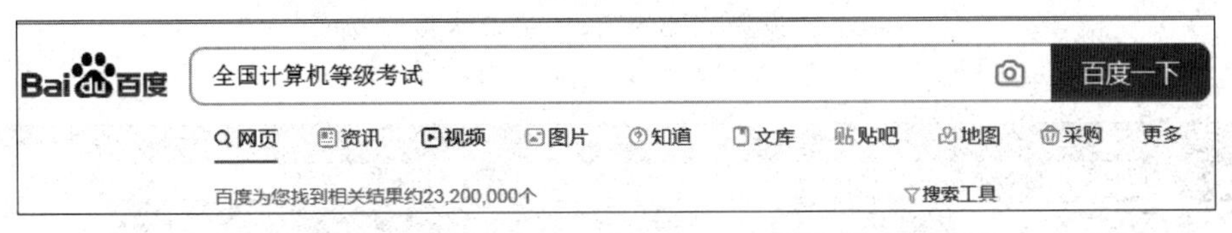

图 8-24　百度搜索引擎默认显示网页类的搜索结果

(2) 单击搜索结果网页中相应的链接导航,可以进入相应搜索结果网站查看详细信息。百度搜索可以按照新闻、网页、贴吧、知道、音乐、图片、视频、地图、文库等分类来搜索。如果只想查找全国计算机等级考试证书图片,可以单击“图片”导航按钮,输入关键字“全国计算机等级考试证书”,搜索结果为相关的图片,如图 8-25 所示。

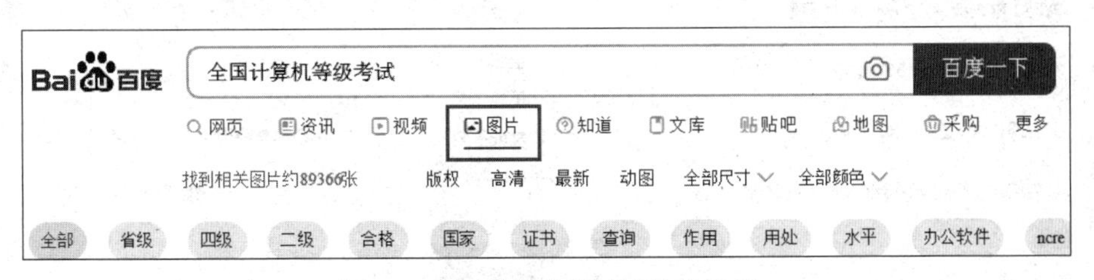

图 8-25　百度搜索“图片”导航按钮

2. 使用百度进行高级搜索

以使用百度搜索引擎查找“全国计算机等级考试”信息为例,介绍百度高级搜索。

(1) 在百度主页右上端单击“设置”按钮,在弹出的下拉菜单中选择“高级搜索”命令,如图 8-26 所示,即可进入高级搜索页面。

在高级搜索页面可以限定搜索结果包含的关键词、网页时间、网页格式、关键词位置以及指定网站的条件,方便精确查找。

(2) 在“包含完整关键词”文本框中输入“全国计算机等级考试”,在关键词位置选择“仅网页标题”中,“限定要搜索的网页的时间是”选择“最近一月”,如图 8-27 所示。

(3) 单击“高级搜索”按钮,可以得到以“全国计算机等级考试”的搜索结果,如图 8-28 所示。

图 8-26 “设置”下拉菜单中的“高级搜索”命令

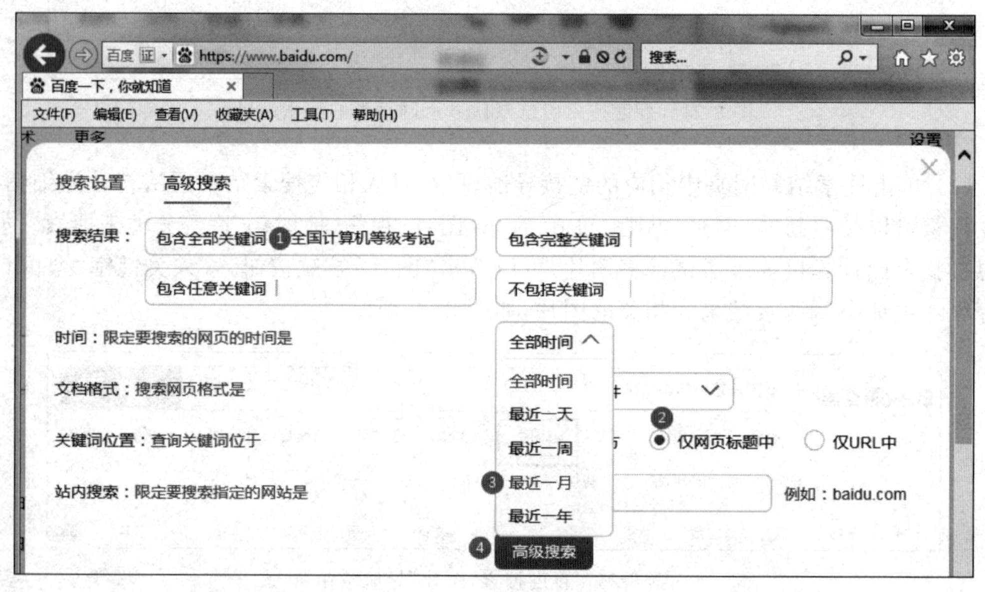

图 8-27 百度高级搜索页面及其搜索选项

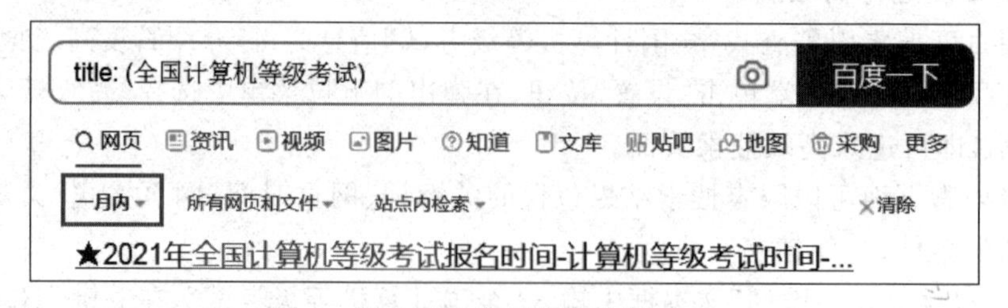

图 8-28 高级搜索结果

(4) 如果在文档格式中选择“微软 Word(.doc)”,单击“高级搜索”按钮,可以得到网页格式为.doc类型的全国计算机等级考试 Word 文档。

任务 8.6　使用电子邮箱收发电子邮件

任务目标：

1. 了解电子邮件。
2. 学会发电子邮件。
3. 学会收发、阅读、回复和管理电子邮件。

子任务 8.6.1　认识电子邮件

电子邮件(E-mail)是一种利用计算机网络发送和接收电子信件的通信方式。电子邮件服务的特点是传递迅速，使用简便，经济高效，功能多样，灵活可靠。

电子邮件的工作过程与传统信件的投递有相似之处，使用电子邮件首先必须建立一个电子邮箱。一份完整的电子邮件一般包括电子邮件头部和电子邮件主体，而电子邮件头部则关系到整封邮件能否顺利传送到收件人手里，基本的电子邮件头部都有类似的填写位置。

"收件人"栏即为收件人电子邮件地址；如果该电子邮件还需发给其他人，则其他人的电子邮件地址填在"抄送"栏。在主题行输入 E-mail 的简述。

电子邮件的地址或"E-mail 地址"是通过向电子邮件服务机构申请得到的。用户一般都有一个或多个电子邮件地址，并且这些地址都是唯一的。也就是说，每一个地址只对应于一个用户，但一个用户却可以有多个电子邮件地址。电子邮件服务器就是根据这些电子邮件地址，将每个电子邮件传送到各个用户手中，用户的 E-mail 地址的格式如下：

电子邮箱名@电子邮件服务器的域名

电子邮箱名是用户在申请电子邮箱时自己命名的，由自定义的字符串标识，它在电子邮箱所在的电子邮件服务器中是唯一的；@表示"在"；@右边的电子邮件服务器域名为拥有 IP 地址的电子邮件服务器域名。

E-mail 系统允许用户将一个电子邮件同时发给多个收信人。发信时只需在"收件人"后面填写多个电子邮箱地址，并在各个收信人地址中间用逗号或分号隔开。发电子邮件时，系统便会向每一个收件人发送一个信件的副本。

子任务 8.6.2　使用电子邮箱发电子邮件

目前使用 QQ 聊天软件的用户较多，如果没有 QQ 号可以先申请一个 QQ 号。下面以 QQ 邮箱为例介绍使用电子邮箱发电子邮件。

1. 打开电子邮箱

(1) 如果计算机系统里面没有安装 QQ 聊天软件，则打开浏览器，如图 8-29 所示，在地址栏输入 https://mail.qq.com/，在页面上输入自己的 QQ 账号和密码，单击"登录"按钮进入 QQ 邮箱。也可以通过扫描登录后进入 QQ 邮箱。

如果计算机系统里面安装了 QQ 聊天软件，打开 QQ 聊天软件主面板，单击顶端的"QQ 邮箱"按钮，可以打开该电子邮箱，如图 8-30 所示。

图 8-29　网页登录 QQ 邮箱

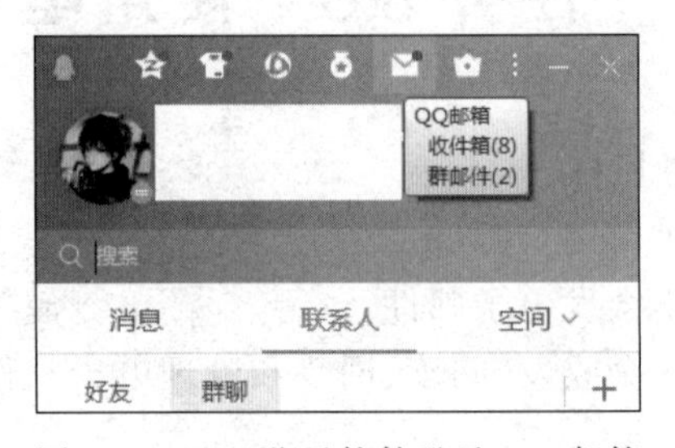

图 8-30　QQ 聊天软件登录 QQ 邮箱

(2) 进入 QQ 邮箱界面，默认打开收件箱，如图 8-31 所示。

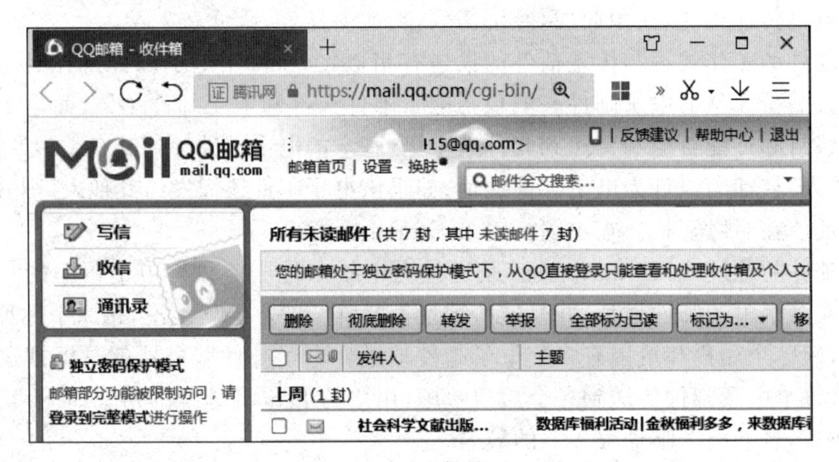

图 8-31　QQ 邮箱界面

QQ 邮箱界面中几个重要文件夹的作用如下。

收件箱：保存别人发过来的电子邮件。

草稿箱：保存还未写完或写完后没有发送的电子邮件。

已发送：已发送的电子邮件默认会被保存在该文件夹中。

已删除：保存从“收件夹”等文件夹中删除的电子邮件。

2. 编写电子邮件

如图 8-31 所示，在 QQ 邮箱界面中单击左侧的“写信”超链接，打开写信界面。填写信息，如果有附件则添加附件，如果没有附件则不添加，如图 8-32 所示。例如，收件人为“360309415@qq.com”；主题为“2020 年全国高职院校信息素养大赛四川赛区选拔赛参赛名单”；正文为“王老师好！请查收。谢谢！”；添加附件为“2020 年全国高职院校信息素养大赛四川赛区选拔赛参赛名单.docx”。

检查无误后，单击“发送”按钮即可。

收件人：一般是指收件人的电子邮件地址。如果需要将一封信同时发送给多人，可输入多个收件人的电子邮件地址，中间用英文逗号“,”隔开。

主题：对电子邮件内容的概括和提炼，合适的主题能让收信方一看便知电子邮件主要

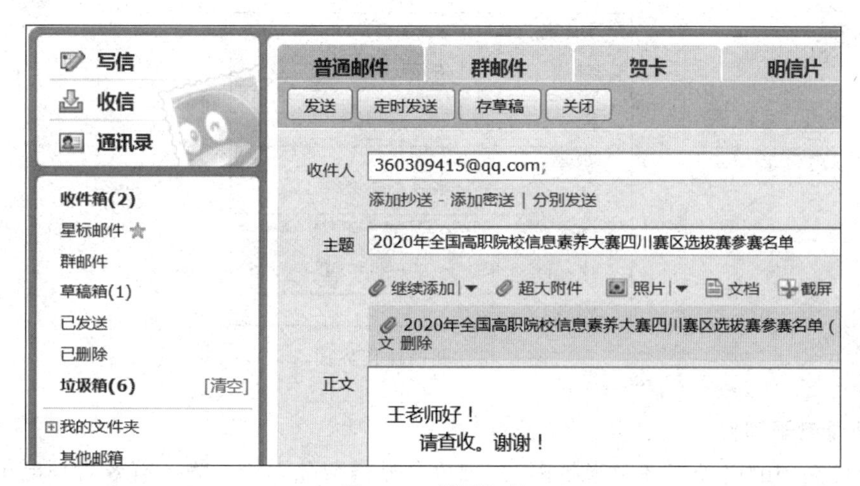

图 8-32　撰写邮件

内容的作用，从而能区分轻重缓急，并方便对电子邮件进行分类和管理。

正文：电子邮件的具体内容。电子邮件的正文一般不像现实中的信件一样正式，甚至可以是一两句简单的话。可以通过单击“正文”编辑框上方的相应工具按钮设置正文格式，或在电子邮件中插入一个表情、一幅图片，还可以使用漂亮的信纸。

如果电子邮件正文内容比较多，短时间内写不完，为了避免出现意外丢失已写好的内容，应及时单击“存草稿”按钮，将电子邮件保存在“草稿夹”文件夹中。对于已写好但还不想马上发送的电子邮件，也应将其保存在“草稿夹”中。要编辑和发送“草稿夹”的电子邮件，可单击窗口左侧的“草稿夹”文件夹，然后选择电子邮件并单击“编辑邮件”。

如果想通过电子邮件将图片、文档等文件发送给对方，可单击“添加附件”超链接，弹出选择文件对话框，选择要发送的文件并上传。

3. 发送邮件

上传完毕，单击“发送”按钮，将带附件的电子邮件发送给收件人。

发送电子邮件时，如果接收方没有开机，那么电子邮件将保存在电子邮件服务器上。

子任务 8.6.3　收取、阅读、回复和管理电子邮件

1. 收取电子邮件

要阅读别人发送给您的电子邮件，可执行以下操作步骤。

(1) 在登录后的 QQ 信箱界面左侧单击“收信”超链接，显示收信界面。

(2) 查看电子邮件列表，然后单击要阅读的电子邮件主题或发件人，此时电子邮件正文内容或附件等就会显示出来。

(3) 如果电子邮件包含附件，在电子邮件中将显示附件的名称、大小，单击附件名称或“下载”等相似超链接，可将附件下载到计算机中，其方法与下载普通文件相同。

2. 阅读与回复

打开电子邮件或者附件即可阅读。阅读时可单击电子邮件上方的“回复”按钮，给发件人回信，如图 8-33 所示。单击“转发”按钮，将电子邮件转发给别人；单击“删除”按钮，将电子邮件删除。

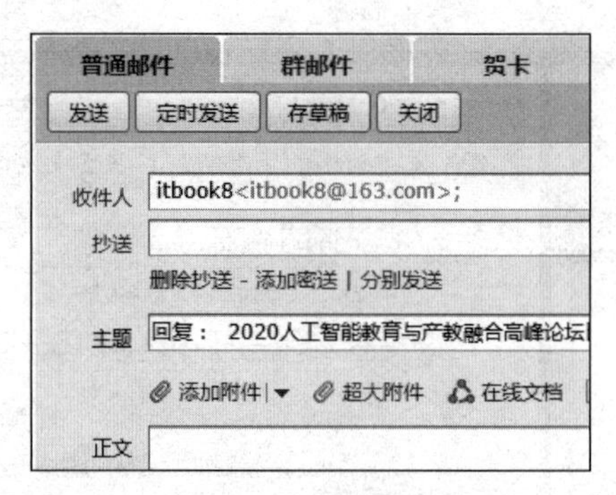

图 8-33　回信操作界面

3. 管理电子邮件

当收件夹中的电子邮件越来越多时,难免会显得杂乱无章。为了有效管理电子邮件,可以分类存放邮件,或将不需要的电子邮件删除,如图 8-34 所示。

4. 退出 QQ 邮箱

如果用户不是在自己的计算机上收发电子邮件(如在网吧上网),在发送和阅读电子邮件的工作结束后,应及时退出 QQ 邮箱登录状态,如图 8-35 所示,避免其他人进入您的 QQ 邮箱,或盗用您的 QQ 邮箱账户,要重视信息安全。为此,可在 QQ 邮箱界面的右上角单击“退出”超链接。

图 8-34　管理电子邮件

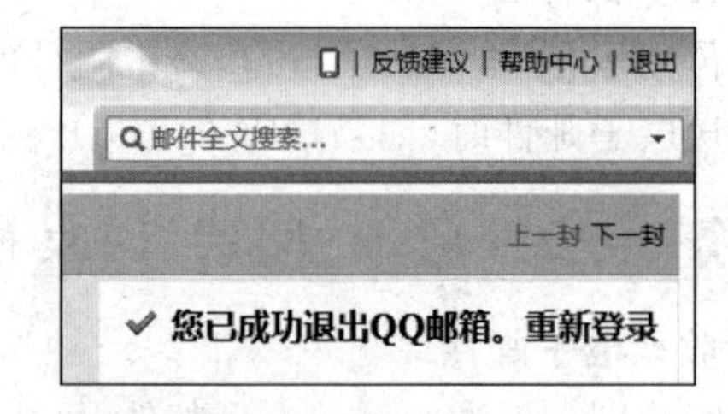

图 8-35　退出 QQ 邮箱

习　　题

一、单选题

1. 下列关于计算机网络的叙述,错误的是(　　)。

A. 只要有主机和通信子网,就构成一个计算机网络

B. 当网络中某些计算机负荷过重时,共享计算机硬件资源可将一部分任务分配给较

空闲的计算机去完成

C. 局域网中可以共享光驱、打印机及硬盘等设备

D. 计算机、手机、电视机顶盒、智能家电等设备都可以接入计算机网络

2. 计算机网络在逻辑功能上划分为(　　)。

A. 主机和网络设备　　B. 资源子网和通信子网

C. 局域网和广域网　　D. 拨号上网和宽带网

3. AP(wireless access point,无线访问接入点)设备相当于一个连接有线网和无线网的桥梁,其主要作用是将各个(　　)连接到一起,然后将无线网络接入以太网。

A. 无线网络客户端　　B. 有线网络客户端

C. 无线控制器　　D. 无线路由器

4. 不属于网络设备的是(　　)。

A. 路由器　　B. 交换机　　C. 集线器　　D. IE 浏览器

5. 在网络参考模型中,双绞线属于(　　)。

A. 物理层　　B. 数据链路层　　C. 网络层　　D. 网络层

6. TCP/IP 标准将计算机网络通信划分为应用层、网络互联层等四个层次,其中 IP 属于(　　)层。

A. 应用层　　B. 传输层　　C. 物理层　　D. 网络互联层

7. Internet 上每一台计算机必须指定一个唯一的地址,称为(　　)。

A. IP 地址　　B. 域名　　C. 端口　　D. MAC

8. IP 地址记忆起来十分不方便,因此,每台主机可以取一个便于记忆的名字,这个名字就是(　　)。

A. IP 地址　　B. 域名　　C. 端口　　D. MAC

9. WWW 的网页文件是在(　　)支持下运行的,WWW 浏览器和 Web 服务器都遵循这个协议,该协议定义了浏览器和服务器的网页请求格式及应答格式。

A. FTP　　B. HTTP　　C. SMTP　　D. IP

10. 能保存网页地址的文件夹是(　　)。

A. 收件箱　　B. 公文包　　C. 我的文档　　D. 收藏夹

11. 将正在浏览的网页中的照片保存到本地硬盘,最优的操作是(　　)。

A. 将网页添加到收藏夹

B. 在“文件”菜单中选择“另存为”命令,保存网页到本地硬盘的文件夹中

C. 在图片上右击并选择“图片另存为”命令,下载图片到本地硬盘的文件夹中

D. 在图片上右击并选择“查看大图”命令

12. 下面有关搜索引擎的说法,错误的是(　　)。

A. 搜索引擎是网站中提供的免费搜索服务

B. 凡是网站都有自己的搜索引擎

C. 利用搜索引擎一般都能查到相关主题

D. 搜索引擎对关键字或词进行搜索

13. 发送电子邮件时,如果接收方没有开机,那么邮件将(　　)。

A. 丢失

B. 退回给发件人

C. 开机时重新发送

D. 保存在电子邮件服务器上

14. 如果要将 200 张照片通过电子邮件发送给客户,下列做法最方便快捷的是(　　)。

A. 将 200 张照片分别作为邮件的 200 个附件，一次发送出去

B. 将 200 张照片压缩为 1 个打包文件,添加这 1 个压缩包为附件一次发送出去

C. 将 200 张照片独立压缩打包为 200 个压缩文件,作为 200 个附件一次发送出去

D. 将 200 张照片依次粘贴到一个 WPS 文档,将文档作为电子邮件的附件一次发送出去

二、简答题

OSI 由哪七层组成？请按由高层到低层的顺序列出其名称。

习题参考答案

项目 9　多媒体技术基础知识

本项目核心内容

1. 多媒体及多媒体技术概念。
2. 多媒体信息的类型。
3. 常用多媒体格式：音频文件格式、数字图像文件格式及应用、数字视频文件格式及应用。
4. 多媒体的特征。
5. 媒体的数字化技术，多媒体数据压缩。
6. 多媒体文件大小计算。

项目 9 学习任务思维导图

任务 9.1　认识多媒体与多媒体技术

任务目标：

1. 了解多媒体与多媒体元素。
2. 了解感觉媒体、表示媒体、表现媒体、存储媒体与传输媒体。
3. 了解多媒体技术及其特点。

子任务 9.1.1　认识多媒体

在计算机领域中，媒体（media）有两层含义：一是指用来存储信息的实体，如磁带、磁盘、光盘和半导体存储器等；二是指传递信息的载体，如数字、文字、声音、图形和图像等媒体元素。

“多媒体”一词译自英文 multimedia，由 multiple 和 media 复合而成，核心词是媒体。媒体是指承载或传递信息的载体，媒体又称为媒介或媒质。

1. 多媒体的概念

所谓的多媒体，是指融合两种或两种以上媒体的人机交互式信息交流和传播媒体。

在这个定义中有以下几点需要明确。

（1）多媒体是信息交流和传播媒体，从这个意义上说，多媒体和电视、报纸、杂志等媒体的功能相同。

（2）多媒体是人机交互式媒体。因为计算机的一个重要特性是“交互性”，使用它比较容易实现人机交互功能。

（3）多媒体信息都是以数字的形式存储和传输的，而不是以模拟信号的形式。

(4) 传播信息的媒体种类很多,如文字、图形、电视、图像、声音、动画等。虽然融合了任何两种以上媒体的就可以称为多媒体,但通常认为多媒体中的连续媒体(音频和视频)是人与机器交互的最自然的媒体。

超媒体(hyper media)是一个信息存储和检索系统,它把文字、图形、图像、动画、声音、视频等媒体集成为一个完整的基本信息系统。如果信息主要是以文字的形式表示,那么该产品就是超文本,如果还包含有图形、影视、动画、音乐或其他媒体,该产品就是超媒体。WWW 是应用超媒体技术的最好例子。多媒体是超媒体的一个子集。

2. 多媒体元素

多媒体信息是以文件的格式进行存储的,常用的文件格式有文本文件、图片文件、音频文件、视频和动画文件等。常见的多媒体元素包括文字(如 txt 文本)、图片(如 bmp 位图、jpg 图像、dwg 图形)、音频(如 mp3 格式的音乐)、视频(如 avi、mp4 格式的影视作品或录像)、动画(如 swf 动画)。

3. CCITT 定义的五种媒体

按照国际电报电话咨询委员会(CCITT)建议的定义,媒体包含感觉媒体、表示媒体、表现媒体、存储媒体与传输媒体五种。

(1) 感觉媒体(perception medium)。感觉媒体是指直接作用于人的感觉器官,使人产生直接感觉的媒体,如引起听觉反应的声音、引起视觉反应的图像等。感觉媒体一般包括自然界的各种声音以及人类的各种语言、文字、音乐、图形、图像和动画等。

(2) 表示媒体(representation medium)。表示媒体是为了加工、处理和传输感觉媒体而人为地研究和编制出的信息编码。根据各类信息的特性,表示媒体有多种编码方式,如语音编码(PCM)、文本编码(ASCII)、静止图像编码(JPEG)和运动图像编码(MPEG)等。

(3) 表现媒体(presentation medium)。表现媒体是指用于获取和显示的设备,也称为显示媒体。表现媒体又分为输入显示媒体和输出显示媒体。输入显示媒体有键盘、鼠标、光笔、数字化仪、扫描仪、麦克风、摄像机等,输出显示媒体有显示器、音箱、打印机、投影仪等。

(4) 存储媒体(storage medium)。存储媒体又称存储介质,指的是用于存储数据的物理设备,如硬盘、软盘、优盘、光盘、磁带、半导体芯片等。

(5) 传输媒体(transmission medium)。传输媒体指的是传输数据的物理设备,如各种电缆、导线、光缆等。

子任务 9.1.2　认识多媒体技术

1. 计算机多媒体技术的概念

多媒体技术是指能够同时获取、处理、编辑、存储和展示两个以上不同类型信息媒体的技术。

这些信息媒体包括文字、声音、图形、图像、动画、视频等。正是由于计算机技术和数字信息处理技术的飞速发展,才使我们今天拥有了处理多媒体信息的能力,才使得多媒体成为一种现实。现在人们所说的多媒体,主要是指处理和应用它的一整套技术。因此,多媒体实际上常常被当作多媒体技术的同义语。

多媒体技术就是指利用计算机技术把文本、图形、图像、声音、动画和电视等多种媒体综合集成为具有交互性的一个系统,使多种信息建立逻辑连接,并能对多种媒体进行获取、压缩、加工处理、存储等的技术。

虚拟现实技术通常视为是多媒体的最高级别应用。

2. 多媒体技术的特点

(1) 多样性。信息载体的多样性是多媒体的主要特征,这是相对计算机而言的,指信息媒体的多样化。多样性是多媒体研究需要解决的关键问题,把计算机所能处理的信息空间范围扩展和放大,而不局限于数值、文本、图形和图像,是使计算机变得更加人类化所必须的条件。

人类对于信息的接收和产生主要有视觉、听觉、触觉、嗅觉和味觉,其中前三种占了95%的信息量。借助于这些多感觉形式的信息交流,人类对于信息的处理可以说是得心应手。然而计算机以及与之相类似的设备都远远没有达到人类的水平,在信息交互方面与人的感官空间就相差更远。多媒体就是要把机器处理的信息多维化,通过信息的捕获、处理与展现,使之交互过程中具有更加广阔和自由的空间,满足人类感官全方位的多媒体信息需求。

(2) 交互性。交互性是指计算机综合处理多媒体信息的能力,它是多媒体应用有别于传统信息交流媒体的主要特点之一,传统信息交流媒体只能单向地、被动地传播信息,而多媒体技术则可以实现人对信息的主动选择和控制。它向用户提供更加有效的控制和使用信息的手段和方法,同时也为应用开辟了更加广阔的领域。通过交互可做到自由地控制和干预信息的处理,增加对信息的注意力和理解,延长信息的保留时间。当交互性引入时,活动本身作为一种媒体介入了信息转变为知识的过程。目前,交互在计算机辅助教学、模拟训练、虚拟现实等方面都取得了巨大的成功。交互在多媒体领域的应用可分为三个层次,媒体信息的简单检索与显示,是多媒体的初级交互应用;通过交互特性使用户介入到信息的活动过程中,达到了交互应用的中级水平;当用户完全进入到一个与信息环境一体化的虚拟信息空间自由遨游时,这才是交互应用的高级阶段,它还有待于虚拟现实技术的进一步研究和发展。

(3) 非线性。多媒体技术的非线性特点将改变人们传统循序性的读写模式。以往人们读写方式大都采用章、节、页的框架,循序渐进地获取知识。而多媒体技术将借助超文本链接的方法,把内容以一种更灵活、更具变化的方式呈现给读者。

"多媒体是一部永远读不完的书",用户可以按照自己的目的和认知特征重新组织信息,增加、删除或修改节点,重新建立链接。多媒体信息结构具有动态性。

(4) 集成性。能够对信息进行多通道统一获取、存储、组织与合成。

集成性是指多媒体信息(即声音、文字、图像、视频)和环境(如开发平台、显示媒体设备等方面)的集成。通过集成性,各种信息媒体应能按照一定的数据模型和组织结构集成为一个有机的整体,便于媒体的充分共享和操作使用。多媒体的各种处理工具和设备集成,强调了与多媒体相关的各种硬件的集成和软件的集成,为多媒体系统的开发和实现建立一个理想的集成环境,提高多媒体软件的生产力。

(5) 实时性。实时性指多媒体系统对声音及活动视频图像等与时间密切相关的时基媒体的实时处理能力。当用户给出操作命令时,相应的多媒体信息都能够得到实时控制。

(6) 控制性。多媒体技术是以计算机为中心,综合处理和控制多媒体信息,并按人的要求以多种媒体形式表现出来,同时作用于人的多种感官。

任务 9.2 认识多媒体计算机系统

任务目标:

1. 了解多媒体计算机的概念。
2. 认识多媒体硬件系统。
3. 了解多媒体开发工具。

1. 多媒体计算机

多媒体计算机是指具有捕获、存储并展示包括文字、图形、图像、声音、动画和活动影像等信息处理能力的计算机,简称 MPC(multimedia personal computer)。

在现有计算机上,通过扩充使用视频、音频、图形处理软硬件来实现高质量的图形、立体声和视频处理能力。使之具备综合处理文字、图形、图像、声音、动画和视频等信息的能力。MPC 联盟规定多媒体计算机包括五个基本组成部件:个人计算机(PC)、只读光盘驱动器(CD-ROM)、声卡、Windows 操作系统、音箱或耳机。

多媒体计算机系统是一套复杂的硬件、软件有机结合的综合系统。它把音频、视频等媒体与计算机系统融合起来,并由计算机系统对各种媒体进行数字化处理。与计算机系统类似,多媒体计算机系统由多媒体硬件和多媒体软件构成。

2. 认识多媒体硬件系统

多媒体硬件系统由主机、多媒体外部设备接口卡和多媒体外部设备构成。多媒体计算机的主机可以是大/中型计算机,也可以是工作站,用得最多的还是微机。在微机基础上,多媒体的 I/O 设备一般还有扫描仪、绘图仪、投影仪、触摸屏、手写笔、录音录像设备、音响设备等,如图 9-1 所示。

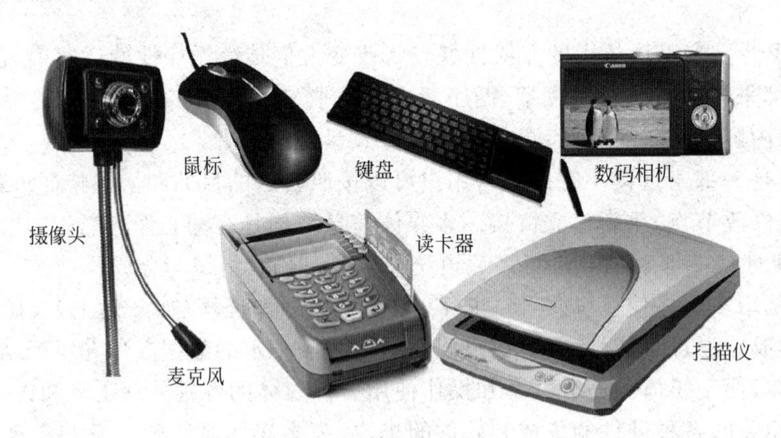

图 9-1 多媒体计算机系统的输入/输出设备

3. 多媒体板卡

MPC 的特征部件是多媒体板卡。常用的多媒体板卡有显示卡、声频卡和视频卡等。

(1) 显示卡。又称显示适配器,是计算机主机与显示器之间的接口,用于将主机中的数字信号转换成图像信号并在显示器上显示出来,决定屏幕的分辨率和显示器可以显示的颜色。现在带有图形用户接口 GUI 加速器的局部总线的图形加速卡使得 Windows 的显示速度大大加快。

(2) 音频卡。又称为声卡，是计算机处理声音信息的专用功能卡。在音频卡上连接的音频输入输出设备包括话筒、音频播放设备、MIDI 合成器、耳机、扬声器等。数字音频处理的支持是多媒体计算机的重要方面，音频卡具有 A/D 和 D/A 音频信号的转换功能，可以合成音乐、混合多种声源，还可以外接 MIDI 电子音乐设备。

(3) 视频卡。可细分为视频捕捉卡、视频处理卡、视频播放卡以及 TV 编码器等专用卡，其功能是连接摄像机、VCR 影碟机、TV 等设备，以便获取、处理和表现各种动画和数字化视频媒体。

多媒体操纵设备有触摸屏，手柄等。

4. 多媒体软件系统

多媒体软件系统按功能可分为系统软件和应用软件。

系统软件是多媒体系统的核心，它不仅具有综合使用各种媒体、灵活调度多媒体数据进行媒体的传输和处理的能力，而且要控制各种媒体硬件设备协调地工作。多媒体系统软件主要包括多媒体操作系统、媒体素材制作软件及多媒体函数库、多媒体创作工具与开发环境、多媒体外部设备驱动软件和驱动器接口程序等。

应用软件是在多媒体创作平台上设计开发的面向应用领域的软件系统，通常由应用领域的专家和多媒体开发人员共同协作、配合完成。例如，教育软件、电子图书等。

5. 多媒体开发工具

大致可分为多媒体素材制作工具、多媒体著作工具和多媒体编程语言等三类。

常用的多媒体素材制作工具有以下几种。

(1) 文字特效制作软件。

(2) 图形图像编辑与制作软件：Photoshop(主要是位图图像，照片处理)、CorelDRAW(矢量图形，平面设计软件)、AutoCAD(矢量图形，辅助设计软件)等。

(3) 音频编辑与制作软件。

(4) 视频编辑软件。

(5) 二维和三维动画制作软件：3ds Max、Flash 矢量动画制作软件、Maya 电影动画制作软件。

(6) 网页制作软件：Flash、Fireworks、Dreamweaver 等软件可以完成网页动画，它们被称为网页制作的"梦幻组合"三剑客。

(7) 常用的多媒体制作工具有 PowerPoint、Authorware 等。Authorware 是一款流程式图标导向的多媒体编辑制作软件(以图标为基础)。它的程序制作基本上都是使用图标的拖曳来完成，使用较广。

任务 9.3　认识音频、图、视频

任务目标：

1. 了解音频三要素。

2. 熟悉音频文件格式。

3. 熟悉常见的图片文件格式。

4. 了解图片的色彩知识。

5. 熟悉动画与视频文件格式。

6. 了解文件的无损压缩与有损压缩。

7. 学会计算音频文件容量、图像文件容量。

子任务9.3.1 认识音频

多媒体中说的音频(audio)是声音以电子或其他方式在媒介上的一种存在形式。并非声音本身。

声音(sound)这个词是用来表示声学能量的术语,而音频则适用于电子信号以及磁性或光学录音。声音是由物体的振动产生的。物体的振动引起空气分子作相应的振动而产生声波,声波通过听觉器官的共同作用使人听到声音。我们称振动的物体为“声源”。声波每秒钟振动的次数称为频率。

人耳能听到的声音频率简称音频或声频(audio frequency),频率范围大约在20Hz~20kHz。频率大于20kHz的称为超声波,频率小于20Hz的称为次声波。超声波和次声波都是人耳听不到的。

声音是传声器——也就是将声能转换为电能的换能器的输入源头。此时,声音一般称为信号(signal)。录音是将电子信号转换并储存在媒介上的过程,还音时又重新转换成电子信号。这种储存在媒介上的声音就是常说的音频。

(1) 音频三要素。音频有三个主要属性,分别是音调、音强和音色,它们既反映了音频信号的基本特征,也是人感受声音信号的三个主要因素,因此又被称为音频三要素。

① 音调。音调又称音高,反映声音的高低程度,由声音信号的频率大小所决定。频率越大,音调越高;频率越小,音调越低。平时常说“那么高的音唱不上去”和“那么低的音唱不出来”,这里的“高”和“低”指的就是音调的高低。

② 音强。音强又称声强、响度或音量。反映声音的大小或强弱,由振幅和声源距离共同决定。振幅越大,距离越小,音强(响度)越大。平时常说的“引吭高歌”和“低声细语”里的“高”和“低”指的是音强的大小。

③ 音色。音色又称音质或音频。音色是人们区别具有同样响度和音调的两个声音的主观感觉,反映声音的品质。它由振动物体(声源)的材料、结构、状态等自身因素决定,表现为声源的频带宽度。比如,人们能够分辨出各种不同乐器的声音,就是由于它们的频带范围不同而呈现出不同音色。

(2) 音频文件格式。

WAV格式:Windows标准波形文件,多数音频编辑软件支持,文件较大。

MP3格式:高压缩比,文件较小,音质接近CD。MP3是流行的数字音乐压缩编码格式,其命名是来源于MPEG-1音、视频压缩编码标准。MPEG-1的声音压缩编码技术定义了三个编码层(layer)。MP3就是使用MPEG-1 audio layer 3的声音编码。

MIDI文件:存储指令,文件短小,播放效果因软硬件而异。MIDI即musical instrument digital interface(乐器数字接口),是一种用于计算机与电子乐器之间进行数据交换的通信标准。具有这种标准的文件记录的是用于合成音乐的各种控制指令，而不包括任何音频信号，因此能大大节省存储空间。MIDI 文件的扩展名为.mid。

CD 格式：音质最好的数字音频格式，CDA 文件只含索引信息。

Real Audio 格式：流动旋律，适用网上在线音乐欣赏，可随带宽不同改变音质。

WMA 格式：音质强于 MP3，内置版权保护技术，支持音频流技术。

AIFF：AIFF 是音频交换文件格式。

OGG：支持多声道的新生代音频格式。

AAC：AAC 即高级音频编码(advanced audio coding)，它采用的运算方式是与 MP3 不同，AAC 可以在比 MP3 文件缩小 30%的前提下提供更好的音质，被手机界称为“21 世纪数据压缩方式”。

子任务 9.3.2　认识图形图像

1. 图形与图像的概念

(1) 图形。图形(graphics)是指通过绘图软件绘制的由直线、圆、圆弧、任意曲线等图片元素组成的画面，称为矢量图形或者几何图形。每个图形具有大小、位置、形状、颜色、维数等属性，不同的图形之间有明确的界限，多个图形可以组合或分解。图形一般指计算机生成的各种有规则的图，如直线、圆、圆弧、矩形、任意曲线等几何图和统计图等。

(2) 图像。图像(image 或 picture)是由扫描仪、数字照相机、摄像机等输入设备捕捉的真实场景、画面产生的映像，经 A/D 转换变成二进制代码，并以专门的图像格式文件存储的任意画面。输出时，以数字方式控制显示设备重现原来景物。一般有点阵图像(dot matrix image)或位图图像(bit map image)，计算机中每个像素点用若干二进制位描述，故也称为位图(bmp)。

动画是运动的图画，实质是一幅幅静态图像的连续播放。动画的设计方法有两种：造型动画和帧动画。造型动画是对每一个运动的物体分别进行设计，赋予每个对象一些特征，如大小、形状、颜色等，然后用这些对象构成完整的帧画面。帧动画则是由一幅幅位图组成的连续的画面。

2. 常见的图片文件格式

BMP 格式：BMP 是英文 bitmap(位图)的简写，它是 Windows 操作系统中的标准图像文件格式。其特点是包含的图像信息较丰富，几乎不进行压缩，文件很大。

GIF 格式：GIF 是英文 graphics interchange format(图形交换格式)的缩写。GIF 格式的特点是压缩比高，磁盘空间占用较少，可以动态显示图形，但不能存储超过 256 色的图像。

JPEG 格式：JPEG 文件的扩展名为.jpg 或.jpeg，其压缩技术十分先进，它用有损压缩方式去除冗余的图像和彩色数据，可以用最少的磁盘空间得到较好的图像质量。

JPEG 2000 格式：JPEG 2000 同样是由 JPEG 组织负责制定的，它有一个正式名称叫作 ISO 15444。与 JPEG 相比，它具备更高压缩率以及更多新功能的新一代静态影像压缩技术。

TIFF 格式：TIFF(tag image file format)是 Mac 中广泛使用的图像格式。它的特点是图像格式复杂、存储信息多。

PSD 格式：这是 Adobe 公司的图像处理软件 Photoshop 的专用格式。PSD 其实是

Photoshop 进行平面设计的一张“草稿图”。

PNG 格式：PNG(portable net work graphics)可移植，是一种新兴的网络图像格式。它能把图像文件压缩到极限以利于网络传输，但又能保留所有与图像品质有关的信息。

SWF 格式：利用 Flash 可以制作出一种后缀名为 SWF(shock wave format)的动画，这种格式的动画图像能够用比较小的体积来表现丰富的多媒体形式。在图像的传输方面可以边下载边播放，因此特别适合网络传输。

SVG 格式：SVG 即可缩放的矢量图形。用户可以直接用代码来描绘图像，可以用任何文字处理工具打开 SVG 图像，可以任意放大图形显示，但绝不会以牺牲图像质量为代价。

DXF 格式：DXF 是 AutoCAD 中的矢量文件格式，它以 ASCII 码方式存储文件，广泛用于建筑图纸、机械制图设计，在表现图形的大小方面十分精确。许多软件都支持 DXF 格式的输入与输出。

3. 图片的色彩知识

色彩可以用色调、饱和度、亮度和对比度来描述。

色调：色调是当人眼看一种或多种波长的光时产生的彩色感觉，它反映颜色的种类，是决定颜色的基本特性，如红色、棕色都是指色调。某一物体的色调，是指该物体在 El 光照射下所反射的各光谱成分作用于人眼的综合效果。

饱和度：饱和度是指颜色的纯度，即掺入白光的程度，或者说是颜色的深浅程度。对于同一色调的彩色光，饱和度越高，颜色就越鲜明或越纯。例如，当红色加进白光之后冲淡为粉红色，其基本色调还是红色，但饱和度会降低。饱和度还和亮度有关，因为若在饱和的彩色光中增加白光成分，增加了光能，就会变得更亮，但是它的饱和度却降低了。如果在某色调的彩色光中，加入其他的彩色光，则会引起色调的变化，只有加入白光时才会引起饱和度的变化。

亮度：亮度是光作用于人眼时所引起的明亮程度的感觉，它与被观察物体的发光强度有关。由于其强度不同，看起来可能亮一些或暗一些。如果彩色光的强度降到人眼看不到，在亮度标尺上它应与黑色对应；反之，如果其强度变得很大，那么亮度等级应与白色对应。

通常把色调和饱和度统称为色度，上述内容可总结如下：亮度表示某彩色光的明亮程度，而色度则表示颜色的类别与深浅程度。

自然界常见的各种颜色光，都可由红(R)、绿(G)、蓝(B)三种颜色的光按不同比例相配而成。同样，绝大多数颜色也都可以分解为红、绿、蓝三种色光，这就是色度学中最基本的原理——三基色(RGB)原理。由于人眼对于相同亮度淡色光的主观亮度感觉不同，因此用相同亮度的三基色混色时，人的主观感觉是绿光仅次于白光，是三基色中最亮的；红光次之；蓝光最弱。由于课件设计中的版面设计不同于包装和广告设计，课件主体不应选择亮度较高的色彩。

对比度：对比度指的是图像中的明暗变化，或指亮度大小的差别。

4. 图片的模式

根据数字图像的存储方式不同，分成不同的模式，目前常用的图像片模式有三种。

(1) 黑白模式。它是一种最简单的图像，只包含黑白两种信息，占用磁盘存储空间很少。对于黑白图像，每个像素点常用 1 位值表示。

(2) 灰度模式。它不仅包含黑白两种信息，还包含灰色调，可以记录和显示更多的色调。对于灰度图，常用4位(16种灰度等级)或8位(256种灰度等级)表示该点的亮度。

(3) 彩色模式。可以包含更多的色调，例如，每个像素的颜色都是用红(R)、绿(G)、蓝(B)三原色强度来表示的。对于彩色图，常用16位(65536种彩色等级)高彩色或24位真彩色或32位强彩色等表示该点的色调。

5. 图片的分辨率

分辨率(resolution)就是屏幕图像的精密度，是指显示器所能显示的点数的多少。分辨率是用于度量位图图像内数据量多少的一个参数。由于屏幕上的点、线和面都是由点组成的，显示器可显示的点数越多，画面就越精细。

在计算机中，人们经常用分辨率来度量图像的精细程度。

屏幕分辨率：用于计算机等屏幕显示出来的图像。屏幕分辨率是衡量显示设备再现图像时所能达到的精细程度的度量方法，通常用水平和垂直方向所能显示的像素数目表示，写成“水平像素数×垂直像素数”，常见的屏幕分辨率有800×600像素、1024×768像素、1440×900像素等。一般总像素越多，图片越清晰。

图像分辨率：用于扫描仪、打印机处理的图像，其分辨率以每英寸上的像素数量即PPI来衡量。超高清液晶电视还有一点值得让人注意——它的像素密度高达103ppi。每英寸上像素越多，图片越清晰。

图像的位分辨率又称位深、色深、色彩深度、颜色深度或色彩位数，是指在某一分辨率下，每一个像点可以有多少种色彩来描述，它的单位是bit(位)，也叫颜色的位数。简单说就是指存储每个像素所用的位数。这种分辨率决定可以标记为多少种色彩等级的可能性。具体地说，8位的色深是将所有颜色分为256(2^8)种，那么，每一个像点就可以取这256种颜色中的一种来描述。在“高彩色”中可以设置16位(216=65536色，即通常所说的“64K色”)或以上的色深，包括真彩色24位和32位强彩色等。

色深(一个像素的位数)通常有6类：1位(单色)、4位(16色)、8位(256色)、16位(64000色，高彩色)、24位(1600万色，真彩色)、32位(41亿色，强彩色)。

分辨率是图像精细程度的度量方法，对于同样尺寸的一幅画，如果像素数目越多，则说明图像的分辨率越高，看起来就越逼真。包含的数据越多，图形文件的长度就越大，也能表现更丰富的细节。

刷新频率是指图像在屏幕上更新的速度，即屏幕上的图像每秒钟出现的次数，它的单位是赫兹(Hz)。对于CRT显示器，一般人眼不容易察觉85Hz以上刷新频率带来的闪烁感，因此最好能将显示卡刷新频率调到85Hz以上。对于笔记本电脑的液晶屏幕，由于采用“背光原理”来达到显示效果，像素只在画面改变时才更新，所以通常固定为60Hz的刷新频率。

子任务9.3.3 认识动画与视频

人类接收的信息约有70%来自视觉，其中视频信息容量大，色彩逼真，能够对信息进行直观、具体的表达。动画(animation)和视频(video)都是由一系列的静止画面按一定的顺序排列而成的，这些静止画面(每一幅单独的图像)称为帧(frame)，帧是构成视频信息的基本单元。每秒钟播放的帧数称为帧速度或者帧频，单位是帧/秒。当帧画面以一定的速度连续播放时，由于视觉的暂留现象造成了连续的动态效果。为了使动画或视频播放流畅而没有跳跃感，播放速度一般应达到每秒20帧以上，而要能表现丰富的色彩，则要求画面能显示高彩和真彩颜色。

1. 视频

简单地说,视频(video)是一组随时间连续变化的图像,主要指实时摄取的自然景象或活动对象经数字化后产生的图像和同步声音的混合体。当连续的图像变化每秒超过 24 幅画面时,根据视觉暂留原理,人眼无法辨别出单幅的静态画面,产生平滑连续的视觉效果,这种连续变化的画面组称为视频或者动态图像。这一概念与动画相同。

目前,在数字电视大规模普及之前,电视接收的仍然是模拟视频信号,最常见的模拟电视视频信号制式有 NTSC、PAL、SECAM 等,不同的国家和地区采用不同的制式,我国使用的是 PAL 制式,不同的制式采用的颜色、帧频等技术标准也不相同。随着数字电视技术的发展,高清晰度数字电视(HDTV)将会逐步取代模拟电视信号,提供更高质量、更加精彩、更灵活方便的电视节目。

2. 动画

动画(animation)是将人工或计算机绘制出的不连续画面串接起来,一般画面无失真但没有同步声音。其区别在于图像的获取方法不同。

3. 动画与视频的类型

动画与视频的格式类型常用文件的扩展名来区分,不同类型的视频文件的封装格式(即容器)有不同的特性。所谓容器,就是把编码器生成的多媒体内容(视频,音频,字幕,章节信息等)混合封装在一起的标准。容器让不同多媒体内容可同步播放,为多媒体内容提供索引支持拖动进度条跳过和回放。

SWF 格式:SWF 格式是 Macromedia 公司开发的 Flash 动画软件的一种文件输出格式。由于 SWF 属于矢量格式,故此类文件所占用的存储空间较小,尤其适于发布在网上浏览。

ASF 格式:ASF(高级流格式)是 Microsoft 为了和现在的 Real Player 竞争而发展出来的一种可以直接在网上观看视频节目的文件压缩格式。可边下载边播放的媒体称为流媒体。

FLV 格式:FLV 是 Flash video 的简称。FLV 流媒体格式是一种新的视频格式。由于它形成的文件极小、加载速度极快,使得网络观看视频文件成为可能,它的出现有效地解决了视频文件导入 Flash 后,使导出的 SWF 文件体积庞大而不能在网络上很好地使用等缺点。

WMV 格式:WMV 一种独立于编码方式的在 Internet 上实时传播多媒体的技术标准,Microsoft 公司希望用其取代 QuickTime 之类的技术标准以及 WAV、AVI 之类的文件扩展名。WMV 的主要优点在于:可扩充的媒体类型、本地或网络回放、可伸缩的媒体类型、流的优先级化、多语言支持、扩展性等。

3GP 格式:3GP 是一种 3G 流媒体的视频编码格式,主要是为了配合 3G 网络的高传输速度而开发的,也是目前手机中最为常见的一种视频格式。

RA 格式:Real video(RA、RAM)格式由一开始就是定位就是在视频流应用方面的,也可以说是视频流技术的始创者。它可以在用 56kb/s 调制解调器拨号上网的条件实现不间断的视频播放,是流媒体格式 ASF 的有力竞争者。

RMVB 格式:所谓 RMVB 格式,是在流媒体的 RM 影片格式(Real 8.0)上升级延伸而来。VB即VBR，是variable bit rate（可改变之比特率）的英文缩写，动态码率的意思。rmvb就是Real公司的新的编码格式9.0（Real 9.0）格式。一般而言，一部120分钟的DVD体积为4GB，而用rmvb格式来压缩，仅400MB左右，而且清晰度流畅度并不比原DVD差太远。

AVI格式：AVI是audio video interleaved（音频视频交错）的英文缩写。AVI这个由微软公司发表的视频格式，在视频领域可以说是最悠久的格式之一。AVI格式调用方便、图像质量好，压缩标准可任意选择，是应用最广泛的格式。

NAVI格式：NAVI是New AVI的缩写，是一个名为Shadow Realm的地下组织发展起来的一种新视频格式。它是由Microsoft ASF压缩算法的修改而来的。可以这样说，NAVI是一种去掉视频流特性的改良型ASF格式。

MOV格式：使用Mac机时会用到QuickTime。QuickTime提供了两种标准图像和数字视频格式，即可以支持静态的*.PIC和*.JPG图像格式，也支持动态的*.MOV和基于MPEG压缩法的*.MPG视频格式。

MKV格式：它可在一个文件中集成多条不同类型的音轨和字幕轨，而且其视频编码的自由度也非常大。实际上，它是一种全称为Matroska的新型的、先进的、开放的多媒体封装格式（即容器）。

MP4格式：mp4是MPEG-4标准的第14部分所制定的容器标准。现在网络上播放的很多影视作品和手机视频都是这种格式。MP4在相同容量下会比RMVB更优秀，且播放器和手持设备都能支持。2013年1月人人影视发布一则公告，宣称以后将不再提供RMVB格式美剧，将用MP4格式取代。

子任务9.3.4 文件的有损压缩与无损压缩

1. 有损压缩

大多数信息的表达都存在着一定的冗余度，例如，将模拟信息数字化，经过采样、量化和编码几个步骤后得到的原始文件比较大，存在着一定的冗余度。通过采用一定的算法和编码方法，可以降低这种冗余度。

所谓有损压缩，就是利用人类对图像或声波中的某些频率成分不敏感的特性，允许压缩过程中损失一定的信息。虽然不能完全恢复原始数据，但是所损失的部分对理解原始图像的影响较小，换来的是大得多的压缩比。有损压缩广泛应用于语音、图像和视频数据的压缩。

有损压缩方法最主要的优点是在一些情况下能够获得比采用无损压缩方法小得多的文件，并且这些文件又能满足系统的需要。当用户得到采用有损压缩的方法压缩文件时，解压文件与原始文件在数据位的层面上看可能会有很大差别。但是对于多数实用目的来说，人耳或者人眼并不能分辨出两者之间的区别。

有损方法经常用于压缩声音、图像以及视频。采用这种方法的视频文件来说能够在质量下降的允许范围内达到如300∶1这样非常大的压缩比。因此，有损压缩用在视频文件中比用在音频或者图像中能得到更好的效果。

2. 无损压缩

无损压缩指数据经过压缩后，信息不受损失，还能完全恢复到压缩前的原样而不引起任何失真。它和有损压缩相对,这种压缩通常压缩比小于有损压缩的压缩比。由于压缩率是受到数据统计冗余度的理论限制,所以一般为2∶1到5∶1。这类方法广泛用于文本数据、程序和特殊应用场合的图像数据(如指纹图像、医学图像等)的压缩。由于压缩比的限制,仅使用无损压缩方法是不可能解决图像和声音的存储和传输的所有问题。

子任务9.3.5 音频、图像文件容量的计算

1. 音频文件存储容量的计算

用计算机处理音频时,声卡将现实中的声音模拟信号经转换变为数字信号,并以Windows标准波形文件的形式保存在存储介质中成为声音文件,这一过程就是Wave音效合成。这类文件是Wave格式的文件,扩展名一般为.wav。Wave音效能逼真地模拟出自然界的各种声音,但文件需要占用很大的存储空间。未经压缩的数字化声音的数据量是由采样频率、量化精度、声道数和声音持续时间所决定的,它们与声音的数据量是成比例关系的,其数据量计算方式如下:

数据量(Byte)=采样频率×量化位数×声道数×声音持续时间÷8

数据量(Byte)=采样频率×量化位数/8×声道数×声音持续时间

式中(量化位数/8)是为了把计量单位bit(位)转化为Byte(字节)。

【例9-1】 对于调频广播级立体声,采样频率为44.1kHz,量化等级为16位(即2字节),声道形式为双声道,则转换后每秒以KB(千字节)为单位的数据量如下:

$$44100\times16/8\times2\times1=176400(B/s)\approx172(KB/s)$$

【例9-2】 用44.1kHz的采样频率对声波进行采样,每个采样点的量化位数选用16位,则录制3分钟的立体声节目,其波形文件所需的存储容量如下:

$$\begin{aligned}&44100\times16/8\times2\times3\times60\\&=31752000(B)\\&\approx31007.8(KB)\\&\approx30.28(MB)\end{aligned}$$

MP3(MPEG layer 3)算法对Wave文件压缩,可以得到10倍的压缩比率(压缩后的文件的容量是原文件的1/10)。MP3压缩文件的扩展名为.mp3,Internet上大量的声音文件就是采用这种格式。MP3适用于对音乐之类的全频带声音进行压缩编码,其压缩比是可控的。压缩比小,声音质量好;压缩比大,声音质量差。通常将音乐数据压缩至1/10时(例如,1分钟CD音质的立体声音乐,原本有10MB的数据量,经过压缩后只有1MB),普通人听不出与原来的区别。

【例9-3】 高山流水.wav的大小为32MB,转换为MP3格式后通常可以节省多少的存储空间?

解:32-32/10=32-3.2=18.8(MB)

即可以节省18.8MB。

2. 图片文件存储容量的计算

显示一张图片需要占用多少字节的显存空间?打开一张图片所占显存或者内存大小是多少?通常说的图片大小是指存储容量而不是分辨率有多大。

图片大小=总像素×色深÷8

【例 9-4】 某数码相机内置 128MB 的存储空间，拍摄分辨率设定为 1600×1200 像素，颜色深度为 24 位，若不采用压缩存储技术，使用内部存储器最多可以存储多少张照片？

解：因为 24 位真彩色图像每个像素点使用 3B(24÷8)分别表示 RGB 的分量值，那么每张照片需要占用 1600×1200×3B 空间。

计算机数据存储单位的基本知识 B 表示字节，b 表示位；1KB=1024B，1MB=1024×1024B。

所以通过 128MB=1600×1200×3×x 可以求出照片张数。

$$128\times1024\times1024=1600\times1200\times3\times x$$

$x\approx23.3$，故最多可以存储 23 张照片。

【例 9-5】 一张 256 色的 2 寸照片为 413×626 像素，图片大小是多少？

解：此图片大小=总像素×色深÷8 色深 N，$2N=256$，求出 $N=8$，则色深为 8。

此图片大小为

$$413\times626\times8\div8=258538(\text{B})\approx253(\text{KB})$$

此图片存储在计算机中后，右击该图片，在弹出的快捷菜单中选择“属性”命令，打开“属性”对话框，如图 9-2 所示，在“常规”选项卡中可以查看此图片的容量大小和文件格式(BMP)，在“摘要”选项卡可以查看此图片的分辨率和色深等信息。

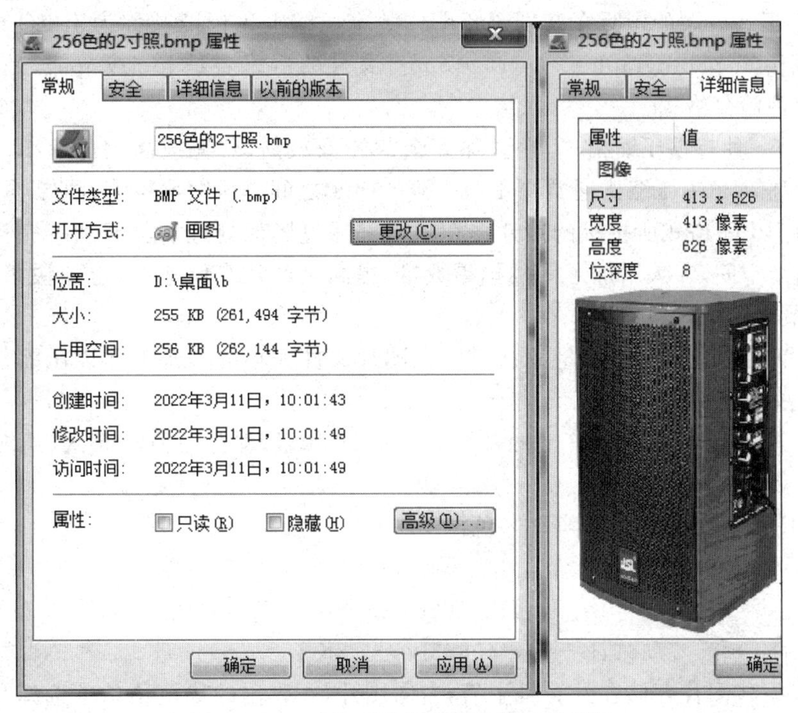

图 9-2　BMP 格式图片及其“属性”对话框

3. 图像数字化与图片压缩

图像数字化过程一般也要经过采样、量化和编码等处理步骤。

(1) 采样。图片的采样是把空域上或时域上连续的图像(模拟图像)转换成离散采样点(像素)集合(数字图像)的操作。采样越细，像素越小，越能精细地表现图像。

(2) 量化。量化是指要使用多大范围的数值来表示图像取样之后的每一个点,这个数值的取值范围由存储一个图像点所使用的二进制位数决定,即量化位数。量化位数就是图像的颜色深度,它决定图像所能拥有的颜色总数。量化位数越多,图像能表示的颜色数越多,产生的图像效果越细致、逼真,但占用的存储空间也越大。量化的结果决定了图像能拥有的颜色种数。

图片的量化是把像素的灰度(浓淡)变换成离散的整数值的操作。最简单的量化是用黑(0)白(255)两个数值(即2级)来表示,成为二值图像。量化越细致,灰度级数(浓淡层次)表现越丰富。通常这些工作是用数码照相机拍摄位图照片来完成的。位图产生的图像比较细致,层次和色彩也比较丰富。照片和数字化视频处理多基于此种方式。像计算机的屏幕显示,本身就是用位图方式产生的。未经压缩的图像的信息量随着图像的面积和像素点上的色彩深度的提高而扩大,在计算机内的存储量也随之增大,所以,常常需要用到压缩技术,以利存储和传送。

(3) 编码。编码是将信息按一定规则进行数字化的过程。编码是将量化后的信号变换为二进制数码形式的数字量。图像编码与图像的类型(二值图像、灰度图像、RGB真彩色图像)及文件所采用的格式有关,许多文件格式在图像编码之前要对图像数据进行压缩处理。

1991年正式公布的国际多灰度静止图像数字压缩编码标准被称为JPEG标准。JPEG格式全称为joint photographic expert group。文件的后缀名是jpg或.jpeg,是数码相机普遍采用的一种储存格式。

JPEG是一种有损压缩格式,它去除冗余的图像数据,获得极高的压缩率,同时图像的质量也比较高,JPEG压缩比通常在10∶1到40∶1之间。压缩比越大,图像质量越低。

设置为JPEG格式所拍摄的照片在相机内部通过影像处理器已经加工完毕,可以节省很多的存储卡空间,大大增加了图片拍摄数量,提高了照片存储速度,也加快了连续拍摄速度,是应用最多的一种存储格式。

(4) 压缩图片文件存储容量的计算。在图片文件大小的基础上除以压缩倍数,即可求出压缩图片文件的存储容量。

【例9-6】 一张真彩色的2寸照片为413×626像素,保存为JPG格式(压缩19∶1)时,图片大小是多少?

解:此图片大小=图片分辨率×色深÷8

即

$$413 \times 626 \times 24 \div 8 = 775614(\mathrm{B})$$

压缩19倍:775614B÷19≈40822B≈39.8KB

此JPG格式图片存储在计算机中后,右击图片,在弹出的快捷菜单中选择“属性”命令,打开“属性”对话框,如图9-3所示。

在“常规”选项卡可以查看此图片的容量大小和文件格式,在“摘要”选项卡可以查看此图片的分辨率和色深等信息。色深增加后明显比图9-2所示的BMP位图清晰,BMP位图压缩成JPG格式后明显容量变小。

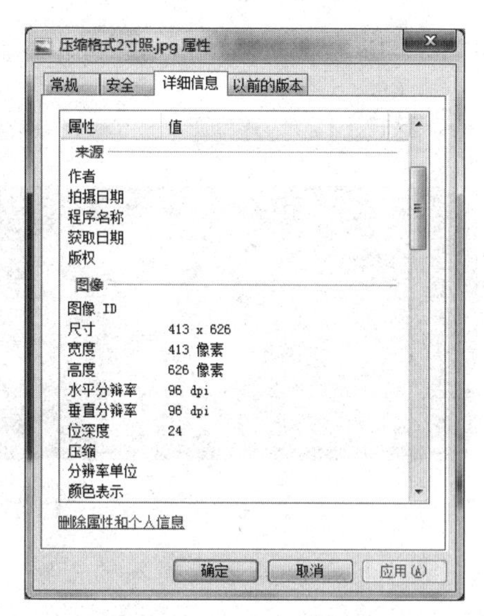

图 9-3　JPG 格式图片及其"属性"对话框

任务 9.4　视频及音频格式转换

任务目标：

1. 了解视频和音频格式转换软件的下载与安装。
2. 熟悉视频格式转换。
3. 熟悉音频格式转换。

视频和音频格式转换软件常见的有格式工厂、魔影工厂等。

子任务 9.4.1　安装格式转换软件

1. 下载软件

在格式工厂主页 http://www.pcgeshi.com/index.html 下载合适的软件版本。64 位的操作系统则立即下载最新版本的"格式工厂"软件。如图 9-4 所示。如果你使用的计算机操作系统是 32 位，下载 4.9.5.0 版本(支持 32 位系统)进行安装。

格式工厂已经成为全球领先的视频图片等格式转换客户端。格式工厂官方版是一款功能全面的音视频格式转换工具，支持几乎所有主流的多媒体文件格式，无论是音频、视频、图像都可以用格式工厂转换。此外，格式工厂官方版还对手机这类移动设备做了功能补充，只需输入设备的机型，即可直接将格式转化成设备支持的格式，省时省力，方便快捷。

软件支持的转换格式如下。

视频：MP4、AVI、3GP、WMV、MKV、VOB、MOV、FLV、SWF、GIF。

音频：MP3、WMA、FLAC、AAC、MMF、AMR、M4A、M4R、OGG、MP2、WAV、WavPack。

图像：JPG、PNG、ICO、BMP、GIF、TIF、PCX、TGA。

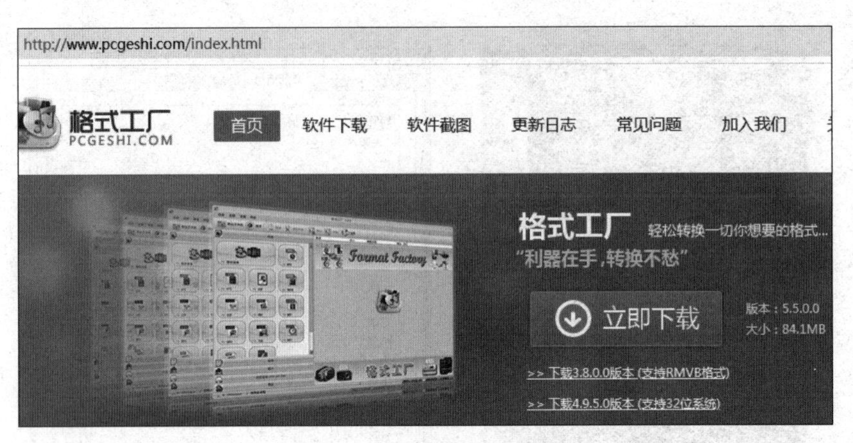

图 9-4　下载“格式工厂”软件

在转换过程中可以修复某些损坏的视频,可以进行媒体文件压缩和视频裁剪,支持iPhone、iPod、PSP 等媒体定制格式。格式工厂不仅可以转换图像文件格式,还支持缩放、旋转、数码水印等功能,支持从 DVD 复制视频,支持从 CD 复制音乐。

2. 安装软件

下载完之后打开文件,开始安装软件,如图 9-5 所示。修改安装路径,根据自己喜好看是否要去掉添加快捷方式。安装成功后如图 9-6 所示,单击“立即体验”按钮,打开“格式工厂”软件的主界面。

图 9-5　安装“格式工厂”软件

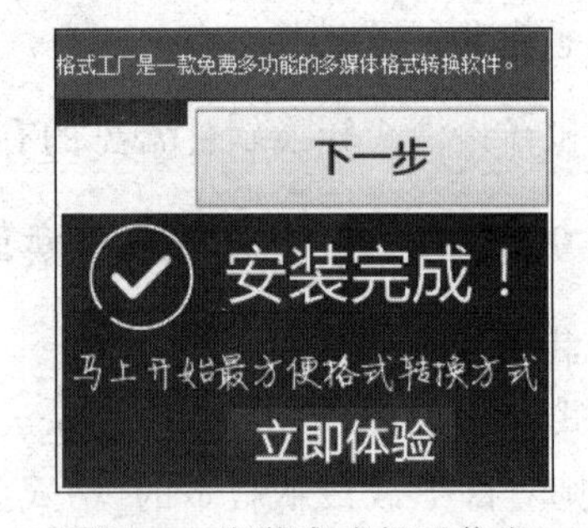

图 9-6　安装完成提示信息

子任务 9.4.2　视频格式转换

1. 视频转换选项设置

(1) 打开软件,单击“选项”按钮,如图 9-7 所示。

(2) 打开“选项”对话框,如图 9-8 所示。可选择改变“输出文件夹”,文件转换完成后“打开输出文件夹”等自定义选项。

2. 视频转换操作

(1) 在格式工厂软件的操作界面,单击“视频”按钮,“视频”栏操作选项如图 9-9 所示。

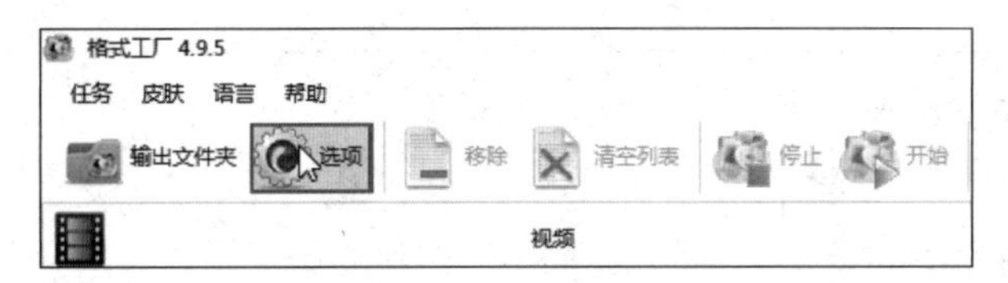

图 9-7　“选项”按钮

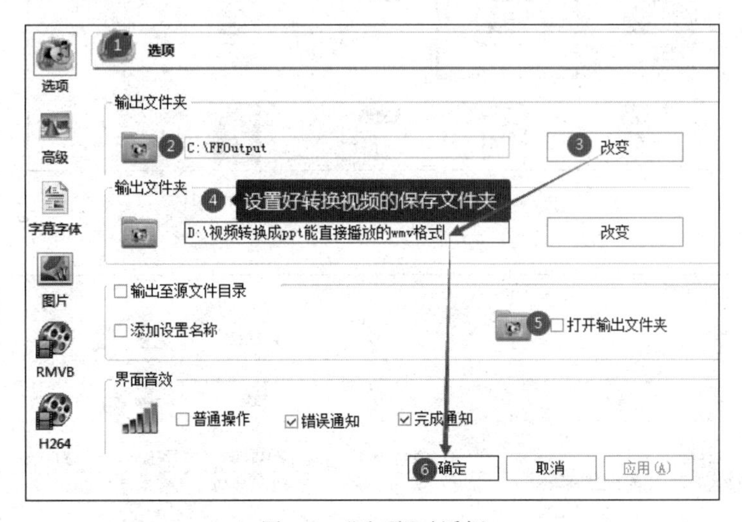

图 9-8　“选项”对话框

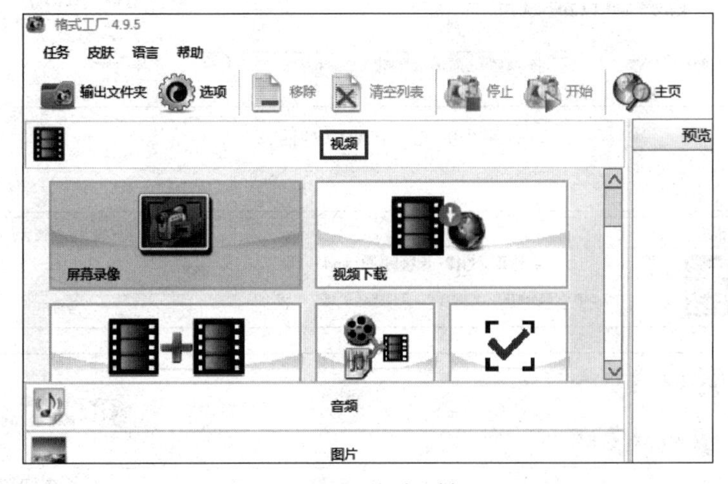

图 9-9　“视频”栏

(2) 拖动“视频”栏旁边的滚动条,单击 WMV 按钮,如图 9-10 所示。

(3) 在弹出的 WMV 对话框中单击“添加文件”按钮,弹出“打开”对话框。选择添加下载到桌面的视频文件“毛泽东.七律・长征朗诵.mp4”,然后单击“打开”对话框中的“打开”按钮,将文件添加到 WMV 对话框中,如图 9-11 所示。如果有需要,可在下方修改转换后的文件存放路径和“输出配置”,根据需要进行适当修改,然后单击“确定”按钮。

(4) 单击“确定”按钮,提示“等待中”等待转换。如图 9-12 所示。然后单击“开始”按钮,开始转换,很快转换完成。

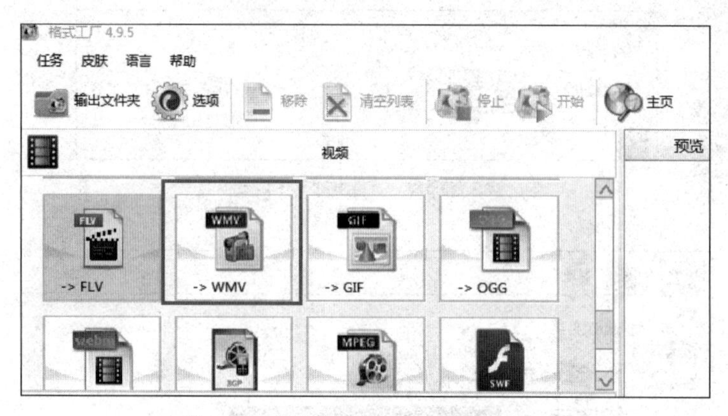

图 9-10 “视频”栏中的“WMV”按钮

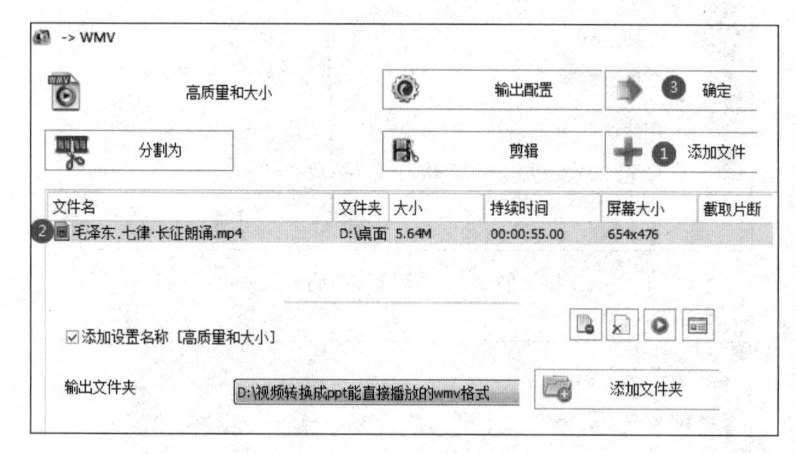

图 9-11 WMV 对话框

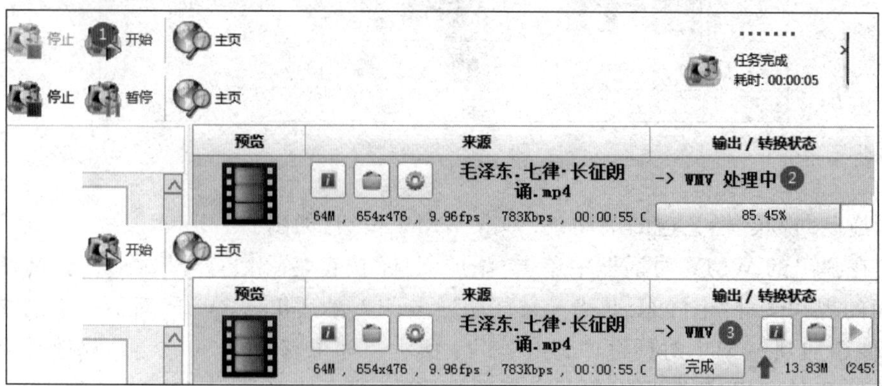

图 9-12 将视频文件由 MP4 格式转成 WMV 格式

子任务 9.4.3　音频格式转换

1. 音频转换选项设置

打开软件，单击“选项”按钮，音频转换选项设置操作与视频转换选项设置类似，如图 9-7 所示。

2. 音频转换操作

(1) 在格式工厂软件的操作界面，单击“音频”按钮，切换到“音频”栏。

(2) 单击“音频”栏旁边的 MP3 按钮。在弹出的 MP3 对话框中单击“添加文件”按钮。弹出“打开”对话框，选择添加文件(下载到桌面的“万里长城永不倒.wma”)，然后单击“打开”对话框中的“打开”按钮，将文件添加到 MP3 对话框中，如图 9-13 所示。

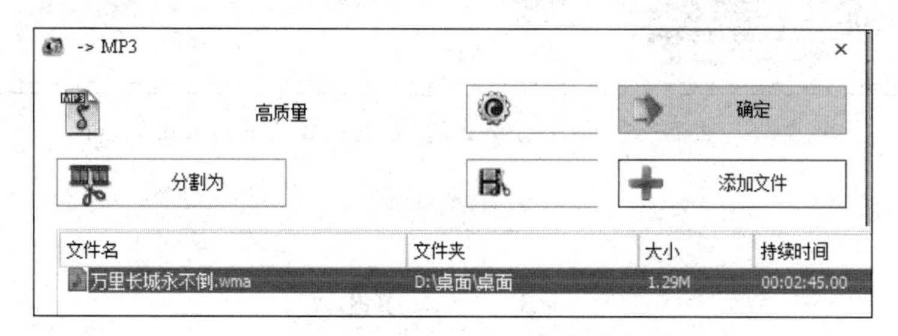

图 9-13　MP3 对话框中已添加好待转换文件

(3) 单击“确定”按钮，如图 9-14 所示，在格式工厂软件的主界面右边会显示相关文件信息，在“输出/转换状态”列提示转换正在“等待中”。在图 9-14 所示的左上角单击“开始”按钮，即可开始转换，很快转换完成。

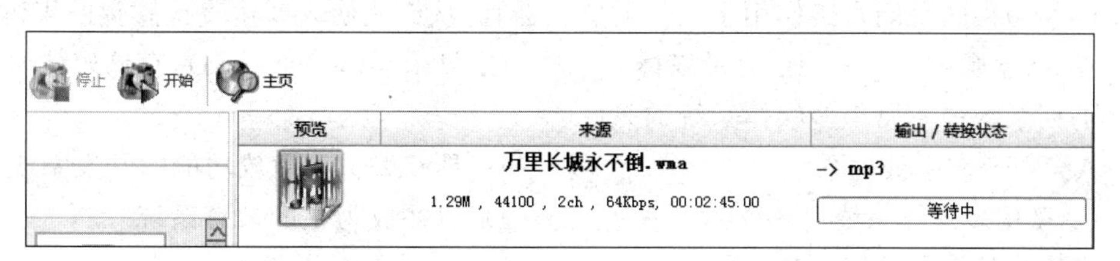

图 9-14　将 WMA 格式文件转换成 MP3 格式

(4) 转换完成后，单击“完成”按钮，会弹出 3 个按钮，如图 9-15 所示，单击中间的“打开输出文件夹”按钮，将打开输出文件夹，可以看到转换成 mp3 格式的“万里长城永不倒.mp3”文件，如图 9-16 所示。

图 9-15　转换完成

在不同的软件中使用的音视频格式要求有所不同，需要转换。而且从图 9-16 可以看出，音频文件转换成不同格式后，文件的容量大小有所变化。

图 9-16　查看转换成 mp3 格式的“万里长城永不倒.mp3”文件

习　　题

一、单选题

1. 在 CCITT 的多媒体定义中,ASCII 码和汉字编码属于(　　)。

A. 感觉媒体　　B. 传输媒体　　C. 表示媒体　　D. 存储媒体

2. (　　)指的是能直接作用于人们的感觉器官,从而能使人产生直接感觉的媒体。

A. 感觉媒体　　B. 表示媒体　　C. 显示媒体　　D. 存储媒体

3. 下列系统中不属于多媒体系统的是(　　)。

A. WPS 文字处理系统　　B. 具有编辑和播放功能的开发系统

C. 家用多媒体系统　　D. 以播放为主的教育系统

4. 多媒体计算机系统由(　　)。

A. 计算机系统和各种媒体组成

B. 计算机和多媒体操作系统组成

C. 多媒体计算机硬件系统和多媒体计算机软件系统组成

D. 计算机系统和多媒体输入输出设备组成

5. 能处理(　　)的计算机技术称为多媒体技术。

A. 图形图像　　B. 声、文、图多种媒体信息

C. 音画光影　　D. 屏幕保护程序

6. (　　)是指从点、线、面到三维空间的黑白或彩色几何图,也称向量图。图形数据记录格式是一组描述点、线和面及大小、形状、几何位置和维数的指令集合。

A. 矢量图形　　B. BMP 位图　　C. GIF 动图　　D. 彩色图像

7. 关于多媒体信息,以下说法错误的是(　　)。

A. 声音的三要素是音调、音量和音色

B. 在相同的时间内，声音的采样频率越高，音频文件的容量越大

C. MP3 是无损压缩的流媒体视频文件格式

D. 彩色静态图像(RGB)中的每个像素，可以使用 3 字节表示，每字节分别表示红、绿、蓝成分

8. 多媒体计算机与电视剧相比，最关键的是电视机不具备(　　)。

A. 多样性　　B. 集成性　　C. 交互性　　D. 想象性

9. 将一幅 BMP 格式的图像压缩转换成 JPG 格式之后，会使(　　)。

A. 图像更清晰　　B. 文件容量变大

C. 文件容量变小　　D. 文件容量大小不变

10. 一台 24 位真彩色显示器的分辨率为 1024×768 像素，则其显示一幅图像所需容量是(　　)字节。

A. 1024×768×24　　B. 1024×768×3

C. 1024×768×8　　D. 1024×768÷8

11. 关于多媒体文件格式的转换，下列通常可以进行的转换是(　　)。

A. MP3 音频文件转换成 3D 动画文件

B. MP4 视频文件转换成 MP3 音频文件

C. PNG 图片文件转换成 MP3 音频文件

D. TXT 文本文件转换成 ASF 流媒体视频文件

12. 数字图像的无损压缩是指(　　)。

A. 解压后重建的图像与原始图像完全相同

B. 解压后重建的图像与原始图像有一点误差

C. 图像压缩后图像不失真

D. 解压后重建的图像与原始图像的误差在允许范围内

13. 多媒体的主要特征有(　　)。

A. 信息载体的多样性　　B. 集成性

C. 交互性　　D. 以上都是

14. 采样频率为 44.1kHz，量化位数选用 16 位，则录制 30 秒的双声道音频，需要的数据量为(　　)。

A. 44100×16×2×30(B)　　B. 44100×16×30×2(b)

C. 44100×16×30×2÷8(B)　　D. 44100×16×30÷8(B)

二、简答题

5 张真彩色的 2 寸照为 413×626 像素，保存为 JPG 格式(压缩 19∶1)图片，需要多少千字节存储空间？

习题参考答案

项目 10　认识计算机新技术、新应用

本项目核心内容

1. 云计算的特点、体系架构、分类、应用。
2. 移动互联网、物联网及其关键技术。
3. 大数据及其特点、大数据分析与大数据技术。
4. 电子商务及其商业模式、新零售。
5. 人工智能及其应用。
6. 虚拟现实的特性及 AR、MR、XR。
7. 区块链的特点、功能与应用。

项目 10 学习任务
思维导图

新一代信息技术是以人工智能、量子信息、移动通信、物联网、区块链等为代表的新兴技术。它既是信息技术的纵向升级，也是信息技术之间及其与相关产业的横向融合。

计算机新技术新应用研究的热点很多，下面就云计算、大数据、移动互联网、物联网、电子商务、人工智能、虚拟现实和区块链进行简要介绍。

任务 10.1　认识云计算

任务目标：

1. 认识云计算的基本概念与发展概要。
2. 了解云计算的特点和体系架构。
3. 了解云计算的分类与应用。

1. 云计算的基本概念

云计算(cloud computing)将一些抽象的、虚拟化的、可动态扩展和管理的计算能力、存储、平台和服务等汇聚成资源池，再通过互联网按需求再给终端用户的计算模式。这是网格计算、分布式计算、并行计算、网络存储、虚拟化、负载均衡等传统计算机技术和网络技术发展融合的产物。

Wi-Ki 定义：云计算是一种通过 Internet 以服务的方式提供动态可伸缩的虚拟化资源的计算模式。

NIST 定义：云计算是一种按使用量付费的模式，这种模式提供可用的、便捷的、按需的网络访问，进入可配置的计算资源共享池(资源包括网络、服务器、存储、应用软件和服务)，这些资源能够被快速提供，只需投入很少的管理工作，或与服务供应商进行很少的交互。

它旨在通过网络把多个成本相对较低的计算实体整合成一个具有强大计算能力的完美系统,并借助SaaS、PaaS、IaaS、MSP等先进的商业模式把这强大的计算能力分布到终端用户手中。云计算的一个核心理念就是通过不断提高"云"的处理能力,进而减少用户终端的处理负担,最终使用户终端简化成一个单纯的输入输出设备,并能按需享受"云"的强大计算处理能力!

云计算在广泛应用的同时,还有另外一种云存储来作为其辅助,像中国上海信息科技有限公司的WinStor云端存储,其以用户为基础,以磁盘为导向,强大的数据安全功能,使其中国的云计算产品更进一步提前进入市场。所谓云存储,就是以广域网为基础,跨域/路由来实现数据无所不在,无须下载,无须安装即可直接运行,实现另外一种云计算架构。

2. 云计算的发展概要

1983年,SUN(太阳计算机公司)提出云计算概念的前身"网络即计算机"。

2006年3月,亚马逊推出弹性计算云EC2服务。

2006年8月,Google首席执行官埃里克·施密特在搜索引擎大会上首次提出cloud computing(云计算)这一概念。现在Google有100多万台服务器提供云计算服务。

2007年11月,IBM推出"蓝云"计算平台,为客户提供可通过Internet访问的分布式云计算体系,服务即买即用。

到2017年年底,IBM云数据中心数量达到60个,拥有很多成功案例,IBM可帮助企业建立内部私有云,也可建立对外服务的公有云。

3. 云计算的特点和体系架构

如图10-1所示,云计算的体系架构可分为核心服务层、服务管理、用户访问接口三层。而核心服务层通常可以分为三个子层:基础设施即服务层(IaaS)、平台即服务层(PaaS)、软件即服务层(SaaS),代表了云计算的三种服务模式。

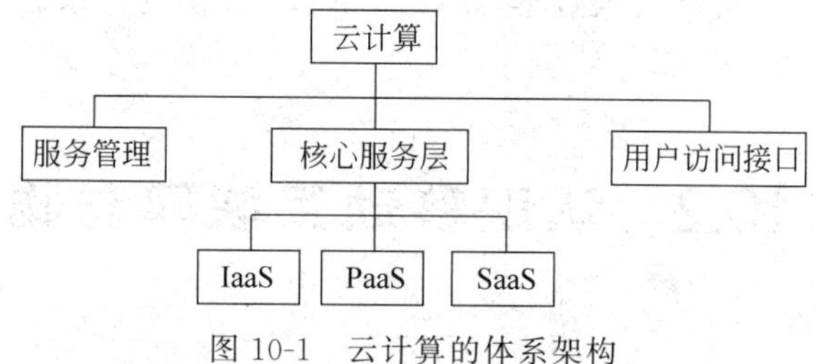

图10-1 云计算的体系架构

在平台方面也可能提供的服务模式是硬件即服务。可以结合PaaS提供虚拟化的硬件服务,比如租用云存储盘或者租用云服务器。在数据方面还可提供的服务模式是数据即服务。云计算的本质是数据处理技术,在云存储数据库中有大量数据,可以为用户提供公共数据访问服务。

云计算的主要特点是超大规模、虚拟化、按需服务、高可靠性、低成本、隐私安全难保障等。

"云"的好处在于,无须关心存储或计算发生在哪朵"云"上,一旦有需要,可以在任何地点并用任何设备快速地计算和找到所需的资料,不用担心资料丢失。

4. 云计算的分类

(1) 按是否公开发布服务分类:可分为公有云、私有云和混合云。

以 Amazon EC2、Google App Engine 及 IBM“蓝云”为代表的是公有云。公有云一般可通过 Internet 使用,是最基础的服务,成本较低,通常由专业的服务商提供,是隔离在企业防火墙以外的系统。

私有云主要为企业内部提供云服务,不对公众开放,在企业的防火墙内工作,可以兼顾行业、客户私隐,重要数据不存放到公共网络上,在安全问题上容易控制。

混合云则具有前两者的共同特点,既面向企业内部,又面向互联网用户。

(2) 按服务模式分类:通常可以分为以下三种。

基础设施即服务(infrastructure as a service,IaaS)提供云服务器等硬件基础设施服务。

平台即服务(platform as a service,PaaS)提供应用程序运行的云平台。

软件即服务(software as a service,SaaS)通过 Internet 提供云软件。

5. 云计算的应用

(1) 云存储:以数据存储和管理为核心的云计算系统。我们常见的有百度云盘,中国移动 139 邮箱等。

(2) 云桌面:又称桌面虚拟化、云计算机,是基于服务器虚拟化和桌面虚拟化技术基础上的软硬件一体的私有云解决方案。比如学校常用的 VDI(virtual desktop instructure,虚拟桌面架构),在校内或者在外面使用计算机都登录进入该云桌面使用其软件和存储等资源,不用担心文件丢失或者软件打不开等问题。

(3) 云办公:以“办公文档”为中心提供文档编辑、文档存储、协作、沟通、移动办公、OA 等云办公服务。

(4) 云安全:以专业的反病毒技术对海量的安全软件客户端收集上传的全网共享安全知识库的数据进行特征分析和查杀等处理以及提供全局预警的开放云安全体系。

云计算发展至今,几乎各行各业都在使用云计算,在教育、金融、政务、医疗、通信、零售等领域使用较为广泛。云计算与大数据、物联网和人工智能的关系也十分密切,能为其提供计算能力,使其功能强大。

任务 10.2 认识移动互联网与物联网

任务目标:

1. 认识移动互联网的基本概念。
2. 认识物联网的基本概念。
3. 了解物联网的发展概要以及物联网中的关键技术。

1. 移动互联网的基本概念

移动互联网(mobile Internet,MI)是指互联网的技术、平台、商业模式和应用与移动通信技术结合并实践的活动的总称。它是智能移动终端采用移动无线通信方式获取业务和服务的新兴业务,包含智能手机、平板电脑等终端、操作系统、数据库等软件和各类应用程序。

SMS 短信息服务平台是出现最早的移动信息平台。

移动通信是指通信的双方中至少有一方是在移动中进行信息的传输和交换。

2009 年 1 月 7 日 14:30,工业和信息化部为中国移动、中国电信和中国联通发放三张第三代移动通信(3G)牌照,此举标志着我国正式进入3G时代。

《中国移动互联网发展报告(2021)》显示,我国移动互联网用户稳步增长。2020年我国4G用户总数达到12.89亿户,5G终端连接数突破2亿户。截至2020年12月,中国手机网民规模已达9.86亿,我国已进入全民移动互联网时代。

2. 物联网

1) 物联网的基本概念

物联网(Internet of things,IoT)就是"物物相连的网络"。物联网的核心和基础仍然是互联网,是在互联网基础上的延伸和扩展的网络;其用户端延伸和扩展到了任何物品与物品之间,进行信息交换和通信。

物联网是在互联网基础上,利用传感器技术、射频识别(RFID)技术、近距离无线通信(NFC)技术、嵌入式技术、全球定位系统(GPS)等技术将任何物品与互联网相连接,按约定的协议组成一个覆盖世界万事万物的整合网络,以实现智能化识别、定位、追踪、监控和管理的一种网络技术。

在车辆等移动目标的识别、定位、追踪、监控和管理方面主要得益于移动互联网的支持。

2) 物联网的发展概要

1999年,美国Auto-ID首先提出了"物联网"的概念,并研制成功了产品电子代码EPC。EPC的成功研制,标志着物联网的诞生。

2005年,ITU发布了《ITU互联网报告2005:物联网》,正式提出物联网这一概念。

2009年,IBM首席执行官彭明盛首次提出"智慧地球"的概念,建议投资建设新一代的智慧型基础设施,物联网蓬勃兴起。

在物联网应用中,传感器技术是最关键的技术,早期也把物联网称为"传感网"。

3) 物联网中的关键技术

(1) 传感器技术。把模拟信号转换成数字信号,收集、识别万物信息并通过网络上传到数据库中。

(2) RFID标签与二维码标签。RFID技术也是一种传感器技术,是融合了无线射频技术和嵌入式技术为一体的综合技术。RFID在自动识别、物品物流管理方面有着广阔的应用前景。

二维码又称二维条码,是用特定的几何图形按一定规律在平面(二维方向)上分布的黑白相间的图形来记录信息的条形码。因为二维条码是在水平和垂直方向的二维空间存储信息的条码,所以存储信息量比商品上的一维条码存储的信息量大,而且具有纠错能力,用手机摄像头一拍,立刻解码出丰富的信息内涵。在我们的实际生活中二维码已是随处可见,应用广泛。

(3) 嵌入式系统技术。嵌入式系统技术是综合了计算机软硬件、传感器技术、集成电路技术、电子应用技术为一体的复杂技术,在智能家电等设备中广泛应用。

(4) 网络技术。物联网和云计算都需要网络支持,现在移动互联网、IPv6和5G通信技术已经开始得到广泛应用。

物联网提供源源不断的大数据,再通过网络进行云存储,用云计算的强大计算能力来实现数据处理和挖掘其应用价值。物联网在物流行业广泛用于物流跟踪,在种植、食品行业广泛用于产品追溯,在各行各业都具有应用价值,相信在未来能够逐步建成"智慧城市""智慧地球”。

任务 10.3 认识大数据

任务目标：

1. 认识大数据的基本概念。
2. 了解大数据的发展概要及其特点。
3. 了解大数据分析与大数据技术。

1. 大数据的基本概念

大数据(big data)是指信息量巨大,无法利用现有的软件工具在合理的时间内提取、存储、搜索、共享、分析和处理的海量的、复杂的数据集合。

大数据一般是指 PB (拍字节,即 2^{50} B,也就是 2 的 50 次方字节)级及以上的数量级规模。

对大数据定义,基本上都从数据规模、处理工具、利用价值三个方面来进行界定。

(1) 大数据属于数据的集合,其规模特别巨大。

(2) 用一般数据工具难以处理,因而必须引入数据挖掘新工具。

(3) 大数据具有重大的经济、社会价值。

2. 大数据的发展概要

早在 1980 年,未来学家阿尔文·托夫勒便在《第三次浪潮》中赞颂大数据为“第三次浪潮的华彩乐章”。

1998 年的《科学》杂志中的《大数据的管理者》(*A Handler for Big Data*)一文中提到“大数据”这个概念。

2008 年《自然》杂志出了关于大数据的专刊,正式介绍“大数据”。随后,“大数据”成为互联网信息技术行业的流行词汇。

大数据是继云计算、物联网之后信息技术产业领域的又一重大技术革新。Hadoop(分布式系统基础架构平台)是目前最为流行的大数据处理平台。

3. 大数据的特点

大数据的显著特征一般归纳为 4V。

(1) 数据量巨大(volume)。数据是持续快速增加的,在线数据量特别大。

(2) 处理速度快(velocity)。1 秒定律,从各种类型的数据中快速获得高价值的信息。

(3) 数据类型多(variety)。多样化的数据类型和来源,数据类型繁多。

(4) 价值密度低(value)。从大量数据中得出少量有价值的数据。

4. 大数据分析

众所周知,大数据已经不单纯是数据大的事实了,而最重要的现实是对大数据进行分析,只有通过分析才能获取很多智能的、深入的、有价值的信息。那么越来越多的应用涉及大数据,而这些大数据的属性,包括数量、速度、多样性等都是呈现了大数据不断增长的复杂性,所以大数据的分析方法在大数据领域就显得尤为重要,可以说是决定最终信息是否有价值的决定性因素。

基于这些认识，大数据分析的使用者有大数据分析专家，同时还有普通用户，他们对于大数据分析最基本的要求就是可视化分析，因为可视化分析能够直观地呈现大数据的特点且简单明了，非常容易被读者所接受。

大数据分析的理论核心就是数据挖掘算法，各种数据挖掘的算法基于不同的数据类型和格式才能更加科学地呈现出数据本身具备的特点，也正是因为这些被全世界统计学家所公认的各种统计方法（可以称之为真理）才能深入数据内部，挖掘出公认的价值。另外一个方面也是因为有这些数据挖掘的算法才能更快速地处理大数据，如果一个算法得花上好几年才能得出结论，那大数据的价值也就无从说起了。大数据分析最重要的应用领域之一就是预测性分析，从大数据中挖掘出特点，通过科学地建立模型之后便可以通过模型带入新的数据，从而预测未来的数据。

大数据分析离不开数据质量和数据管理，高质量的数据和有效的数据管理，无论是在学术研究还是在商业应用领域，都能够保证分析结果的真实和有价值。

大数据分析的基础在以上五个方面，当然更深入的大数据分析，还有很多更加有特点的、更加专业的大数据分析方法。

5. 大数据技术

大数据技术包括以下常用技术。

(1) 数据采集：如采用 ETL 工具负责将分布的、异构数据源中的数据抽取到临时中间层后，再进行清洗、转换、集成，最后加载到数据仓库或数据集中，成为联机分析处理、数据挖掘的基础。

(2) 数据存取：采用关系数据库、NOSQL、MySQL 等。基础架构采用云存储、分布式文件存储等。

(3) 数据处理：自然语言处理(NLP)是研究人与计算机交互的语言问题的一门学科。处理自然语言的关键是要让计算机“理解”自然语言，所以自然语言处理又叫作自然语言理解(NLU)，也称为计算语言学。一方面它是语言信息处理的一个分支，另一方面它是人工智能的核心课题之一。

(4) 统计分析：统计分析技术及其采用的统计方法较多，如假设检验、显著性检验、T检验、差异分析、相关分析、方差分析、偏相关分析、距离分析、回归分析、简单回归分析、多元回归分析、逐步回归、logistic 回归分析、曲线估计、因子分析、聚类分析、主成分分析、快速聚类法与聚类法、判别分析、对应分析、多元对应分析（最优尺度分析）、bootstrap 技术等。

(5) 数据挖掘：数据挖掘是指从数据集合中自动抽取隐藏在数据中的那些有用信息的非平凡过程，这些信息的表现形式为规则、概念、规律及模式等。它可帮助决策者分析历史数据及当前数据，并从中发现隐藏的关系和模式，进而预测未来可能发生的行为。数据挖掘的过程也叫知识发现的过程，包括分类、估计、预测、相关性分组或关联规则、聚类、描述和可视化、复杂数据类型挖掘等方面。

大数据之间的关联关系比因果关系更重要。如果在大数据中发现两件事情在一个场景中经常一起出现，那么可以通过其中一件事情的出现，可以预测另外一件事情也会出现或者将会出现，不需要知道“为什么”会出现，而只要知道“是什么”将会出现，即可据此拿出现在的应对措施和预测将要出现的事情。

(6) 模型预测：有预测模型、机器学习、建模仿真等。

(7) 结果呈现：包括云计算、标签云、生成关系图等。

大数据与云计算、物联网正在融合发展，几乎各行各业都在应用大数据。典型的有利用大数据为服务对象或者管理对象画像，零售业利用大数据为用户推荐偏好资讯或者物品，利用大数据协助办案等。

任务 10.4 了解电子商务与新零售

任务目标：

1. 了解电子商务及其商务模式。
2. 了解新零售。

电子商务技术现在已随处可见。电子商务是指利用计算机和网络进行的新型商务活动的总称，它主要涉及三个方面的内容：信息、电子数据交换(EDI)和电子资金转账。它作为一种新型的商务模式，将生产企业、流通企业以及消费者和政府带入了一个网络经济、数字化生存的新天地，让人们不再受时间、地域的限制，以一种非常简捷的方式就能完成过去较为繁杂的商务活动。

1. 电子商务的形式

电子商务根据交易双方的不同，一般可分为四种形式。

B2B(business to business)：企业与企业之间的商务活动。

B2C(business to customer)：企业与消费者之间的商务活动。

C2C(customer to customer)：消费者对消费者的电子商务模式，如淘宝网、易趣网等。

B2G(business to government)：企业对政府的电子商务模式，是企业与政府之间进行的电子商务。

2. 电子商务新模式

随着电子商务的发展，出现了一些新模式，比如 O2O、新零售等。

(1) O2O(online to offline)：这是线上与线下相结合的电子商务模式。是一种将线上电子商务模式与线下实体经济相融合，通过互联网将线上商务模式延伸到线下实体经济；或者将线下资源推送给线上用户，使互联网成为线下交易前台的一种商业模式。

O2O 模式的核心就是把线上的消费者带到现实的商店中去，在线支付购买线下的商品和服务，再到线下去享受服务。

(2) 新零售：新零售简单来说就是以消费者体验为中心的数据驱动的泛零售形态。

2016 年 10 月，阿里云栖大会上提出“新零售”的概念。2018 年，京东正式开启首家线下生鲜超市；大润发超市在部分线下门店启动了“新零售升级改造”计划；苏宁云商新开了 50 家“苏鲜生”精品线下超市。

传统电商和实体店为了打破当前所面临的瓶颈，谋求新的发展机会，都必须采取全新的运营模式即“线上”融合“线下”。线上与线下融合的运营模式是新零售的精髓，只有采用这样的新零售模式，才能够解决电商和实体店目前所面临的问题。

新零售是线上与线下融合的过程，主要面向 2C 业务。新零售的特征主要表现在消费场景化、体验极致化以及内容电商化。这些特征都是围绕消费者展开的，而且新零售企业所有的推广与定位也都是把消费者的需求放在第一位的。“新零售”的核心含义是企业以互联网为依托，通过运用大数据、人工智能等先进技术手段，对商品的生产、流通与销售过程进行升级改造，进而重塑业态结构与生态圈，并对线上服务、线下体验以及现代物流进行深度融合的零售新模式。

任务 10.5　了解人工智能

任务目标：

1. 了解人工智能。
2. 了解“人机大战”。
3. 了解人工智能研究领域及主要应用。

1. 人工智能的基本概念

人工智能(artificial intelligence，AI)是研究、开发用于模拟、延伸和扩展人的智能的理论、方法、技术及应用系统的一门新的技术科学。人工智能希望了解智能的实质，并生产出一种能与人类智能相似的方式做出反应的智能机器。计算智能是人工智能研究的新内容，涉及神经计算、模糊计算和进化计算等。

1950 年，图灵发表了具有开创性的论文《计算机器与智能》，提出了一个问题：“机器能思考吗?”为了回答这个问题，图灵提出一个机器智能的测试模型“图灵机”。

人工智能最早是由 Dartmouth 学会于 1956 年提出的。目前可以用来研究人工智能的主要物质手段以及能够实现人工智能技术的机器就是计算机。

人工智能的目的是让机器能够模拟、延伸和扩展人的智能，以实现某些脑力劳动的机械化。比如令人印象深刻的“人机大战”的计算机——深蓝。1997 年 5 月，国际象棋棋王卡斯帕罗夫与“深蓝”进行了人机大战，最终计算机以 3.5∶2.5 的总比分获胜。比如由 Google Deepmind 开发的人工智能围棋软件——阿尔法狗(AlphaGo)。2016 年 3 月，如图 10-2 所示，该机器人与围棋世界冠军李世石进行了人机大战，并以 4∶1 的总比分获胜。

图 10-2　代号“阿尔法狗”的机器人与人类进行的围棋大战

2. 人工智能的主要应用

AI的应用主要表现在以下几个方面。

(1) 机器人。一般分为工业机器人和智能机器人。工业机器人由事先编好的程序控制,通常用于完成重复性的规定操作;智能机器人具有感知和识别能力,能说话和回答问题,有些智能机器人可以进行机器学习。

机器学习是一门多领域交叉学科,涉及概率论、统计学、逼近论、凸分析、算法复杂度理论等多门学科。专门研究计算机怎样模拟或实现人类的学习行为,以获取新的知识或技能,重新组织已有的知识结构使之不断改善自身的性能。

机器学习是人工智能的核心,是使计算机具有智能的根本途径,其应用遍及人工智能的各个领域。

(2) 专家系统。专家系统是用于模拟专家智能的一类软件。需要时只需由用户输入要查询的问题和有关数据,专家系统通过推理判断向用户做出解答,是一种模拟人类专家解决领域问题的计算机程序系统。

人工智能应用研究的两个最重要、最广泛的领域为专家系统与机器学习。

(3) 模式识别。模式识别方法把模式从识别对象的特征空间正确地映射到类空间中,或者在特征空间中实现类的划分,是模式识别的主要任务。模式识别方法主要有模板匹配、统计模式识别、结构句法模式识别、模糊模式识别方法以及人工神经网络方法模式。识别的实质是抽取被识别对象的特征。所谓模式,是与事先存于计算机中的已知对象的特征进行比较与判别,主要通过识别函数和模式校对来实现。语言和图像理解、声音识别、邮件自动分拣、指纹识别、机器人景物分析等都是模式识别应用的实例。

(4) 智能检索与智能控制。智能检索是大规模信息检索及搜索技术与人工智能技术结合的产物,是重要的智能信息处理技术。智能检索除了存储经典数据库中代表已知"事实"外,智能数据库和知识库中还存储供推理和联想使用的"规则",因而智能检索具有一定的推理能力,能够显著提高数据挖掘的知识获取能力和挖掘质量。

智能控制是指在无人干预的情况下能自主地驱动智能机器实现控制目标的自动控制技术,是把人工智能技术引入控制领域,建立智能控制系统。该系统能感知机器人周围的环境并可以预测机器人自身与被感知的环境因素之间的相互作用。

新冠疫情暴发后,在广州等地使用物流机器人快递物品,各种机器人的使用越来越多,服务机器人逆势增长,机器人产业正成为经济发展的重要增长点。

任务 10.6 认识虚拟现实

任务目标:

1. 认识虚拟现实及相关概念。
2. 了解虚拟现实的发展概要。
3. 了解虚拟现实的三个特性。

1. 虚拟现实的基本概念

虚拟现实(virtual reality,VR)是利用计算机技术等高新技术生成一种逼真的三维模拟环境，用户能通过多种传感设备沉浸到这个能产生“身临其境”感觉的仿真场景。

它以计算机技术为主，利用并综合三维图形动技术、多媒体技术、仿真技术、传感技术、显示技术、伺服技术等多种高科技的最新发展成果，利用计算机等设备来产生一个逼真的三维视觉、触觉、嗅觉等多种感官体验的虚拟世界，从而使处于虚拟世界中的人产生一种身临其境的感觉。在这个虚拟世界中，人们可直接观察周围世界及物体的内在变化，与其中的物体之间进行自然的交互，并能实时产生与真实世界相同的感觉，使人与计算机融为一体。与传统的模拟技术相比，VR技术的主要特征是：用户能够进入到一个由计算机系统生成的交互式的三维虚拟环境中，可以与之进行交互。通过参与者与仿真环境的相互作用，并利用人类本身对所接触事物的感知和认知能力，帮助启发参与者的思维，全方位地获取事物的各种空间信息和逻辑信息。

2. 虚拟现实的发展概要

第一套具有VR思想的装置是莫顿·海利希在1962年研制的称为Senorama的具有多种感官刺激的立体电影系统，它是一套只能供个人观看立体的设备，采用模拟电子技术与娱乐技术相结合的全新技术，能产生立体声音效果，并能有不同的气味，座位也能根据剧情的变化摇摆或振动，观看时还能感觉到有风在吹动。Senorama是只能供单人使用的机械式设备

在随后几年中，艾凡·萨瑟兰在麻省理工学院开始进行头盔式显示器的研制工作，人们戴上这个头盔式显示器，就会产生身临其境的感觉。

研制者们于1970年研制出了第一个功能较齐全的HMD系统。美国的Jaron Lanier在20世纪80年代初正式提出了virtual reality一词。20世纪80年代，美国国家航空航天局(NASA)及美国国防部组织了一系列有关VR技术的研究，并取得了令人瞩目的研究成果。

进入20世纪90年代后，迅速发展的计算机硬件技术与不断改进的计算机软件系统相匹配，使得基于大型数据集合的声音和图像的实时动画制作成为可能，人机交互系统的设计不断创新，新颖、实用的输入输出设备不断地涌入市场。

3. 虚拟现实的特性

(1) 沉浸性。沉浸性(immersion)是指用户感受到被虚拟世界所包围，好像完全置身于虚拟世界中一样。VR技术最主要的技术特征是让用户觉得自己是计算机系统所创建的虚拟世界中的一部分，使用户由观察者变成参与者，沉浸其中并参与虚拟世界的活动。理想的虚拟世界应该达到使用户难以分辨真假的程度，甚至超越真实，实现比现实更逼真的照明和音响效果。

(2) 交互性。交互性(interactivity)的产生，主要借助于VR系统中的特殊硬件设备(如数据手套、力反馈装置等)，使用户能通过自然的方式，产生同在真实世界中一样的感觉。

(3) 构想性。构想性(imagination)又称为想象性，指虚拟的环境是人想象出来的，同时这种想象体现出设计者相应的思想，因而可以用来实现一定的目标。比如设计室内装修效果图，设计建筑物，设计传说中的神话人物，设计外科数字模型，设计战场环境等。所以说VR技术不仅仅是一个媒体或一个高级用户界面，还可是一个复杂的仿真系统，是为解决工程、医学、军事等方面的问题而由开发者设计出来的应用软件。

4. 虚拟现实系统的分类

在实际应用中，根据 VR 技术对沉浸程度的高低和交互程度的不同，将 VR 系统划分了解 4 种类型：沉浸式 VR 系统、桌面式 VR 系统、增强式 VR 系统、分布式 VR 系统。其中桌面式 VR 系统因其技术非常简单，需投入的成本也不高，在实际应用中较广泛。

5. 与虚拟现实相关的一些概念

(1) 增强现实(augmented reality，AR)。AR 是将计算机系统提供的信息或图像与在虚拟现实世界的时间、空间范围内很难体验到的实体信息进行信息叠加呈现给用户，虚实结合从而提升用户对现实世界的感知能力。微软公司于 2015 年 1 月 22 日发布了 HoloLens 全息眼镜，这是增强现实技术的一个重要的时刻，标志着增强现实技术逐步开始进入普通人的日常生活中。

(2) 混合现实(mixed reality，MR)。MR 包括增强现实和增强虚拟。加拿大多伦多大学工业工程系的保罗·米尔格拉姆(Paul Milgram)对 MR 的定义是：真实世界和虚拟世界在一个显示设备中同时呈现，构建虚拟现实影像信息与现实实体信息两者合并出现的场景。

(3) 扩展现实(extended reality，XR)。XR 通过信息技术和可穿戴设备等将现实与虚拟现实影像相结合而构建的一个真实与虚拟相结合、可人机交互的环境。

VR 技术问世以来，为人机交互界面开辟了广阔的天地，带来了巨大的社会、经济效益。在当今世界上，许多发达国家都在大力研究、开发和应用这一技术，积极探索其在各个领域中的应用。由于虚拟现实在技术上的进步与逐步成熟，其应用在近几年发展迅速，应用领域已由过去的娱乐与模拟训练发展到包含航空、航天、医疗、教育等方面的仿真、科学计算可视化等领域。例如，安徽合肥地铁站在 2020 年新冠肺炎疫情期间安装了能实现空气成像的无接触地铁自助售票终端，如图 10-3 所示。

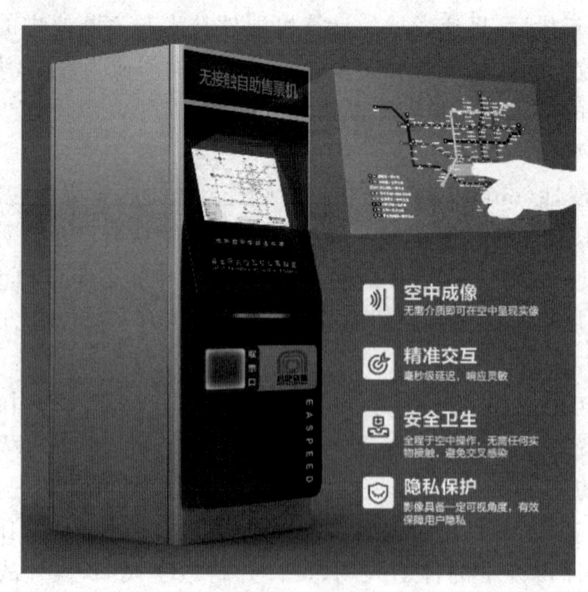

图 10-3　安徽合肥地铁站的无接触地铁自助售票终端

任务 10.7　了解区块链

任务目标：

1. 了解区块链的发展概要。
2. 了解区块链的特点、功能与核心技术。

1. 区块链的发展概要

2008 年 11 月“中本聪”发表论文 *Bitcoin：A Peer-to-Peer Electronic Cash System*（《比特币：一种点对点的电子现金系统》），提出将区块串联在一起作为比特币的核心组件，宣告了区块链的诞生。

2017 年我国发布的区块链标准《区块链参考架构》中对区块链的定义如下：一种在对等网络环境下，通过透明和可信规则，构建不可伪造、不可篡改和可追溯的块链式数据结构，实现和管理事务处理的模式。

2021 年 6 月，工业和信息化部、中共中央网络安全和信息化委员会办公室印发《关于加快推动区块链技术应用和产业发展的指导意见》这一政策文件，对区块链的定义如下：区块链是新一代信息技术的重要组成部分，是分布式网络、加密技术、智能合约等多种技术集成的新型数据库软件，通过数据透明、不易篡改、可追溯，有望解决网络空间的信任和安全问题，推动互联网从传递信息向传递价值变革，重构信息产业体系。这一政策文件明确提出到 2025 年，区块链产业综合实力达到世界先进水平，产业初具规模。到 2030 年，区块链产业综合实力持续提升，产业规模进一步壮大。区块链与互联网、大数据、人工智能等新一代信息技术深度融合，在各领域实现普遍应用，培育形成若干具有国际领先水平的企业和产业集群，产业生态体系趋于完善。区块链成为建设制造强国和网络强国，发展数字经济，实现国家治理体系和治理能力现代化的重要支撑。

2. 区块链的特点、功能与核心技术

从上述定义来看，区块链最重要的特点是基于区块链技术的数据库软件中的信息“透明、安全、可信”。区块链数据透明、不易篡改、可追溯，能让数据可以“信任”。信任是区块链最基础的功能，把现实生活中人与人之间的诚信用数据库中数据区块与数据区块之间形成的区块链来实现数据信任机制。这能减少人们在事务中查验证照等信息的时间和成本，提高效率。

区块链网络信息系统或者服务平台共享的信息，在网络空间中可以信任。区块链平台中的个人信息或者单位电子证照具有真实可靠性，不需要其他的核查验证即可信任，可以实现网上信用共享。因此可以减少出具各种证件、证明等方面的时间和成本，直接从基于区块链技术构建的电子证照库和一体化政务服务平台中调取，可以减少到处填报信息的时间和成本，促进业务协同办理；可以减少向其他联合办公单位求证核查的时间和成本，提升协同效率。

用户看到的信息基于区块链的新型数据库软件，实现区块链平台中的数据透明、不易篡改、可追溯，问题是出在哪个环节，谁需要负责，因此可以信任对方填报的订单信息和提供的物品或服务质量，可以放心进行交易；收到物品交易信息即可着手完成物品的物流供应，不用担心信任问题。

区块链数据库软件的体系架构大致由块链式数据层、网络层、共识机制层、激励机制层和应用场景层组成,区块链的核心技术包括分布式账本、非对称加密、共识机制、智能合约等。数据一旦确认达成共识后就不可更改,只能授权进行查询操作。因此区块链平台中的信息值得信任,信任是区块链最基础的功能,能节省人们提供和查验各种证照信息的环节,区块链的信任机制能大大提高各行各业的信任度和运转效率。

3. 区块链的应用

2020 年,由国家信息中心牵头研发和建设的区块链服务网络(BSN)在世界各国逐渐普及,成为目前唯一由中国创新的全球基础设施网络,其网关接入由我国控制。区块链服务网络是一个跨底层框架、跨门户的区块链全球性基础设施网络,能为开发者提供低成本和技术互通的区块链一站式跨云服务。在政务方面,2021 年 5 月,湖南省长沙市政务外网区块链服务网络平台正式上线运行,长沙区块链产业园授牌成为全国首批区块链应用创新基地,如图 10-14 所示。

图 10-4　全国首批"BSN 应用创新基地"授牌

目前,区块链在银行、教育、就业、医疗养老、食品安全、商品防伪、智慧交通、能源电力、政务等方面逐渐得到应用。例如,2021 年 7 月,招商银行区块链产品"招商银行一链通"顺利通过中国金融认证中心区块链检测,该区块链平台能降低机构间信任成本,提升金融服务效率;2021 年 9 月,国家开放大学培训中心区块链职业技能培训项目在成都启动;2020 年 6 月正式上线运营普洱茶品质区块链追溯平台;2021 年 9 月,"基于区块链技术的海南自由贸易港旅游电子商务应用平台"在三亚揭牌。从区块链的行业发展趋势来看,我国已经成为区块链全球最大的市场。

习　题

一、单选题

1. 云计算就是把计算资源都放到(　　)上,达到随时随地在"云"上调取资源。

A. 因特网　　B. 机器人　　C. 传感器　　D. 手机卡

2. 以下关于云计算的叙述中，(　　)是不正确的。

A. 云计算凭借数量庞大的云服务器为用户提供远远超单台服务器的处理能力

B. 云计算支持用户在任意位置获取应用服务，云计算服务包括 IaaS、PaaS、SaaS

C. 云计算的扩展性极低，一旦需要扩展，需要推翻全部数据模型重构

D. 云计算可以构造不同的应用，同一个"云"可以同时支撑不同的应用运行

3. 物联网是新一代信息技术的重要组成部分。物联网就是"物物相连的(　　)"。物联网的核心和基础仍然是(　　)，其用户端延伸和扩展到了任何物体与物体之间，进行信息交换和通信。

A. 局域网　　B. 互联网　　C. 城域网　　D. 阿帕网

4. 在有关物体中安装射频识别(RFID)等信息传感设备，使其与互联网相连接，进行信息交换和通信，以实现对物体的智能化识别、定位、跟踪、监控和管理，这样的一种网络称为(　　)。

A. 移动互联网　　B. 全球定位系统　　C. 智联网　　D. 物联网

5. 移动通信是指通信的双方，至少有一方是在(　　)中进行信息的传输和交换。

A. 移动　　B. 链路　　C. 网络　　D. 5G

6. 下列不是物联网关键技术的是(　　)。

A. 传感器技术　　B. RFID 标签

C. 嵌入式系统技术　　D. 生物技术

7. 以下关于大数据基本概念的描述中只有一个选项是错误的，是(　　)。

A. 大数据的数量级应该是 MB 级别并将会更高，比如 1PB＝100TB

B. 大数据之间的关联关系比因果关系更重要

C. Hadoop 是目前最为流行的大数据处理平台

D. 大数据具有经济价值

8. 大数据战略意义是实现数据增值，互联网数据中心(IDC)从 4V 来定义大数据，4V 指大数据的 4 个显著特征。以下有误的一项是(　　)。

A. 体量巨大(volume，大量化)

B. 处理速度快(velocity，快速化)

C. 类型繁多(variety，多样化)

D. 价值密度高(value low density，经济化)

9. 缩写 O2O 代表的电子商务模式是(　　)。

A. 企业与企业之间通过互联网进行产品、服务及信息的交换

B. 线上与线下相结合的电子商务

C. 消费者与消费者之间通过第三方电子商务平台进行交易

D. 代理商、商家和消费者共建的集生产，经营，消费为一体的电子商务平台

10. 下列不属于计算机人工智能应用领域的是(　　)。

A. 在线订票　　B. 医疗诊断　　C. 智能机器人　　D. 机器翻译

11. 网上游玩的 3D 博物馆、VR 校园，主要采用(　　)技术制作。

A. 虚拟现实　　B. 新媒体　　C. 大数据　　D. 智能制造

12. 虚拟现实是新式多媒体技术,其主要特征有(　　)。

A. 可靠性、交互性、普遍性　　B. 交互性、沉浸性、想象性

C. 多样性、非线性、寄生性　　D. 集成性、完整性、保密性

13. 区块链是新一代信息技术的重要组成部分,是分布式网络、加密技术、智能合约等多种技术集成的新型数据库软件,其数据透明、不易篡改、可追溯,因此区块链具备(　　)的基本功能。

A. 识别　　B. 信任　　C. 聊天　　D. 挖矿

14. 以下属于区块链核心技术的是(　　)。

A. 关系数据库　　B. 智能机器人　　C. 分布式账本　　D. 流媒体技术

二、简答题

简述在新一代信息技术中,计算机新技术和应用有哪些。

习题参考答案

参考文献

[1] 教育部考试中心.全国计算机等级考试二级教程——WPS Office高级应用与设计(2021年版)[M].北京：高等教育出版社,2021.

[2] 解福.计算机文化基础[M].9版.东营：石油大学出版社,2012.

[3] 贾如春,李代席.计算机应用基础项目实用教程(Windows 10+Office 2016)[M].北京：清华大学出版社,2018.

[4] 汤敏,陈雅芳,訾志宇.办公自动化案例教程(Office 2010)[M].北京：清华大学出版社,2016.

[5] 郎登何,李贺华.云计算基础应用[M].北京：电子工业出版社,2019.

[6] 全国计算机等级考试考试大纲(2021年版).http://ncre.neea.edu.cn/html1/report/20122/1392-1.htm.

[7] 教育部办公厅关于印发高等职业教育专科英语、信息技术课程标准(2021年版)的通知. http://www.moe.gov.cn/srcsite/A07/moe_737/s3876_qt/202104/t20210409_525482.html.